西门子工业自动化系列教材

S7-300/400 PLC 应用教程

第 3 版

廖常初　主编

机 械 工 业 出 版 社

本书全面介绍了西门子 S7-300/400 PLC 的硬件结构和硬件组态、指令、程序结构、PID 闭环控制、编程软件和仿真软件的使用方法，以及一整套易学易用的开关量控制系统的编程方法。还介绍了西门子的各种通信网络和通信服务的组态和编程的方法、网络控制系统的故障诊断方法、用仿真软件在计算机上模拟运行和监控 PLC 用户程序的方法，以及通过仿真学习 PID 参数整定的方法。随书光盘提供了多个最新版中文软件、大量的中文用户手册、例程和 30 多个多媒体视频教程。

本书配有习题和实验指导书，可以作为本科、专科电类和机电一体化专业的教材，也可供工程技术人员学习和参考。

图书在版编目（CIP）数据

S7-300/400 PLC 应用教程／廖常初主编．—3 版．—北京：机械工业出版社，2016.6（2025.1 重印）
西门子工业自动化系列教材
ISBN 978-7-111-54209-4

Ⅰ.①S… Ⅱ.①廖… Ⅲ.①plc 技术-教材 Ⅳ.①TM571.6

中国版本图书馆 CIP 数据核字（2016）第 154819 号

机械工业出版社（北京市百万庄大街 22 号 邮政编码 100037）
策划编辑：时 静
责任编辑：时 静
责任校对：张艳霞
责任印制：常天培
固安县铭成印刷有限公司印刷
2025 年 1 月第 3 版・第 11 次印刷
184mm×260mm・19.75 印张・477 千字
标准书号：ISBN 978-7-111-54209-4
ISBN 978-7-89386-073-7（光盘）
定价：55.00 元（含 1DVD）

前　言

本书第 3 版根据 S7-300/400 最新版的硬件和软件，对全书的内容进行了优化处理和修订。例如介绍了用于模拟量计算的 FC105，删除了一些次要的较少使用的内容，与 PLC 通信的变频器改为当前主流的 G120，充实了习题和实验指导书的内容。

网络故障诊断是现场维护的难点，本书详细介绍了多种简单实用的网络故障的诊断方法和仿真方法。以太网已经广泛地应用于西门子的工控产品，为此增加了 PROFINET 以太网的多种故障诊断和故障自动显示的方法。

本书对 S7-300/400 的硬件结构与硬件组态、编程语言、指令、程序结构、各种通信网络和通信服务、PID 闭环控制、编程软件与仿真软件的使用等都进行了全面深入的介绍。还介绍了作者总结的设计数字量控制梯形图的一整套易学易用的编程方法。可以通过随书光盘中的例程和仿真来学习 PID 参数的整定方法。

为了方便教学，本书配有习题和 20 多个实验的指导书。使用仿真软件 PLCSIM，只用计算机就可以做实验指导书中的绝大多数实验。本书详细地介绍了 PLCSIM 的使用方法。

随书光盘提供了中文版 STEP 7 V5. 5 SP4、仿真软件 PLCSIM V5. 4 SP5、编程语言 S7-Graph V5. 3 SP7 和 WinCC flexible 2008 SP4、大量的中文用户手册、与正文配套的 40 多个例程和 20 多个多媒体视频教程。

作者主编的《S7-300/400 PLC 应用技术》是本书的科技书版，该书的内容更为丰富，建议工程技术人员选用。该书荣获中国书刊发行业协会 2012-2013 年度全行业优秀畅销书奖。

作者主编的《跟我动手学 S7-300/400 PLC》适合于初学者，读者一边看书，一边根据五十个实训的要求在计算机上做仿真实验，就能较快地掌握 S7-300/400 的使用方法。

本书由廖常初主编，陈晓东、王云杰、李远树、陈曾汉、范占华、关朝旺、余秋霞、廖亮、文家学、孙明渝、郑群英、唐世友参加了编写工作。

因作者水平有限，书中难免有错漏之处，恳请读者批评指正。

作者 E-mail 地址为 liaosun@ cqu. edu. cn。欢迎读者访问作者在中华工控网的博客。

重庆大学　廖常初

目　　录

第1章 概　　述

1.1 PLC的基本概念

随着微处理器、计算机和数字通信技术的飞速发展，计算机控制已经广泛地应用在几乎所有的工业领域。现代社会要求制造业对市场需求做出迅速的反应，生产出小批量、多品种、多规格、低成本和高质量的产品，为了满足这一要求，生产设备和自动生产线的控制系统必须具有极高的可靠性和灵活性，可编程序控制器（Programmable Logic Controller）正是顺应这一要求出现的，它是以微处理器为基础的通用工业控制装置。

PLC的应用面广、功能强大、使用方便，已经广泛地应用于各种机械设备和生产过程的自动控制系统。PLC仍然处于不断的发展之中，其功能不断增强，更为开放，它不但是单机自动化应用最广的控制设备，在大型工业网络控制系统中也占有不可动摇的地位。PLC应用面之广、普及程度之高，是其他计算机控制设备不可比拟的。

1. S7-300/400的基本结构

本书以西门子公司的S7-300/400系列大中型PLC为主要讲授对象。西门子的PLC以其极高的性能价格比，在国际国内占有很大的市场份额，在我国的各行各业得到了广泛的应用。S7-300/400属于模块式PLC，主要由机架、CPU模块、信号模块、功能模块、接口模块、通信处理器、电源模块等组成（见图1-1），各种模块安装在机架上。通过CPU模块或通信模块上的通信接口，PLC被连接到通信网络，可以与计算机、其他PLC或其他设备通信。

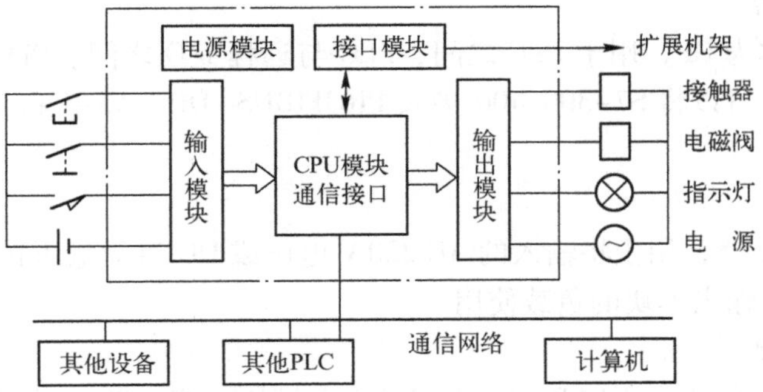

图1-1　PLC控制系统示意图

（1）CPU模块

CPU模块主要由微处理器（CPU芯片）和存储器组成。在PLC控制系统中，CPU模块相当于人的大脑和心脏，它不断地采集输入信号，执行用户程序，刷新系统的输出；存储器用来储存操作系统、用户程序和数据。S7-300/400将CPU模块简称为CPU。

CPU集成了一个或多个通信接口，CPU 31xC系列还集成有数字量、模拟量输入/输出点。

（2）信号模块

输入（Input）模块和输出（Output）模块简称为I/O模块，开关量输入、开关量输出模块简称为DI模块和DO模块，模拟量输入、模拟量输出模块简称为AI模块和AO模块，它们统称为信号模块（SM）。信号模块是系统的眼、耳、手、脚，是联系外部现场设备和CPU模块的桥梁。

输入模块用来接收和采集输入信号，开关量输入模块用来接收从按钮、选择开关、数字拨码开关、限位开关、接近开关、光电开关、压力继电器等提供的开关量输入信号。模拟量输入模块用来接收电位器、测速发电机和各种变送器提供的连续变化的模拟量电流、电压信号，或者直接接收热电阻、热电偶提供的温度信号。

开关量输出模块用来控制接触器、电磁阀、电磁铁、指示灯、数字显示装置和报警装置等输出设备，模拟量输出模块用来控制电动调节阀、变频器等执行器。

CPU模块内部的工作电压一般是DC 5 V，而PLC的外部输入/输出信号电压一般较高，例如DC 24 V或AC 220 V。从外部引入的尖峰电压和干扰噪声可能损坏CPU模块中的元器件，或使PLC不能正常工作。在信号模块中，用光耦合器和小型继电器等器件来隔离PLC的内部电路和外部的输入、输出电路。信号模块除了传递信号外，还有电平转换与隔离的作用。

（3）功能模块

为了增强PLC的功能，扩大其应用领域，减轻CPU的负担，PLC厂家开发了各种各样的功能模块。它们主要用于完成某些对实时性和存储容量要求很高的控制任务，例如高速计数、位置控制和闭环控制等。

（4）接口模块

CPU模块所在的机架称为中央机架，如果一个机架不能容纳全部模块，可以增设一个或多个扩展机架。接口模块简称为IM，用来实现中央机架与扩展机架之间的通信。

（5）通信处理器

通信处理器简称为CP，用于PLC之间、PLC与远程I/O之间、PLC与计算机和其他智能设备之间的通信，可以将S7-300/400接入PROFIBUS-DP、AS-i和工业以太网，或用于点对点通信。

（6）电源模块

电源模块简称为PS，用于将输入的AC 220 V电压或DC 24 V电压转换为稳定的DC 24 V电压，供其他模块和输出模块的负载使用。

（7）导轨和机架

S7-300的铝质导轨用来固定和安装上述的各种模块。S7-400的模块安装在机架上。

（8）编程设备

S7-300/400一般使用安装了编程软件STEP 7的个人计算机作为编程设备，可以生成和编辑各种文本程序或图形程序。程序被编译后下载到PLC，也可以将PLC中的程序上传到计算机。编程软件还有对网络和硬件组态、参数设置、监控和故障诊断等功能。

2. 怎样下载西门子PLC的资料和软件

西门子工业支持网站的网址为https://support.industry.siemens.com/cs/start?lc=zh-

CN，该网站的下载中心可以下载西门子各种工控产品的中英文用户手册、产品样本和软件等。单击“找答案”“技术论坛”和“在线学习园地”，可以进入相应的版区。单击“全球技术资源库”，将会打开西门子的全球支持网站。

为了阅读 PDF 格式的文件，需要在计算机上安装 Adobe 阅读器或其他兼容的阅读器。

1.2 PLC 的工作原理

1.2.1 逻辑运算与 PLC 的循环处理过程

1. 逻辑运算

在数字量（或称开关量）控制系统中，变量仅有两种相反的工作状态，例如高电平和低电平、继电器线圈的通电和断电，可以分别用逻辑代数中的 1 和 0 来表示这些状态，在波形图中，用高电平表示 1 状态，用低电平表示 0 状态。

使用继电器电路、数字电路或 PLC 的梯形图都可以实现数字量的逻辑运算。图 1-2 的上面是 PLC 的梯形图，下面是对应的数字门电路。

图 1-2 中的 I0.0 ~ I0.4 为数字输入变量，Q4.0 ~ Q4.2 为数字输出变量，它们之间的“与”“或”“非”逻辑运算关系见表 1-1。“与”运算仅在输入均为 1 时输出才为 1，“或”运算仅在输入均为 0 时输出才为 0。“非”运算的输出与输入的状态总是相反，非运算又称为“取反”。

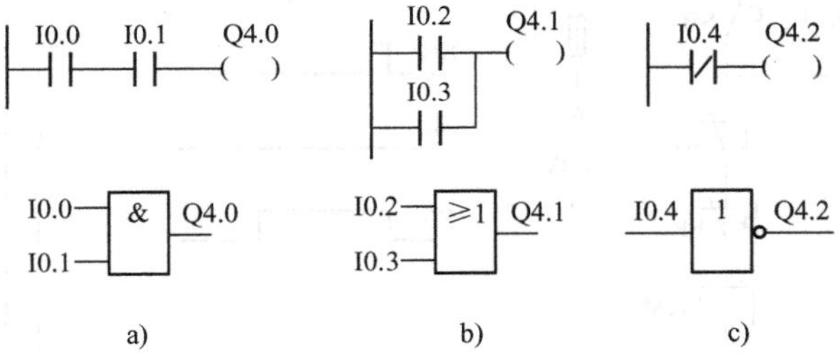

图 1-2　基本逻辑运算
a) 与　b) 或　c) 非

表 1-1　逻辑运算关系表

与			或			非	
$Q4.0 = I0.0 \cdot I0.1$			$Q4.1 = I0.2 + I0.3$			$Q4.2 = \overline{I0.4}$	
I0.0	I0.1	Q4.0	I0.2	I0.3	Q4.1	I0.4	Q4.2
0	0	0	0	0	0	0	1
0	1	0	0	1	1	1	0
1	0	0	1	0	1		
1	1	1	1	1	1		

用继电器电路或梯形图可以实现基本的逻辑运算，触点的串联可以实现“与”运算，触点的并联可以实现“或”运算，用常闭触点控制线圈可以实现“非”运算。

多个触点的串、并联电路可以实现复杂的逻辑运算，例如图 1-3 中的继电器电路实现的逻辑运算可以用逻辑代数表达式表示为 $KM=(SB1+KM)\cdot\overline{SB2}\cdot\overline{FR}$，式中的加号表示逻辑或，乘号（·）或星号（*）表示逻辑与，变量上面的水平线表示“非”运算。因为同一 BOOL 变量的常开触点和常闭触点的状态相反，有上划线的地址对应于常闭触点。与普通算术运算“先乘除后加减”类似，逻辑运算的规则为先“与”后“或”。为了先作“或”运算（触点的并联），用括号将“或”运算式括起来，括号中的运算优先执行。

2. PLC 的循环处理过程

CPU 的程序分为操作系统和用户程序。操作系统用来处理 PLC 的启动、刷新过程映像输入/输出区、调用用户程序、处理中断和错误、管理存储区和通信等任务。

用户程序由用户生成，用来实现用户要求的自动化任务。

PLC 得电或由 STOP 模式切换到 RUN 模式时，CPU 执行启动操作，将没有断电保持功能的位存储器、定时器和计数器清零，清除中断堆栈和块堆栈的内容，复位保存的硬件中断等。此外还要执行一次用户生成的启动组织块 OB100，完成用户指定的初始化操作。以后 PLC 采用循环执行用户程序的方式，这种运行方式也称为扫描工作方式。

在 PLC 的存储器中，设置了一片区域用来存放输入信号和输出信号的状态，它们分别称为过程映像输入区和过程映像输出区。

下面是循环处理的各个阶段的任务（见图 1-4）：

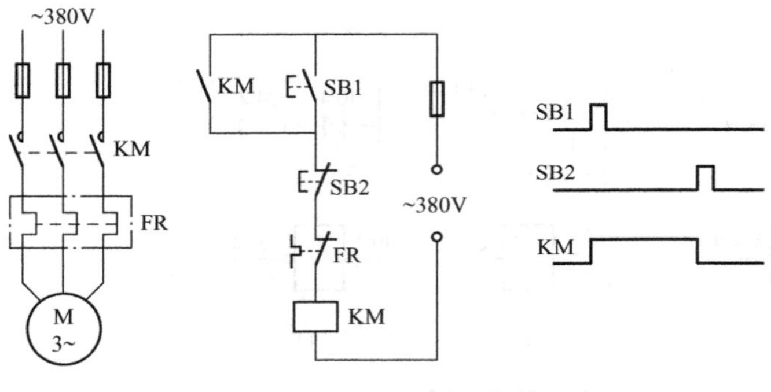

图 1-3　异步电动机控制电路

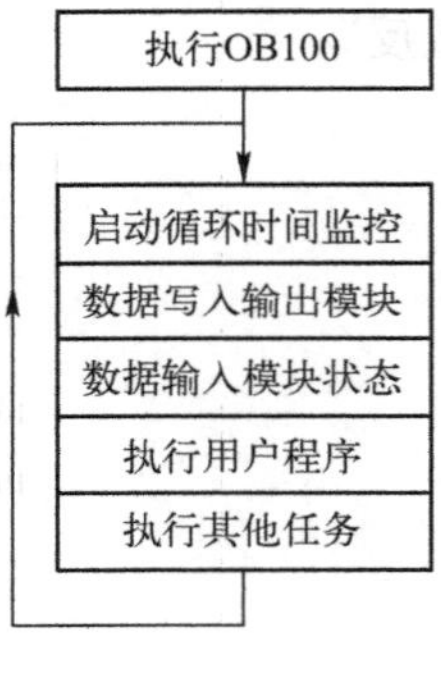

图 1-4　扫描过程

1）操作系统启动循环时间监控。

2）CPU 将过程映像输出表（Q 区）的数据写到输出模块。

3）CPU 读取输入模块的输入状态，并存放到过程映像输入表（I 区）。

4）CPU 处理用户程序，执行用户程序中的指令。

5）循环结束时，操作系统执行其他任务，例如下载和删除块，接收和发送全局数据。

6）CPU 返回第一阶段，重新启动循环时间监控。

STEP 7 将用户编写的程序和程序所需的数据放置在块中，功能块 FB 和功能 FC 是用户编写的子程序，系统功能块 SFB 和系统功能 SFC 是操作系统提供给用户使用的标准子程序，它们和组织块 OB 统称为逻辑块。在启动完成后，每次循环都要调用一次主程序 OB1，OB1 可以调用 OB 之外的逻辑块。被调用的逻辑块又可以调用 OB 之外的下一级的逻辑块。

如果有中断事件出现，循环的程序处理过程被暂停执行，并自动调用分配给该事件的中断组织块。该组织块被执行完后，被暂停执行的块将从被中断的地方开始继续执行。

在循环程序处理过程中，CPU 并不是直接访问 I/O 模块中的输入地址区和输出地址区，而是访问 CPU 内部的过程映像区（I/Q 区）。

在写输出模块阶段，CPU 将过程映像输出区的状态传送到输出模块。梯形图中某一数字量输出位（例如 Q4.0）的线圈“通电”时，对应的过程映像输出位为 1 状态。信号经输出模块隔离和功率放大后，继电器型输出模块中对应的硬件继电器的线圈通电，其常开触点闭合，使外部负载通电工作。若梯形图中输出位的线圈“断电”，对应的过程映像输出位为 0 状态，在写输出模块阶段之后，继电器型输出模块中对应的硬件继电器的线圈断电，其常开触点断开，外部负载断电，停止工作。

在读输入模块阶段，PLC 把所有外部输入电路的接通/断开状态读入过程映像输入区。外部输入电路接通时，对应的过程映像输入位（例如 I0.0）为 1 状态，梯形图中该输入位的常开触点接通，常闭触点断开。外部输入电路断开时，对应的过程映像输入位为 0 状态，梯形图中该输入位的常开触点断开，常闭触点接通。

某个位地址为 1 状态时，称该位地址的状态为 ON；该位地址为 0 状态时，称该位地址的状态为 OFF。在程序执行阶段，即使外部输入电路的状态发生了变化，过程映像输入位的状态也不会随之而变，输入信号变化了的状态只能在下一个扫描周期的读取输入模块阶段被读入过程映像输入区。

PLC 的用户程序由若干条指令组成，指令在存储器中顺序排列。在没有跳转指令和块调用指令时，CPU 从第一条指令开始，逐条顺序地执行用户程序，直到用户程序结束之处。在执行位逻辑指令时，从过程映像输入区或别的存储区中将有关位地址的 0、1 状态读出来，并根据指令的要求执行相应的逻辑运算，运算结果写入指定的位地址。因此，各位地址的存储区的内容随着程序的执行而变化。

3. 扫描周期

扫描周期（Scan Cycle）是指操作系统执行一次如图 1-4 所示的循环操作所需的时间，扫描周期又称为扫描循环时间（Scan Cycle Time）。扫描周期与用户程序的长短、指令的种类和 CPU 执行指令的速度有很大的关系。当用户程序较长时，指令执行时间在扫描周期中占相当大的比例。在 PLC 处于运行模式时，可以从 CPU 的模块信息对话框或 OB1 的局部变量获得最大扫描周期、最小扫描周期和上一次的扫描周期。

扫描周期将会因为下列事件而延长：中断处理、诊断和故障处理、测试和调试功能、通信、传送和删除块、压缩用户程序存储器、读/写微存储卡（MMC）等。

1.2.2 PLC 的工作原理

1. PLC 的工作原理

下面用一个简单的例子来进一步说明 PLC 的循环工作过程。图 1-5 中开关 K1 和 K2 的常开触点分别接在输入模块上 I0.1 和 I0.2 对应的输入端，接触器 KM 的线圈接在输出模块上 Q4.0 对应的输出端。

梯形图中的 I0.1 是过程映像输入位，与接在对应的输入端子的 K1 的常开触点相对应，梯形图中的 Q4.0 是过程映像输出位，与接在对应的输出端子的输出模块内的输出电路相对应。梯形图以指令的形式储存在 PLC 的用户程序存储器中，图 1-5 中的梯形图与下面的 3

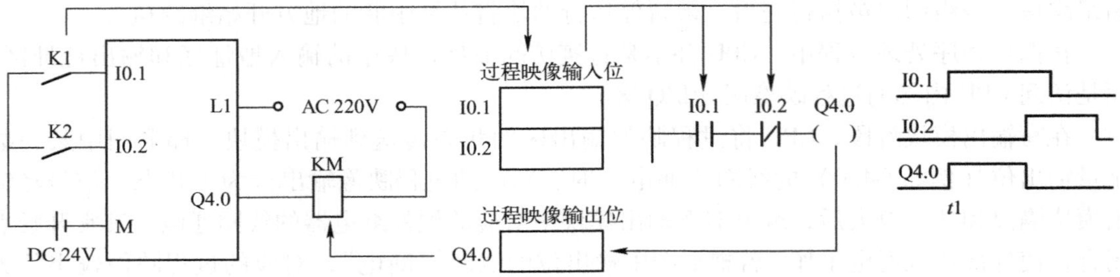

图 1-5　PLC 外部接线图与梯形图

条指令相对应，“//”之后是该指令的注释：

A	I	0.1	//接在左侧“电源线”上的 I0.1 的常开触点
AN	I	0.2	//串联的 I0.2 的常闭触点
=	Q	4.0	//Q4.0 的线圈

A（And，与）指令表示常开触点串联，AN（And Not）指令表示常闭触点串联，赋值指令“=”表示将逻辑运算的结果传送给指定的地址。图 1-5 中的梯形图完成的逻辑运算为 $Q4.0 = I0.1 \cdot \overline{I0.2}$。在读取输入模块阶段，CPU 将 K1 和 K2 的常开触点的 ON/OFF 状态读入对应的过程映像输入位，外部触点接通时将二进制数 1 存入过程映像输入位，反之存入 0。

执行第 1 条指令时，从过程映像输入位 I0.1 中取出二进制数并暂时保存起来。

执行第 2 条指令时，取出过程映像输入位 I0.2 中的二进制数，因为是常闭触点，首先对取出的二进制数作“非”运算，然后与 I0.1 对应的二进制数作“与”运算，触点的串联对应“与”运算。

执行第 3 条指令时，将前面的二进制数运算结果送给过程映像输出位 Q4.0。

在下一扫描周期的数据写入输出模块阶段，CPU 将各过程映像输出位中的二进制数传送给输出模块，并由后者将数据锁存起来。如果过程映像输出位 Q4.0 中存放的是二进制数 1，外接的 KM 的线圈将通电，反之将断电。

图 1-5 的波形图中的高电平表示外部开关接通或 KM 的线圈通电，当 $t < t_1$ 时，读入的过程映像输入位 I0.1 和 I0.2 的值均为二进制数 0。在程序执行阶段，经过上述逻辑运算过程之后，运算结果为 Q4.0 = 0，所以 KM 的线圈处于断电状态。$t = t_1$ 时开关 K1 的外接触点接通，I0.1 变为 1 状态，经逻辑运算后 Q4.0 也变为 1 状态。在输出处理阶段，将 Q4.0 对应的过程映像输出位中的 1 送到输出模块，输出模块中与 Q4.0 对应的物理继电器的常开触点接通，接触器 KM 的线圈通电。

2. 输入/输出滞后时间

输入/输出滞后时间又称为系统响应时间，是指 PLC 的外部输入信号发生变化的时刻至它控制的外部输出信号发生变化的时刻的时间间隔，它由输入电路滤波时间、输出电路的滞后时间和因扫描工作方式产生的滞后时间这三部分组成。

数字量输入模块的 RC 滤波电路用来滤除由输入端引入的干扰噪声，消除因外接输入触点动作时的抖动产生的不良影响，滤波电路的时间常数决定了输入滤波时间的长短。有的输入模块采用数字滤波，滤波的输入延迟时间可以用 STEP 7 设置。

输出模块的滞后时间与模块的类型有关，继电器型输出电路的滞后时间一般在 10 ms 左右；双向晶闸管型输出电路在负载通电时的滞后时间约为 1 ms，负载由通电到断电的最大滞后时间为 10 ms；晶体管型输出电路的滞后时间一般在 1 ms 以下。

由扫描工作方式引起的滞后时间最长可达两三个扫描周期。

PLC 总的响应延迟时间一般只有几毫秒到几十毫秒，对于一般的系统无关紧要。要求输入输出信号之间的滞后时间尽量短的系统，可以选用扫描速度快的 PLC 或采取中断等措施。

1.3 习题

1. 填空

1）数字量输入模块某一外部输入电路接通时，对应的过程映像输入位为________状态，梯形图中对应的常开触点________，常闭触点________。

2）若梯形图中某一过程映像输出位 Q 的线圈“断电”，对应的过程映像输出位为________状态，在写入输出模块阶段之后，继电器型输出模块对应的硬件继电器的线圈________，其常开触点________，外部负载________。

2. 简述 PLC 的循环处理过程。

3. 什么是扫描周期？

第 2 章　S7-300/400 的硬件与 STEP 7 使用入门

2.1　SIMATIC 自动控制系统的组成

SIMATIC 是“Siemens Automatic”（西门子自动化）的缩写，是西门子自动化系列产品品牌的统称，SIMATIC 自动化系统由一系列部件组合而成，PLC 是其中的核心设备。

1. SIMATIC PLC

S7 系列是传统意义的 PLC 产品，S7-200 是针对低性能要求的紧凑的微型 PLC，S7-200 的更新换代产品为 S7-200 SMART，它们都有自己专用的编程软件。S7-300 是针对中等性能要求的模块式中小型 PLC，S7-400 是用于高性能要求的模块式大型 PLC。

S7-1200 和 S7-1500 分别是西门子新一代的小型和大中型 PLC，它们的编程软件为基于西门子新软件平台博途（TIA Portal）的 STEP 7，S7-300/400 也可以用博途编程。

WinAC 在 PC（个人计算机）上实现了 PLC 的功能，WinAC 有基本型（软件 PLC）、实时型和插槽型。WinAC 具有良好的开放性和灵活性，可以方便地集成第三方的软件和硬件，例如运动控制卡、快速 I/O 卡或控制算法等。

2. PROFIBUS-DP 分布式 I/O

S7 系列 PLC 可以接入多种通信网络，现场总线 PROFIBUS-DP 简称为 DP。ET 200 分布式 I/O 和变频器等可以安装在远离 PLC 的地方，通过 DP 网络实现与 PLC 的通信。分布式 I/O 可以减少大量的 I/O 接线。集成了 DP 接口的 CPU（例如 CPU 315-2DP）或 CP（通信处理器）可以作 DP 网络中的主站。

3. PROFINET IO 系统中的分布式 I/O

PROFINET IO 系统由 IO 控制器和 IO 设备组成，它们通过工业以太网互联。集成有 PROFINET 接口的 CPU（例如 CPU 315-2PN/DP）和通信处理器可以作 PROFINET IO 控制器。IE/PB 链接器用于将工业以太网和 PROFIBUS-DP 子网连接在一起。IO 控制器可以通过 IE/PB 链接器来访问 DP 从站。

4. SIMATIC HMI

HMI 是人机界面（Human-Machine Interface）的缩写，用于实现操作和监控、显示事件信息和故障信息，还有配方和数据记录等功能。

SIMATIC HMI 的品种非常丰富，下面是各类 HMI 产品的主要特点：

1）按钮面板的可靠性高，适用于恶劣的工作环境。

2）移动面板可以在不同的地点灵活应用。

3）精简系列面板具有基本的功能，经济实用，有很高的性能价格比。

4）精智系列面板采用高分辨率宽屏幕显示屏，支持多种通信协议。

5）精彩系列面板与 S7-200 和 S7-200 SMART 配套，Smart 700 IE 的价格便宜。

SIMATIC HMI 的组态和使用方法请参阅参考文献［4］。

5. SIMATIC NET

SIMATIC NET 是西门子工业控制网络的总称，它将控制系统中所有的站点连接在一起，实现站点之间的可靠通信。符合通信标准的非 SIMATIC 设备也可以集成到 SIMATIC NET。

6. 标准工具 STEP 7

SIMATIC 标准工具 STEP 7 用于对所有的 SIMATIC 部件（包括 PLC、远程 I/O、HMI、驱动装置和通信网络等）进行硬件组态和通信连接组态、参数设置和编程。STEP 7 还有测试、启动、维护、文件建档、运行和诊断等功能。STEP 7 的 SIMATIC Manager（管理器）用于管理自动化数据和软件工具。它将自动化项目中的所有数据保存在一个项目文件夹中。

7. 全集成自动化

传统的自动化系统大多以单元生产设备为核心，进行检测与控制。但是生产设备之间容易形成“自动化孤岛”，缺乏信息资源的共享和生产过程的统一管理，不能满足现代工业生产的要求。为了提高企业的市场竞争力，实现最佳经济效益的目标，必须将自动化控制、制造执行系统（MES）和企业资源规划系统（ERP）三者完美地整合在一起。

西门子的全集成自动化（Totally Integrated Automation，简称为 TIA）不仅通过现场总线技术实现了系统自身与现场设备的纵向集成，同时也实现了系统与系统之间的横向联系，使通信覆盖整个企业，确保了现场实时数据的及时、精确和统一。通过全集成自动化，可以实现从输入物流到输出物流整个生产过程的统一协同自动化，实现完整的生产现场自动化。

全集成自动化集高度的集成统一性和开放性于一身，标准化的网络体系结构，统一的编程组态环境和高度一致的数据集成，使 TIA 为企业实现了横向和纵向信息集成。

从最初的规划与设计，工程与实施，到安装与调试，运行与维护，以至系统升级改造，TIA 使企业在整个生命周期中获得最高的生产力和产品质量，并显著降低项目成本。此外，TIA 还能缩短产品上市和系统投入运行的时间，从而全面增强企业的核心竞争力。

全集成自动化具有三个典型的特征：

（1）统一的组态和编程

STEP 7 是全集成自动化的基础，在 STEP 7 中，用项目来管理一个自动化系统的硬件和软件。STEP 7 用 SIMATIC 管理器对项目进行集中管理，它可以方便地浏览 S7-300/400 和 WinAC 的数据。实现 STEP 7 各种功能所需的 SIMATIC 软件工具都集成在 STEP 7 中。STEP 7 使系统具有统一的组态和编程方式，统一的数据管理和数据通信方式。可以用 SIMATIC 管理器来调用编程、组态等工程工具。

（2）统一的数据管理

以 STEP 7 为操作平台，所有软件组件都访问同一个数据库。这种统一的数据库管理机制，不仅可以减少系统开发的费用，还可以减少出错的概率，提高系统诊断的效率。各软件可以通过全局变量共享一个统一的符号表，在一个项目中，只需在一点对变量进行输入和修改。在工程系统中定义的参数，可以通过网络，向下传输到现场传感器、执行器或驱动器。

（3）统一的通信

全集成自动化采用统一的集成通信技术，使用国际通行的开放的通信标准，例如工业以太网、PROFINET、PROFIBUS-DP、AS-i 等。TIA 支持基于互联网的全球信息流动，用户可以通过传统的浏览器访问控制信息。这样可以确保生产控制过程中采集的实时数据及时、准确、可靠、无间隙地与制造执行系统保持通信。

2.2 S7-300 系列 PLC 简介

2.2.1 S7-300 的物理结构

S7-300（见图 2-1）是模块化的中小型 PLC，适用于中等性能的控制要求。品种繁多的 CPU 模块、信号模块和功能模块能满足各种领域的自动控制任务的要求，用户可以根据系统的具体情况选择合适的模块，维修时更换模块也很方便。

图 2-1 S7-300 PLC

S7-300/400 每个 CPU 都有一个可以使用 MPI（多点接口）通信协议的 RS-485 接口。有的 CPU 还带有集成的现场总线 PROFIBUS-DP 接口、PROFINET 接口或 PtP（点对点）串行通信接口。

功能最强的 CPU 319-3PN/DP 的工作存储器为 2MB，装载存储器（微存储卡 MMC）为 8M，有 8192B 存储器位，2048 个 S7 定时器和 2048 个 S7 计数器，数字量输入和数字量输出最多均为 65536 点，模拟量输入和模拟量输出最多均为 4096 点，位操作指令的执行时间为 0.004 μs。

S7-300/400 有很高的电磁兼容性和抗振动抗冲击能力。可以用于恶劣环境条件的 SIPLUS S7-300 的温度范围为 -40/-25℃ ~ +60/70℃，有更强的耐振动和耐污染性能。

用户可以使用集成在 CPU 模块中的系统功能和系统功能块，从而显著地减少了所需的用户存储器容量。S7-300/400 有 350 多条指令，其编程软件 STEP 7 功能强大，使用方便。可以使用多种编程语言。STEP 7 还用来组态硬件和网络。

CPU 用智能化的诊断系统连续监控系统的功能是否正常，记录错误和特殊系统事件（例如扫描超时、更换模块等）。S7-300/400 有过程报警、日期时间中断和定时中断等功能。

S7-300 采用紧凑的模块结构，各种模块都安装在铝制导轨上。电源模块（PS）安装在机架最左边的 1 号槽（见图 2-2），CPU 模块和接口模块（IM）分别安装在 2 号槽和 3 号槽。

S7-300 用背板总线将除电源模块之外的各个模块连接起来。背板总线集成在模块上，除了电源模块，其他模块之间通过 U 形总线连接器相连，后者插在各模块的背后。安装时先将总线连接器插在 CPU 模块上，将后者固定在导轨上，然后依次安装各个模块。

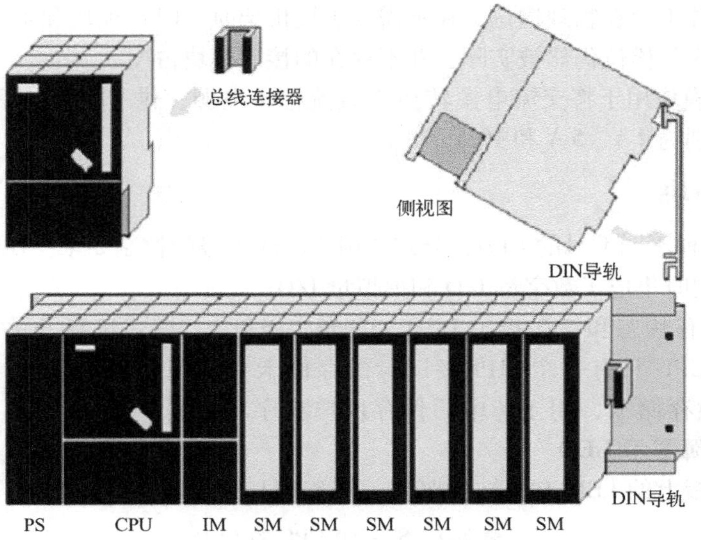

图 2-2　S7-300 的安装

外部接线接在信号模块和功能模块的前连接器的端子上，前连接器用插接的方式安装在模块前门后面的凹槽中。S7-300 的电源模块（PS）通过电源连接器或导线与 CPU 模块相连。

除了带 CPU 的中央机架，最多可以增加 3 个扩展机架（ER，见图 2-3），每个机架的 4～11 号槽可以插 8 个信号模块（SM）、功能模块（FM）和通信处理器（CP）。CPU 312 和 CPU 312C 没有扩展功能。

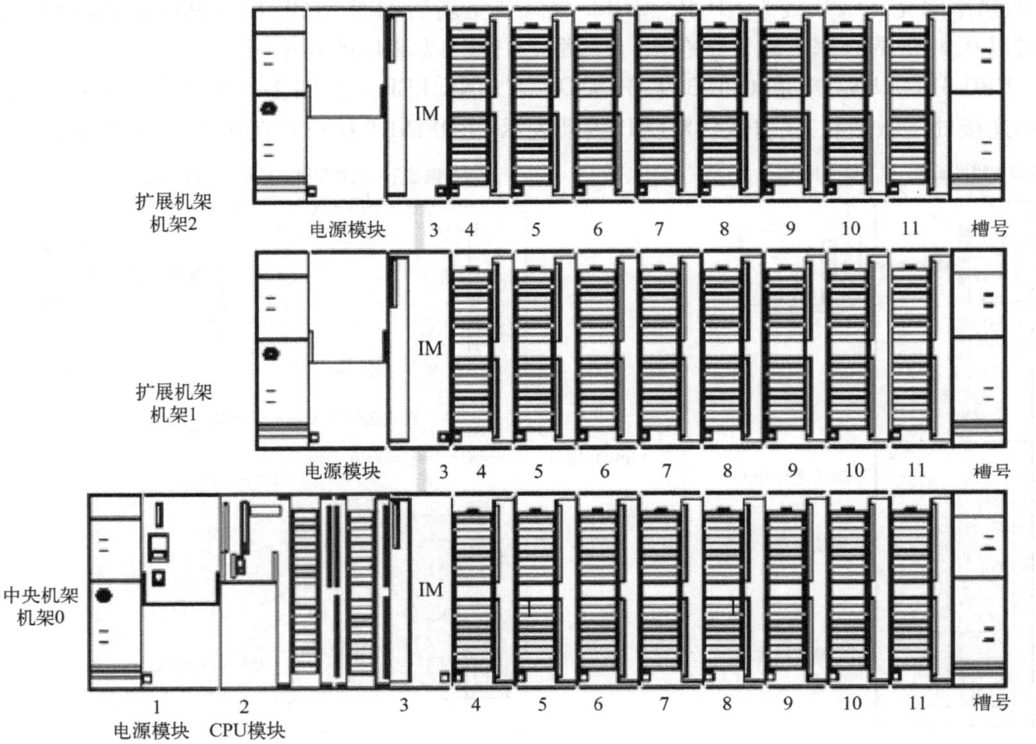

图 2-3　多机架的 S7-300 PLC

机架导轨上并不存在物理槽位，在不需要扩展机架时，CPU 模块和4 号槽的模块是紧挨在一起的。此时3 号槽位仍然被实际上并不存在的接口模块占用。

PS 307 电源模块用于将交流电源转换为直流稳压电源，供 CPU 模块和 I/O 模块使用。额定输出电流分别为2 A、5 A 和10 A。

2.2.2 CPU 模块

S7-300 有多种不同型号的 CPU，分别适用于不同等级的控制要求。CPU 31xC 集成了数字量 I/O，有的同时集成了数字量 I/O 和模拟量 I/O。

CPU 面板上有状态和错误指示 LED（发光二极管）、模式选择开关和通信接口（见图2-4）。有的 CPU 只有一个 MPI 接口。微存储卡（MMC）插槽可以插入多达数兆字节的 FEPROM 微存储卡，用于掉电后保存用户程序和数据。

1. 状态与故障显示 LED

CPU 模块面板上的 LED（发光二极管）的意义见表2-1。

表2-1　S7-300 CPU 的 LED

指示灯	颜色	说　　明	指示灯	颜色	说　　明
SF	红色	系统错误/故障	FRCE	黄色	有输入/输出处于被强制的状态
BF	红色	通信接口的总线故障	RUN	绿色	CPU 处于运行模式
DC 5V	绿色	5V 电源正常	STOP	黄色	CPU 处于停止模式

CPU 处于 RUN 模式时 RUN LED 亮；启动期间以2 Hz 的频率闪亮；HOLD 模式时以0.5 Hz 的频率闪亮。CPU 处于 STOP、HOLD 模式或重新启动时 STOP LED 常亮；请求存储器复位时以0.5 Hz 的频率闪动，正在执行存储器复位时以2 Hz 的频率闪动。

CPU 31x-2PN/DP 和 CPU 319-3PN/DP 的 LINK LED（见图2-5）亮表示 PROFINET 接口的连接处于激活状态，RX/TX LED 闪动表示 PROFINET 接口正在接收/发送数据。

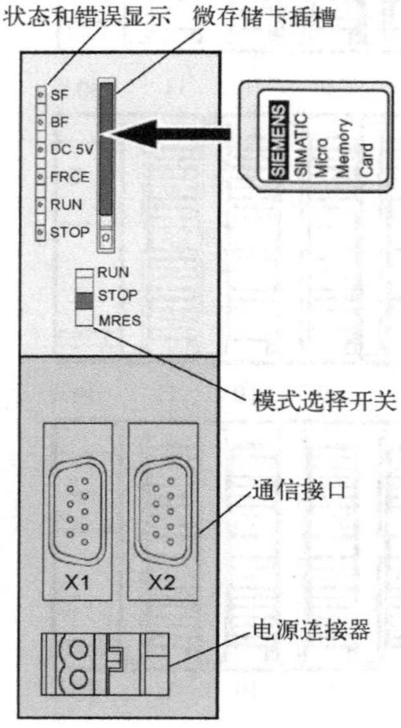

图2-4　CPU 315-2DP

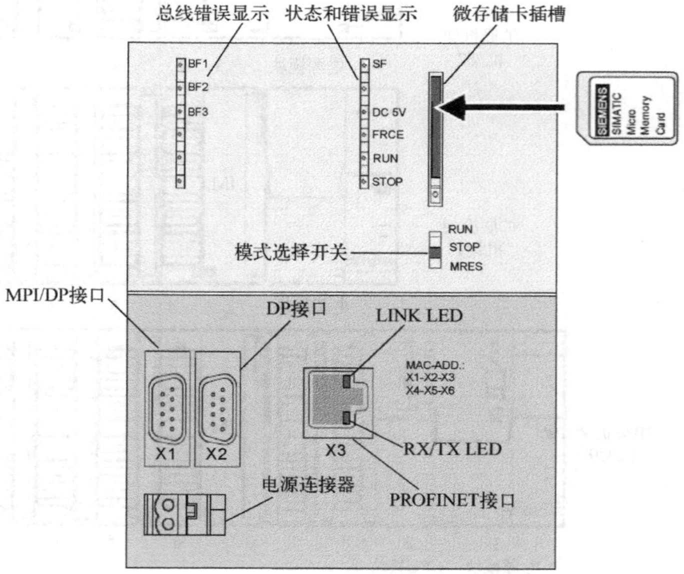

图2-5　CPU 319-3PN/DP

2. CPU 的操作模式

1）STOP（停机）模式：模式选择开关在 STOP 位置时，PLC 上电后自动进入 STOP 模式，在该模式不执行用户程序。

2）RUN（运行）模式：执行用户程序，刷新输入和输出，处理中断和故障信息服务。

3）HOLD 模式：在启动和 RUN 模式执行程序时遇到调试用的断点，用户程序的执行被挂起（暂停），定时器被冻结。

4）STARTUP（启动）模式：可以用模式选择开关或 STEP 7 起动 CPU。如果模式选择开关在 RUN 位置，通电后自动进入启动模式。

5）老式的 CPU 使用钥匙开关来选择操作模式，它还有一种 RUN-P 模式，允许在运行时读出和修改程序。现在的 CPU 的 RUN 模式包含了 RUN-P 模式的功能。仿真软件 PLCSIM 的仿真 PLC 也有 RUN-P 模式，某些监控功能只能在 RUN-P 模式进行。

3. 模式选择开关

CPU 的模式选择开关各位置的意义如下：

1）RUN（运行）位置：CPU 执行用户程序。

2）STOP（停止）位置：CPU 不执行用户程序。

3）MRES（复位存储器）：MRES 位置不能保持，在这个位置松手时开关将自动返回 STOP 位置。将模式选择开关从 STOP 位置扳到 MRES 位置，可以复位存储器，使 CPU 回到初始状态。工作存储器和 S7-400 的 RAM 装载存储器中的用户程序和地址区被清除，全部存储器位、定时器、计数器和数据块均被复位为零，包括有保持功能的数据。CPU 检测硬件，初始化硬件和系统程序的参数，系统参数、CPU 和模块的参数被恢复为默认的设置，MPI 接口的参数被保留。CPU 在复位后将 MMC（微存储卡）里的用户程序和系统数据复制到工作存储区。

复位存储器时按下述顺序操作：PLC 通电后将模式选择开关从 STOP 位置扳到 MRES 位置，STOP LED 熄灭 1 s，亮 1 s，再熄灭 1 s 后保持常亮。松开开关，使它回到 STOP 位置。3 s 内又扳到 MRES 位置，STOP LED 以 2 Hz 的频率至少闪动 3 s，表示正在执行复位，最后 STOP LED 一直亮，复位结束后松开模式选择开关。

4. 通信接口

所有的 CPU 模块都有一个 MPI（多点接口）通信接口或 MPI/DP 接口，有的 CPU 模块还有 PROFIBUS-DP 接口或点对点接口，型号中带 PN 的 CPU 模块有一个 PROFINET 工业以太网接口（见图 2-5）。MPI、DP 和 PROFINET 接口可用于 CPU 与其他西门子 PLC、PG/PC（编程器或个人计算机）、OP（操作员面板）之间的通信。

CPU 31xC 模块上有集成的 I/O，集成 I/O 的点数见表 2-2。

2.2.3 CPU 的存储器

PLC 的操作系统使 PLC 具有基本的智能，能够完成 PLC 设计者规定的各种工作。用户程序由用户设计，它使 PLC 能完成用户要求的特定功能。用户程序存储器的容量以字节（Byte，B）为单位。

1. PLC使用的物理存储器

（1）随机存取存储器（RAM）

CPU可以读出RAM中的数据，也可以将数据写入RAM，因此RAM又叫读/写存储器。它是易失性的存储器，电源中断后，储存的信息将会丢失。

RAM的工作速度高，价格便宜，改写方便。在关断PLC的外部电源后，可以用锂电池来保存RAM中储存的用户程序和数据。需要更换锂电池时，由PLC发出信号，通知用户。

（2）只读存储器（ROM）

ROM的内容只能读出，不能写入。它是非易失的，电源消失后，仍能保存储存的内容，ROM一般用来存放PLC的操作系统。

（3）快闪存储器和EEPROM

快闪存储器（Flash EPROM）简称为FEPROM，可以电擦除可编程的只读存储器简称为EEPROM。可以用编程装置对它们编程，它们兼有ROM的非易失性和RAM的随机存取优点，但是将信息写入它们所需的时间比RAM长得多。它们用来存放用户程序和断电时需要保存的重要数据。

2. 微存储卡

基于FEPROM的微存储卡简称为MMC，用于在断电时保存用户程序和某些数据。

MMC用来作S7-300的装载存储器，下载的程序和数据用MMC保存。不能带电插拔MMC。

如果忘记了密码，只能用西门子的专用编程器上的读卡槽或用西门子带USB接口的读卡器来删除MMC上的程序、数据和密码，这样MMC就可以作为一个未加密的空卡使用了。

3. CPU的存储器

CPU的存储器包括装载存储器、工作存储器和系统存储器。工作存储器类似于计算机的内存条，装载存储器类似于计算机的硬盘。

（1）装载存储器

CPU的装载存储器用于保存不包含符号地址和注释的逻辑块、数据块和系统数据（硬件组态、通信连接和模块的参数等）。下载程序时，用户程序（逻辑块和数据块）被下载到装载存储器，符号表和注释保存在编程设备中。在PLC上电时，CPU把装载存储器中的可执行部分复制到工作存储器。CPU断电时需要保存的数据被自动保存到装载存储器中。

S7-300 CPU没有集成的装载存储器，它用MMC作装载存储器。必须插入MMC，才能下载和运行用户程序。S7-400的CPU有集成的装载存储器（带后备电池的RAM），也可以用FEPROM存储卡或RAM存储卡来扩展装载存储器（见图2-6）。

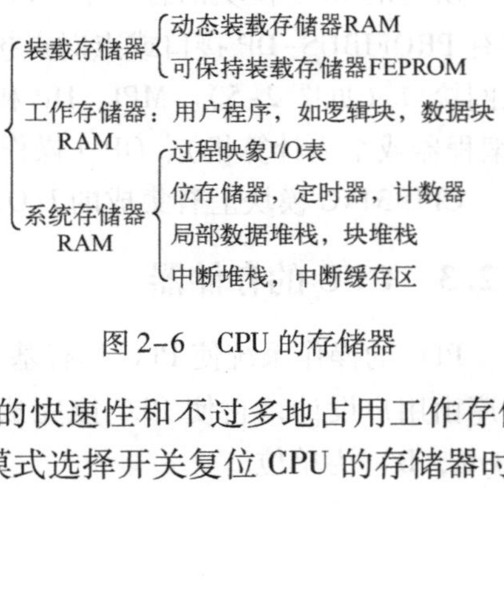

图2-6　CPU的存储器

（2）工作存储器

工作存储器是集成在CPU中的高速存取的RAM存储器，用于存储CPU运行时的用户程序和数据，例如组织块、功能块、功能和数据块。为了保证程序执行的快速性和不过多地占用工作存储器，只有与程序执行有关的块被保存到工作存储器。用模式选择开关复位CPU的存储器时，

RAM 中的程序被清除，FEPROM 中的程序不会被清除。

（3）系统存储器

系统存储器是 CPU 为用户程序提供的存储器组件，用于存放用户程序的操作数据，例如过程映像输入、过程映像输出、位存储器、定时器和计数器、块堆栈、中断堆栈和诊断缓冲区等。在调用逻辑块时，系统存储器中的局部数据堆栈用来储存块的临时数据。

2.2.4　CPU 模块的分类

1. 紧凑型 CPU

S7-31xC 有 7 种紧凑型 CPU（见表 2-2），它们均有集成的数字量输入/输出（DI/DO），有的还有集成的模拟量输入/输出（AI/AO）。它们还有集成的高速计数、频率测量、脉冲输出、闭环控制等技术功能，脉宽调制频率最高为 2.5 kHz。位存储器 256 B，定时器、计数器分别 256 个。CPU 314C-2PN/DP、CPU 314C-2DP、CPU 314C-2PtP 有定位控制功能。型号中有 2DP 的 CPU 的两个通信接口分别是 MPI 和 DP 接口，型号中有 2PN/DP 的 CPU 的两个通信接口分别是 MPI/DP（可以组态为 MPI 或 DP 接口）和 PROFINET（PN）接口。

表 2-2　紧凑型 CPU 部分技术参数

CPU-	312C	313C	313C-2PtP	313C-2DP	314C-2PtP	314C-2DP	314C-2PN/DP
集成工作存储器 RAM	64 KB	128 KB			192 KB		
装载存储器（MMC）	最大 8 MB						
位操作指令执行时间 浮点数运算指令执行时间	0.1 μs 1.1 μs	0.07 μs 0.72 μs			0.06 μs 0.59 μs		
输入/输出地址区 与过程映像	1 KB/1 KB	1 KB/1 KB	1 KB/1 KB	2 KB/2 KB	1 KB/1 KB	2 KB/2 KB	2 KB/2 KB
集成 DI/DO 集成 AI/AO	10/6 —	24/16 (4+1)/2	16/16 —	16/16 —	24/16 (4+1)/2		
计数通道数/最高频率	2/10 kHz	3/30 kHz			4/60 kHz		
脉冲输出点数/最高频率	2/2.5 kHz	3/2.5 kHz			4/2.5 kHz		
最大机架数/模块总数 通信接口与功能	1/8 MPI	4/31 MPI	4/31 MPI，PtP	4/31 MPI，DP	4/31 MPI，PtP	4/31 MPI，DP	4/31 MPI/DP，PN
定位通道数	—	—	—	—	1		

2. 标准型 CPU

标准型 CPU 包括 CPU 312、CPU 314、CPU 315-2DP、CPU 315-2PN/DP、CPU 317-2DP、CPU 317-2PN/DP 和 CPU 319-3PN/DP。型号中带有 PN 的 CPU 有集成的工业以太网接口，可以作 PROFINET I/O 控制器。

3. 技术功能型 CPU

CPU 315T-2DP 和 CPU 317T-2DP 有极高的处理速度，用于对 PLC 性能以及运动控制功能具有较高要求的设备。除了准确的单轴定位功能以外，还适用于复杂的同步运动控制。一个通信接口是 DP/MPI 接口，另一个 DP（DRIVE）接口用于连接带 PROFIBUS 接口的驱动系统。技术功能型 CPU 还有本机集成的 4 点数字量输入和 8 点数字量输出，使用标准的编程语言编程，无需专用的运动控制系统语言。

4. 故障安全型 CPU

故障安全型 CPU 包括 CPU 315F-2DP、CPU 315F-2PN/DP、CPU 317F-2DP 和 CPU 317F-2PN/DP。它们用于组成故障安全型自动化系统，以满足安全运行的需要，使用内置的 DP 接口和 PROFISafe 协议，可以在标准数据报文中传输带有安全功能的用户数据。不需要对故障安全 I/O 进行额外的布线，就可以实现与故障安全有关的通信。

5. SIPLUS 户外型模块

SIPLUS CPU 包括 SIPLUS 紧凑型 CPU、SIPLUS 标准型 CPU 和 SIPLUS 故障安全型 CPU。这些模块可以在 -40/-25℃ ~ +60/70℃的环境温度下和有害的气体环境运行。

2.3 S7-400 系列 PLC 简介

2.3.1 S7-400 的基本结构与特点

1. S7-400 的基本结构

S7-400 是具有中高档性能的 PLC，采用模块化无风扇设计，适用于对可靠性要求极高的大型复杂的控制系统。S7-400 采用大模块结构（见图 2-7 和图 2-8），大多数模块的尺寸为 25 mm（宽）×290 mm（高）×210 mm（深）。S7-400 由机架（RACK）、电源模块（PS）、中央处理单元（CPU）、数字量输入/输出（DI/DO）模块、模拟量输入/输出（AI/AO）模块、通信处理器（CP）、功能模块（FM）和接口模块（IM）组成。DI/DO 模块和 AI/AO 模块统称为信号模块（SM）。

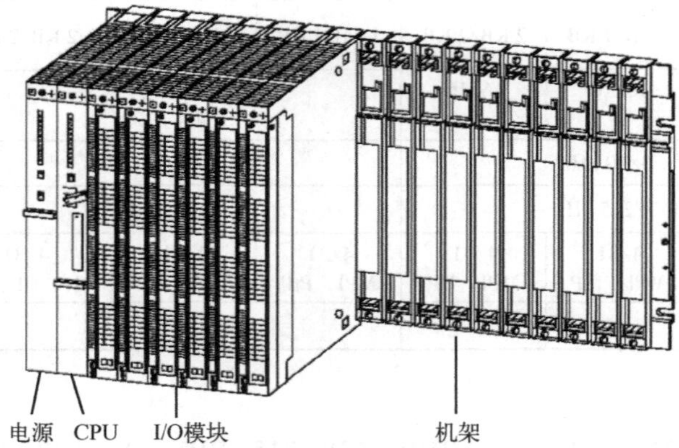

图 2-7 S7-400 模块式 PLC

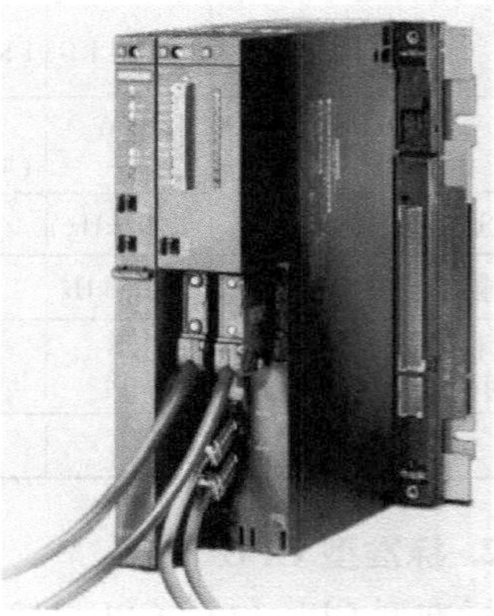

图 2-8 S7-400

机架用来固定模块、提供模块工作电压和实现局部接地，并通过信号总线将不同的模块连接在一起。S7-400 的模块插座焊在机架的总线连接板上，模块插在模块插座上，有不同槽数的机架供用户选用，如果一个机架容纳不下所有的模块，可以增设一个或数个扩展机架，各机架之间用接口模块和通信电缆交换信息。

2. S7-400 的特点

1）运行速度高，CPU 417-4 执行一条位操作指令、字操作指令或定点运算指令只要 18 ns。

2）存储器容量大，例如 CPU 417-4 集成的工作存储器为 30 MB，可以扩展 64 MB 的装载存储器（FEPROM 或 RAM）。

3）I/O 扩展功能强，可以扩展 21 个机架，CPU 417-4 最多可以扩展 262144 点数字量 I/O 和 16384 点模拟量 I/O。

4）有极强的通信能力，有的 CPU 集成了多种通信接口，容易实现分布式结构和冗余控制。使用 ET 200 分布式 I/O，可以实现远程扩展。

S7-400 与 S7-300 一样，都用 STEP 7 编程软件编程，编程语言与编程方法完全相同。

3. S7-400 的机架

机架上的 P 总线是 I/O 总线，C 总线（或称 K 总线）是通信总线，与 CPU 的 MPI 接口连接，具有通信总线接口的 FM 和 CP 模块通过 C 总线进行通信。

中央机架必须配置 CPU 模块和一个电源模块，可以安装除了用于接收的 IM（接口模块）之外的所有 S7-400 模块。如果有扩展机架，中央机架和扩展机架都需要安装接口模块。

IM 460-x 是用于中央机架的发送接口模块；IM 461-x 是用于扩展机架的接收接口模块。

电源模块应安装在机架最左边的 1 号槽，有冗余功能的电源模块是一个例外。10 A 和 20 A 的电源模块分别占两个和三个槽。扩展机架中的接口模块只能安装在最右边的 18 号槽或 9 号槽。通信处理器 CP 只能安装在编号不大于 6 的扩展机架中。

（1）通用机架 UR1/UR2

UR1（18 槽）和 UR2（9 槽）有 P 总线和 K 总线（见图 2-9），可以用作中央机架和扩展机架。

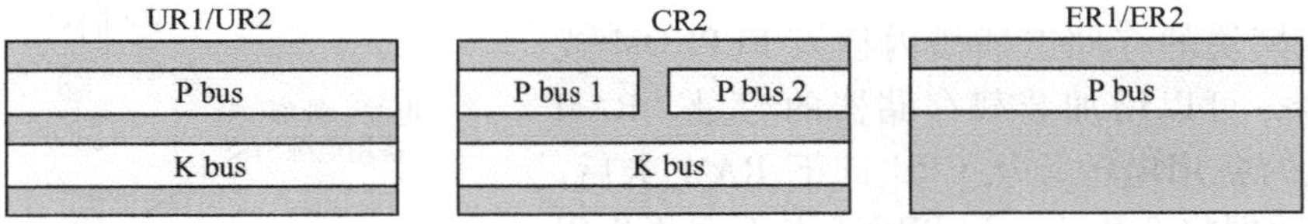

图 2-9　机架与总线

（2）中央机架 CR2/CR3

CR2 是 18 槽的中央机架，P 总线分为两个本地总线段，分别有 10 个插槽和 8 个插槽。两个总线段都可以对 K 总线进行访问。CR2 需要一个电源模块和两个 CPU 模块，每个 CPU 有它自己的 I/O 模块，它们能相互操作和并行运行。CPU 之间通过通信总线交换数据。

S7-400 的信号模块的价格昂贵，远程 I/O ET 200 的信号模块便宜得多，ET 200M 可以使用 S7-300 的各种模块。所以现在 S7-400 很少使用扩展机架，而是使用 DP 和 PROFINET 远程 I/O。这种配置的 S7-400 只需要一块电源模块和一块 CPU，有的系统可能还需要一块通信处理器（CP），一般使用 4 槽的 CR3（见图 2-8）。

（3）扩展机架 ER1/ER2

ER1 和 ER2 是扩展机架，分别有 18 槽和 9 槽，只有 I/O 总线，未提供中断线，可以使用电源模块、接收 IM 模块和信号模块。但是电源模块不能与 IM 461-1（接收 IM）一起使用。

（4）UR2-H 机架

UR2-H 机架用于在一个机架上配置一个完整的 S7-400H 冗余系统，也可以用于配置两个具有电气隔离的独立运行的 S7-400 CPU，每个均有自己的 I/O。UR2-H 需要两个电源模块和两个冗余 CPU 模块。

2.3.2 CPU 模块与电源模块

S7-400 有 7 种不同型号的 CPU，分别适用于不同等级的控制要求。不同型号的 CPU 面板上的元件不完全相同。

CPU 面板上有状态和故障指示 LED、模式选择开关和通信接口（见图 2-10）。存储卡插槽可插入多达数十兆字节的存储卡。模式选择开关的操作方法与 S7-300 的完全相同。

1. S7-400 CPU 的指示灯与模式选择开关

S7-400 CPU 模块面板上的 LED 指示灯的功能见表 2-3，有的 CPU 只有部分指示灯。

S7-400 CPU 模块面板上的模式选择开关的外形和使用方法与 S7-300 的完全相同。

2. 存储卡

在 CPU 模块的存储卡插槽内插入 FEPROM 或 RAM 存储卡，可以增加装载存储器的容量。RAM 卡没有内置的备用电池，从 CPU 卸下 RAM 卡后，卡上所有的数据将会丢失。FEPROM 卡不需要备用电源，即使从 CPU 取下它，也能保持存储在其中的信息。执行存储器复位操作后，在 SIMATIC 管理器执行“PLC”菜单的命令，可以将用户程序下载到存储卡。

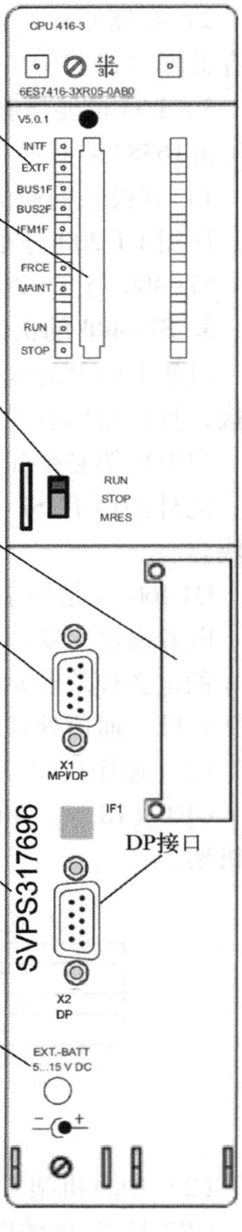

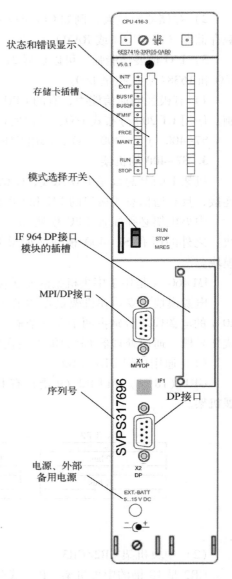

图 2-10 S7-400 的 CPU 模块

表 2-3 S7-400 CPU 的指示灯

指示灯	颜色	说 明	指示灯	颜色	说 明
INTF	红色	内部故障，例如用户程序运行超时	IFM1F	红色	接口子模块 1 故障
EXTF	红色	外部故障，例如电源故障，模块故障	IFM2F	红色	接口子模块 2 故障
FRCE	黄色	有输入/输出处于被强制的状态	MAINT	-	当前不起作用
RUN	绿色	运行模式	MSTR	黄色	CPU 处理 I/O，仅用于 CPU 41x-4H
STOP	黄色	停止模式	REDF	红色	冗余错误，仅用于 CPU 41x-4H
BUS1F	红色	MPI/PROFIBUS-DP 接口 1 的总线故障	RACK0	黄色	CPU 在机架 0 中，仅用于 CPU 41x-4H
BUS2F	红色	PROFIBUS-DP 接口 2 的总线故障	RACK1	黄色	CPU 在机架 1 中，仅用于 CPU 41x-4H

3. 后备电源

可以根据模块类型，在 S7-400 的电源模块中安装一块或两块备用电池。备用电池能确保在发生电源故障时，存储在 CPU 内的用户程序、有断电保持功能的数据区、位存储器、定时器和计数器的值不会受到影响，

在更换电源模块时，如果想保存 RAM 中的用户程序和数据，可以将外部的 DC 5 ~ 15 V 电源连接到“EXT. -BATT.”（外接电池）插孔。接入外部电源时应确保插头的极性正确。

4. CPU 的通信接口

CPU 模块上都有一个 MPI/DP 接口，可以组态为使用 MPI 或 DP 协议。有的 CPU 还有 PROFIBUS-DP 和 PROFINET 接口。

5. CPU 模块的分类

S7-400 有 7 种 CPU，S7-400H 有两种 CPU。CPU 412-2DP 有两个 DP 接口。CPU 414-3PN/DP 和 CPU 416-3PN/DP 集成有一个 MPI/DP 接口、一个 DP 接口，还有一个 PROFINET 接口。

将 IF 964 DP 接口子模块插入 CPU 上的插槽，CPU 414-3DP 和 CPU 416-3DP 可以扩展一个 DP 接口，CPU 417-4 可以扩展两个 DP 接口。

6. 电源模块

S7-400 的电源模块通过背板总线向各模块提供 DC 5V 和 DC 24 V 电源，PS 405 的输入为直流电压，PS 407 的输入为直流电压或交流电压，S7-400 有带冗余功能的电源模块。

如果没有使用传送 5 V 电源的接口模块，每个扩展机架都需要一块电源模块。

2.3.3 S7-400 的特殊应用

1. S7-400H 冗余型 PLC

西门子的 S7 Software Redundancy（S7 软件冗余）可选软件可以在 S7-300/400 标准系统上运行。生产过程出现故障时，在几秒钟内切换到替代系统，可以用于水厂水处理系统或交通流量控制系统等场合。

CPU 414-4H 和 CPU 417-4H 用于 S7-400H 容错式自动控制系统和 S7-400F/FH 安全型自动控制系统。S7-400H 是一种冗余的 PLC，采用双机热备用的硬件，从而避免生产的停机危险。S7-400H 有通过光纤连接的两个并行的 CPU，并通过冗余的 PROFIBUS-DP 线路对冗余 I/O 进行控制。两个 CPU 执行相同的用户程序，这样可以确保两个子控制器同步地更新内容，任意一个子系统出现故障时，无扰动地自动切换。无故障时两个子单元都处于运行状态，如果出现故障，正常工作的子单元能独立完成整个过程的控制。

通过冗余的 PROFIBUS-DP 网络连接 ET 200M（见图 2-11），冗余接口由两个标准 IM 153-2 总线模块组成。可以通过一个冗余 DP/PA 链接器连接 PROFIBUS-PA 网络，也可以通过 Y 形链接器在冗余 PROFIBUS 中连接非冗余设备。

冗余控制的系统切换时间小于 100 ms，通常小于 20 ~ 30 ms，采用西门子专利的事件同步方式进行同步。同步事件包括过程映象区更新、I/O 直接访问、中断、报警、更新定时器、使用通信功能时的数据改变。

2. S7-400F/FH 故障安全型 PLC

S7-400F/FH 安全型自动化系统适用于对安全性要求很高的系统，控制过程（直接关闭某些输出）应尽量减少对人和环境产生的危害。增强的安全功能由 F CPU 中与安全有关的

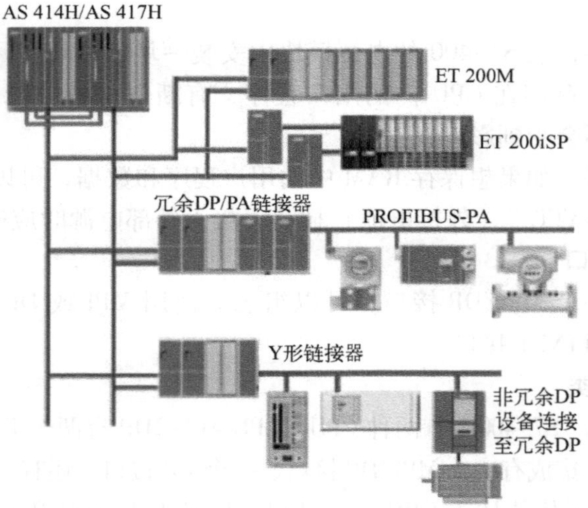

图 2-11　冗余控制系统

用户程序和故障安全 I/O 模块（F 模块）提供。ET 200M 和 ET 200S 可以使用故障安全的数字量模块。

S7-400F 是安全型自动化系统，如果在系统中出现故障，生产过程转为安全状态，并执行中断。S7-400FH 是安全及容错自动化系统，如果系统出现故障，冗余控制使生产过程能继续执行。F CPU 的安全功能包含在 CPU 的 F 程序中和包含在故障安全信号模块中。信号模块通过差异分析监视输入和输出信号。CPU 通过自检、指令测试和顺序程序流控制来监视 PLC 的运行。通过请求信号检查 I/O，如果系统诊断出一个错误，则转入安全状态。

必须将 F 运行许可证安装到 S7-400F/FH 的 CPU，每个 F CPU 需要一个 F 运行授权。

中央控制器和 ET 200M 之间的安全型通信和标准通信通过 FROFIBUS 进行，故障安全型 CPU 使用内置的 DP 接口和 PROFIsafe 协议，安全型功能的数据和标准报文帧一起传送。

3. 多 CPU 处理

多 CPU 处理运行是指在 S7-400 中央机架上，最多 4 个具有多 CPU 处理能力的 CPU 同时运行。这些 CPU 自动地、同步地变换其运行模式。它们同时启动，同时进入 STOP 模式，这样可以同步地执行控制任务。如果整个系统由多个不同的部分组成，并且这些部分可以很容易地彼此拆开并且可以单独控制，则各 CPU 分别处理不同的部分，每个 CPU 访问分配给它的模块。通过通信总线，CPU 彼此互联。

2.4　编程软件 STEP 7 的安装与使用入门

习惯上将 STEP 7 称为编程软件，西门子称之为标准工具。实际上 STEP 7 的功能已经远远地超出了编程软件的范畴。STEP 7 用于对整个控制系统（包括 PLC、远程 I/O、HMI、驱动装置和通信网络等）进行组态、编程和监控。STEP 7 主要有以下功能：

1）组态硬件，即在机架中放置模块，为模块分配地址和设置模块的参数。

2）组态通信连接，定义通信伙伴和连接特性。

3）使用编程语言编写用户程序。

4）下载和调试用户程序，以及启动、维护、文件建档、运行和故障诊断等功能。

STEP 7 的基本版有梯形图、语句表和功能块图这 3 种编程语言。STEP 7 的专业版（Professional）增加了编程语言 S7-GRAPH 和 S7-SCL，以及仿真软件 S7-PLCSIM。

2.4.1 安装 STEP 7 与 PLCSIM

1. STEP 7 对计算机的硬件和操作系统的要求

随书光盘中的 STEP 7 V5.5 SP4 中文版和 S7-PLCSIM V5.4 SP5 UPD1 可以用于非家用版的 Windows XP、32 位和 64 位的 Windows 7。这些软件对计算机的硬件没有特殊的要求，只需满足计算机操作系统对硬件的最低要求就可以了。

建议将 STEP 7 和西门子的其他软件（例如 TIA 博途、WinCC flexible 和 WinCC 等）安装在 C 盘。可以用软件 Ghost 将 C 盘压缩为 *.Gho 文件后，保存在别的硬盘分区。操作系统或安装在 C 盘的软件有问题时，可以用 Ghost 快速恢复备份的 C 盘。

西门子的软件一般有 14 天的试用期，安装后用 Ghost 备份 C 盘，试用期结束时用 Ghost 恢复 C 盘，又可以获得 14 天的试用期。

2. 许可证密钥

使用 STEP 7 编程软件时需要产品的许可证密钥（License Key），版本较老的软件称之为授权。STEP 7 与可选的软件包需要不同的许可证密钥。

1）单独（Single）许可证：软件只能在一台计算机上使用，没有时间限制。

2）浮动（Floating）许可证：许可证密钥安装在网络服务器上，同时只允许一台客户机使用软件，没有时间限制。

3）试用许可证：安装软件后，在第一次使用时，可以在出现的对话框中激活一个试用（Trial）许可证。从第一次使用的日期开始，试用许可证的有效期一般为 14 天。到期后不能用卸载和重新安装软件的方法第二次获得 14 天的有效期。

STEP 7 的许可证密钥存放在一只不能复制的专用优盘中。安装 STEP 7 后，双击计算机桌面上的图标，打开自动化许可证管理器（Automation License Manager，见图 2-12），将优盘中的许可证密钥传送到计算机的硬盘，对应的软件便成了正版软件。

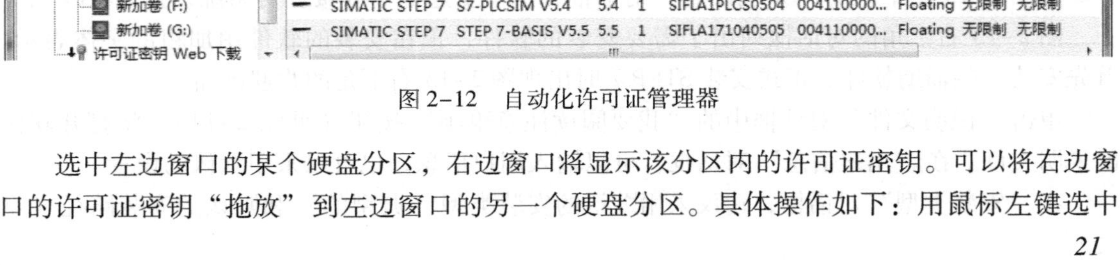

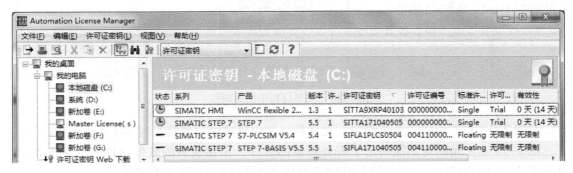

图 2-12 自动化许可证管理器

选中左边窗口的某个硬盘分区，右边窗口将显示该分区内的许可证密钥。可以将右边窗口的许可证密钥“拖放”到左边窗口的另一个硬盘分区。具体操作如下：用鼠标左键选中某个许可证密钥，按住鼠标左键不放，移动鼠标，令鼠标的光标选中左边窗口的另一个硬盘分区，放开鼠标左键，该许可证密钥就被移动到选中的硬盘分区了。

3. STEP 7 的安装过程

安装 STEP 7 V5.5 SP4 中文版时，如果提示没有安装微软的软件“.NET Framework V4.0”，应在微软的官方网站下载和安装该软件。

打开随书光盘中的文件夹“\ STEP7 V5.5 SP4 ch”，双击其中的文件 Setup.exe（其图标为），开始安装软件。结束每个对话框的操作后，单击“下一步”按钮，打开下一个对话框。有的对话框没有什么操作，只需要单击“下一步”按钮就可以了。

在第一页确认安装程序使用的语言为默认的简体中文。在“许可证协议”对话框，应选中“我接受上述许可证协议以及开放源代码许可证协议的条件”。

在“要安装的程序”对话框，采用默认的设置，安装全部 5 个软件（见图 2-13 左上角的图），Automation License Manager 是自动化许可证管理器。

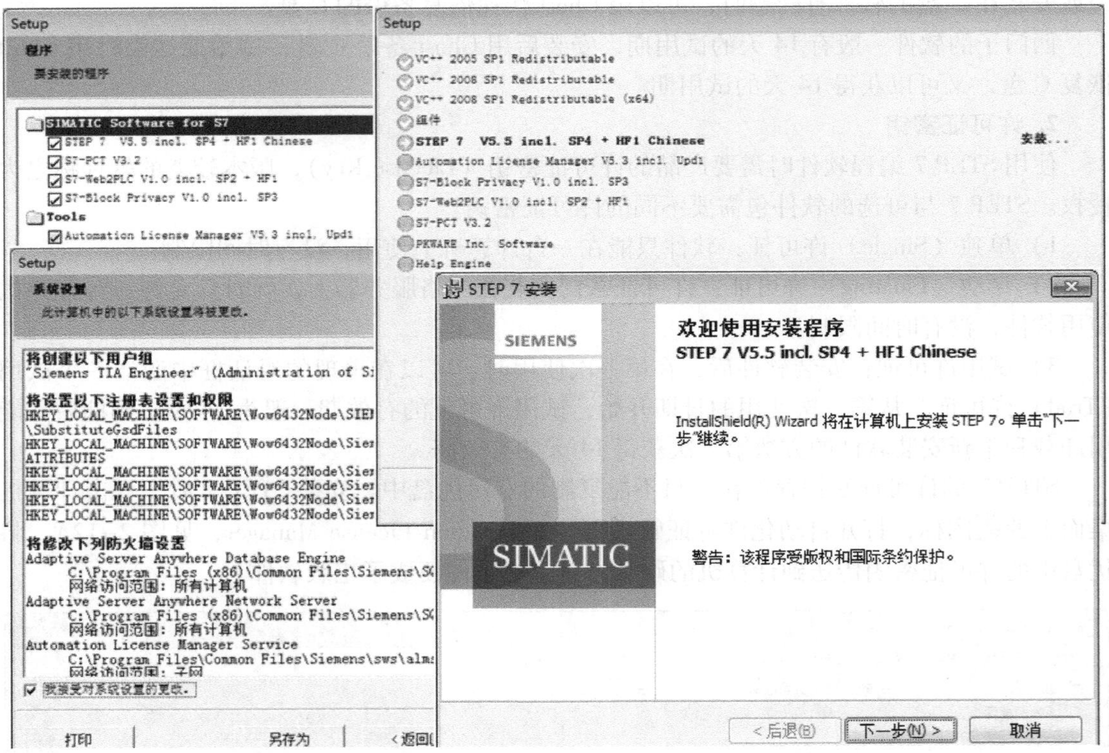

图 2-13 安装过程中的对话框

在图 2-13 左下角的“系统设置”对话框，选中复选框“我接受对系统设置的更改”。

图 2-13 右上角的对话框列出了需要安装的软件，正在安装的软件用加粗的字体表示。首先安装一些辅助软件。正式安装 STEP 7 时出现图 2-13 右下角的欢迎画面。

单击“说明文件”对话框中的“我要阅读注意事项”按钮（见图 2-14），将打开软件的说明文件。在“用户信息”对话框，可以输入用户信息，也可以采用默认的设置。

在“安装类型”对话框，建议采用默认的安装类型（典型的）和默认的安装路径（见

图 2-14 的右图)。单击“更改”按钮，可以改变安装 STEP 7 的目标文件夹。修改后单击“确定”按钮，返回“安装类型”对话框。

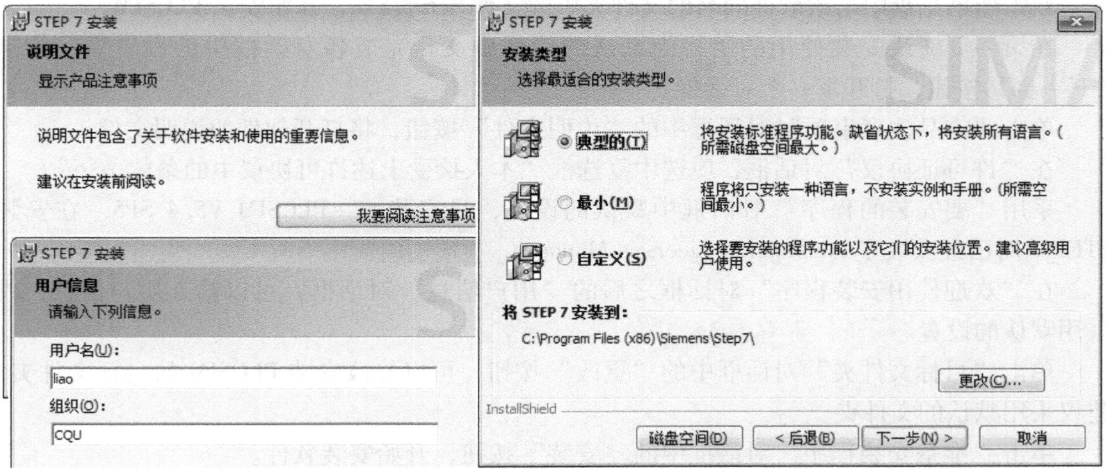

图 2-14　安装过程中的对话框

在“产品语言”对话框，采用默认的设置，安装英语和简体中文。

如果没有许可证密钥，用单选框选中“传送许可证密钥”对话框中的“否，以后再传送许可证密匙”。单击“准备安装程序”对话框中的“安装”按钮，开始安装 STEP 7。

安装快结束时，出现“存储卡参数赋值”对话框。单击“确定”按钮，确认没有存储卡。安装完成后，出现提示安装完成的对话框。单击“完成”按钮，重新启动计算机，结束安装过程。

4. 安装 STEP 7 的注意事项

1）可以用随书光盘直接安装 STEP 7 和 PLCSIM，也可以将软件复制到硬盘后再安装。但是保存它们的各级文件夹的名称不能使用中文，否则在安装时将会出现“ssf 文件错误”的信息。

2）建议在安装 STEP 7 之前，关闭 360 卫士之类的软件。安装软件时可能会出现“Please restart Windows before installing new programs”（安装新程序之前，请重新启动 Windows)，或其他类似的信息。如果重新启动计算机后再安装软件，还是出现上述信息，这是因为 360 卫士之类的软件的作用，Windows 操作系统已经注册了一个或多个写保护文件，以防止被删除或重命名。解决的方法如下。

单击 Windows 7 桌面左下角的“开始”按钮后单击“运行”按钮，在出现的“运行”对话框中输入“regedit”，双击出现的 regedit，打开注册表编辑器。打开左边窗口的文件夹“\HKEY_LOCAL_MACHINE\System\CurrentControlSet001\Control”，选中其中的 Session Manager，用计算机键盘上的〈Delete〉键删除右边窗口中的条目“PendingFileRename Operations……”。不用重新启动计算机，就可以安装软件了。可能每安装一个软件都需要做同样的操作。

3）西门子自动化软件有安装顺序的要求。必须先安装 STEP 7，再安装上位机组态软件 WinCC 和人机界面的组态软件 WinCC flexible。

5. 安装 PLCSIM

S7-PLCSIM V5.4 SP5 UPD1 是包含服务包 5 的更新包 1 的 V5.4 版的仿真软件。

双击随书光盘中与该软件同名的文件夹中的文件 Setup.exe，开始安装 PLCSIM。

在第一页确认安装使用的语言为默认的简体中文。完成各对话框中的设置后，单击"下一步"按钮，打开下一个对话框。

单击"产品注意事项"对话框中的"说明文件"按钮，将打开软件的说明文件。

在"许可证协议"对话框，应选中复选框"本人接受上述许可协议中的条款……"。

采用"要安装的程序"对话框中默认的设置，只安装 S7-PLCSIM V5.4 SP5。在安装 STEP 7 时已经安装了 Automation Licenses Manager。

在"欢迎使用安装程序"对话框之后的"用户信息"对话框，可以输入用户信息，或采用默认的设置。

单击"目标文件夹"对话框中的"更改"按钮，可以修改安装 PLCSIM 的目标文件夹。建议采用默认的文件夹。

单击"准备安装程序"对话框中的"安装"按钮，开始安装软件。

单击最后出现的安装完成对话框中的"完成"按钮，结束安装过程。

2.4.2 项目的创建

1. 用新建项目向导创建项目

双击计算机桌面上的 STEP 7 图标，打开 SIMATIC Manager（SIMATIC 管理器）。如果没有安装许可证密钥，第一次打开 STEP 7 时，出现图 2-15 所示的对话框，选中"STEP 7"，"激活"按钮上字符的颜色变为黑色，单击该按钮，激活期限为 14 天的试用许可证密钥。

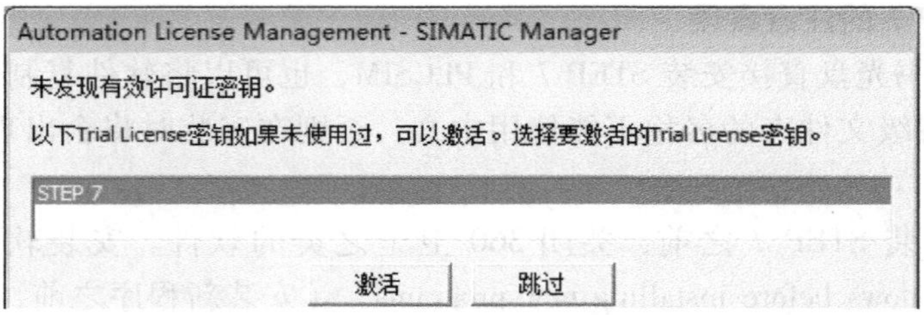

图 2-15　激活试用许可证密钥

打开 STEP 7 后，将会出现"STEP 7 向导：'新建项目'"对话框（见图 2-16 的左图）。

单击"取消"按钮，将打开上一次退出 STEP 7 时打开的所有项目。新建项目时，单击"下一步 >"按钮，在下一个对话框中可以设置 CPU 模块的型号（见图 2-16 的右图），和 CPU 在 MPI 网络中的站地址（默认值为 2）。CPU 列表框的下面是所选 CPU 的基本特性。组态实际的系统时，CPU 的型号与订货号应与实际的硬件相同。

单击"预览"按钮，可以打开或关闭该按钮下面的项目预览窗口。

单击"下一步 >"按钮，在下一对话框中选择需要生成的组织块 OB，默认的是只生成主程序 OB1。默认的编程语言为语句表（STL），可以用单选框将它修改为梯形图（LAD）。单选框的每个选项左边有一个小圆圈，选中某个选项时，小圆圈内出现小圆点。同时只能选中单选框的一个选项，但是可以同时选中多个复选框。

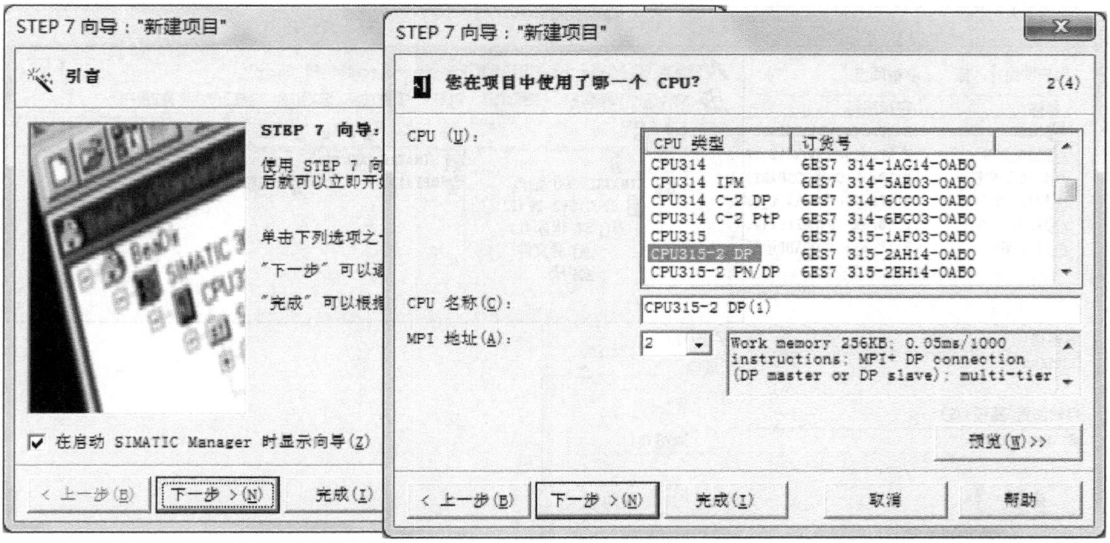

图 2-16　新建项目向导

单击“下一步 >”按钮，可以在“项目名称”文本框修改默认的项目名称。单击“完成”按钮，开始创建项目。项目的名称最多允许 8 个字符，每个汉字占两个字符。

在 SIMATIC 管理器中执行菜单命令“文件”→“‘新建项目’向导”，也可以打开新建项目向导对话框。新建项目向导的缺点是同一型号的 CPU 只能选用一种订货号。

2. 直接创建项目

在 SIMATIC 管理器中执行菜单命令“文件”→“新建”，在出现的“新建项目”对话框中（见图 2-17 的左图），可以创建用户项目、库或多重化项目。多重化项目包含多个站，可以由多人编程，最后合并为一个项目。

在“名称”文本框中输入新项目的名称，“存储位置（路径）”文本框中是默认的或设置的保存新项目的文件夹。单击“浏览”按钮，可以设置保存新项目的文件夹。单击“确定”按钮后返回 SIMATIC 管理器，生成一个空的新项目。

用鼠标右键单击管理器中新项目的图标，用出现的快捷菜单中的命令插入一个新的 S7-300/400 站。选中生成的站，双击右边窗口中的“硬件”图标，打开硬件组态工具 HW Config，双击 S7-400 的机架（Rack）或 S7-300 的导轨（Rail），生成一个机架。将 CPU 模块、电源模块和信号模块插入机架。如果使用新建项目向导，机架（或导轨）和 CPU 是向导自动生成的。

3. 项目的分层结构

项目是以分层结构保存对象数据的文件夹，包含了自动控制系统中所有的数据。图 2-17 右图的左边是项目树形结构窗口。第一层为项目，第二层为站，站是组态硬件的起点。站的下面是 CPU，“S7 程序”是编写程序的起点，所有的用户程序均存放在该文件夹中。

用鼠标选中项目结构中某一层的对象，管理器右边的窗口将显示该层的对象。双击其中的某个对象，可以打开和编辑该对象。

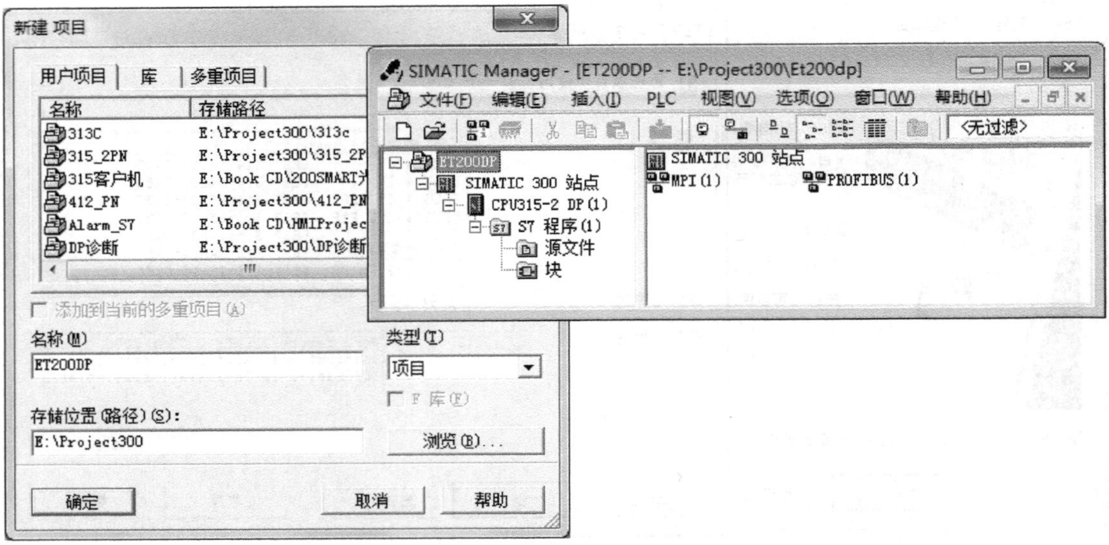

图 2-17　SIMATIC 管理器中的项目结构

项目包含站和网络对象，站包含硬件、CPU 和 CP（通信处理器），CPU 包含 S7 程序和连接，S7 程序包含源文件、块和符号表。生成程序时自动生成一个空的符号表。

块对象包含逻辑块（OB、FB、FC、SFB 和 SFC）、数据块（DB）、用户定义的数据类型（UDT）、系统数据和调试程序用的变量表（VAT）。系统数据用来保存和下载系统硬件组态和网络组态的信息。生成项目时，“块”文件夹中一般只有主程序 OB1。

变量表在调试用户程序时用于监视和修改变量。符号表、变量表和 UDT 不下载到 CPU。

选中最上层的项目图标后，执行菜单命令“插入”→“站点”，可以插入新的站。也可以用鼠标右键单击项目的图标，执行弹出的快捷菜单中的命令，插入一个新的站。可以用类似的方法插入 S7 程序和逻辑块等。用户程序中的块需要用相应的编辑器来编辑，双击某个块将自动打开对应的编辑器。

STEP 7 的鼠标右键功能是很强的，用右键单击窗口中的某一对象，在弹出的快捷菜单中将会出现与该对象有关的最常用的命令。选择某一菜单项，可以执行相应的操作。建议在使用软件的过程中逐渐熟悉和尽量使用右键功能。

4. 设置项目属性

STEP 7 中文版可以使用中文和英语，默认的是中文。需要切换为英语时，执行 SIMATIC 管理器中的菜单命令“选项”→“自定义”，打开出现的“自定义”对话框的“语言”选项卡（见图 2-18 的左图），选中 English。单击“确定”按钮，将自动退出 STEP 7。重新打开它以后，软件使用的语言变为英语。在该选项卡还可以用单选框选择使用德语或英语的助记符。

在“常规”选项卡（见图 2-18 的右图），可以修改保存项目和库的默认的文件夹。如果存储项目的各级文件夹的名称中有汉字，不能使用“新建项目”向导。在其他选项卡，可以设置日期和时间的格式、在线窗口的显示方式、视图的显示方式、保存项目使用的压缩方式等。

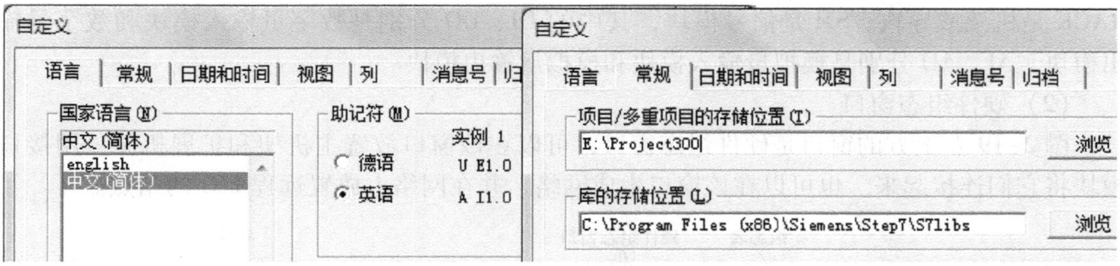

图 2-18　设置语言与存储位置

2.5　硬件组态

2.5.1　硬件组态概述

1. 硬件组态的任务

英语单词“Configuring”(配置、设置)一般被翻译为“组态”。集成在 STEP 7 中的硬件组态工具 HW Config 用于对自动化工程使用的硬件进行配置和参数设置。

在 PLC 控制系统设计的初期，首先应根据系统的输入、输出信号的性质和点数，以及对控制系统的功能要求，确定系统的硬件配置，例如 CPU 模块与电源模块的型号，需要哪些输入/输出模块(即信号模块 SM)、功能模块(FM)和通信处理器模块(CP)，各种模块的型号和每种型号的块数等。如果 S7-300 的 SM、FM 和 CP 的块数超过 8 块，除了中央机架外还需要配置扩展机架和接口模块(IM)，或者使用分布式 I/O。确定了系统的硬件组成后，需要在 STEP 7 中完成硬件组态工作，并将组态信息下载到 CPU。

硬件组态的任务就是在 STEP 7 中生成一个与实际的硬件系统完全相同的系统，组态的模块和实际的模块的插槽位置、型号、订货号和固件版本号应完全相同。硬件组态确定了 PLC 输入/输出变量的地址，为设计用户程序打下了基础。硬件组态包括下列内容：

1) 系统组态：从硬件目录中选择机架，将模块分配给机架中的插槽。用接口模块连接多机架系统的各个机架。对于网络控制系统，需要生成网络和网络上的站点。

2) 设置 CPU 和其他模块的参数。如果没有特殊要求，可以使用默认的参数。

组态的参数下载后，CPU 之外的其他模块的参数一般保存在 CPU 中。在 PLC 启动时，CPU 自动地向其他模块传送设置的参数，因此在更换 CPU 之外的模块后不需要重新对它们组态和下载组态信息。对于已经安装好硬件的系统，可以通过通信从 CPU 载入实际的组态和参数。

2. 硬件组态工具 HW Config

选中 SIMATIC 管理器左边的站对象，双击右边窗口的“硬件”图标，打开硬件组态工具 HW Config(见图 2-19)。

(1) 硬件目录

可以用工具栏上的按钮▣打开或关闭右边的硬件目录窗口。选中硬件目录中的某个硬件对象，硬件目录下面的小窗口是它的订货号和简要信息。

硬件目录中的 CP 是通信处理器，FM 是功能模块，IM 是接口模块，PS 是电源模块，

RACK 是机架或导轨。SM 是信号模块，其中的 DI、DO 分别是数字量输入模块和数字量输出模块，AI、AO 分别是模拟量输入模块和模拟量输出模块。

（2）硬件组态窗口

图 2-19 左上方的窗口是硬件组态窗口，可以在该窗口放置主机架和扩展机架，用接口模块将它们连接起来。也可以在该窗口生成网络，并在网络上放置远程 I/O 的站点。

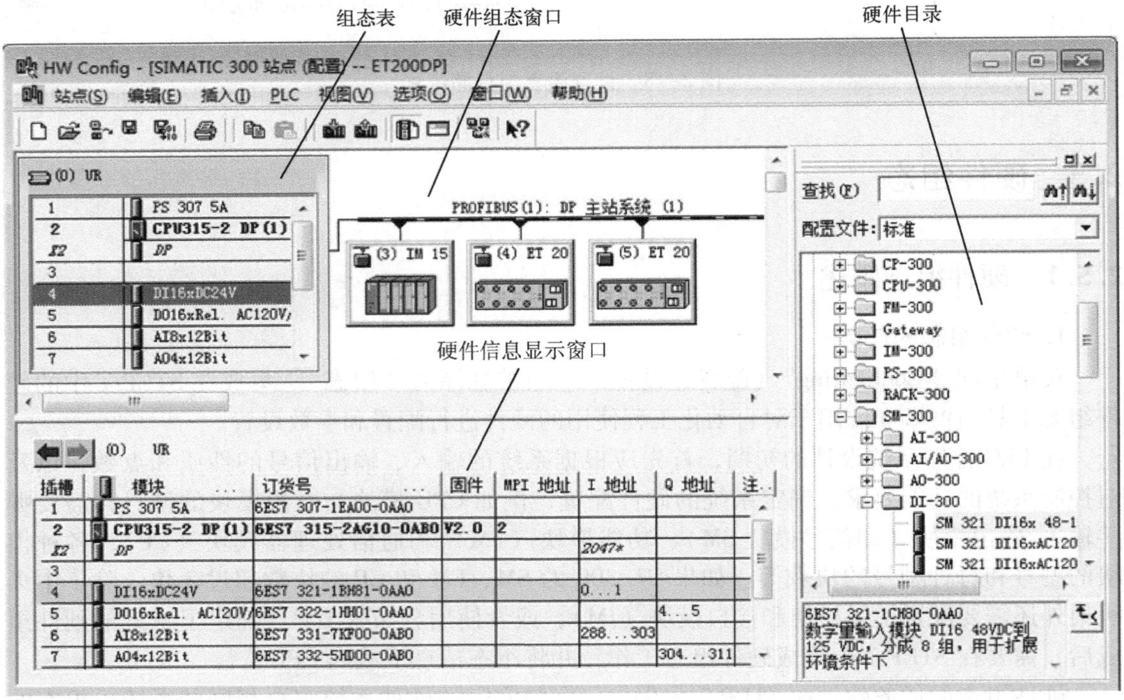

图 2-19　硬件组态工具

（3）硬件信息显示窗口

选中硬件组态窗口中的某个机架或远程 I/O 的站点，硬件信息显示窗口将显示选中的对象的详细信息，例如模块的订货号、CPU 的固件版本号和 MPI 网络中的站地址、I/O 模块的地址和注释等。该窗口左上角的⇦⇨按钮用来切换硬件组态窗口中的机架或远程 I/O 站点。

2.5.2　S7-300 的组态

1. 组态 S7-300 的中央机架

用新建项目向导生成一个项目，进入硬件组态窗口后，可以看到自动生成的中央机架和已经插入的 CPU 模块。如果直接生成一个项目，双击硬件目录窗口的文件夹 \SIMATIC 300\RACK-300 中的导轨（Rail），组态表将出现在硬件组态窗口。

在硬件目录中选择需要的模块，将它们插入到机架中指定的槽位。以在 1 号槽配置电源模块为例，首先单击选中机架的 1 号槽，使该行的背景变为深蓝色。用鼠标双击硬件目录窗口“\SIATIC 300\PS 300”文件夹中的某个电源模块，1 号槽所在的行将会出现该电源模块的名称，同时自动选中下一个插槽。

也可以用“拖放”的方法放置硬件对象。用鼠标打开硬件目录中的文件夹“\SIMATIC 300\PS-300”，单击其中的电源模块“PS 307 5A”，该模块被选中，其背景变为深色。此时硬件组态窗口的机架中允许放置该模块的1号槽变为绿色，其他插槽为灰色。用鼠标左键按住该模块不放，移动鼠标，将选中的模块“拖”到机架的1号槽。

光标没有移动到允许放置该模块的插槽时，其形状为⊘（禁止放置）。拖到组态表或硬件信息显示窗口的1号槽时，光标的形状变为，表示允许放置。此时松开鼠标左键，电源模块被放置到1号槽。

用上述的方法，选中文件夹“\SIMATIC 300\CPU-300”中的CPU 313C-2DP模块，将它插入2号槽。因为没有接口模块，3号槽空着。

2. 放置信号模块

打开硬件目录中的文件夹“\SIMATIC 300\SM-300”，用上述方法，将16点的DI模块和16点的DO模块分别放置在4号槽和5号槽。将8点AI模块和4点AO模块分别放置在6号槽和7号槽（见图2-19）。

硬件信息显示窗口显示S7-300站点中各模块的详细信息，例如模块的订货号、I/O模块的字节地址和注释等。图2-19中CPU的固件版本号为V2.0，MPI站地址为2，“DP”行的2047是CPU集成的PROFIBUS-DP接口的诊断地址。

双击某个模块，可以用打开的模块属性对话框设置模块的参数。用鼠标右键单击某一I/O模块，执行出现的快捷菜单中的“编辑符号”命令，可以在出现的“编辑符号”对话框中编辑该模块各I/O点的符号。

组态结束后，单击工具栏上的“编译并保存”按钮，首先对组态信息进行编译。编译成功后，在SIMATIC管理器右边显示块的窗口中，可以看到保存硬件组态信息和网络组态信息的“系统数据”。可以在SIMATIC管理器中将它下载到CPU，也可以在HW Config中将硬件组态信息下载到CPU。

3. 多机架系统的组态

如果S7-300的信号模块、功能模块和通信处理器不止8块，需要增加扩展机架。一个S7-300站最多可以有4个机架，0号机架是主机架，1~3号机架是扩展机架。

如果只有一个扩展机架，可以使用价格便宜的IM 365接口模块对，它由两个接口模块和连接它们的1m长的电缆组成。组态时将两个IM 365模块分别插到主机架和扩展机架的第3槽，IM模块之间自动出现一条连接线。DC 5V背板总线电流由主机架上的CPU通过IM 365提供。

如果中央机架使用一块IM 360，扩展机架使用IM 361，最多可以扩展3个机架。

2.5.3 I/O模块的地址分配

1. S7-300 I/O模块的地址分配

S7-300的数字量（或称开关量）I/O点地址由地址标识符、地址的字节部分和位部分组成，一个字节由0~7这8位组成。例如I3.2是一个数字量输入点的地址，小数点前面的3是地址的字节部分，小数点后面的2表示它是字节中的第2位。I3.0~I3.7组成一个输入字节IB3。

S7-300的信号模块的字节地址与模块所在的机架号和槽号有关。从0号字节开始，S7

-300 给每个数字量信号模块分配 4B（4 个字节）的地址，相当于 32 个 I/O 点。M 号机架（M=0~3）的 N 号槽（N=4~11）的数字量信号模块的起始字节地址为 $32\times M+(N-4)\times 4$。

模拟量模块有多个通道，一个通道占一个字或两个字节的地址。S7-300 为模拟量模块保留了专用的地址区域，字节地址范围为 256~767。一个模拟量模块最多 8 个通道，从 256 号字节开始，S7-300 给每一个模拟量模块分配 16B（8 个字）的地址。M 号机架的 N 号槽的模拟量模块的起始字节地址为 $128\times M+(N-4)\times 16+256$。

对信号模块组态时，根据模块所在的机架号和槽号，STEP 7 按上述的原则自动地分配模块的默认地址。硬件组态窗口下面的硬件信息显示窗口中的"I 地址"列和"Q 地址"列分别是模块的输入和输出的起始和结束字节地址。例如图 2-19 中数字量输入模块的地址为 IB0 和 IB1，数字量输出模块的地址为 QB4 和 QB5。

在模块的属性对话框的"地址"选项卡中，用户可以修改 STEP 7 自动分配的地址，一般采用系统分配的地址，因此没有必要记住上述的地址分配原则。但是必须根据组态时确定的 I/O 点的地址来编程。

模块内各 I/O 点的位地址与信号线接在模块上的哪一个端子有关。图 2-20 是 32 点数字量 I/O 模块，其起始字节地址为 X，每个字节由 8 个 I/O 点组成。图中标出了各 I/O 字节的位置，以及字节内各点的位置。有关的手册和模块面板背后给出了信号模块内部的地址分配图。

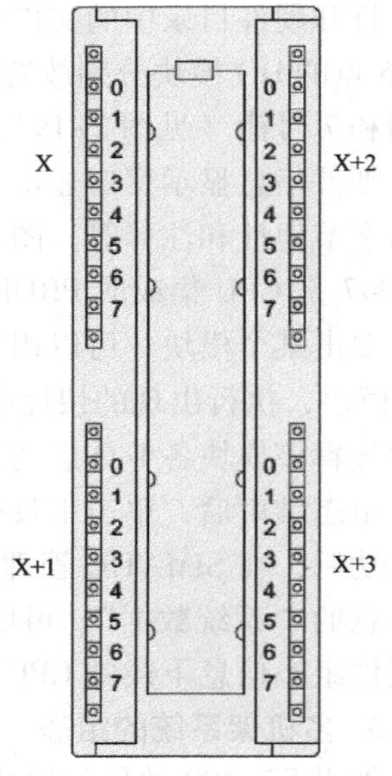

图 2-20 信号模块的地址

2. S7-400 信号模块的地址

下面是组态时 S7-400 的信号模块的地址分配原则。

1）分配给模块的地址与模块所在的机架号和槽号无关。

2）硬件组态工具 HW Config 自动统一分配 PLC 的中央机架、扩展机架、DP 网络上的非智能从站、PROFINET IO 设备的模块的 I/O 地址。

3）I/O 地址分为 4 类，即数字量输入、数字量输出、模拟量输入和模拟量输出。按组态的先后次序，自动分配的同类 I/O 模块的字节地址依次排列。

数字量 I/O 模块的起始地址从 0 号字节开始分配，模拟量 I/O 模块的起始地址从 512 号字节开始分配，每个模拟量 I/O 点占 2B 的地址。

对 S7-300 的网络控制系统的硬件组态时，非智能 DP 从站、PROFINET IO 设备与主站的 I/O 模块的地址也是按组态的先后顺序，分 4 类模块自动统一分配的。模拟量 I/O 模块的起始地址从 256 号字节开始分配。

2.5.4 CPU 模块的参数设置

1. STEP 7 的帮助功能

用鼠标选中菜单中的某个条目，或者打开对话框中的某个选项卡，按计算机的〈F1〉键便可以得到与它们有关的在线帮助。单击对话框中的"帮助"按钮，也可以得到打开的选项卡的在线帮助。

执行菜单命令“帮助”→“目录”，打开 STEP 7 的帮助信息，左边的“目录”选项卡列出了帮助文件的目录，可以借助目录浏览器寻找需要的帮助主题。“索引”选项卡窗口提供了按字母顺序排列的主题关键词，双击某一关键词，将显示有关的帮助信息。在“搜索”选项卡键入要查找的关键字，单击“列出主题”按钮，双击列出的某一主题，将显示有关的帮助信息。

2. 参数设置举例

选中 SIMATIC 管理器中的某个站点，双击右边窗口中的“硬件”图标，打开 HW Config 工具。双击机架中的 CPU 模块所在的行，打开 CPU 属性对话框（见图 2-21）。打开某个选项卡，便可以设置相应的属性。CPU 的参数很多，绝大多数参数可以采用默认值。可以通过在线帮助功能了解各参数的意义，本书不再一一详述。

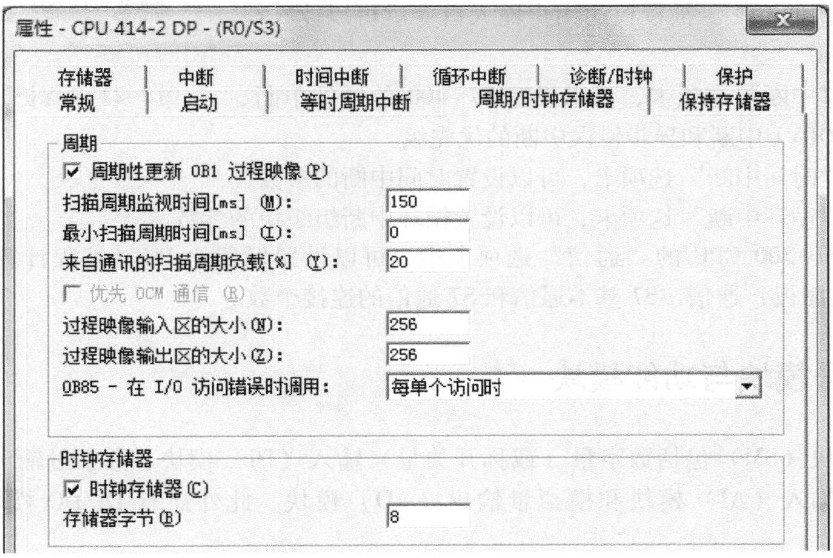

图 2-21 “周期/时钟存储器”选项卡

时钟脉冲是可供用户程序使用的占空比为 1∶1 的方波信号。为了使用时钟脉冲，需要单击图 2-21 中“周期/时钟存储器”选项卡的“时钟存储器”左边的小正方形复选框，框中出现一个“√”，表示选中（激活）了该选项。然后设置时钟存储器字节的地址为 8，即设置 MB8 为时钟存储器字节。

按计算机的〈F1〉键，打开在线帮助信息。帮助文件中的绿色字符链接有更多的帮助信息。单击绿色的“时钟存储器”，可以看到有关它的信息。单击其中绿色的“周期性”，可以看到表 2-4 中的时钟存储器各位的时钟脉冲周期和频率。

表 2-4 时钟存储器各位对应的时钟脉冲周期与频率

位	7	6	5	4	3	2	1	0
周期/s	2	1.6	1	0.8	0.5	0.4	0.2	0.1
频率/Hz	0.5	0.625	1	1.25	2	2.5	5	10

3. CPU 参数设置简介

1）“启动”选项卡用来设置 PLC 启动时的属性。S7-300 只能暖启动。

2）“诊断/时钟”选项卡用于设置系统诊断参数与实时钟同步的模式。使用“校正因子”可以补偿实时钟的误差。

3）在电源掉电或CPU从RUN模式进入STOP模式之后，其内容保持不变的存储区称为保持存储区。“保持存储器”选项卡用来设置从MB0、T0和C0开始的需要断电保持的存储器字节数、定时器和计数器的个数。

4）在S7-400 CPU的属性对话框的“存储器”选项卡，可以设置各优先级的组织块的临时局部数据堆栈的字节数。

5）在“保护”选项卡的“保护等级”区（见图2-22），可以选择3个保护等级。保护等级1是默认的设置，没有口令。不知道口令的人员，只能读保护等级2的CPU，不能读写保护等级3的CPU。被授权的用户输入口令后可以读、写被保护的CPU。

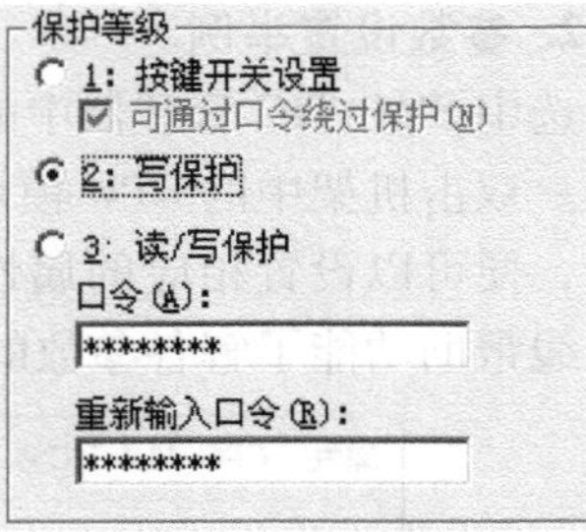

图2-22 “保护”选项卡

6）在“中断”选项卡，可以设置S7-400的硬件中断、延时中断、DPV1中断和异步错误中断的优先级。

7）在“时间中断”选项卡，可以设置时间中断的参数。

8）在“循环中断”选项卡，可以设置循环中断组织块的参数。

9）在S7-300 CPU的“通信”选项卡中，可以设置保留给PG（编程计算机）通信、OP（操作员面板）通信、S7基本通信和S7通信的连接个数。

2.6 信号模块与功能模块

信号模块（SM）包括数字量（或称开关量）输入（DI）模块、数字量输出（DO）模块、模拟量输入（AI）模块和模拟量输出（AO）模块。此外还有DI/DO模块和AI/AO模块。

S7-300的输入/输出模块的外部接线接在插接式的前连接器的端子上，前连接器插在前盖板后面的凹槽内。更换模块时不需要断开前连接器上的外部连线，只需拆下前连接器，将它插到新的模块上，不用重新接线。模块上有两个带顶罩的编码元件，第一次插入时，顶罩永久性地插入到前连接器上。为了避免更换模块时发生错误，第一次插入前连接器时，它被编码，以后该前连接器只能插入同样类型的模块。20针的前连接器用于信号模块（32点的模块除外）和功能模块。40针的前连接器用于32点的信号模块。

模块面板上的SF LED用于显示故障和错误，数字量I/O模块面板上的LED用来显示各数字量输入/输出点的信号状态，前面板上有标签区。S7-300的模块安装在DIN标准导轨上，并通过总线连接器与相邻模块连接。

2.6.1 数字量输入输出模块

1. 数字量输入模块的输入电路

数字量输入（DI）模块用于连接外部的机械触点和电子数字式传感器，例如光电开关和接近开关，将来自现场的外部数字量信号的电平转换为PLC内部的信号电平。

图2-23是直流输入模块的内部电路和外部接线图，图中只画出了一路输入电路，M或

N 是同一输入组内各内部输入电路的公共点。当图中的外部电路接通时，光耦合器中的发光二极管（LED）点亮，光敏晶体管饱和导通，相当于开关接通；外部电路断开时，光耦合器中的 LED 熄灭，光敏晶体管截止，相当于开关断开。信号经背板总线接口传送给 CPU 模块。

交流输入模块的额定输入电压为 AC 120 V 或 230 V。图 2-24 的电路用电阻限流，交流电流经桥式整流电路转换为直流电流。信号经光耦合器和背板总线接口传送给 CPU 模块。

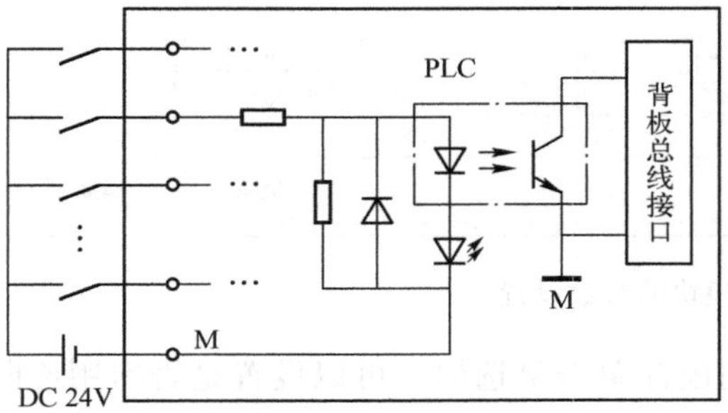

图 2-23　数字量输入模块电路

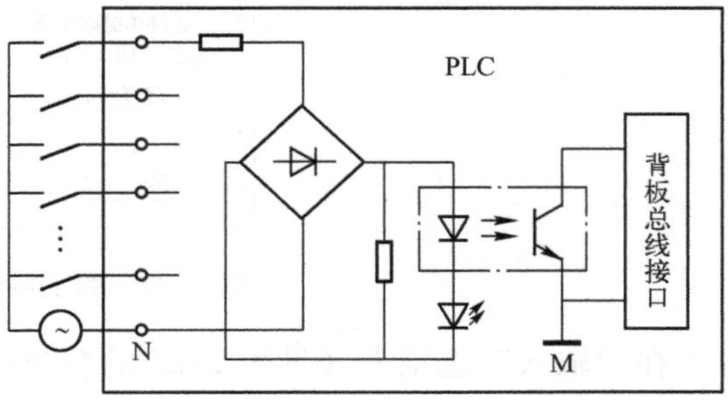

图 2-24　数字量输入模块电路

直流输入电路的延迟时间较短，可以直接连接接近开关、光电开关等电子传感器。DC 24 V 是一种安全电压。如果信号线不是很长，PLC 所处的物理环境较好，应考虑优先选用 DC 24 V 的输入模块。交流输入方式适合于在有油雾、粉尘的恶劣环境下使用。

直流输入的 DI 模块可以直接连接两线式 BERO 接近开关，后者的输出信号为 0 状态时，其输出电流（空载电流）不为 0。在选型时应保证两线式接近开关的空载电流小于输入模块允许的静态电流，否则将会产生错误的输入信号。

根据输入电流的流向，可以将输入电路分为源输入电路和漏输入电路。漏输入电路（见图 2-23）的输入回路电流从模块的信号输入端流进来，从模块内部输入电路的公共点 M 流出去。PNP 集电极开路输出的传感器应接到漏输入的 DI 模块。

在源输入电路的输入回路中，电流从模块的信号输入端流出去，从模块内部输入电路的公共点 M 流进来。NPN 集电极开路输出的传感器应接到源输入的 DI 模块。

数字量模块的输入/输出电缆的最大长度为 1000 m（屏蔽电缆）或 600 m（非屏蔽电缆）。

2. DI 模块的参数设置

输入/输出模块的参数在 STEP 7 的硬件组态工具中设置，保存和编译后，应将“系统数据”中的参数下载到 CPU。从 STOP 模式转换为 RUN 模式时，CPU 将参数传送到每个模块。

选中 SIMATIC 管理器中的 S7-300 站点，双击右边窗口中的“硬件”图标，进入 HW Config 界面。双击机架中的 DI 模块“DI16xDC 24V，Interrupt”，打开它的模块属性对话框，“常规”选项卡里有模块的基本信息。

单击“地址”选项卡中的“系统默认”复选框（见图 2-25 的左图），其中的“√”消失，“开始”文本框的背景由灰色变为白色，可以用它来修改模块的起始地址。建议采用 STEP 7 自动分配的模块地址，不要修改它们，但是在编程时必须使用组态时分配的地址。

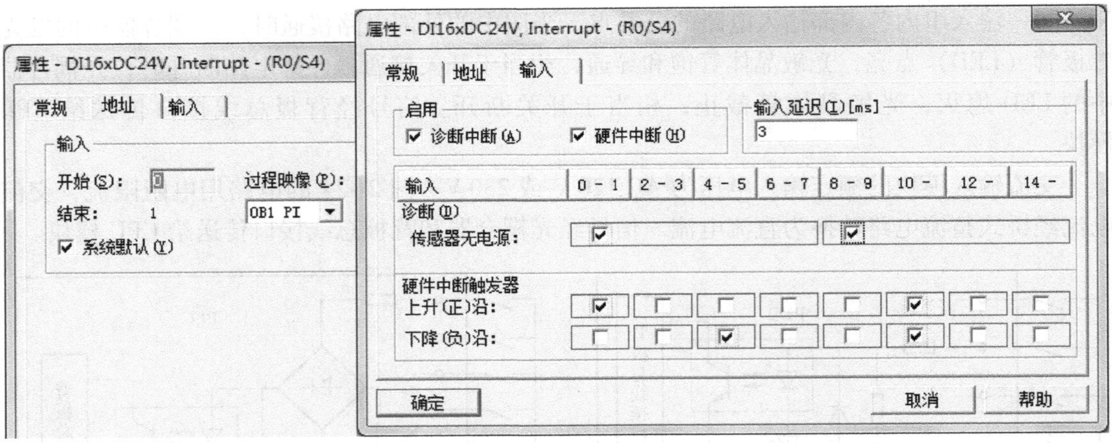

图 2-25　数字量输入模块的参数设置

在“输入”选项卡（见图 2-25 的右图），用鼠标单击复选框，可以设置是否启用诊断中断和硬件中断，复选框内出现钩表示启用中断。出现诊断事件时，CPU 的操作系统将会调用诊断中断组织块 OB82。

启用硬件中断后，可以用复选框在“硬件中断触发器”区设置上升沿中断、下降沿中断，或上升沿和下降沿均产生中断。出现硬件中断时，操作系统将调用硬件中断组织块（例如 OB40）。

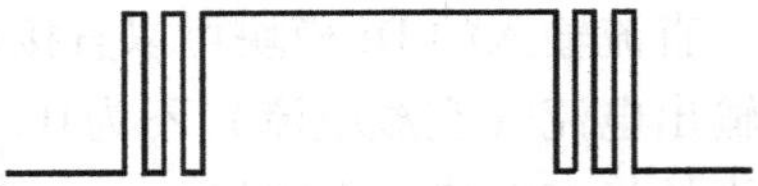

图 2-26　波形图

机械触点接通和断开时，由于触点的抖动，实际的波形如图 2-26 所示。这样的波形可能会影响程序的正常执行，例如扳动一次开关，触点的抖动使计数器多次计数。有的 DI 模块有数字滤波功能，以防止由于外接的机械触点抖动或外部干扰脉冲引起的错误的输入信号。

单击“输入延迟”选择框，在弹出的菜单中选择以 ms 为单位的用于整个模块的数字滤波的输入延迟时间。为了防止机械触点抖动的影响，延迟时间应设置为 15 或 20 ms。

3. 数字量输出模块

SM 322 数字量输出（DO）模块用于驱动电磁阀、接触器、小功率电动机、灯和电动机起动器等负载。DO 模块将内部信号电平转化为控制过程所需的外部信号电平，同时有隔离和功率放大的作用。输出模块的功率放大元件有驱动直流负载的大功率晶体管和场效应晶体管、驱动交流负载的双向晶闸管或固态继电器，以及既可以驱动交流负载又可以驱动直流负载的小型继电器。输出电流的额定值为 0.5 ~ 8 A（与模块型号有关），负载电源由电源模块或外部现场提供。

图 2-27 是继电器输出电路，某一输出点 Q 为 1 状态时，梯形图中对应的线圈“通电”，通过背板总线接口和光耦合器，使模块中对应的微型继电器的线圈通电，其常开触点闭合，使外部负载工作。输出点为 0 状态时，梯形图中的线圈“断电”，微型继电器的线圈也断电，其常开触点断开。

图 2-28 是固态继电器（SSR）输出电路，虚线框内的光敏双向晶闸管和虚线框外的双向晶闸管等组成固态继电器。SSR 的输入功耗低，输入信号电平与 CPU 内部的电平相同，

同时又实现了隔离，并且有一定的带负载能力。梯形图中某一输出点 Q 为 1 状态时，其线圈“通电”，通过背板总线接口和光耦合器，使光敏晶闸管中的发光二极管点亮，光敏双向晶闸管导通，使另一个容量较大的双向晶闸管导通，模块外部的负载得电工作。图 2-28 中的 RC 电路用来抑制晶闸管的关断过电压和外部的浪涌电压。这类模块只能用于交流负载，其响应速度较快，工作寿命长。S7-300 还有使用光耦合器作隔离器件的双向晶闸管 DO 模块。

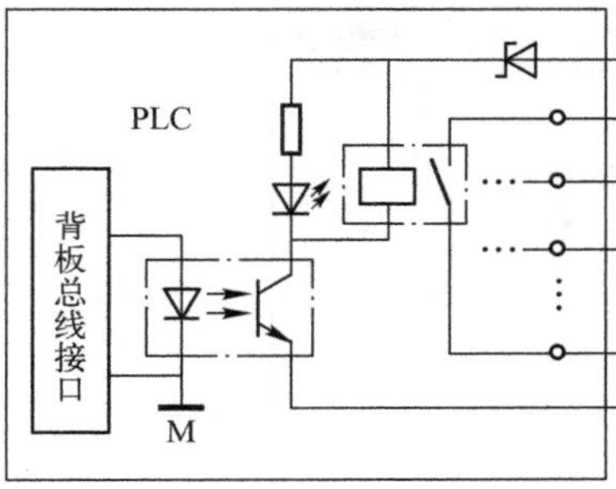

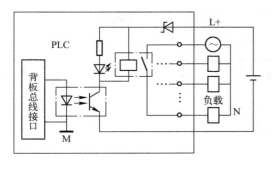

图 2-27　继电器输出模块电路

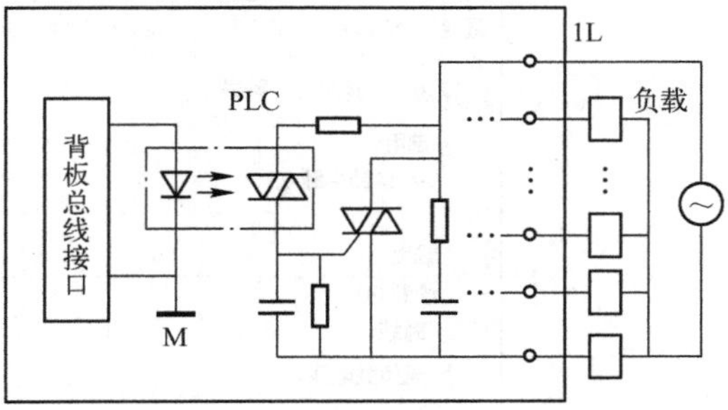

图 2-28　固态继电器输出模块电路

双向晶闸管由关断变为导通的延迟时间小于 1 ms，由导通变为关断的最大延迟时间为 10 ms（工频半周期）。负载电流过小可能使晶闸管不能导通，可以在负载两端并联电阻。

图 2-29 是晶体管或场效应晶体管输出电路，只能驱动直流负载。输出信号经光耦合器送给输出元件，图中用一个带三角形符号的小方框表示输出元件。输出元件的饱和导通状态和截止状态相当于触点的接通和断开。

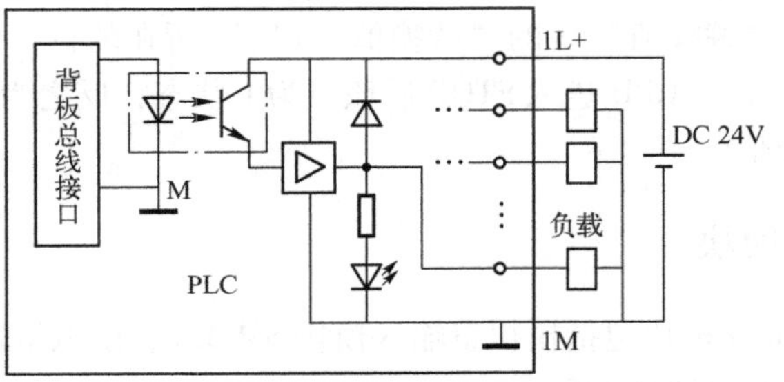

图 2-29　晶体管或场效应管输出模块电路

继电器输出模块的负载电压范围宽，导通压降小，承受瞬时过电压和瞬时过电流的能力较强。但是动作速度较慢，寿命（动作次数）有一定的限制。如果负载的状态变化不是很频繁，建议优先选用继电器型输出模块。

固态继电器型输出模块只能用于交流负载，晶体管型、场效应晶体管型输出模块只能用于直流负载，它们的可靠性高，响应速度快，寿命长，但是过载能力稍差。在选择 DO 模块时，应注意负载电压的种类和大小、工作频率和负载的类型（电阻性、电感性负载或白炽灯）。除了每一点的输出电流外，还应注意每一组的最大输出电流。

4. 数字量输入/输出模块

SM 323 是 S7-300 的数字量输入/输出模块，有 8 点输入/8 点输出和 16 点输入/16 点输出两种。输入、输出的额定电压均为 DC 24 V。SM 327 有 8 点输入，此外还有 8 点可以独立组态为输入或输出。

5. DO 模块的参数设置

双击机架中的 4 点 DO 模块，出现图 2-30 所示的属性对话框。用“输出”选项卡的“诊断中断”复选框设置是否启用诊断中断，在“诊断”区逐点设置是否诊断断线、无负载电压和对接地点短路的故障。低档的 DO 模块的属性对话框没有“输出”选项卡。

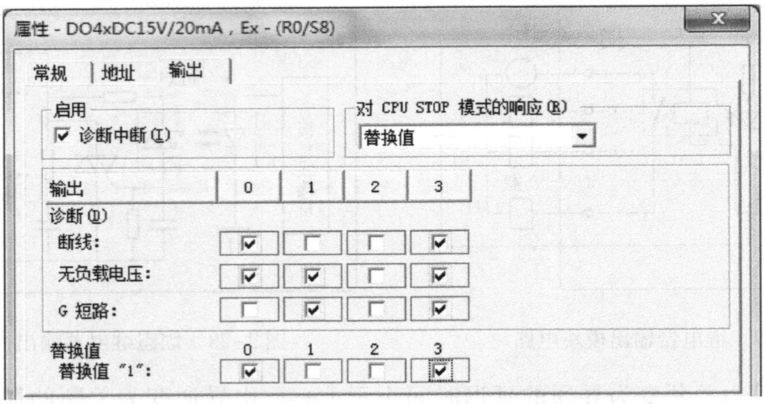

图 2-30　数字量输出模块的参数设置

“对 CPU STOP 模式的响应”选择框用来选择 CPU 进入 STOP 模式时，模块各输出点的处理方式。如果选择“保持前一个有效的值”，CPU 进入 STOP 模式后，模块将保持最后的输出值。如果选中“替换值”，CPU 进入 STOP 模式后，可以使各输出点分别输出“0”或“1”。在对话框下面的“替换值”区的“替换值‘1’:”所在的行，为每个输出点设置替换值。复选框内的“√”表示 CPU 进入 STOP 后该点为 1 状态，反之为 0 状态。应按确保系统安全的原则来组态替换值。

2.6.2　模拟量输入模块

S7-300 的模拟量 I/O 模块包括模拟量输入模块 SM 331、模拟量输出模块 SM 332、模拟量输入/输出模块 SM 334 和 SM 335。

1. 模拟量变送器

生产过程中大量的连续变化的模拟量需要用 PLC 来测量或控制。有的是非电量，例如温度、压力、流量、液位、物体的成分和频率等。有的是强电电量，例如发电机组的电流、电压、有功功率和无功功率、功率因数等。变送器用于将传感器提供的电量或非电量转换为标准量程的直流电流或直流电压信号，例如 DC 0～10 V 的电压和 DC 4～20 mA 的电流。

2. SM 331 模拟量输入模块的基本结构

模拟量输入（AI）模块用于将模拟量信号转换为 CPU 内部处理用的数字，其主要组成部分是 A-D（Analog-Digit）转换器（见图 2-31 中的 ADC）。AI 模块的输入信号一般是变送器输出的标准量程的直流电压、直流电流信号，有的模块也可以直接连接不带附加放大器的温度传感器（热电偶或热电阻），这样可以省去温度变送器。

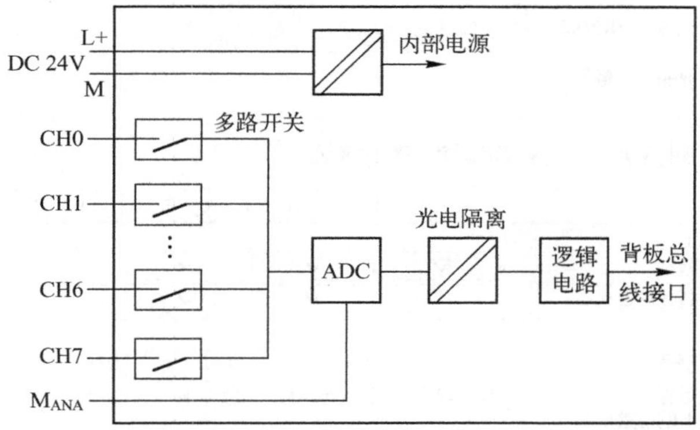

图 2-31　AI 模块示意图

AI 模块的各个通道可以分组设置为电流输入、电压输入或温度传感器输入，并选用不同的量程。大多数模块的分辨率（转换后的二进制数字的位数）可以在组态时设置。

AI 模块由多路开关、A-D 转换器（ADC）、光隔离元件、内部电源和逻辑电路组成。各模拟量输入通道共用一个 A-D 转换器，用多路开关切换被转换的通道，AI 模块各输入通道的 A-D 转换过程和转换结果的存储与传送是顺序进行的。各个通道的转换结果被保存到各自的存储器，直到被下一次的转换值覆盖。

传感器与模拟量输入模块各种接线方式见随书光盘中的《S7-300 模块数据设备手册》。使用屏蔽电缆时最大距离为 200 m，输入信号为 50 mV 或 80 mV 时，最大距离为 50 m。

3. AI 模块的量程卡

AI 模块用量程卡（或称为量程模块）来切换不同类型的输入信号的输入电路。量程卡安装在 AI 模块的侧面，每两个通道为一组，共用一个量程卡，图 2-32 中的模块有 8 个通道，因此有 4 个量程卡。

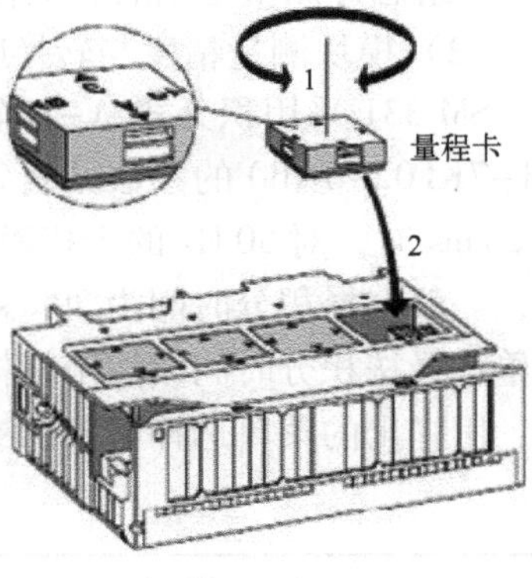

图 2-32　AI 模块的量程卡

对模块组态时，可以获得所选量程的量程卡的位置。设置量程卡时先用螺钉旋具将量程卡从模拟量输入模块中撬出来，再按要求将量程卡插入模拟量输入模块。应正确地设置量程卡，否则将会损坏模拟量输入模块。如果量程卡上的标记 C 与 AI 模块上的箭头标记相对，则量程卡被设置在 C 位置。各位置对应的测量类型和测量范围都印在 AI 模块上。

4. 模拟量输入模块的组态

双击 HW Config 的机架中的 8 通道 12 位 AI 模块，打开其属性对话框。模块的参数主要在“输入”选项卡中设置。

（1）测量范围的选择

图 2-33 中每两个通道为一组，可以分别设置每一通道组的量程。单击某通道组的“测量型号”输入框，在弹出的菜单中选择测量的类型。图 2-33 中的“2DMU”是 2 线制电流变送器。如果未使用某一组的通道，应选择测量型号列表中的“取消激活”，禁止使用该通道组，以减小模块的扫描时间。

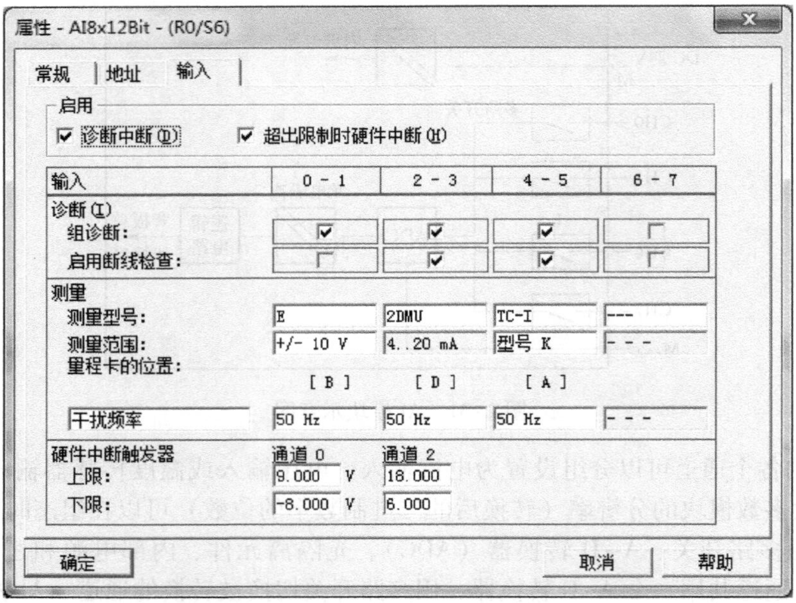

图 2-33　AI 模块的参数设置

单击“测量范围”输入框，在弹出的菜单中选择量程，图 2-33 中 2 号和 3 号通道的测量范围为 4～20 mA。测量范围输入框下面的“［D］”表示对应的量程卡的位置应设置为“D”。组态好测量范围后，应保证量程卡的实际位置与组态时要求的位置一致。

（2）模块测量精度与转换时间的设置

SM 331 采用积分式 A-D 转换器，积分时间与干扰抑制频率互为倒数。AI 模块 6ES7 331-7KF02-0AB0 的参数见表 2-5。积分时间越长，转换精度越高，快速性越差。积分时间为 20 ms 时，对 50 Hz 的干扰噪声有很强的抑制作用。为了抑制工频信号对模拟量信号的干扰，一般选择积分时间为 20 ms。单击图 2-33 最左边的“干扰频率”方框，可以用弹出的菜单选择按积分时间或按干扰抑制频率来设置参数。单击某一组的干扰频率或积分时间文本框，用弹出的菜单选择需要的参数。

表 2-5　模拟量输入模块的参数

参　数	数　据			
积分时间/ms	2.5	16.6	20	100
干扰抑制频率/Hz	400	60	50	10
分辨率/bit	9	12	12	14
基本转换时间/ms（包括积分时间）	3	17	22	102

（3）中断功能的设置

可以用复选框设置是否启用诊断中断、各组是否有组诊断功能和断线检查功能。模拟量输入模块在出现下列故障时发出诊断消息：外部辅助电源故障、组态/参数设置出错、共模错误、断线、下溢出和上溢出。

如果启用了模拟值超出限制值的硬件中断，“上限”和“下限”输入框的背景变为白色，可以设置产生超限中断的上限值和下限值。

（4）模拟量转换后的模拟值表示方法

模拟量输入/输出模块中模拟量对应的数字称为模拟值，模拟值用16位二进制补码（整数）来表示。最高位（第15位）为符号位，正数的符号位为0，负数的符号位为1。

模拟量经A-D转换后得到的数值的位数（即转换精度）可以设置为9~16位（与模块的型号和组态有关），如果小于16位（包括符号位），则模拟值被自动左移，使其符号位和转换得到的位在16位字的高端，模拟值左移后低端空出来的位则填入“0”，这种处理方法称为“左对齐”。设模拟值的精度为12位加符号位，左移3位后未使用的低3位（第0~2位）为0，相当于实际的模拟值被乘以8。这种处理方法使模拟值与模拟量的关系与组态的A-D转换的位数无关，便于对模拟值的后续处理。

表2-6给出了AI模块的模拟值与以百分数表示的模拟量之间的对应关系，其中最重要的关系（用加粗的字体标出）是双极性模拟量量程的上、下限（100%和-100%）分别对应于模拟值27648和-27648，单极性模拟量量程的上、下限（100%和0%）分别对应于模拟值27648和0。

表2-6　SM 331模拟量输入模块的模拟值

范围	双极性						单极性					
	百分比	十进制	十六进制	±5 V	±10 V	±20 mA	百分比	十进制	十六进制	0~10 V	0~20 mA	4~20 mA
上溢出	118.515%	32767	7FFFH	5.926 V	11.851 V	23.70 mA	118.515%	32767	7FFFH	11.852 V	23.70 mA	22.96 mA
超出范围	117.589%	32511	7EFFH	5.879 V	11.759 V	23.52 mA	117.589%	32511	7EFFH	11.759 V	23.52 mA	22.81 mA
正常范围	**100.000%**	**27648**	6C00H	5 V	10 V	20 mA	**100.000%**	**27648**	6C00H	10 V	20 mA	20 mA
	0%	**0**	0H	0 V	0 V	0 mA	**0%**	**0**	0H	0 V	0 mA	4 mA
	-100.000%	**-27648**	9400H	-5 V	-10 V	-20 mA						
低于范围	-117.593%	-32512	8100H	-5.879 V	-11.759 V	-23.52 mA	-17.593%	-4864	ED00H		-3.52 mA	1.185 mA
下溢出	-118.519%	-32768	8000H	-5.926 V	-11.851 V	-23.70 mA						

AI模块在模块通电前或模块参数设置完成后第一次转换之前，或上溢出时，其模拟值为7FFFH，下溢出时模拟值为8000H。可以调用程序库TI-S7 Converting Blocks中的FC 105，来计算AI模块输出的模拟值对应的物理量的值（见3.8.2节）。

2.6.3　模拟量输出模块与其他I/O模块

1. 模拟量输出模块的基本结构

S7-300的模拟量输出（AO）模块SM 332用于将数字转换为成比例的电流信号或电压信号，对执行机构进行调节或控制，其主要组成部分是D-A转换器（见图2-34中的DAC）。可以用传送指令“T　PQW…”向AO模块写入要转换的数值。AO模块在上、下溢出时模块的输出值均为0mA或0V。

模拟量信号应使用屏蔽双绞线电缆来传送。电压输出时电缆线QV和S_+、M_{ANA}和S_-（见图2-34）应分别绞接在一起，这样可以减轻干扰的影响。

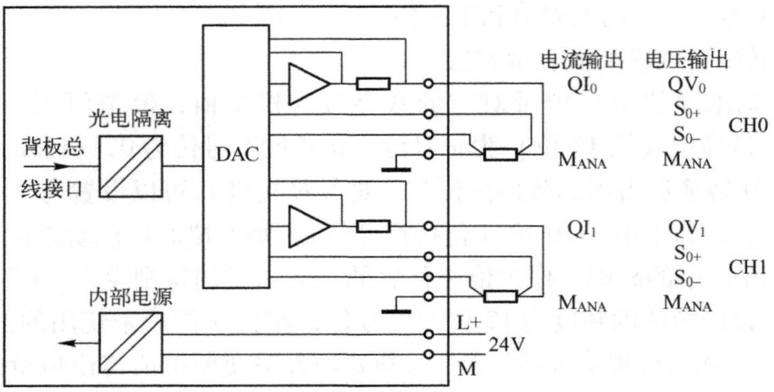

图 2-34　AO 模块电路示意图

2. AO 模块的技术参数

AO 模块均有诊断中断功能，用红色 LED 指示故障。额定负载电压均为 DC 24 V。模块与背板总线有光隔离，使用屏蔽电缆时最大距离为 200 m。AO 模块有短路保护，短路电流最大 25 mA，最大开路电压 18 V。

S7-400 只有一种 8 通道 13 位的 AO 模块。电压输出的最小负载阻抗为 1 kΩ；电流输出的最大阻抗 500 Ω。模拟量部分、总线和屏蔽之间有隔离。

3. AO 模块的组态

如果启用了“诊断中断”，AO 模块无外部负载电压、有组态/编程错误、断线或对 M 点短路时，诊断消息写入模块的诊断缓冲区。模块触发一个诊断中断，CPU 将调用 OB82。可以设置各通道是否允许组诊断（见图 2-35）。

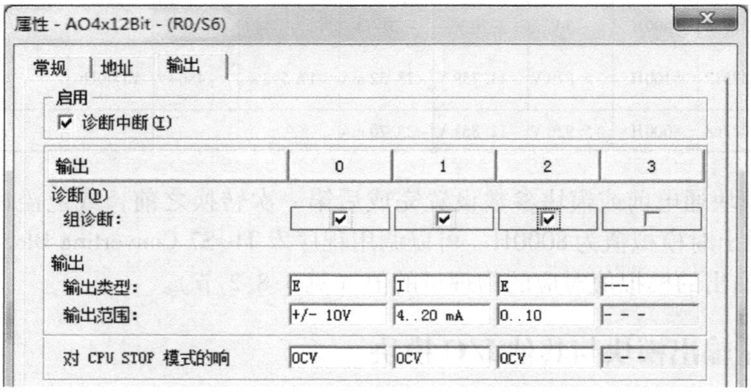

图 2-35　AO 模块的参数设置

每一通道的输出类型可选电压输出、电流输出和取消激活。选好输出类型后，再设置输出信号的量程（输出范围）。可以选择 CPU 进入 STOP 时，不输出电流电压（OCV）或保持最后的输出值（KLV）。可以调用程序库 TI-S7 Converting Blocks 中的 FC106，来计算 AO 模块要输出的物理量对应的数字输出值。

4. EX 系列数字量/模拟量 I/O 模块

EX 模块可以在化工等行业的自动化仪表和控制系统中使用。它们的主要作用是将外部的本质-安全回路与 PLC 的非本质-安全内部回路隔离开。

EX 系列模块可以用于 S7-300 或 ET 200M 分布式 I/O 装置，它们属于“本质-安全型保护”的电子器件，包括非本质-安全回路和本质-安全回路。EX 模块本身应安装在有爆炸危险的区域之外。除非附加另一种类型的保护（例如增压防护），才能用于有爆炸危险的区域。

将外部的 EX 区域的本质-安全数字设备（用于有爆炸危险区域的传感器和执行器）连接到 EX 模块上，可以实现有爆炸危险的区域与 PLC 系统的非本质-安全内部回路的隔离。传感器和执行元件由模块供电，在操作过程中可以方便地更换本质-安全设备，对被测系统进行测量和校准，PLC 不需要昂贵的增压防护的防爆机壳。

5. F 系列数字量/模拟量 I/O 模块

F 系列输入/输出模块用于 S7-400F/FH 和 S7-300F，包括 SM 326 F 数字量输入、数字量输出和模拟量输入-安全集成模块。这些模块具有故障安全运行的集成安全功能，适用于在 ET 200M 分布式 I/O 或 S7-300F 中使用，可以像 S7-300 模块一样在标准运行中使用。

2.6.4 功能模块

1. 计数器模块

计数器模块的计数器为 32 位或 ±31 位加减计数器，可以判断脉冲的方向。模块有比较功能，达到比较值时，通过集成的数字量输出点输出响应信号，或通过背板总线向 CPU 发出中断信号。可以 2 倍频和 4 倍频计数，4 倍频是指在两个互差 90°的 A、B 相信号的上升沿、下降沿都计数。通过集成的数字量输入直接接收起动、停止计数器等数字量信号。模块可以给编码器供电。FM 350-1 是智能化的单通道计数器模块，FM 350-2 是 8 通道智能型计数器模块。

2. 位置控制与位置检测模块

定位模块可以用编码器来测量位置，并向编码器供电，使用步进电动机的位置控制系统一般不需要位置测量。在定位控制系统中，定位模块控制步进电动机或伺服电动机的功率驱动器完成定位任务，用模块集成的数字量输出点来控制快速进给、慢速进给和运动方向等。根据与目标的距离，确定慢速进给或快速进给，定位完成后给 CPU 发出一个信号。定位模块的定位功能独立于用户程序。

FM 351 是有快速、慢速进给的定位模块，FM 352 电子凸轮控制器是机械式凸轮控制器的低成本替代产品。FM 352-5 高速布尔处理器高速地进行布尔控制（即数字量控制），它集成了 12 点数字量输入和 8 点数字量输出。指令集包括位指令、定时器、计数器、分频器、频率发生器和移位寄存器指令。

FM 353 和 FM 354 分别是在高速机械设备中使用的步进电动机、伺服电动机智能定位模块。FM 357-2 定位和连续路径控制模块用于从独立的单轴定位控制到最多 4 轴直线、圆弧插补连续路径控制。

SM 338 超声波位置编码器模块用超声波传感器检测位置，具有无磨损、保护等级高、精度稳定不变、与传感器的长度无关等优点。SM 338 位置检测模块可以将最多 3 个绝对值编码器（SSI）信号转换为 S7-300 的数字值。

3. 闭环控制模块

S7-300/400 有多种闭环控制模块，它们有自优化控制算法和 PID 算法，有的可以使用模糊控制器。FM 355C、FM 355S 有 4 个闭环控制通道，FM 355-2C、FM 355-2S 是适用于温度闭环控制的 4 通道闭环控制模块。型号中的 C 和 S 分别表示连续控制和步进/脉冲控制。

4. 称重模块

称重模块 SIWAREX FTA、SIWAREX FTC、SIWAREX U 可以用于 S7-300 或 ET 200M，SIWAREX ES 用于 ET 200S，它们有 RS-232、RS-485 和 TTY 通信接口。

S7-400 与 S7-300 有许多功能模块的技术规范基本上相同，模块编号的最低两位也相同，例如 FM 351 和 FM 451。

2.7 STEP 7 与 PLC 通信的组态

2.7.1 使用 MPI 和 DP 接口通信的组态

所有的 S7-300/400 CPU 都可以通过集成的 MPI 接口与 STEP 7 通信。有 PROFIBUS-DP（简称为 DP）接口的 CPU 可以通过集成的 DP 接口与 STEP 7 通信。用于 MPI 和 DP 通信接口的适配器和通信处理器可以使用 MPI 或 DP 协议。为了实现 CPU 与 STEP 7 的通信，需要通过组态来设置有关的通信参数。

1. 用于 MPI 和 DP 接口通信的适配器

1）订货号为 6ES7 972-0CA23-0XA0 的 PC/MPI 适配器用于连接计算机的 RS-232 接口和 PLC 的 MPI 或 DP 接口。现在的计算机有 RS-232 接口的已经很少了，PC/MPI 适配器已经基本上被 USB 接口的 PC 适配器取代。

2）订货号为 6ES7 972-0CB20-0XA0 的 PC 适配器 USB 用于连接计算机的 USB 接口和 S7-200/300/400 的 PPI、MPI、DP 接口（见图 2-36）。

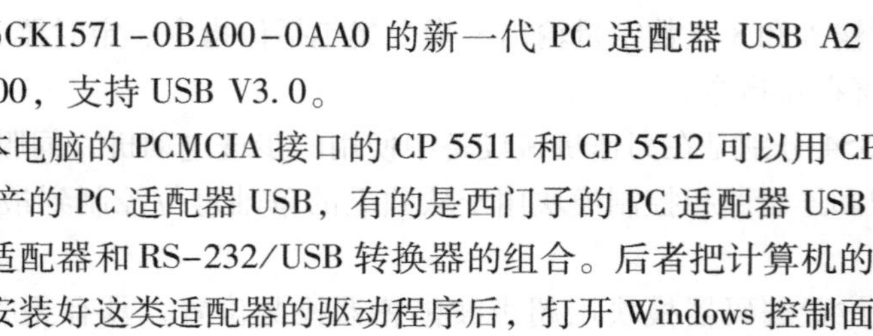

图 2-36 PC 适配器 USB

3）订货号为 6GK1571-0BA00-0AA0 的新一代 PC 适配器 USB A2 可以用于 S7-200/300/400 /1200 /1500，支持 USB V3.0。

4）用于笔记本电脑的 PCMCIA 接口的 CP 5511 和 CP 5512 可以用 CP 5711 替代。

现在有很多国产的 PC 适配器 USB，有的是西门子的 PC 适配器 USB 的仿制产品，有的实际上是 PC/MPI 适配器和 RS-232/USB 转换器的组合。后者把计算机的 USB 接口映射为一个 RS-232 接口。安装好这类适配器的驱动程序后，打开 Windows 控制面板中的“设备管理器”，在“端口（COM 和 LPT）”文件夹中，可以看到 USB 接口映射的 RS-232 接口（俗称为 COM 口），例如“Prolific USB-to-Serial Bridge（COM3）”，表示 USB 接口被映射为 RS-

232 接口 COM3。COM 口的编号与使用计算机的哪个 USB 物理接口有关。

在购买 PC 适配器 USB 时应注意其最高传输速率，能用于哪些西门子产品，能在计算机的哪些操作系统使用。有的 USB 编程电缆需要安装驱动程序，有的使用 STEP 7 自带的驱动程序。淘宝网上金邦自动化与 6ES7 972-0CB20-0XA0 兼容的 PC 适配器 USB 可用于 S7-200/300/400、Windows XP 和 Windows 7，具有较高的性价比。

2. 用于 MPI/DP 通信接口的通信处理器

安装在编程器/计算机（PG/PC）的总线插槽的通信处理器简称为 CP 卡。部分 CP 卡自带微处理器，具有更强、更稳定的数据处理功能。

CP 5611 A2、CP 5612、CP 5613 A3 和 CP 5614 A3 是 PCI 总线 MPI/DP 通信处理器。CP 5621、CP 5622、CP 5623、CP 5624 是 PCIe（PCI Express x1）总线 MPI/DP 通信处理器。

3. MPI 协议通信的组态

用 STEP 7 的新建项目向导生成一个名为“315_2PN”的项目，CPU 为 CPU 315-2PN/DP。

打开 HW Config，双击 CPU 315-2PN/DP 中的“MPI/DP”行，打开“属性-MPI/DP”对话框，设置接口的类型为 MPI（见图 2-37）。单击“属性”按钮，在打开的接口属性对话框中，可以设置接口在 MPI 网络中的地址，默认的地址为 2。MPI 接口有编程器/操作面板通信功能，不用选中子网列表中的“MPI（1）”，即组态时不用将 CPU 连接到 MPI 网络上，也能与编程计算机通信。

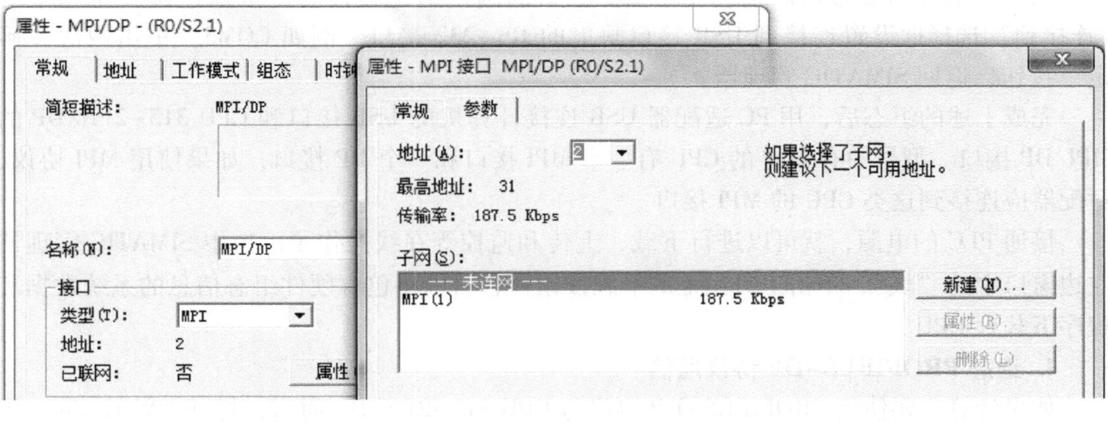

图 2-37　MPI/DP 接口属性对话框

在 SIMATIC 管理器中执行菜单命令“选项”→“设置 PG/PC 接口”，打开“设置 PG/PC 接口”对话框（见图 2-38）。单击选中“为使用的接口分配参数”列表中的“PC Adapter（MPI）”。

单击“属性”按钮，打开“属性-PC Adapter（MPI）”对话框（见图 2-38 右上角的图）。可以使用“MPI”选项卡中默认的参数，运行 STEP 7 的计算机在 MPI 网络中默认的站地址为 0。MPI 网络中各个站的地址不能相同。

“超时”选择框用来设置与 PLC 建立连接的最长时间。MPI 网络的传输速率应与原来下载到 CPU 中的一致，一般选用默认的 187.5 kbit/s。如果 PG/PC 是网络中唯一的主站，应选中复选框“PG/PC 是总线上的唯一主站”。如果使用西门子的适配器，用“本地连接”选项卡的“连接到”选择框选中 USB（见图 2-38 右下角的图）。

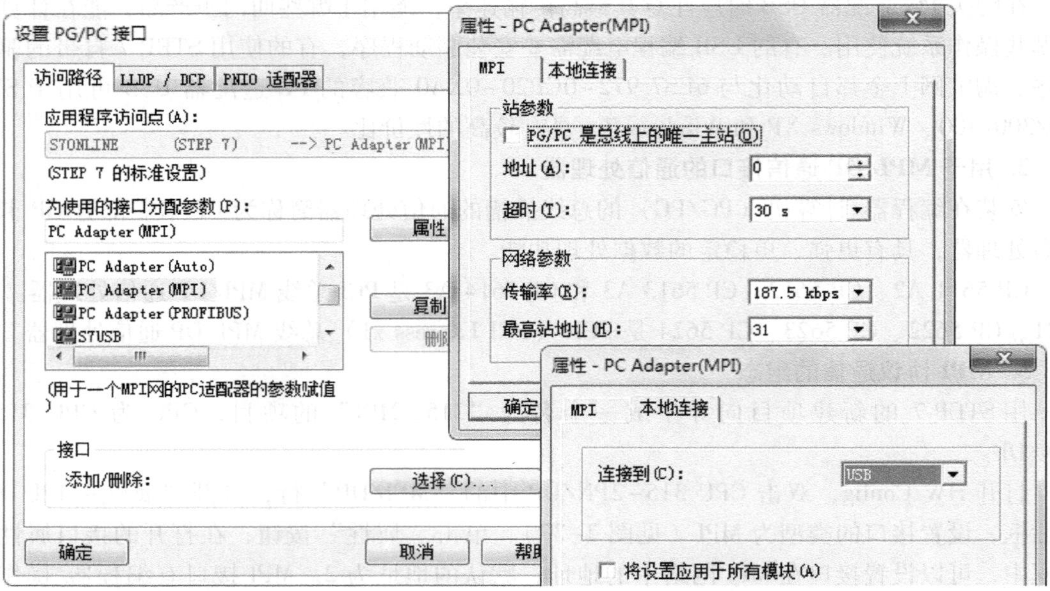

图 2-38 “设置 PG/PC 接口”对话框

如果使用将 USB 接口映射为 RS-232 接口的国产适配器，用“本地连接”选项卡的“连接到”选择框设置连接到 USB 接口映射的 RS-232 接口，例如 COM3。单击两次“确定”按钮，返回 SIMATIC 管理器。

完成上述的组态后，用 PC 适配器 USB 连接计算机的 USB 接口和 CPU 315-2PN/DP 的 MPI/DP 接口。型号中有 2DP 的 CPU 有一个 MPI 接口和一个 DP 接口，如果使用 MPI 协议，适配器应连接到这类 CPU 的 MPI 接口。

接通 PLC 的电源，就可以进行下载、上传和监控等在线操作了。选中 SIMATIC 管理器左边窗口中的“块”，单击工具栏上的下载按钮，可以将包含硬件组态信息的系统数据和程序下载到 CPU。

4. 组态 PROFIBUS-DP 协议通信

如果计算机要使用 PROFIBUS-DP 协议与 CPU 315-2PN/DP 通信，打开 HW Config，用图 2-37 中的“类型”选择框将 MPI/DP 接口的类型设置为 DP。

使用 DP 协议通信时，PC 适配器 USB 应连接到 CPU 315-2DP 这类 CPU 的 DP 接口。

在 SIMATIC 管理器中，执行菜单命令“选项”→“设置 PG/PC 接口”，出现“设置 PG/PC 接口”对话框（见图 2-39）。选中“为使用的接口分配参数”列表中的“PC Adapter（PROFIBUS）”，单击“属性”按钮，打开“属性-PC Adapter（PROFIBUS）”对话框（见图 2-39 的右图）。一般采用默认的通信参数，设置的传输速率应与原来下载到 CPU 中的一致。

更改 PG/PC 接口参数后，单击“确定”按钮，退出“设置 PG/PC 接口”对话框时，出现“下列访问路径已更改”的警告信息（见图 2-39）。单击“确定”按钮退出对话框，设置生效。

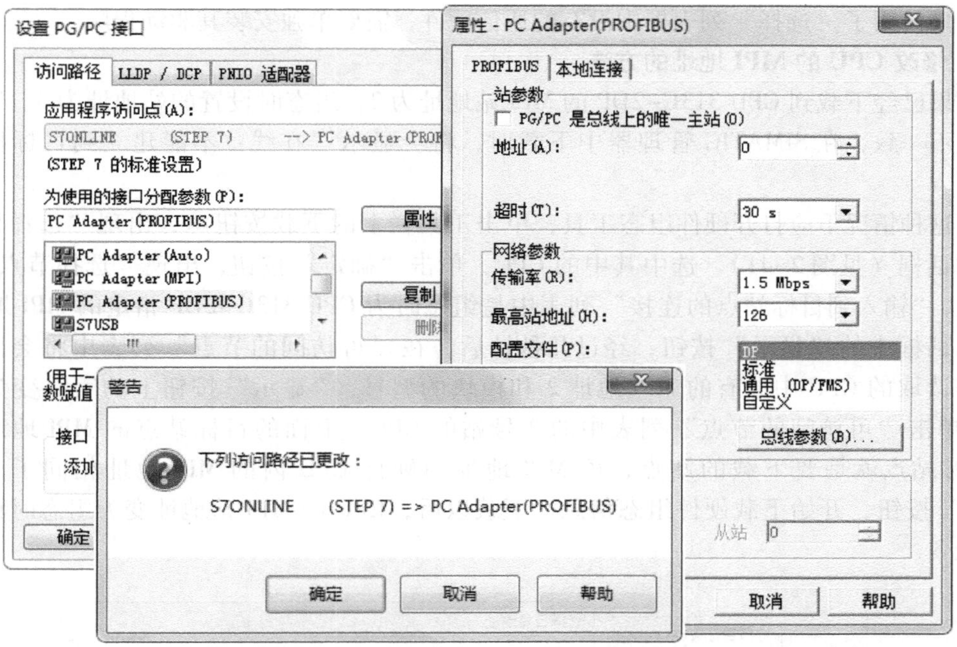

图 2-39　设置 PC 适配器的属性

5. 安装/删除接口

安装好 STEP 7 后，如果图 2-39 的“为使用的接口分配参数”列表中没有实际使用的通信硬件，单击“选择”按钮，打开“安装/删除接口”对话框（见图 2-40）。

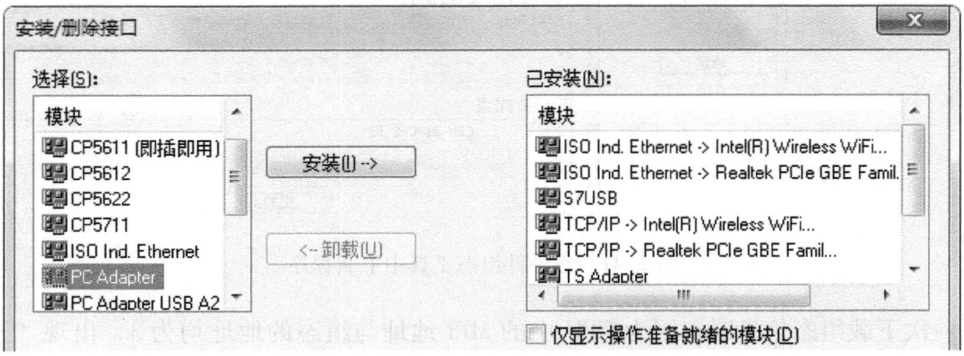

图 2-40　“安装/删除接口”对话框

选中左边的“选择”列表框中待安装的通信硬件，例如 PC Adapter（PC 适配器）。单击中间的“安装[I] ->”按钮，将安装该通信硬件的驱动程序。安装好后，PC Adapter 出现在右边的“已安装”列表框中。

如果要卸载“已安装”列表框中某个已安装的通信硬件的驱动程序，首先选中它，然后单击中间的“<-卸载[U]”按钮，该通信硬件在“已安装”列表框中消失，其驱动程序被卸载。单击“关闭”按钮，返回 PG/PC 接口设置对话框。

如果使用了“选择”列表框中没有的通信硬件，需要单独安装其驱动程序。

6. 修改 CPU 的 MPI 地址的方法

如果已经下载到 CPU 313C-2DP 的 MPI 站地址为 2，组态时设置的站地址为 3。因为两个地址不一致，在 SIMATIC 管理器中下载时，将会显示“在线：不能建立到目标模块的连接。”

在这种情况下应打开硬件组态工具，单击工具栏上的下载按钮，出现“选择目标模块”对话框（见图 2-41）。选中其中的 CPU，单击“确定”按钮，出现“选择节点地址”对话框，“输入到目标站点的连接”列表中是组态时为 CPU 313C-2DP 指定的 MPI 地址 3。单击对话框中的“显示”按钮，经过几秒钟后，在“可访问的节点”列表中将会出现通过通信读取的 CPU 中原有的 MPI 地址 2 和模块的型号，“显示”按钮上的字符变为“更新”。单击“可访问的节点”列表中的 2 号站的 CPU，上面的目标站点的 MPI 地址变为 2。目标站点就是要下载的站点，该 MPI 地址与硬件 CPU 内的 MPI 地址相同了，单击“确定”按钮，开始下载硬件组态信息。下载以后，CPU 的 MPI 站地址变为组态时设置的站地址 3。

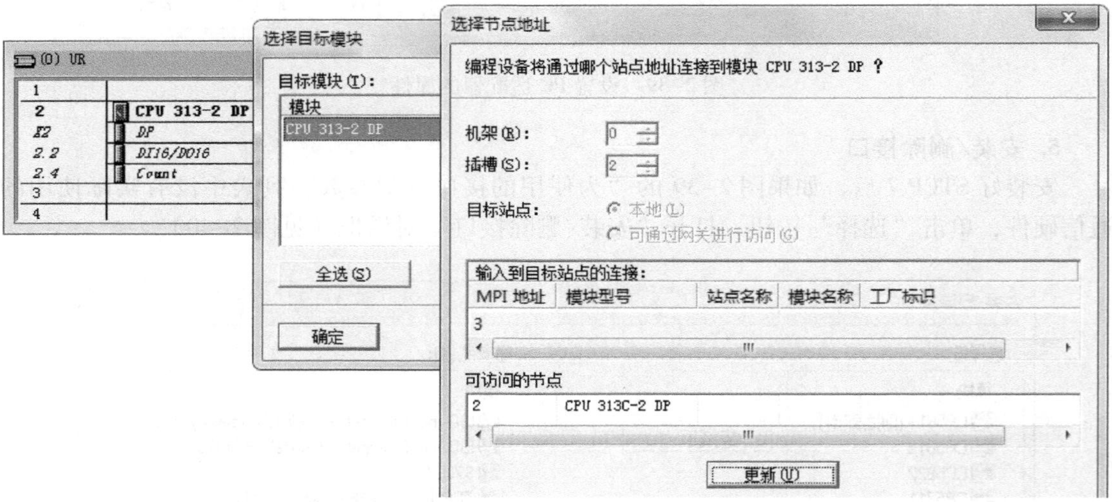

图 2-41　在硬件组态工具中下载程序

下一次下载组态信息时，因为 CPU 中的 MPI 地址与组态的地址均为 3，出现“选择节点地址”对话框后，不需要单击“显示”按钮，直接单击“确定”按钮就可以下载。保存并编译组态信息后，也可以在 SIMATIC 管理器中下载系统数据。

7. 自动检测通信参数

如果不知道 CPU 接口的网络类型和波特率，可以选中“设置 PG/PC 接口”对话框中间列表中的“PC Adapter (Auto)”（见图 2-39），单击“属性”按钮，在打开的适配器属性对话框的“自动总线配置文件检测”选项卡中，单击“启动网络检测”按钮，将会自动检测出网络参数（见图 2-42 的右图）。

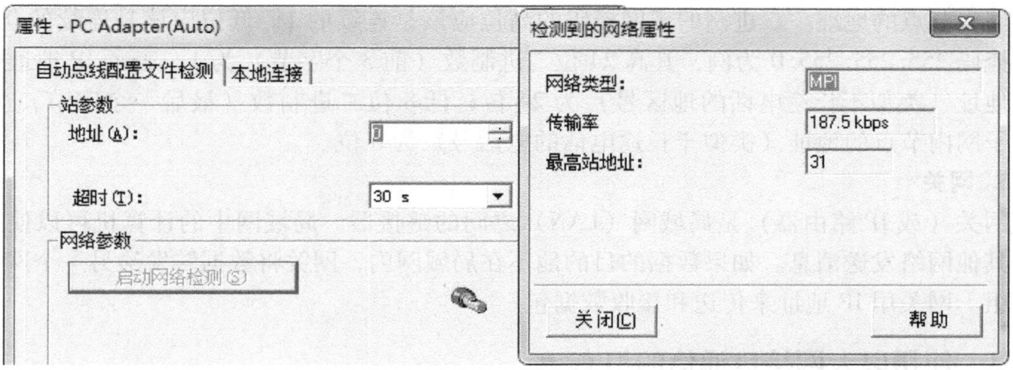

图 2-42　检测网络属性

2.7.2　以太网基础知识

1. 以太网

西门子的工业以太网最多可以有 32 个网段、1024 个节点。以太网可以实现 100 Mbit/s 的高速长距离数据传输。

以太网可用于 S7-300/400 与编程计算机、人机界面和其他 PLC 的通信。通过交换机，S7-300/400 可以与多台以太网设备进行通信，实现数据的快速交互。S7-300/400 链接到基于 TCP/IP 通信标准的工业以太网后，自动检测全双工或半双工通信，自适应 10 M/100 Mbit/s 通信速率。

2. MAC 地址

MAC（Media Access Control，媒体访问控制）地址是以太网接口设备的物理地址。通常由设备生产厂家将 MAC 地址写入 EEPROM 或闪存芯片。在网络底层的物理传输过程中，通过 MAC 地址来识别发送和接收数据的主机。MAC 地址是 48 位二进制数，分为 6 个字节（6B），一般用十六进制数表示，例如 00-05-BA-CE-07-0C。其中的前 3 个字节是网络硬件制造商的编号，它由 IEEE（国际电气与电子工程师协会）分配，后 3 个字节是该制造商生产的某个网络产品（例如网卡）的序列号。MAC 地址就像我们的身份证号码，具有全球唯一性。

每个型号带 PN 的 CPU 和以太网通信处理器（CP）在出厂时都装载了一个永久的唯一的 MAC 地址。可以在模块上看到它的 MAC 地址。

3. IP 地址

为了使信息能在以太网上快捷准确地传送到目的地，连接到以太网的每台计算机必须拥有一个唯一的 IP 地址。IP 地址由 32 位二进制数（4B）组成，是 Internet（网际）协议地址。在控制系统中，一般使用固定的 IP 地址。

IP 地址通常用十进制数表示，用小数点分隔，例如 192. 168. 2. 117。同一个 IP 地址可以使用具有不同 MAC 地址的网卡，更换网卡后可以使用原来的 IP 地址。

4. 子网掩码

子网是连接在网络上的设备的逻辑组合。同一个子网中的节点彼此之间的物理位置通常相对较近。子网掩码（Subnet mask）是一个 32 位二进制数，用于将 IP 地址划分为子网地址和子网内节点的地址。二进制的子网掩码的高位应该是连续的 1，低位应该是连续的 0。以子网掩码 255. 255. 255. 0 为例，其高 24 位二进制数（前 3 个字节）为 1，表示 IP 地址中的子网地址（类似于长途电话的地区号）为 24 位；低 8 位二进制数（最后一个字节）为 0，表示子网内节点的地址（类似于长途电话的电话号）为 8 位。

5. 网关

网关（或 IP 路由器）是局域网（LAN）之间的链接器。局域网中的计算机可以使用网关向其他网络发送消息。如果数据的目的地不在局域网内，网关将数据转发给另一个网络或网络组。网关用 IP 地址来传送和接收数据包。

2.7.3 使用以太网接口通信的组态

1. 硬件连接

型号中有 PN 的 CPU 或配备有以太网通信处理器（CP）的 PLC 可以通过以太网接口与 STEP 7 通信。以太网的传输速率高，可以使用普通的网线下载和监控 PLC。如果给有以太网接口的 PLC 配备一个家用无线路由器，笔记本电脑可以通过无线网卡与 PLC 通信。

西门子的工业以太网通信卡可用于实时通信、同步实时通信和冗余系统。CP 1612 A2 和 CP 1613 A2 使用 PCI 总线，CP 1623 和 CP 1628 使用 PCIe 总线。CP 1613 A2 和 CP 1623 可用于冗余系统。如果只是用于下载和监控，可以使用计算机普通的以太网卡与 PLC 通信。

可以用一条交叉连接或直通连接的以太网电缆连接 PLC 和计算机的以太网接口。也可以用直通连接的以太网电缆和交换机连接多台设备的以太网接口。

2. 设置 PG/PC 接口

在 SIMATIC 管理器中，执行菜单命令“选项”→“设置 PG/PC 接口”，选中“为使用的接口分配参数”列表中实际使用的计算机网卡和 TCP/IP 协议。单击“确定”按钮，退出“设置 PG/PC 接口”对话框后，TCP/IP 协议生效。

3. 设置计算机网卡的 IP 地址

如果操作系统是 Windows 7，用以太网电缆连接计算机和 CPU，打开“控制面板”，单击“查看网络状态和任务”。再单击“本地连接”，打开“本地连接状态”对话框。单击其中的“属性”按钮，在“本地连接属性”对话框中（见图 2-43），双击“此连接使用下列项目”列表框中的“Internet 协议版本 4（TCP/IPv4）”，打开“Internet 协议版本 4（TCP/IPv4）属性”对话框。

用单选框选中“使用下面的 IP 地址”，键入 PLC 以太网接口默认的子网地址 192. 168. 0（见图 2-43 的右图，应与 CPU 的子网地址相同），IP 地址的第 4 个字节是子网内设备的地址，可以取 0 ~ 255 中的某个值，但是不能与子网中其他设备的 IP 地址重叠。单击“子网掩码”输入框，自动出现默认的子网掩码 255. 255. 255. 0。一般不用设置网关的 IP 地址。

设置结束后，单击各级对话框中的“确定”按钮，最后关闭“网络连接”对话框。

如果是 Windows XP 操作系统，打开 Windows 的控制面板，双击其中的“网络连接”图标。在“网络连接”对话框中，用鼠标右键单击通信所用的网卡对应的连接图标，例如“本地连接”图标，执行出现的快捷菜单中的“属性”命令，打开“本地连接属性”对话框。选中“此连接使用下列项目”列表框最下面的“Internet 协议（TCP/IP）”，单击“属性”按钮，打开“Internet 协议（TCP/IP）属性”对话框，设置计算机的 IP 地址和子网掩码。

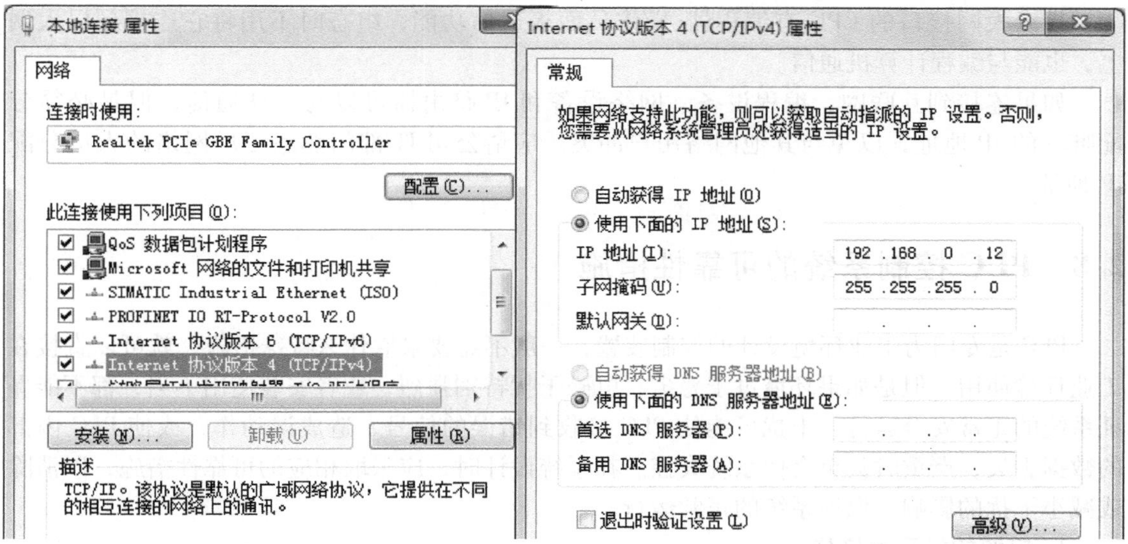

图 2-43　设置计算机网卡的 IP 地址

4. 下载用户程序

完成上述的设置后，用以太网电缆连接 PLC 和计算机的以太网接口。单击 SIMATIC 管理器工具栏上的下载按钮，就可以将用户程序和系统数据下载到 CPU。

出厂时带 PN 接口的 CPU 的 IP 地址为 0. 0. 0. 0。可以用 MPI 接口将组态好的 IP 地址下载到 CPU。也可以用“编辑 Ethernet 节点”对话框将 IP 地址和子网掩码分配给模块（见 6. 8. 2 节），然后用以太网下载硬件组态中的 IP 地址。

5. 修改 CPU 的 IP 地址

打开项目“315_2PN”的硬件组态工具，双击 CPU 的“PN-IO”所在的行（见图 2-44 的左图），单击出现的“属性-PN-IO”对话框中的“属性”按钮。在“属性-Ethernet 接口 PN-IO”对话框中设置以太网接口的 IP 地址和子网掩码。图 2-44 右图中是默认的 IP 地址和子网掩码，不使用路由器。关闭各对话框后单击工具栏上的按钮，保存和编译组态信息。

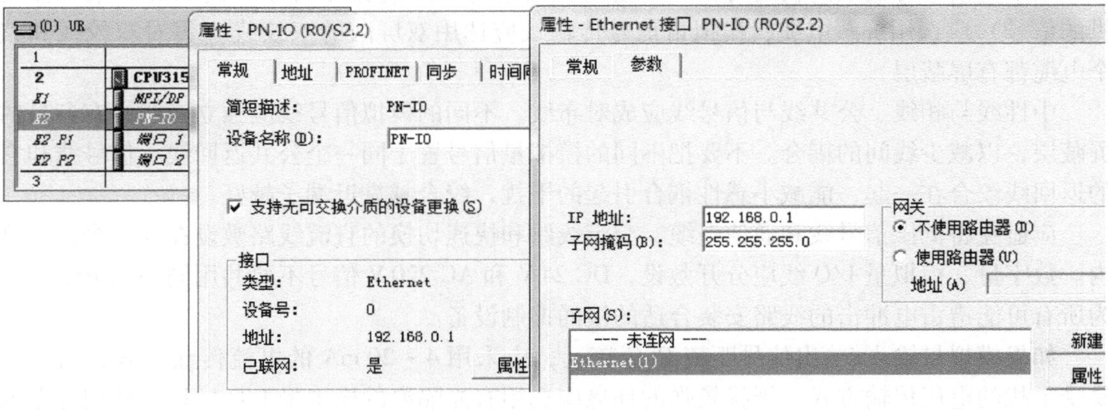

图 2-44　组态以太网接口参数

带以太网接口的 CPU 有编程器/操作员面板通信功能，组态时不用将它连接到以太网上，也能与编程计算机通信。

如果连接到互联网，编程设备、网络设备和 IP 路由器可以与全球通信，但是必须分配唯一的 IP 地址，以免与其他网络用户冲突。应请公司 IT 部门熟悉工厂网络的人员分配 IP 地址。

2.8 PLC 控制系统的可靠性措施

PLC 是专门为工业环境设计的控制装置，一般不需要采取什么特殊措施，就可以直接在工业环境使用。但是如果环境过于恶劣，电磁干扰特别强烈，或者安装使用不当，都不能保证系统的正常安全运行。干扰可能使 PLC 接收到错误的信号，造成误动作，或使 PLC 内部的数据丢失，严重时甚至会使系统失控。在系统设计时，应采取相应的可靠性措施，以消除或减小干扰的影响，保证系统的正常运行。

1. 电源的抗干扰措施

电源是干扰进入 PLC 的主要途径之一，电源干扰主要是通过供电线路的分布式电容和分布式电感的耦合产生的，各种大功率用电设备是主要的干扰源。

在干扰较强或对可靠性要求很高的场合，可以在 PLC 的交流电源输入端加接带屏蔽层的隔离变压器和低通滤波器。

隔离变压器可以抑制从电源线窜入的外来干扰，提高抗高频共模干扰的能力。高频干扰信号不是通过变压器绕组的耦合，而是通过一次、二次绕组间的分布电容传递的。在一次、二次绕组之间加绕屏蔽层，并将它和铁心一起接地，可以减少绕组间的分布电容，提高抗高频干扰的能力。

可以在互联网上搜索“电源滤波器”“抗干扰电源”和“净化电源”等关键词，选用相应的抗干扰电源产品。

2. 布线的抗干扰措施

PLC 不能与高压电器安装在同一个开关柜内，在柜内 PLC 应远离动力线，二者之间的距离应大于 200 mm。

数字量信号传输距离较远时，可以选用屏蔽电缆。高速脉冲信号（例如旋转编码器提供的信号）应选用屏蔽电缆，模拟量信号传输线应选用双屏蔽的双绞线（每对双绞线和整个电缆都有屏蔽层）。

中性线与相线、公共线与信号线应成对布线。不同的模拟信号线应独立走线，有各自的屏蔽层，以减少线间的耦合。不要把不同的模拟量信号置于同一个公共返回线。信号线和它的返回线绞合在一起，能减小感性耦合引起的干扰，绞合越靠近端子越好。

应避免将低压信号线和通信电缆、交流线路和快速切换的直流线路敷设在同一个接线槽内。数字量、模拟量 I/O 线应分开敷设，DC 24 V 和 AC 220 V 信号不要共用同一条电缆。应为所有可能遭雷电冲击的线路安装合适的浪涌抑制设备。

如果模拟量输入/输出信号距离 PLC 较远，应采用 4～20 mA 的电流传输方式，而不是易受干扰的电压传输方式。干扰较强的环境应选用有光隔离的模拟量 I/O 模块，使用分布电容小、干扰抑制能力强的配电器为变送器供电，以减少对 PLC 的模拟量输入信号的干扰。

模拟量输入信号的数字滤波是减轻干扰影响的有效措施。

3. PLC 的接地

控制设备有两种地：

1）安全保护地，也称为电磁兼容性地。车间里一般有保护接地网络，为了保证操作人员的安全，应将电动机的外壳和控制屏的金属屏体连接到安全保护地。CPU 模块上的 PE（保护接地）端子必须连接到大地或者柜体上。

2）信号地，或称控制地、仪表地。它是电子设备的电位参考点，例如 CPU 模块的传感器电源的 M 端子应接到信号地。PLC 和变频器通信时，应将 PLC 的 RS-485 端口的第 5 脚（5V 电源的负极）与变频器的模拟量输入信号的 0V 端子连接到信号地。

应使用等电位连接导线连接各控制屏，西门子推荐的导线截面积为 16 mm^2。控制系统中所有的控制设备需要接信号地的端子应保证一点接地。首先以控制屏为单位，将屏内各设备需要接信号地的端子用电缆夹连接到等电位母线上，然后用等电位连接线将各个屏的信号地连接到接地网络的某一点上接地。信号地最好采用单独的接地装置。

一般情况下，数字信号电缆的屏蔽层应两端接地，并确保大面积接触金属表面，以便能承受高频干扰。为了减少屏蔽层的电流，两端接地的屏蔽层应与等电位连接导线并联。

模拟量信号电缆的屏蔽层在具有很好等电位连接情况下，应两端接地。模拟量电缆的屏蔽层可以在控制柜一端接地，另一端通过一个高频小电容接地。如果屏蔽层两端的差模电压不高，并且连接到同一地线上时，也可以将屏蔽层的两端直接接地。

不要使用金属箔屏蔽层电缆，它的屏蔽效果仅有编织物屏蔽层电缆的五分之一。

连接参考电位不同的设备的通信口，可能导致在连接电缆中产生预想不到的电流。这种电流可能导致通信错误或设备损坏。应确保用通信电缆连接的所有设备都共用一个公共电路参考点或者进行隔离，以防止出现意外电流。

如果将各控制屏或设备的信号地就近连接到当地的安全保护地网络上，强电设备的接地电流可能在两个接地点之间产生较大的电位差，干扰控制系统的工作。

有不少企业因为在车间烧电焊，烧毁了控制设备的通信端口和通信设备。电焊机的副边电压很低，但是焊接电流很大。焊接线的“地线”一般搭在与保护接地网络连接的设备的金属构件上，焊接电流通过保护接地网络形成回路。如果各设备的信号地不是一点接地，而是就近接到安全保护地网络上，并且电焊机的接地线的接地点离焊接点较远，焊接电流有可能窜入通信网络，烧毁设备的通信端口或通信模块。

4. 防止变频器干扰的措施

现在 PLC 越来越多地与变频器一起使用，经常会遇到变频器干扰 PLC 的正常运行的故障，变频器已经成为 PLC 最常见的干扰源。

变频器的主电路为交-直-交变换电路，工频电源被整流为直流电压，输出的是基波频率可变的高频脉冲信号，载波频率可能超过 10 kHz。变频器的输入电流为含有丰富的高次谐波的脉冲波，它会通过电力线干扰其他设备。高次谐波电流还通过电缆向空间辐射，干扰邻近的电气设备。可以在变频器输入侧与输出侧串接电抗器，或安装谐波滤波器（见图 2-45），以吸收谐波，抑制高频谐波电流。

为了消除耦合噪声，信号电缆和变频器的动力电缆必须分开敷设，最小间隔 200 mm。在动力电缆和信号电缆间设置隔板，隔板沿其长度方向必须有几个接地点。

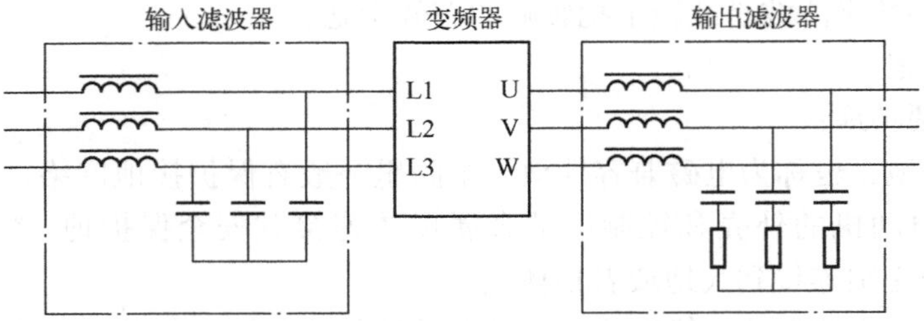

图 2-45　变频器的输入滤波器与输出滤波器

将变频器放在控制柜内，并将其金属外壳接地，对高频谐波有屏蔽作用。变频器的输入、输出电流（特别是输出电流）中含有丰富的谐波，所以主电路也是辐射源。PLC 的信号线和变频器的输出线应分别穿管敷设，变频器的输出线一定要使用屏蔽电缆或穿钢管敷设，以减轻对其他设备的辐射干扰和感应干扰。

变频器应使用专用接地线，用粗短线接地，其他邻近的电气设备的接地线必须与变频器的接地线分开。

可以对受干扰的 PLC 采用屏蔽措施，在 PLC 的电源输入端串入滤波电路或安装隔离变压器，以减小谐波电流的影响。

5. 强烈干扰环境中的隔离措施

一般情况下，PLC 的输入/输出信号采用内部的隔离措施，就可以保证系统的正常运行。因此一般没有必要在 PLC 外部再设置干扰隔离器件。

在发电厂等工业环境，空间极强的电磁场和高电压、大电流断路器的通断将会对 PLC 产生强烈的干扰。由于现场条件的限制，有时很长的强电电缆和 PLC 的低压控制电缆只能敷设在同一个电缆沟内，强电干扰在 PLC 的输入线上产生的感应电压和感应电流相当大，可能使 PLC 输入端的光耦合器中的发光二极管发光，使 PLC 产生误动作。可以用小型继电器来隔离用长线引入 PLC 的数字量信号。DI 模块允许的最大逻辑 0 信号电流为 1 mA 左右，而小型继电器的线圈吸合电流为数十毫安，强电干扰信号通过电磁感应产生的能量很小，一般不会使隔离用的继电器误动作。来自开关柜内和距离开关柜不远的输入信号一般没有必要用继电器来隔离。

为了提高抗干扰能力，对于长距离的串行通信信号，可以考虑用光纤来传输和隔离，或使用带光耦合器的通信端口。

6. PLC 输出的可靠性措施

如果用 PLC 驱动交流接触器，应将额定电压为 AC 380 V 的交流接触器的线圈换成 220 V 的。在负载要求的输出功率超过 PLC 的允许值时，应设置外部继电器。PLC 输出模块内的小型继电器的触点小，断弧能力差，不能直接用于 DC 220 V 的电路，必须通过外部继电器驱动 DC 220 V 的负载。

7. 感性负载的处理

感性负载（例如继电器、接触器的线圈）具有储能作用，PLC 内控制它的触点或场效应晶体管断开时，电路中的感性负载会产生高于电源电压数倍甚至数十倍的反电势。触点接通时，会因为触点的抖动而产生电弧，它们都会对系统产生干扰。对此可以采取下述的措施。

输出端接有直流感性负载时，应在它两端并联一个续流二极管。如果需要更快的断开时间，可以串接一个稳压管（见图 2-46），二极管可以选 IN4001，场效应晶体管输出可以选 8.2 V/5 W 的稳压管，继电器输出可以选 36 V 的稳压管。

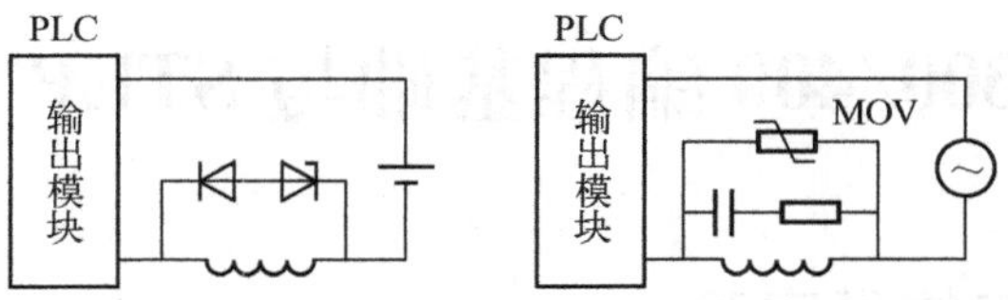

图 2-46　输出电路感性负载的处理

输出端接有 AC 220 V 感性负载时，应在它两端并联 RC 串联电路（见图 2-46），可以选 0.1 μF 的电容，和 100 ~ 120 Ω 的电阻。电容的额定电压应大于电源峰值电压。要求较高时，还可以在负载两端并联压敏电阻，其压敏电压应大于线圈额定电压有效值的 2.2 倍。为了减少电动机和电力变压器投切时产生的干扰，可以在 PLC 的电源输入端设置浪涌电流吸收器。

2.9　习题

1. 填空

1）S7-300 每个机架最多只能安装________个信号模块、功能模块或通信处理器模块，最多可以使用________个扩展机架。电源模块在中央机架最________边的 1 号槽，CPU 模块只能在________号槽，接口模块只能在________号槽。

2）S7-300 中央机架 5 号槽的 16 点数字量输出模块默认的字节地址为________和________。6 号槽的 2AO 模块默认的模拟量输出字的地址为________和________。

3）S7-400 的电源模块必须安装在________号槽。

2. RAM 与 FEPROM 各有什么特点？

3. 装载存储器和工作存储器各有什么作用？

4. MMC 是什么的简称？它有什么作用？

5. S7-300 的紧凑型 CPU 有什么特点？有哪些集成的硬件和集成的功能？

6. 怎样设置保存项目的默认的文件夹？

7. 怎样设置梯形图中触点的宽度？

8. 硬件组态有什么任务？

9. STEP 7 怎样分配 S7-400 的信号模块的地址？

10. 怎样设置时钟存储器？时钟存储器哪一位的时钟脉冲周期为 100 ms？

11. 信号模块是哪些模块的总称？

12. 交流数字量输入模块与直流数字量输入模块分别适用于什么场合？

13. 数字量输出模块有哪几种类型？它们各有什么特点？

14. 为了减少模块总的转换时间，应怎样处理未使用的模拟量输入通道？

15. 双极性 AI 模块模拟量量程的上、下限（100% 和 -100%）对应的模拟值是多少？

16. 什么是 MAC 地址和 IP 地址？子网掩码有什么作用？

17. 操作系统为 Windows 7 的计算机用普通网卡与 S7 CPU 通信时，怎样设置网卡的 IP 地址和子网掩码？

第3章　S7-300/400编程基础与STEP 7的使用方法

3.1　程序的生成与仿真实验

3.1.1　STEP 7的编程语言

STEP 7的基本版配备了梯形图、语句表和功能块图语言，这3种语言可以在STEP 7中相互转换。STEP 7还有几种别的编程语言可供用户选用，但是需要单独的许可证密钥。

1. 梯形图

梯形图（LAD）是使用得最多的PLC图形编程语言。梯形图与继电器电路图很相似，具有直观易懂的优点，很容易被工厂熟悉继电器控制的电气人员掌握，特别适合于数字量逻辑控制。梯形图由触点、线圈和用方框表示的指令框组成。触点代表逻辑输入条件，例如外部的开关、按钮和内部条件等。线圈通常代表逻辑运算的结果，用来控制外部的负载和内部的标志位等。指令框用来表示定时器、计数器或者数学运算等指令。

触点和线圈等组成的独立电路称为网络（Network），中文版STEP 7称之为程序段（见图3-1）。STEP 7自动地为程序段编号。

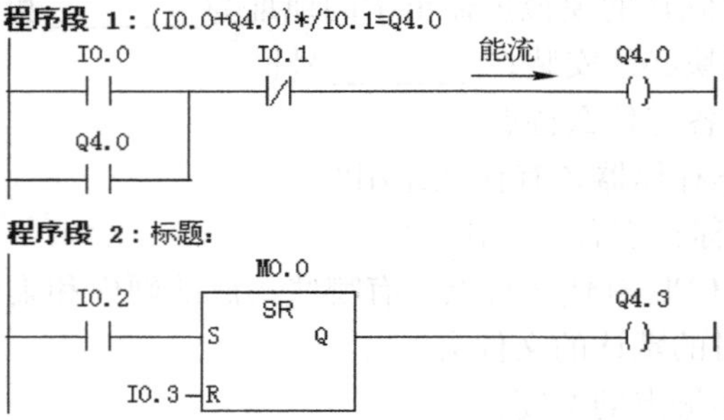

图3-1　梯形图

可以在程序段号的右边加上程序段的标题，在程序段号的下面为程序段添加注释。

如果将两块独立电路（可分开的电路）放在同一个程序段内，将会出错。

在分析梯形图的逻辑关系时，可以想象在梯形图的左右两侧垂直“电源线”之间有一个左正右负的直流电源电压，当图3-1的程序段1中I0.0与I0.1的触点同时接通，或Q4.0与I0.1的触点同时接通时，有一个假想的“能流”（Power Flow）流过Q4.0的线圈。利用能流这一概念，可以借用继电器电路的术语和分析方法，帮助我们更好地理解和分析梯形图。能流只能从左向右流动。如果没有跳转指令，程序段内的逻辑运算按从左往右的方向执行，与能流的方向一致。程序段之间按从上到下的顺序执行，执行完所有的程序段后，下一次循环又从最上面的程序段1重新开始执行。

2. 语句表

语句表（STL，见图 3-2）是一种类似于微机的汇编语言的文本语言，多条语句组成一个程序段。语句表比较适合经验丰富的程序员使用，可以实现某些不能用梯形图或功能块图表示的功能。图 3-1、图 3-2 和图 3-3 的控制逻辑相同。

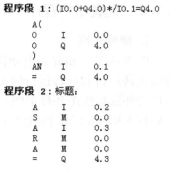

```
程序段 1：(I0.0+Q4.0)*/I0.1=Q4.0
A(
O     I     0.0
O     Q     4.0
)
AN    I     0.1
=     Q     4.0
程序段 2：标题：
A     I     0.2
S     M     0.0
A     I     0.3
R     M     0.0
A     M     0.0
=     Q     4.3
```

图 3-2　语句表

3. 功能块图

功能块图（FBD）使用类似于布尔代数的图形逻辑符号来表示控制逻辑，有数字电路基础的人很容易掌握。国内很少有人使用功能块图语言。功能块图用类似于与门、或门的方框来表示逻辑运算关系（见图 3-3），方框的左侧为逻辑运算的输入变量，右侧为输出变量，输入、输出端的小圆圈表示“非”运算，方框被“导线”连接在一起，信号自左向右流动。

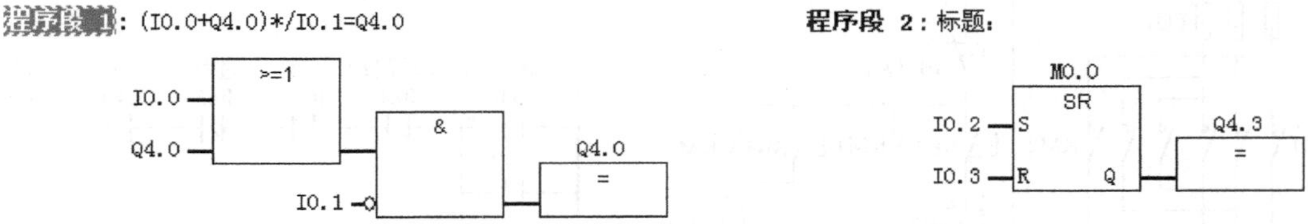

图 3-3　功能块图

4. 结构文本

STEP 7 的 S7-SCL（结构化控制语言）是符合 IEC 61131-3 标准的高级文本语言。与梯形图相比，它能实现复杂的数学运算，编写的程序非常简洁和紧凑。S7-SCL 的语言结构与计算机的编程语言 Pascal 和 C 相似，适合于习惯用高级语言编程的人使用。

5. 其他编程语言

顺序功能图（SFC）语言 S7-Graph 用来编制顺序控制程序。5.5 节给出了一个用 S7-Graph 编程的例子。图形编程语言 S7-HiGraph 用状态图（State Graphs）来描述异步的非顺序的过程。连续功能图 CFC 用图形方式连接程序库中以块的形式提供的各种功能，包括从简单的逻辑操作到复杂的闭环和开环控制。CFC 适合于连续过程控制的编程。

6. 编程语言的相互转换与选用

在 STEP 7 中，梯形图、功能块图和语句表如果没有错误，并且被正确地划分为程序段，这三种语言之间一般可以相互转换。用语句表编写的程序不一定能转换为梯形图，不能转换的程序段仍然保留语句表的形式，但是并不一定表示该程序段有错误。

语句表可供习惯于用汇编语言编程的用户使用，在运行时间和要求的存储空间方面最优。语句表的输入方便快捷，还可以在每条指令的后面加上注释，便于复杂程序的阅读和理解。在设计通信、数学运算等高级应用程序时建议使用语句表。

梯形图与继电器电路图的表达方式极为相似，适合于熟悉继电器电路的用户使用。功能块图适合于熟悉数字电路的用户使用。S7-SCL 编程语言适合于熟悉高级编程语言的用户使用。S7-Graph、HiGraph 和 CFC 可供有技术背景，但是没有 PLC 编程经验的用户使用。

3.1.2 生成用户程序

1. 硬件电路

图 3-4 是三相异步电动机正反转控制的主电路和继电器控制电路，KM1 和 KM2 分别是控制正转运行和反转运行的交流接触器。图中的 FR 是用于过载保护的热继电器。图 3-5 是 PLC 的外部接线图和梯形图，各输入信号均用常开触点提供。输出电路中的硬件互锁电路用于确保 KM1 和 KM2 的线圈不会同时通电，以防止出现交流电源相间短路的故障。

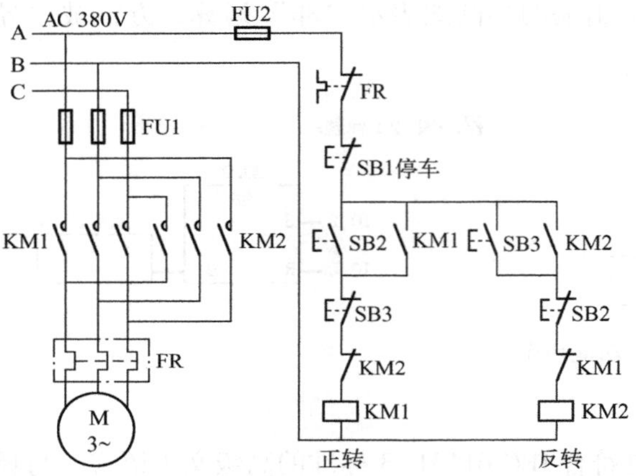

图 3-4 异步电动机正反转控制电路图

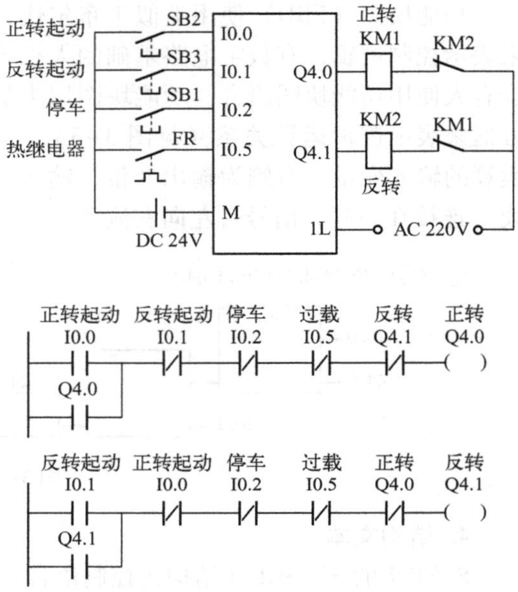

图 3-5 PLC 外部接线图与梯形图

2. 生成项目

用“新建项目”向导生成一个名为“电机控制”的项目（见随书光盘中的同名例程），CPU 可以选任意的型号。如果只是用于仿真实验，可以不对 S7-300 的硬件组态，只有 CPU 模块也能仿真。如果使用 S7-400 的 CPU，必须组态电源模块才能进行仿真。

3. 共享符号与局部符号

在程序中可以用绝对地址（例如 I0.0）访问变量，但是符号地址（例如“正转启动”）使程序更容易阅读和理解。

共享符号在符号表和共享数据块中定义，它们可以被所有的逻辑块使用。符号表中的符号可以使用汉字。可以用符号表为 I、Q、PI、PQ、M、T、C、FB、FC、SFB、SFC、DB、UDT（用户定义的数据类型）和 VAT（变量表）定义符号。共享数据块中的变量在数据块中定义。

局部符号在逻辑块的变量声明表中定义，它只在定义它的块中有效，同一个符号名可以在不同的块中用于不同的局部变量。共享数据块中的变量和局部符号只能使用字母、数字和下划线，不能使用汉字。

4. 定义符号地址

选中 SIMATIC 管理器左边窗口的“S7 程序”，双击右边窗口出现的“符号”，打开符号编辑器（见图 3-6），OB1 的符号是自动生成的。在下面的空白行输入符号“正转按钮”和地址 I0.0，其数据类型 BOOL（二进制的位）是自动添加的。可以为符号添加注释。

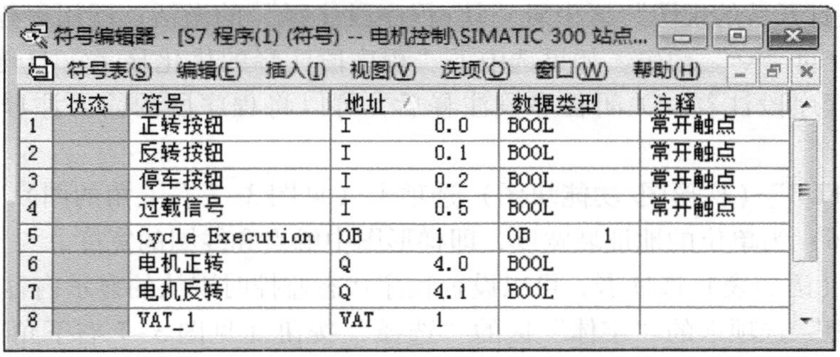

图 3-6　符号表

单击某一列的表头，可以改变排序的方法。例如单击“符号”所在的单元，该单元出现向上的三角形，表中的各行按符号升序排列，即按符号的英语或汉语拼音的第 1 个字母从 A 到 Z 的顺序排列。再单击一次“符号”所在的单元，该单元出现向下的三角形，表中的各行按符号降序排列。可以按符号、地址、数据类型和注释，升序或降序排列符号表中的各行。

5. 程序编辑器的设置

选中 SIMATIC 管理器左边窗口中的“块”，双击右边窗口中的 OB1，打开程序编辑器（见图 3-7 的左图）。第一次打开程序编辑器时，逻辑块和每个程序段均有灰色背景的注释区。注释区比较占地方，可以执行菜单命令“视图”→“显示方法”→“注释”，关闭所有的注释区。下一次打开该逻辑块后，需要做同样的操作来关闭注释区。

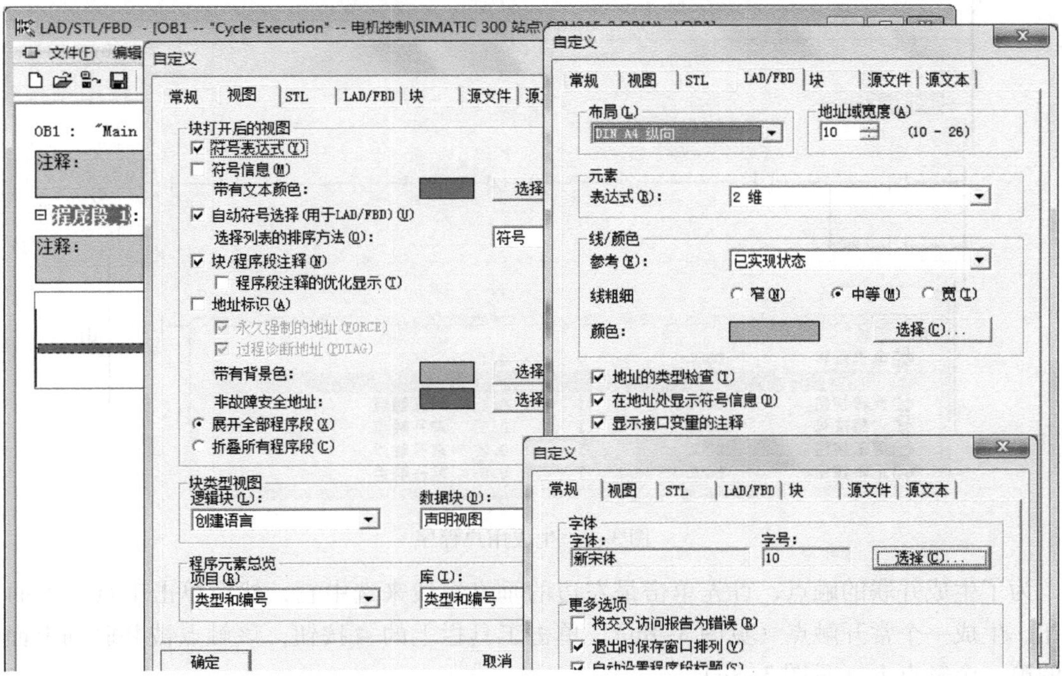

图 3-7　自定义程序编辑器的属性

执行下面的操作，可以在打开逻辑块时不显示注释区。在程序编辑器中执行菜单命令“选项”→“自定义”，在打开的“自定义”对话框的“视图”选项卡中（见图3-7中间的图），取消“块打开后的视图”区中对“块/程序段注释”的激活，即用鼠标单击它左边的复选框，使其中的“√”消失。如果选中了“程序段注释的优化显示”复选框，不显示没有注释内容的程序段注释。关闭程序段注释后，可以将程序段的简要注释放在程序段的“标题”行。

在“LAD/FDB”（梯形图/功能块图）选项卡（见图3-7右上角的图），可以设置以字符个数（10~26）为单位的地址域宽度，即梯形图中触点和线圈的宽度。

在“STL”（语句表）选项卡，可以设置程序状态监控时默认的显示内容。

单击“常规”选项卡的“字体”区的“选择”按钮（见图3-7右下角的图），可以设置编辑器使用的字体和字符的大小。

6. 生成梯形图程序

如果在新建项目时，采用默认的编程语言“STL”（语句表），打开程序编辑器后，看不到梯形图中的“电源线”，只能输入语句表程序。此时需要执行菜单命令“视图”→“LAD”，将编程语言切换为梯形图。

单击程序段1梯形图的水平线，它变为深色的加粗线（见图3-7的左图），工具栏上触点、线圈等按钮的图形变为深色。单击一次工具栏上的常开触点按钮，单击4次常闭触点按钮，单击一次线圈按钮，生成的触点和线圈见图3-8a。

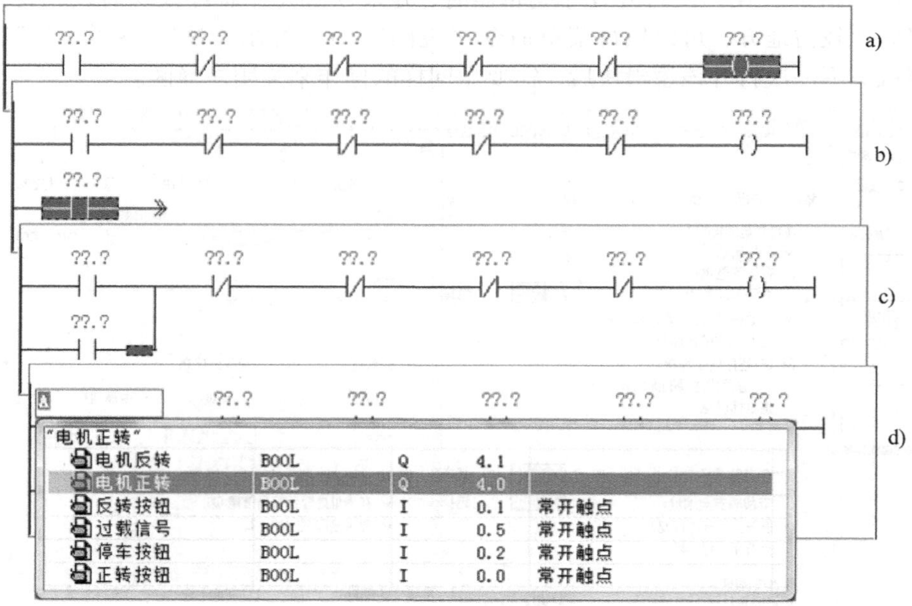

图3-8　生成用户程序

为了生成并联的触点，首先单击最左边的垂直短线来选中它，然后单击工具栏上的按钮，生成一个常开触点（见图3-8b）。单击工具栏上的按钮，该触点被并联到上面一行的第一个触点上（见图3-8c）。

单击触点上面的“?? .?”，用英文输入法输入任意的字符，弹出符号列表（见

图 3-8d)。符号列表只显示与该地址的数据类型匹配的所有符号地址。双击其中的变量“电机正转”，该符号地址出现在触点上。用同样的方法输入其他符号地址。因为两个程序段的电路相同，可以用复制和粘贴的方法生成一个相同的程序段，然后修改其中的地址。

图 3-9 是输入结束后的梯形图，STEP 7 自动地为程序中的共享符号加双引号。

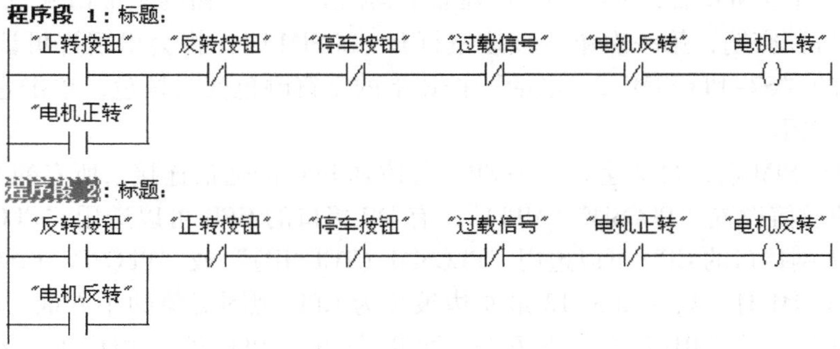

图 3-9 梯形图程序

用鼠标左键单击选中双箭头表示的触点的端点（见图 3-10），按住左键不放，将自动出现的与该端点连接的线拖到希望并允许放置的位置，随光标一起移动的图形（禁止放置）变为（允许放置）时，放开左键，该触点便被连接到指定的位置。

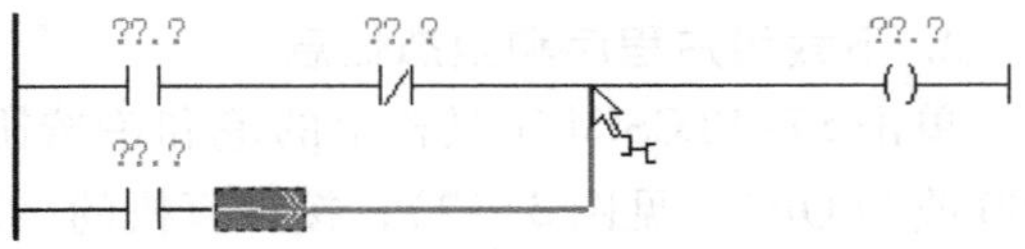

图 3-10 梯形图中触点的并联

执行“视图”菜单中的“放大”、“缩小”命令，可以放大、缩小程序，使用“缩放因子”命令可以设置任意的显示比例。

7. 设置符号地址的显示方式

执行菜单命令“视图”→“显示方式”→“符号表达式”，菜单中该命令左边的“√”消失，梯形图中的符号地址变为绝对地址。再次执行该命令，该命令左边出现“√”，又显示符号地址。执行菜单命令“视图”→“显示方式”→“符号信息”，在符号地址的上面出现绝对地址和符号表中的注释（见图 3-11）。再次执行该命令，只显示符号地址。

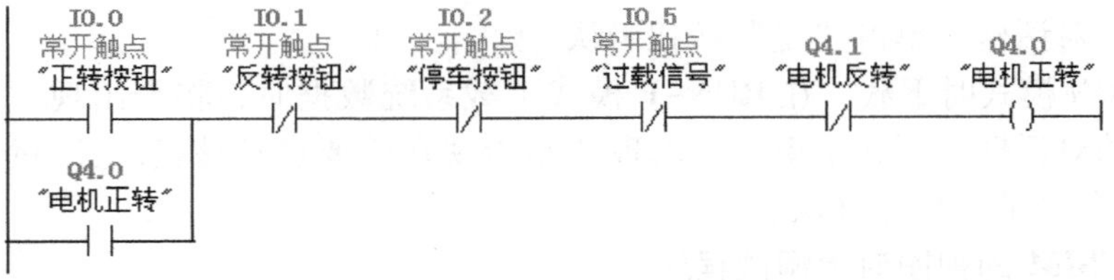

图 3-11 梯形图中的符号信息

可以用菜单命令“视图”→“显示方式”→“符号选择”来切换在输入地址时，是否自动显示已定义的符号列表（见图 3-8）。该命令的左边出现“√”时表示已经激活了该功能。

3.1.3 用仿真软件调试程序

1. 打开仿真软件 PLCSIM

S7-PLCSIM 是一款功能强大、使用方便的仿真软件。可以用它代替 PLC 的硬件来调试用户程序。安装 PLCSIM 后，SIMATIC 管理器工具栏上的按钮的图形由灰色变为深色。如果没有安装许可证密钥，第一次单击该按钮打开 PLCSIM 时，将会出现许可证管理对话框。选中文本框中的“S7-PLCSIM”，“激活”按钮上的字符颜色变为黑色，单击它将激活 14 天的试用许可证密钥。

打开 S7-PLCSIM 后，自动建立了 STEP 7 与仿真 PLC 的通信连接。所有的 CPU 都可以使用图 3-15 中的通信设置“PLCSIM（MPI)”，有 DP 接口的 CPU 可以选用“PLCSIM（PROFIBUS)”，有以太网接口的 CPU 可以选用“PLCSIM（TCP/IP)”或“PLCSIM（ISO)”。

刚打开 PLCSIM 时，只有图 3-12 最左边被称为 CPU 视图对象的小方框。单击它上面的“STOP”“RUN”或“RUN-P”小方框，可以令仿真 PLC 处于相应的运行模式。单击“MRES”按钮，可以清除仿真 PLC 中已经下载的程序。可以用鼠标调节 S7-PLCSIM 窗口的位置和大小。

2. 下载用户程序和组态信息

单击 S7-PLCSIM 工具栏上的和按钮，生成 IB0 和 QB0 视图对象。将视图对象中的 QB0 改为 QB4（见图 3-12），按计算机的〈Enter〉键后，更改才生效。

图 3-12 PLCSIM

下载之前，应打开 PLCSIM。选中 SIMATIC 管理器左边窗口中的“块”对象，单击工具栏上的下载按钮，将 OB1 和系统数据下载到仿真 PLC。下载系统数据时出现“是否要装载系统数据?”对话框，单击“是”按钮确认。

不能在 RUN 模式时下载。在 RUN-P 模式下载系统数据时，将会出现“模块将被设为 STOP 模式”的对话框。下载结束后，出现“是否现在就要启动该模块?”的对话框。这两种情况均应单击“是”按钮确认。

3. 用 PLCSIM 的视图对象调试程序

单击 CPU 视图对象中的小方框，将 CPU 切换到 RUN 或 RUN-P 模式。这两种模式都要执行用户程序，但是在 RUN-P 模式可以下载程序和系统数据。

根据梯形图电路，按下面的步骤调试用户程序：

1）单击视图对象 IB0 最右边的小方框，方框中出现“√”，I0.0 变为 1 状态，模拟按下正转按钮。梯形图中 I0.0 的常开触点闭合、常闭触点断开。由于 OB1 中程序的作用，

Q4.0（电机正转）变为1状态，梯形图中其线圈通电，视图对象QB4最右边Q4.0对应的小方框中出现“√”（见图3-12）。

再次单击I0.0对应的小方框，方框中的“√”消失，I0.0变为0状态，模拟放开起动按钮。梯形图中I0.0的常开触点断开、常闭触点闭合。将按钮对应的位变量（例如I0.0）设置为1状态之后，注意一定要马上将它设置为0状态（即松开按钮），否则后续的操作可能会出现异常情况。

2）单击两次I0.1对应的小方框，模拟按下和放开反转起动按钮的操作。由于用户程序的作用，Q4.0变为0状态，Q4.1变为1状态，电动机由正转变为反转。

3）在电动机运行时用鼠标模拟按下和放开停止按钮I0.2，或者模拟过载信号I0.5出现和消失，当时处于1状态的Q4.0或Q4.1变为0状态。

4. 下载部分程序块

程序块较多时，可以只下载部分块。打开随书光盘中的项目“S7_DP”，选中左边窗口的“块”文件夹，单击右边窗口的某个块或系统数据，被选中的块的背景色变为深蓝色。打开PLCSIM，单击工具栏上的下载按钮，只下载选中的单个对象。图3-13中的“VAT_1”是用于监控程序执行情况的变量表，即使选中它也不会下载它。

用鼠标左键单击图3-13中虚线方框的一个角，按住左键不放，移动鼠标，在块工作区画出一个虚线方框，方框中和方框上的块被选中。单击工具栏上的下载按钮，只下载选中的对象。按住计算机的〈Ctrl〉键，单击需要下载的块，可以选中多个任意位置的块。单击工具栏上的下载按钮，只下载选中的块。

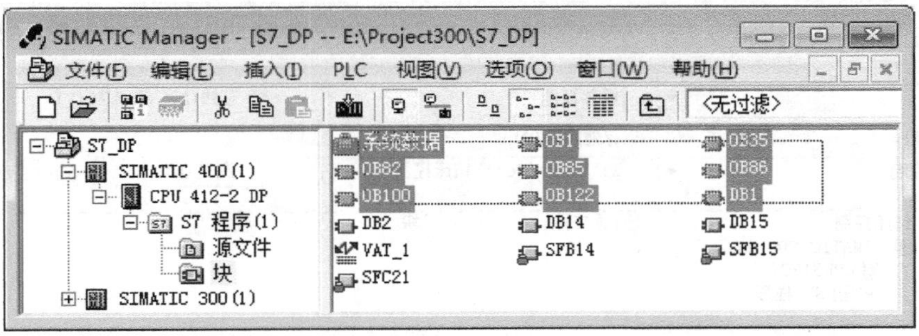

图3-13　选中需要下载的块

修改程序后，可以在程序编辑器中下载打开的逻辑块。也可以在硬件组态、网络组态窗口中下载对应的组态数据。

5. 下载整个站点

选中项目中的某个PLC站点，单击工具栏上的下载按钮，可以把整个站点的信息（包括用户程序、系统数据中的硬件组态和网络组态信息）下载到CPU。

6. 用程序状态功能调试程序

仿真PLC在RUN或RUN-P模式时，打开OB1，单击工具栏上的“监视”按钮，启动程序状态监控功能。STEP 7和PLC中的OB1程序不一致时（例如下载后改动了程序），工具栏的按钮上的符号为灰色。此时需要重新下载OB1，STEP 7和PLC中OB1的程序一致后，按钮上的符号变为黑色，才能启动程序状态功能。

启动程序状态后，从梯形图左侧垂直的“电源”线开始的水平线均为绿色（见图3-14），表示有能流从“电源”线流出。有能流流过的方框指令、线圈、“导线”和处于闭合状态的触点均用绿色表示。用蓝色虚线表示导线没有能流流过和触点、线圈断开。

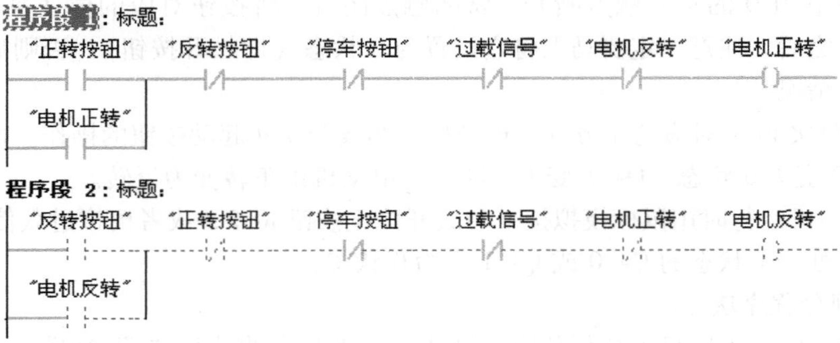

图3-14　程序状态监控

如果选中程序段2，只能监控程序段2和它之后的程序段，不能监控程序段1。

7. 在PLCSIM中使用符号地址

执行菜单命令“工具”→“选项”→“连接符号”，单击打开的对话框中的“浏览”按钮（见图3-15），选中要仿真的项目“电机控制”。打开对话框中的300站点，选中“S7程序”。单击右边窗口的“符号”，在“对象名称”文本框中出现“符号”。单击“确定”按钮退出对话框。

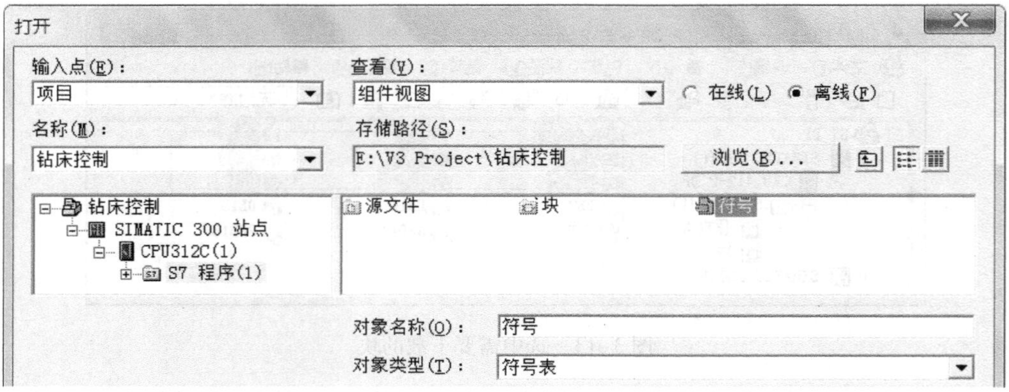

图3-15　连接符号表

执行菜单命令“工具”→“选项”→“显示符号”，使该菜单项的左边出现“√”（被选中）。单击工具栏上的按钮，生成垂直位变量视图对象。设置它的地址为IB0，该视图对象将显示IB0中已定义的符号地址（见图3-16）。

单击工具栏上的按钮，生成“堆栈”视图对象，里面有嵌套堆栈和MCR（主控继电器）堆栈。单击工具栏上的按钮，生成“ACCU和状态字”视图对象。可以监控累加器（ACCU）、地址寄存器和状态字。单击工具栏上的按钮，生成“块寄存器”视图对象，可以监控数据块寄存器、逻辑块的编号和步地址计数器SAC。实际上很少使用上述3个视图对象。

关闭PLCSIM时，询问“是否要将当前程序保存到*.plc文件中?”，一般不保存。

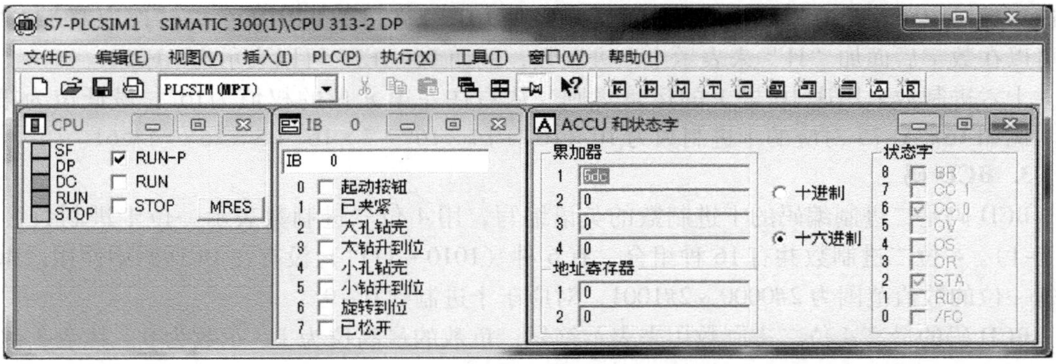

图 3–16 PLCSIM 的垂直位变量视图对象

3.2 数据类型与存储区

3.2.1 数制

1. 二进制数

二进制数的 1 位（bit）只能取 0 和 1 这两个不同的值，可以用它们来表示开关量（或称数字量，例如 M 和 Q）的两种不同的状态，例如触点的断开和接通，线圈的通电和断电等。如果该位为 1，梯形图中对应的线圈“通电”，其常开触点接通，常闭触点断开，以后称该位为 1 状态，或称该位为 ON（接通）。如果该位为 0，对应的线圈和触点的状态与上述的相反，称该位为 0 状态，或称该位为 OFF（断开）。

计算机和 PLC 用多位二进制数来表示数字，二进制数遵循逢 2 进 1 的运算规则，从右往左的第 n 位（最低位为第 0 位）的权值为 2^n。二进制数 2#1011 对应的十进制数可以用下式计算：$1\times2^3+0\times2^2+1\times2^1+1\times2^0=8+2+1=11$。表 3–1 给出了不同进制的数的表示方法。

表 3–1 不同进制的数的表示方法

十进制数	十六进制数	二进制数	BCD 码	十进制数	十六进制数	二进制数	BCD 码
0	0	00000	0000 0000	9	9	01001	0000 1001
1	1	00001	0000 0001	10	A	01010	0001 0000
2	2	00010	0000 0010	11	B	01011	0001 0001
3	3	00011	0000 0011	12	C	01100	0001 0010
4	4	00100	0000 0100	13	D	01101	0001 0011
5	5	00101	0000 0101	14	E	01110	0001 0100
6	6	00110	0000 0110	15	F	01111	0001 0101
7	7	00111	0000 0111	16	10	10000	0001 0110
8	8	01000	0000 1000	17	11	10001	0001 0111

2. 十六进制数

多位二进制数的书写和阅读很不方便。为了解决这一问题，可以用十六进制数来代替二进制数，十六进制数的 16 个数字符号是 0 ~ 9 和 A ~ F（对应于十进制数 10 ~ 15）。每位十六进制数对应于4位二进制数。例如二进制数2#1010 1110 0111 0101可以转换为16#AE75。也可以在数字后面加“H”来表示十六进制数，例如16#AE75可以表示为AE75H。

十六进制数采用逢16进1的运算规则，从右往左第n位的权值为16^n，最低位为第0位。例如16# AE75对应的十进制数为$10\times16^3+14\times16^2+7\times16^1+5\times16^0=44661$。

3. BCD码

BCD码是二进制编码的十进制数的英语缩写，用4位二进制数表示一位十进制数（见表3-1）。4位二进制数共有16种组合，有6种（1010~1111）没有在BCD码中使用。BCD码每一位的数值范围为2#0000~2#1001，对应于十进制数0~9。

BCD码的最高4位二进制数用来表示符号，负数的最高位为1，正数为0，其余3位可以取0或1，一般取1。BCD码字（16位二进制数）的范围为-999~+999。BCD码双字（32位二进制数）的范围为-9999999~+9999999。BCD码相邻两位之间的关系是逢十进一，图3-17中的BCD码为-829，图3-18是7位BCD码的格式。

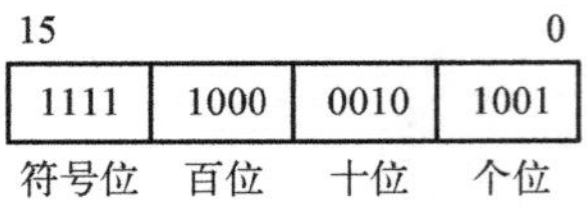

图3-17　3位BCD码的格式

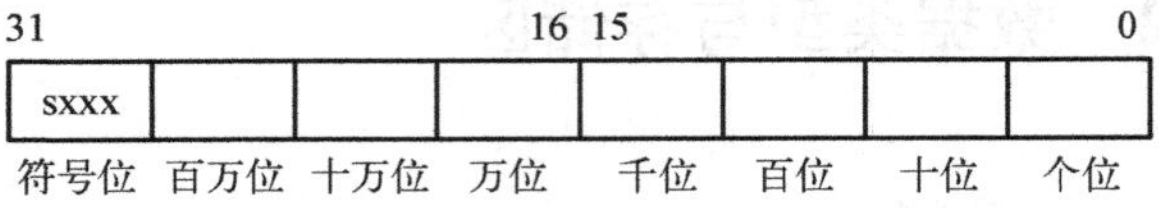

图3-18　7位BCD码的格式

拨码开关（见图3-19）的圆盘圆周面上有0~9这10个数字，用按钮来增、减各位要输入的数字。它用内部的硬件将显示的数字转换为4位二进制数。PLC用数字量输入点读取的多位拨码开关的输出值就是BCD码，需要用数据转换指令将它转换为整数或双整数。

用PLC的4个输出点给一片译码驱动芯片4547提供输入信号（见图3-20），可以用LED七段显示器显示一位十进制数。需要用数据转换指令，将PLC中的整数转换为BCD码，然后分别送给各个译码驱动芯片。

图3-19　拨码开关

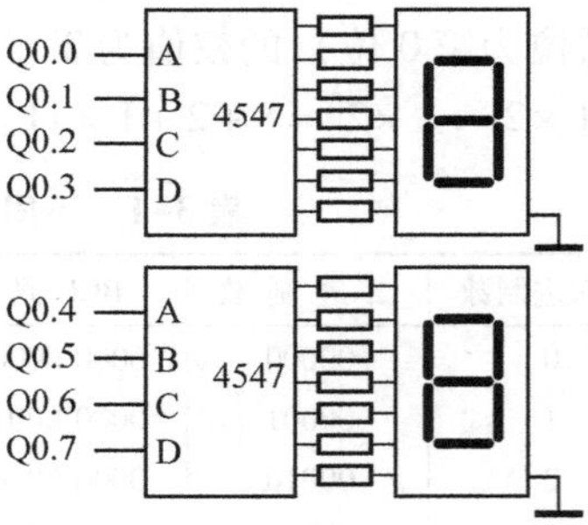

图3-20　LED七段显示器电路

BCD码主要用于PLC的输入和输出，STEP-7中定时器的剩余时间值、计数器的当前计数值和日期、时间值都使用BCD码。

BCD码的表示方式与十六进制数相同，例如用数字量输入模块读取的图3-19中的拨码开关的数值为16#829。到底是BCD码还是十六进制数，取决于数据的来源或用途。

3.2.2　基本数据类型

STEP 7的数据类型分为基本数据类型（见表3-2）和复杂数据类型，后者将在4.2.2

节介绍。此外还有用于 FB（功能块）和 FC（功能）的输入、输出参数的参数类型（见 4.5 节）。本节介绍基本数据类型。

表 3-2　基本数据类型

数据类型	描　述	位数	常数举例	数据类型	描　述	位数	常数举例
BOOL	二进制位	1	TRUE/FALSE	REAL	IEEE 浮点数	32	20.0
BYTE	字节	8	B#16#2F	S5TIME	SIMATIC 时间	16	S5T#1H3M50S
WORD	无符号字	16	W#16#247D	TIME	IEC 时间	32	T#1H3M50S
INT	有符号整数	16	-362	DATE	IEC 日期	16	D#2015-7-17
DWORD	无符号双字	32	DW#16#149E857A	TIME_OF_DAY	实时时间	32	TOD#1:10:30.3
DINT	有符号双整数	32	L#23	CHAR	ASCII 字符	8	'2A'

1. 位

位（bit）数据的数据类型为 Bool（布尔），在 STEP 7 中，BOOL 变量的值 1 和 0 分别用英语单词 true（真）和 false（假）来表示。

位存储单元的地址由字节地址和位地址组成，例如 I3.2 中的区域标示符“I”表示输入（Input），字节地址为 3，位地址为 2（见图 3-21）。这种存取方式称为“字节．位”寻址方式。

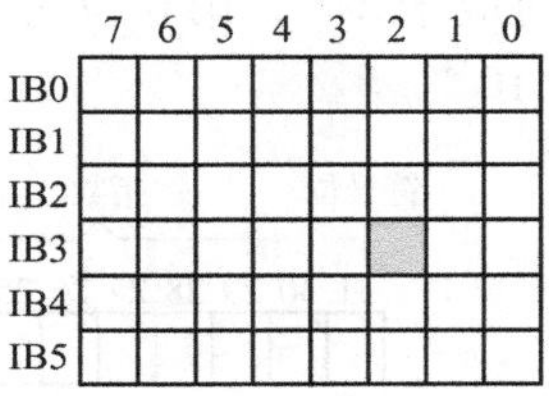

图 3-21　位数据的存放

2. 字节

一个字节（Byte）由 8 个位数据组成，例如输入字节 IB3 由 I3.0～I3.7 这 8 位组成（见图 3-21）。其中的第 0 位（I3.0）为最低位，第 7 位（I3.7）为最高位。

3. 字和双字

相邻的两个字节组成一个字（Word），相邻的两个字组成一个双字（Double Word）。

MW100 是由 MB100 和 MB101 组成的一个字（见图 3-22），MW100 中的 M 为区域标示符，W 表示字。双字 MD100 由 MB100～MB103（或 MW100 和 MW102）组成，MD100 中的 D 表示双字。字的取值范围为 W#16#0000～W#16#FFFF，双字的取值范围为 DW#16#0000_0000～DW#16#FFFF_FFFF。需要注意下列问题：

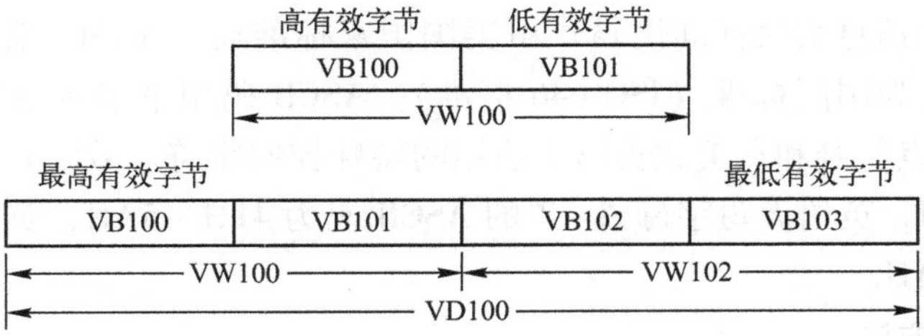

图 3-22　字节、字和双字

1）用组成字 MW100 和双字 MD100 的编号最小的字节 MB100 的编号，作为 MW100 和 MD100 的编号。

2）组成 MW100 和 MD100 的编号最小的字节 MB100 为 MW100 和 MD100 的最高位字节，编号最大的字节为字和双字的最低位字节。

3）数据类型字节、字和双字都是无符号数，它们的数值用十六进制数表示。

4. 16 位整数和 32 位双整数

16 位整数（Integer，INT）和 32 位双整数（Double Integer，DINT）是有符号数，它们用二进制数补码来表示，其最高位为符号位，最高位为 0 时为正数，为 1 时为负数。正数的补码就是它本身，将一个二进制正整数的各位取反（作非运算）后加 1，得到绝对值与它相同的负数的补码。将负数的补码的各位取反后加 1，得到它的绝对值对应的正数的补码。

整数的取值范围为 -32768 ~ 32767，双整数的取值范围为 -2147483648 ~ 2147483647。

5. 32 位浮点数

实数（REAL）又称为浮点数，可以表示为 $1.m \times 2^{E}$，尾数中的 m 和指数 E 均为二进制数，E 可能是正数，也可能是负数。S7-300/400 采用 ANSI/IEEE 754-1985 标准格式的 32 位实数，其格式为 $1.m \times 2^{e}$，式中指数 $e = E + 127$（$1 \leqslant e \leqslant 254$）为 8 位正整数。

ANSI/IEEE 标准浮点数的格式如图 3-23 所示，共占用一个 32 位的双字。最高位（第 31 位）为浮点数的符号位，最高位为 0 时为正数，为 1 时为负数；8 位指数占第 23 ~ 30 位；因为规定尾数的整数部分总是为 1，只保留了尾数的小数部分 m（第 0 ~ 22 位）。第 22 位为 1 对应于 2^{-1}，第 0 位为 1 对应于 2^{-23}。浮点数的范围为 $\pm 1.175495 \times 10^{-38} \sim \pm 3.402823 \times 10^{38}$。

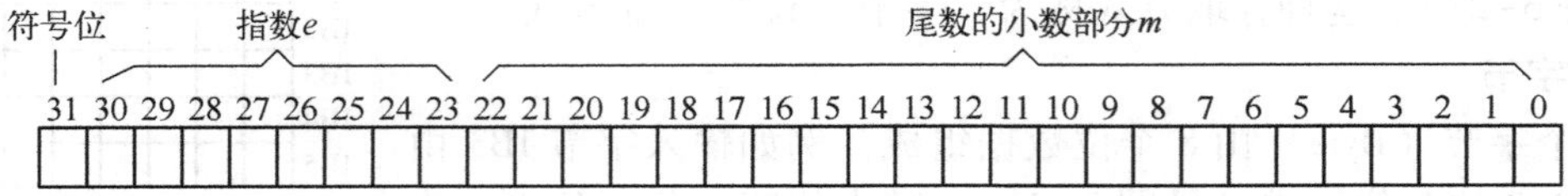

图 3-23　浮点数的结构

浮点数的优点是用很小的存储空间（4B）可以表示非常大和非常小的数。PLC 输入和输出的数值大多是整数，例如模拟量输入值和模拟量输出值都是整数，用浮点数来处理这些数据需要进行整数和浮点数之间的相互转换，浮点数的运算速度比整数的运算速度慢一些。

在 STEP 7 中，一般并不使用二进制格式或十六进制格式表示的浮点数，而是用十进制小数来输入或显示浮点数，例如在 STEP 7 中，50 为 16 位整数，而 50.0 为 32 位浮点数。

6. ASCII 码字符

ASCII 码（美国信息交换标准代码）由美国国家标准局（ANSI）制定，它已被国际标准化组织（ISO）定为国际标准（ISO 646 标准）。ASCII 码用来表示所有的英语大/小写字母、数字 0 ~ 9、标点符号和在美式英语中使用的特殊控制字符。数字 0 ~ 9 的 ASCII 码为十六进制数 30H ~ 39H，英语大写字母 A ~ Z 的 ASCII 码为 41H ~ 5AH，英语小写字母 a ~ z 的 ASCII 码为 61H ~ 7AH。

7. 常数的表示方法

在 STEP 7 中，常数可以用十进制、十六进制、ASCII 码或浮点数等格式来输入或显示。CPU 内部以二进制方式存储常数。STEP 7 用不同的格式表示各种简单数据类型的常数。

2#用来表示二进制常数，例如 2#1101_1010。

B#16#、W#16#、DW#16#分别用来表示十六进制字节、字和双字常数。可以输入不带 B#、W#和 DW#的数字，输入后将会自动添加 B#、W#和 DW#。

整数常数值前面不添加任何符号，例如 -1354。L#用来表示32位双整数常数，例如L#+5。

P#用来表示地址指针常数，例如P#M2.0是M2.0的地址指针值。

S5T#用来表示16位S5时间常数，取值范围为S5T#0S~S5T#9990S。例如S5T#45M_30S。

T#用来表示带符号的32位IEC时间常数，例如T#1D_12H_30M_0S_250MS，时间增量为1 ms。取值范围为 -T#24D_20H_31M_23S_648MS~T#24D_20H_31M_23S_647MS。

DATE是IEC日期常数，例如D#2015-2-18。取值范围为D#1990-1-1~D#2168-12-31。TOD#用来表示32位实时时间（Time of day）常数，例如TOD#23:50:45.3，时间增量为1 ms。

C#用来表示16位计数器常数（BCD码），例如C#250。

ASCII字符用英语的单引号表示，例如'A2C'，每个ASCII字符占一个字节。

输入常数时必须使用英语的标点符号，如果使用中文的标点符号，将会出错，出错的输入内容用红色显示。

3.2.3 系统存储器

1. 过程映像输入/输出表（I/Q）

在执行用户程序时，CPU并不直接访问I/O模块中的输入地址区和输出地址区，而是访问CPU内部的过程映像表（I/Q区，见表3-3）。在每次扫描循环开始时，CPU读取输入模块的外部输入电路的状态，并将它们存入过程映像输入表（Process Image Input，PII）。在扫描循环中，用户程序计算输出值，并将它们存入过程映像输出表（Process Image Output，PIQ）。在下一扫描循环开始时，将过程映像输出表的内容写入输出模块。

表3-3 系统存储区

地址区	访问的单位	说明
过程映像输入表（I）	输入位I、输入字节IB、输入字IW、输入双字ID	在每次执行OB1扫描循环程序之前，CPU将输入模块的输入数值复制到过程映像输入表
过程映像输出表（Q）	输出位Q、输出字节QB、输出字QW、输出双字QD	在程序循环扫描过程中，将程序运算得到的输出值写入过程映像输出表。在下一次OB1循环扫描开始时，CPU将这些数值传送到输出模块
位存储器（M）	存储器位M、存储器字节MB、存储器字MW、存储器双字MD	该区域用于存储用户程序的中间运算结果或标志位
定时器（T）	定时器T	该区域提供定时器的地址区
计数器（C）	计数器C	该区域提供计数器的地址区
外设输出（PQ）	外设输出字节PQB、外设输出字PQW、外设输出双字PQD	通过该区域用户程序立即直接访问输出模块
外设输入（PI）	外设输入字节PIB、外设输入字PIW、外设输入双字PID	通过该区域用户程序立即直接访问输入模块
共享数据块（DB）	数据块DB、数据位DBX、数据字节DBB、数据字DBW、数据双字DBD	共享数据块可供所有逻辑块使用，可以用"OPN DB"指令打开一个共享数据块
背景数据块（DI）	数据块DI、数据位DIX、数据字节DIB、数据字DIW、数据双字DID	背景数据块与某一功能块或系统功能块相关联，可以用"OPN DI"指令打开一个背景数据块
局部数据（L）	局部数据位L、局部数据字节LB、局部数据字LW、局部数据双字LD	当块被执行时，局部数据区用于保存块的临时数据、输入/输出参数和来自梯形图程序段的中间结果。

对存储器的“读写”“访问”“存取”这3个词的意思基本上相同。

I区和Q区均可以按位、字节、字和双字来访问，例如I0.0、IB0、IW0和ID0。

与直接访问输入模块相比，访问过程映像输入表可以保证在整个扫描周期内，过程映像输入的状态始终一致。即使在本次循环的程序执行过程中，接在输入模块的外部电路的状态发生了变化，过程映像输入表各信号的状态仍然保持不变，直到下一个循环被刷新。由于过程映像表保存在CPU的系统存储器中，访问速度比直接访问信号模块快得多。

过程映像输入在用户程序中的标识符为I，它是PLC接收外部输入信号的窗口。输入模块的数字量输入端可以外接常开触点或常闭触点，也可以接多个触点组成的串并联电路。PLC将外部电路的通/断状态读入并存储在过程映像输入位中，外部输入电路接通时，对应的过程映像输入位为1状态（ON）；反之为0状态（OFF）。在梯形图中，可以多次使用过程映像输入位的常开触点和常闭触点。

过程映像输出位在用户程序中的标识符为Q，扫描周期开始时，CPU将过程映像输出位的数据传送给数字量输出模块，再由后者驱动外部负载。如果梯形图中Q0.0的线圈“通电”，继电器型输出模块对应的硬件继电器的常开触点闭合，使接在Q0.0对应的输出端子的外部负载通电工作。某些CPU的过程映像区的大小可以在组态时设置。

过程映像分区与中断功能配合，可以显著地减少PLC的输入、输出响应时间。过程映像区分为主程序OB1的过程映像OB1-PI和过程映像分区PIP。S7-400 CPU最多可以使用15个过程映像分区。每次扫描循环刷新一次OB1过程映像。

下面举例说明过程映像分区的使用方法。在硬件组态时，将某些I/O模块分配给过程映像分区PIP2，再将PIP2分配给时间中断组织块OB10，这样这些I/O模块就被分配给OB10。用STEP 7指定的过程映像分区中的I/O地址不再属于OB1过程映像输入/输出表。

在调用OB10时，CPU自动读入被组态为属于过程映像分区PIP2的输入模块的输入值，OB10被执行完后，输出值被立即写至被组态为属于PIP2的输出模块。

用户程序可以调用SFC26“UPDAT_PI”来刷新整个或部分过程映像输入表，调用SFC27“UPDAT_PO”来刷新整个或部分过程映像输出表。

2. 外设I/O区（PI/PQ）

外设输入（PI）和外设输出（PQ）区用于直接访问本地的和分布式的输入模块和输出模块。PI/PQ区与I/Q区的关系如下：

1）访问PI/PQ区时，直接读写输入/输出模块，而I/Q区是输入/输出信号在CPU的存储器中的“映像”。使用外设地址可以实现用户程序与I/O模块之间的快速数据传送，因此被称为“立即读”和“立即写”。P/Q区采用周期性批量读/写的方式，因此可能有一定的滞后。

2）I/Q区可以按位、字节、字和双字访问，PI/PQ区不能按位访问。

3）I/Q区的地址范围比PI/PQ区的小，前者与CPU的型号有关。如果地址超出了I/Q区允许的范围，必须使用PI/PQ区来访问。

4）I/Q区与PI/PQ区的地址均从0号字节开始，因此I/Q区的地址编号也可以用于PI/PQ区。例如用MOVE指令将QB1传送到PQB1，可以实现“立即写入”操作。

5）可以读、写I/Q区的地址。只能读取外设输入，不能改写它。只能改写外设输出，不能读取它。指令L将数据装载到累加器1，指令T将数据从累加器1传送到指定的地址。

下面两条指令违背了上述规定，因此是错误的，输入后出错的指令变为红色。

```
L    PQB    0
T    PIB    0
```

6）访问 I/Q 区的指令比访问 PI/PQ 区的指令的执行时间短得多。例如 CPU 317-2 DP 的指令“L IB0”和“L PIB0”的执行时间分别为 0.05 μs 和 15 μs。

3. 位存储器（M）

位存储器用来保存控制逻辑的中间操作状态或其他控制信息。不同型号的 S7-300 的位存储器区的大小从 128B 到 8KB。

4. 定时器（T）和计数器（C）

定时器相当于继电器系统的时间继电器。给定时器分配的字用于存储时间基准和剩余时间值（0~999）。剩余时间值可以用二进制数或 BCD 码方式读取。

计数器用来累计其计数脉冲的个数，给计数器分配的字用于存储当前计数值（0~999）。计数值可以用二进制数或 BCD 码方式读取。

5. 数据块（DB）与背景数据块（DI）

DB 为数据块，DBX、DBB、DBW 和 DBD 分别是数据块中的数据位、数据字节、数据字和数据双字。DI 为背景数据块，DIX、DIB、DIW 和 DID 分别是背景数据块中的数据位、数据字节、数据字和数据双字。

6. 局部数据区（L）

各逻辑块都有它的局部（Local）数据区，局部变量在逻辑块的变量声明表中生成，只能在它被创建的块中使用。每个组织块用 20B 的临时局部数据来存储它的起动信息。局部数据用于传送块参数和保存来自梯形图程序的中间逻辑运算结果。

CPU 按组织块的优先级划分局部数据区，S7-300 同一优先级的组织块及其调用的块共用 256B 的临时局部数据区。S7-400 每个优先级的局部数据区要大得多，可达数十 KB，可以用 STEP 7 改变其大小。

全局变量包括 I、Q、M、T、C、PI、PQ 和共享数据块 DB，所有的逻辑块（OB、FC、FB、SFC 和 SFB）都可以使用全局变量。

3.2.4 CPU 中的寄存器

1. 累加器（ACCUx）

32 位累加器是用于处理字节、字或双字的寄存器。S7-300 有两个累加器（ACCU1 和 ACCU2），S7-400 有 4 个累加器（ACCU1~ACCU4）。几乎所有的语句表指令的执行都在累加器中进行，因此需要用装载指令把操作数送入 ACCU1（累加器 1），在累加器中进行运算和数据处理后，用传送指令将累加器 1 中的运算结果传送到某个地址。处理 8 位或 16 位数据时，数据存放在累加器的低 8 位或低 16 位。梯形图程序不使用累加器。

2. 地址寄存器和数据块寄存器

32 位的地址寄存器 AR1 和 AR2 用于保存寄存器间接寻址（见 4.5 节）的地址指针值。DB 寄存器和 DI 寄存器分别用来保存打开的共享数据块和背景数据块的编号。

3. 状态字

状态字是一个 16 位的寄存器，只使用了其中的 9 位（见图 3-24），状态字用于储存指令执行后的状态或结果，以及出现的错误。

用户程序一般并不直接使用状态位，但是状态字中的某些位用于决定某些指令是否执行和以什么样的方式执行。某些状态位与后面将要介绍的语句表中的跳转指令和梯形图中的状态位触点指令有关。可以用位逻辑指令和字逻辑指令访问和检测状态位。

1）状态字的第0位为首次检测位（$\overline{FC}$，见图3-24），该位的状态为0表示一个梯形逻辑程序段的开始，或指令为逻辑串（即串并联电路块）的第一条指令。在逻辑串指令执行过程中该位为1，输出指令（=、R、S等）或与RLO有关的跳转指令将该位清零，表示一个逻辑串的结束。首次检测位供操作系统使用，与用户程序无关。

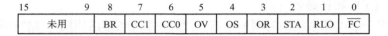

15 9	8	7	6	5	4	3	2	1	0
未用	BR	CC1	CC0	OV	OS	OR	STA	RLO	$\overline{FC}$

图3-24　状态字的结构

在STEP 7的帮助文件中，用“/FC”表示FC的0状态有效（见图3-30）。

2）状态字的第1位RLO为逻辑运算结果（Result of Logic Operation）。该位用来存储位逻辑指令或比较指令的执行结果。RLO为1表示有能流流到梯形图的对应点处；为0则表示没有能流流到该点。

图3-25中的梯形图（见随书光盘中的项目“位逻辑指令”）对应的逻辑代数表达式为$I0.4 * I0.7 + I0.6 * \overline{I0.5} = Q4.2$，其中的“*”号表示逻辑与，“+”号表示逻辑或，I0.5上面的水平线表示“非”运算，等号表示将逻辑运算结果赋值给Q4.2。图3-25和图3-26中各变量的状态完全相同。图3-26的左边是图3-25中的梯形图对应的语句表指令。指令中的A和AN分别表示串联的常开触点和常闭触点，O表示两条串联电路的并联，等号表示赋值。图3-26右边的方框中是程序运行时的程序状态监控结果，其中的STATUS WORD是状态字。

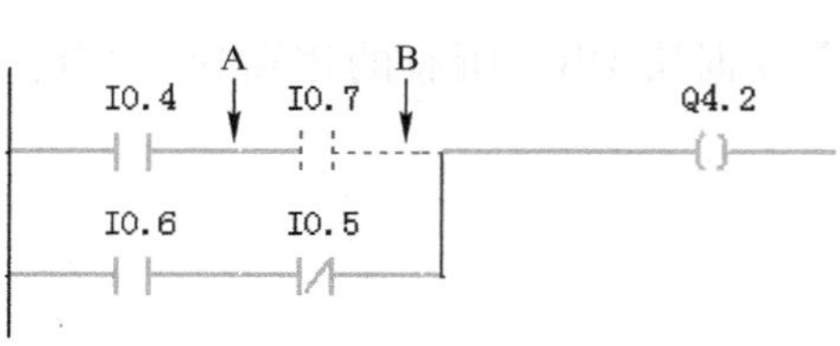

图3-25　梯形图程序状态监控

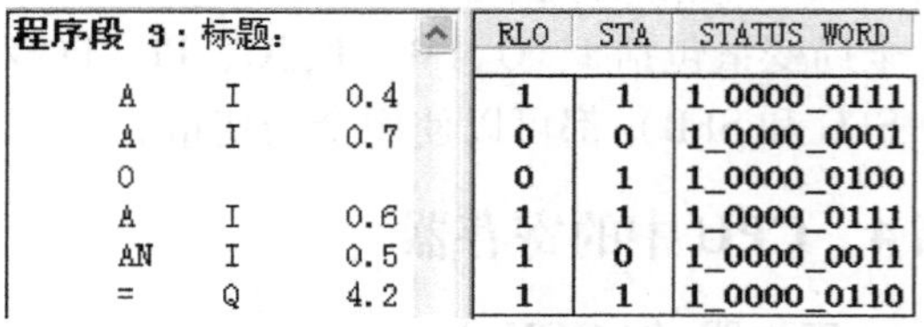
程序段 3：标题：

指令			RLO	STA	STATUS WORD
A	I	0.4	1	1	1_0000_0111
A	I	0.7	0	0	1_0000_0001
O			0	1	1_0000_0100
A	I	0.6	1	1	1_0000_0111
AN	I	0.5	1	0	1_0000_0011
=	Q	4.2	1	1	1_0000_0110

图3-26　语句表程序状态监控

从图3-26的RLO列可以看到各条指令执行后的逻辑运算结果。执行完第一条指令后，RLO为1，梯形图中的A点有能流。因为I0.7的常开触点断开，执行完第2条指令后，RLO为0，表示“与”运算的结果为0，梯形图中的B点没有能流。

执行完图3-26中第3条指令和最后一条指令之后，首次检测位$\overline{FC}$为0，其他指令执行之后，$\overline{FC}$位为1。即在执行完上面的串联电路的“与”运算和开始执行下一个梯形逻辑程序段时，$\overline{FC}$位为0。

3）状态字的第2位为状态位（STA），执行位逻辑指令时，STA位与指令中的位变量的值一致。STA位只是用于程序状态监控，与用户程序的编程无关。图3-25中的I0.4、I0.6

和 Q4.2 为 1 状态，它们对应的指令执行完后，STA 位为 1 状态。I0.7 和 I0.5 为 0 状态，它们对应的指令执行完后，STA 位为 0 状态。

4）状态字的第 3 位为或位（OR），在先逻辑“与”后逻辑“或”（即串联电路的并联）的逻辑运算中，OR 位用来暂存逻辑“与”（串联）的运算结果，为两条串联电路的“与”运算结果作“或”运算做好准备。OR 位供 CPU 使用，编程人员并不使用 OR 位。

5）状态字的第 5 位为溢出（Over）位 OV。如果执行算术运算指令和浮点数比较指令时出错，例如溢出（运算结果超出允许的范围）、非法运算和不规范的格式，溢出位被置为 1。

6）状态字的第 4 位为存储溢出位 OS，OV 位被置 1 的同时 OS 位也被置 1。如果后面影响 OV 位的指令的执行没有出错，OV 位将被清零，OS 位仍然保持为 1 不变，用于指明前面的指令执行过程中曾经产生过溢出错误。只有 JOS（OS 为 1 时跳转）指令、块调用指令和块结束指令才能复位 OS 位。用户程序极少使用 OS 位，别的 PLC 没有类似的位。

图 3-27 中的 L 指令将 30000 和 20000 分别装载到累加器 2 和累加器 1，“+I”是整数加法指令，运算结果 50000 超出了 16 位有符号整数的范围（大于 32767），因此产生了溢出，状态字的第 4 位（OS 位）和第 5 位（OV 位）为 1 状态。

		STANDARD	ACCU 2	STATUS WORD
L	30000	30000	0	0_0000_0100
L	20000	20000	30000	0_0000_0100
+I		50000	0	0_0111_0100

图 3-27　语句表程序状态监控

7）状态字的第 7 位和第 6 位称为条件码 1（CC1）和条件码 0（CC0）。这两位综合起来，用于表示累加器 1 中的数学运算或字逻辑运算的结果与 0 的关系，或者比较指令的执行结果。移位和循环移位指令移出的位用 CC1 保存。用户程序一般并不直接使用条件码。

执行完图 3-27 中的加法指令“+I”后，因为是加法上溢出，由该指令的在线帮助可知，CC1 和 CC0 为 0 和 1。

8）状态字的第 8 位为二进制结果位 BR。在梯形图中，用方框表示某些指令、功能（FC）和功能块（FB）。图 3-28 中 I1.0 的常开触点接通时，能流流到整数除法指令 DIV_I 的数字量输入端 EN（Enable，使能输入），该指令才能执行。能流用绿色实线表示。

如果图 3-28 中的除法指令的 EN 端有能流流入，并且执行时无错误（除数非零），则使能输出 ENO（Enable Output）端有能流流出。EN 和 ENO 的数据类型为 BOOL（布尔）。

如果除数为零，指令执行出错，能流在出现错误的除法指令终止（见图 3-29），它的 ENO 端没有能流流出。ENO 可以作为下一个方框的 EN 输入，即几个方框可以串联。只有前一个方框被正确执行，与它连接的后面的程序才能被执行。

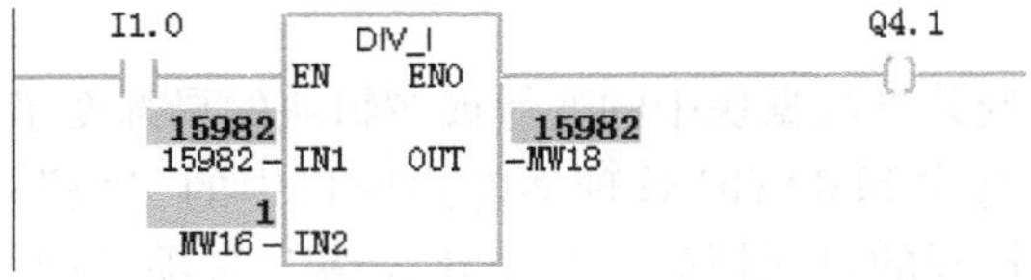

图 3-28　BR 位为 1

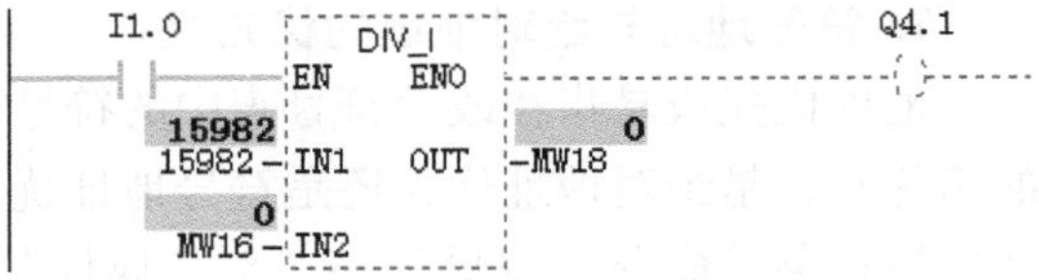

图 3-29　BR 位为 0

状态字中的二进制结果位 BR 对应于梯形图中方框指令的 ENO，如果指令被正确执行，BR 位为 1，ENO 端有能流流出。如果指令执行出错，BR 位为 0，ENO 端没有能流流出。

用户用语句表编写 FB（功能块）和 FC（功能）程序时，可以在块结束之前对 BR 位进行管理。当 FB 或 FC 执行无错误时，使 RLO 为 1，并存入 BR；反之在 BR 中存入 0。可以用 SAVE 指令将 RLO 存入 BR。下面是图 3-28 对应的语句表程序。

```
       A      I      1.0
       JNB    _001          //如果 I1.0 =0,则跳转到标号_001 处
       L      15982         //常数装载到累加器 1 的低字
       L      MW     16     //累加器 1 的值传送到累加器 2,MW16 的值装载到累加器 1 的低字
       /I                   //15982 除以 MW16 的值
       T      MW     18     //累加器 1 低字的内容传送到 MW18
       AN     OV            //如果运算没有出错
       SAVE                 //将 RLO 保存到 BR 位(从梯形图的 ENO 端输出能流)
       CLR                  //将 RLO 复位为 0
_001 : A      BR
       =      Q      4.1    //用 BR 位控制 Q4.1
```

选中语句表中的“A”指令，按计算机的〈F1〉键，打开该指令的在线帮助，可以看到该指令的执行对状态字各位的影响。由图 3-30 可知，该指令使状态字的 $\overline{FC}$（/FC）位为 1，OR、STA 和 RLO 位受该指令执行的影响，其他位不受影响。

BR	CC 1	CC 0	OV	OS	OR	STA	RLO	/FC
-	-	-	-	-	x	x	x	1

图 3-30　在线帮助中 A 指令的执行对状态字的影响

3.3　STEP 7 在编程与调试中的应用

3.3.1　符号表

3.1 节简要介绍了符号表的使用方法，本节介绍符号应用中的其他问题。

1. 符号表的特殊对象属性

执行符号表的菜单命令“视图”→“列 R、O、M、C、CC”，可以显示或关闭这些列。R、O、M、C、CC 分别是监视属性、通过 WinCC 执行操作员监控、消息属性、通信属性和在接触点上控制。通过单击复选框，来激活或禁止这些特殊对象属性。一般的控制系统不使用上述的属性，可以用“视图”菜单中的命令关闭（不显示）这些列。

2. 符号地址与绝对地址的优先级

地址优先级是指在改变符号表中的符号、改变共享数据块中的变量或逻辑块的局部变量的名称时，是绝对地址优先还是符号地址优先。选中 SIMATIC 管理器左边窗口中的“块”，然后执行菜单命令“编辑”→“对象属性”，在打开的对话框的“地址优先级”选项卡中，可以选择符号优先或绝对地址优先。如果选择符号优先，修改了符号表中某个变量的地址

后，该变量保持其符号不变。

3. 编程时输入单个共享符号

可以用下述方法在编程时输入单个共享符号。在程序中用鼠标右键单击某个地址，执行出现的快捷菜单中的“编辑符号”命令，在出现的“编辑符号”对话框中可以输入新的符号，或对原有的符号进行编辑。新符号或编辑后的符号将会自动传送到符号表中。

4. 过滤器（Filter）

实际项目中往往有成百上千个符号。为了在符号表中快速地查找到某个符号，在符号表中执行菜单命令“查看”→“过滤”，打开过滤器对话框，可以用过滤器来有选择地显示部分符号。例如在过滤器的“Address（地址）”属性中，“I＊”表示只显示所有的输入，“I＊.＊”表示只显示所有的输入位，“I2.＊”表示只显示 IB2 中的位等。

5. 导入与输出符号表

使用符号表的菜单命令“符号表”→“输出”，可以将激活的符号表复制到不同格式的文件中。可以导出整个符号表，或导出选中的若干行符号。使用菜单命令“符号表”→“导入”，可将不同格式的文件的符号插入激活的符号表中。

3.3.2 程序编辑器

1. 逻辑块的组成

逻辑块包括组织块 OB、功能块 FB、功能 FC、系统功能块 SFB 和系统功能 SFC。逻辑块由变量声明表、程序指令和属性组成。在变量声明表中，用户可以设置局部变量的各种参数，例如变量的名称、数据类型、地址和注释等。在程序指令部分，用户编写能被 PLC 执行的指令代码。块属性中有块的信息，例如由系统自动输入的时间标记和存放块的路径。此外用户可以输入块的符号名、版本和块的作者等。

2. 选择输入程序的方式

根据生成程序时选用的编程语言，可以用增量输入模式或源代码（文本）模式输入程序。

增量编辑器适用于梯形图、功能块图、语句表以及 S7-Graph 等编程语言，这种编程模式适合于初学者。编辑器对输入的每一行或每个元素立即进行句法检查，发现的错误用红色字符显示。只有改正了指出的错误才能完成当前的输入。

源代码（文本）编辑器适用于语句表、S7-SCL、S7-HiGraph 编程语言，用源文件（文本文件）的形式生成和编辑用户程序，再将该文件编译成各种块。这种编辑方式又称为自由编辑方式，可以快速输入程序，适用于水平较高的程序员使用。源文件用得很少。

3. 选择编程语言

可以用“视图”菜单中的命令选择 3 种基本编程语言：梯形图（LAD）、语句表（STL）和功能块图（FBD）。程序没有错误时，可以切换这 3 种语言。用 STL 编写的某个程序段不能切换为 LAD 和 FBD 时，仍然用语句表表示。

4. 生成块和变量表

在 SIMATIC 管理器中执行菜单命令“插入”→“S7 块”，单击某个块或变量表，将会生成选中的对象。

5. 网络

程序被划分为若干个网络（Network），STEP 7 的中文版将网络翻译为“程序段”。在梯形图中，每块独立电路就是一个程序段。如果在一个程序段放置一个以上的独立电路，编译时将会出错。执行菜单命令“插入”→“程序段”，或双击工具栏上的按钮，可以在用鼠标选中的当前程序段的下面生成一个新的程序段。可以用剪贴板在块内部、块之间或项目之间复制和粘贴程序段，按住〈Ctrl〉键，用鼠标可以选中多个需要同时复制的程序段。

6. 设置程序的显示比例

执行“视图”菜单中的“放大”和“缩小”命令，可以放大、缩小程序的显示比例，使用“缩放设置”命令可以任意设置显示比例。

3.3.3 用变量表监控程序

使用程序状态功能，可以在梯形图、功能块图或语句表程序编辑器中形象直观地监视程序的执行情况。但是程序状态功能只能在屏幕上显示一小块程序，往往不能同时显示与某一功能有关的全部变量。

变量表可以有效地解决上述问题。使用变量表可以用一个画面同时监视和修改用户感兴趣的全部变量。一个项目可以生成多个变量表，以满足不同的调试要求。变量表可以监控和改写的变量包括过程映像输入/输出、位存储器、定时器、计数器、数据块内的存储单元和外设输入/外设输出。

1. 变量表的功能

1）监视变量，显示用户程序或 CPU 中每个变量的当前值。

2）修改变量，将固定值赋给用户程序或 CPU 中的变量。

3）对外设输出赋值，允许在停机状态下将固定值赋给 CPU 的每一个输出点 Q。

4）强制变量，给用户程序的单个变量分配一个用户程序不能改写的固定值。

5）定义变量被监视或赋予新值的触发点和触发条件。

2. 在变量表中输入变量

在 SIMATIC 管理器中执行菜单命令“插入”→“S7 块”→“变量表”，生成新的变量表。双击打开生成的变量表。

在第一行的“地址”列输入 MW6（见图 3-31），默认的显示格式为 HEX（十六进制）。可以在“显示格式”列直接输入 BIN（二进制），也可以用右键单击该列，用弹出的显示格式列表设置需要的显示格式。

用同样的方法输入图中其他需要监控的变量，双字 MD10 的显示格式为浮点数。如果在变量表的“符号”列输入在符号表中定义过的符号，在地址列将会自动出现该符号的地址。如果在“地址”列输入已经在符号表中定义了符号的地址，在符号列将会自动出现它的符号。

可以有选择地复制符号表中的某些地址，然后将它们粘贴到变量表。图 3-31 的变量表最后一行用二进制格式显示 QW2，可以同时监视和分别修改 Q2.0 ~ Q3.7 这 16 点过程映像输出位。使用这一方法，可以用字节、字或双字地址分别监视和修改 8 位、16 位和 32 位位变量。

3. 监视变量

与 PLC 建立起通信连接后，单击工具栏上的“监视变量”按钮，启动监视功能。变

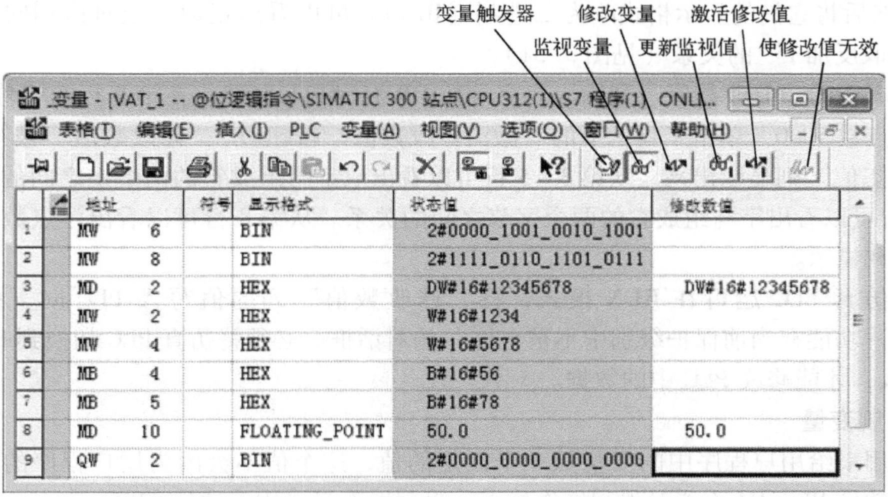

图 3-31　变量表

量表中的状态值按设定的触发点和触发条件显示在变量表中。如果监视的触发条件为默认的“每次循环”，再次单击按钮，将关闭监视功能。单击工具栏上的按钮，将对所选变量的数值作一次立即更新，该功能主要用于停机模式的监控。

4. 修改变量的值

首先在要修改的变量的“修改数值”列输入变量新的值，单击工具栏上的“激活修改数值”按钮，将修改值立即送入 CPU。输入 BOOL 变量的修改值 0 或 1 后按〈Enter〉键，它们将自动变为“false”（0 状态）或“true”（1 状态）。在执行修改功能前，应确认不会有危险情况出现。

在 STOP 模式修改外设输出区时，应在变量表中执行“PLC”菜单中的“连接到”命令，建立与 CPU 的连接。执行“变量”菜单中的“启用外设输出”命令，激活“启用外设输出”模式。单击工具栏上的“激活修改数值”按钮，将修改数值写入某个外设输出字节、外设输出字或外设输出双字。再次执行“启用外设输出”命令，将关闭“启用外设输出”模式。

在 RUN 模式修改变量时，各变量同时又受到用户程序的控制。假设用户程序运行的结果使某数字量输出点 Q 为 0 状态，用变量表将它修改为 1 状态，它会很快变为 0 状态。

5. 定义变量表的触发方式

执行菜单命令“变量”→“触发器”，用打开的对话框可以设置监视触发点和监视的触发条件。触发点可以选择扫描循环开始、扫描循环结束和从 RUN 切换到 STOP。触发条件可以选择触发一次或每个循环触发一次。

6. 变量表应用举例

打开 PLCSIM，选中 SIMATIC 管理器左边窗口中的“块”，将用户程序和系统数据下载到仿真 PLC，将仿真 PLC 切换到 RUN-P 模式。双击打开图 3-31 中的变量表，单击工具栏上的“监视变量”按钮，起动监控功能。“状态值”列显示的是 PLC 中的变量值。

将第 1 行和第 2 行的显示格式设置为十进制（DEC），在修改数值列分别输入 2345 和

-2345，然后将它们的显示格式改为二进制（BIN）。可以看出正数与绝对值相同的负数之间逐位“取反加1”的关系（见图3-31）。

在第3行的“修改数值”列输入双字常数DW#16#12345678，在第8行的“修改数值”列输入浮点数50.0。单击工具栏上的“激活修改数值”按钮，“修改数值”被写入PLC，并在“状态值”列显示出来。从第3~5行可以看出双字与组成它的两个字之间的关系，从第5~7行可以看出字与组成它的两个字节之间的关系。从第8行可以看出浮点数用十进制小数输入和显示。

如果仿真PLC运行在RUN模式，将“修改数值”列的值写入PLC时，将会出现“（DOA1）功能在当前保护级别中不被允许”的对话框，必须将仿真PLC切换到RUN-P或STOP模式，才能修改PLC中的数据。

7. 强制变量

强制用来给用户程序中的变量赋一个固定的值，这个值不会因为用户程序的执行而改变。仿真软件PLCSIM不能对强制操作仿真，强制操作只能用于硬件CPU。

强制操作在“强制数值”窗口中进行，用变量表中的菜单命令“变量”→“显示强制值”打开该在线窗口（见图3-32）。已经被强制的变量和它们的强制值将会在该窗口出现。

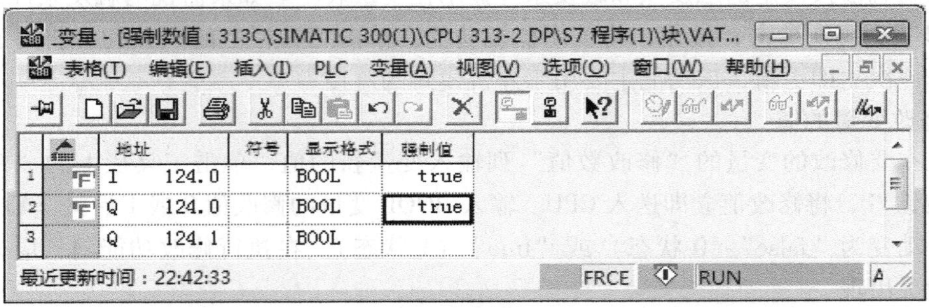

图3-32 强制数值窗口

在强制数值窗口中输入要强制的变量的地址和要强制的数值，执行菜单命令“变量”→“强制”，表中输入了强制值的所有变量都被强制，被强制的变量的左边出现红色的图标。

强制操作一般用于系统的调试。有变量被强制时，CPU模块上的“FRCE”（Force）LED亮，以提醒操作人员及时解除强制，否则将会影响用户程序的正常运行。

使用“强制”功能时，不正确的操作可能会危及人员的生命或健康，造成设备的损坏。关闭“强制数值”窗口、关闭PLC的电源都不能解除强制操作。强制作业只能用变量表中的菜单命令“变量”→“停止强制”来删除或终止。

3.3.4 数据传送指令与程序状态监控

1. 装载指令与传送指令

装载（Load，L）指令与传送（Transfer，T）指令用于在存储器之间或存储器与过程输入、过程输出之间交换数据。

装载指令“L <地址>”将累加器1（ACCU1）原有的内容保存到累加器2，并将累加器 1 复位为 0，然后将被寻址的字节、字或双字装载到累加器 1。被装载的字节和字放在累加器的最低字节和低位字。

传送指令“T <地址>”将累加器 1 的内容传送（复制）到目标地址，累加器 1 的内容不变。被复制的数据字节数取决于目的地址的数据长度。数据从累加器 1 传送到外设输出区 PQ 的同时，也被传送到对应的过程映像输出区（Q 区）。表 3-4 是部分装载指令与传送指令。

表 3-4　部分装载指令与传送指令

指　　令	描　　述
L <地址>	装载指令，累加器 1 原有的内容保存到累加器 2，将被寻址的字节、字和双字装载到累加器 1
T <地址>	传送指令，将累加器 1 的内容传送到目标地址，累加器 1 的内容不变
L STW	将状态字装载到累加器 1
T STW	将累加器 1 的内容传送到状态字

装载与传送指令的执行与状态位无关，也不会影响到状态位。对于 S7-300，L STW 指令不装载状态字中的/FC、STA 和 OR 位。

2. 语句表程序状态监控

生成一个项目，打开 OB1。执行菜单命令“视图”→“STL”，切换到语句表方式，输入图 3-33 左边的语句表程序。其中的指令“+I”将累加器 1 和累加器 2 中的 16 位整数相加，结果在累加器 1 中。打开 PLCSIM，生成 MW2、MW4 和 MW6 的视图对象。将 OB1 下载到仿真 PLC，将仿真 PLC 切换到 RUN-P 模式。分别将 300 和 500 输入 MW2 和 MW4 的视图对象。

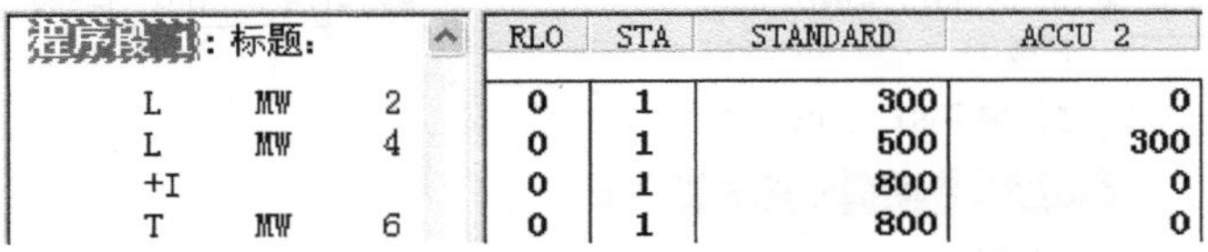

图 3-33　语句表程序状态监控

单击工具栏上的按钮，起动程序状态监控功能，图 3-33 程序区右边窗口中是指令执行的监控信息，称为状态域。图中的 RLO 和 STA 是状态字中的两位（见 3.2.4 节）。STANDARD 是累加器 1，默认的显示方式为十六进制数。刚开始启动监控时没有 ACCU2（累加器 2）列。

用右键单击 STANDARD 所在的表头（见图 3-33），执行快捷菜单中的“表达式”→“十进制”命令，改用十进制格式显示累加器 1 的值。在快捷菜单中累加器 1 被称为“默认状态”。

执行快捷菜单中的“显示”→“累加器 2”命令，添加表头为 ACCU2（累加器 2）的列，将该列的显示格式也改为十进制数。

用右键单击 STA 列，执行快捷菜单中的“隐藏”命令，将使该列消失。

从图 3-33 可以看出，执行第一条 L 指令后，MW2 中的 300 被装载到累加器 1，执行第二条指令后，累加器 1 中的 300 被传送到累加器 2，MW4 中的 500 被装载到累加器 1。执行“+I”指令后，累加器 1 和累加器 2 的低位字中的数据相加，运算结果 800 在累加器 1 中，累加器 2 被清零。执行 T 指令后，累加器 1 中的 800 被传送到 MW6，累加器 1 中的数据保持不变。

在程序编辑器中执行菜单命令“选项”→“自定义”，打开“自定义”对话框的STL选项卡，可以设置默认的监视内容。

3. 梯形图中的传送指令

梯形图中的传送指令只有一条MOVE指令（见图3-34），它直接将源数据IN传送到目的地址OUT，不用经过累加器中转。输入变量和输出变量可以是8位、16位或32位的基本数据类型。同一条指令的输入参数和输出参数的数据类型可以不相同。如果将MW10中的数据传送到MB6，当MW10的值超过255时，只是将MW10的低位字节（MB11）中的数据传送到MB6，应避免出现这种情况。

4. 梯形图程序状态的显示

梯形图（LAD）用图3-34中较粗的绿色连续线来表示逻辑运算结果为1，即有“能流”流过；用蓝色点状细线表示状态不满足，没有能流流过；用黑色连续线表示状态未知。

进入程序状态之前，梯形图中的线和元件因为状态未知，全部为黑色。启动程序状态监控后，从梯形图左侧垂直的“电源”线开始的连线均为绿色，表示有能流从“电源”线流出。有能流流过的方框指令、线圈、连接线和处于闭合状态的触点均用绿色表示。

如果有能流流入指令框的使能输入端EN，该指令被执行。如果指令框的使能输出端ENO接有后续元件，有能流从它的ENO端流到与它相连的元件，该指令框为绿色。如果ENO端未接后续元件，则该指令框和ENO输出线均为黑色（见图3-34）。

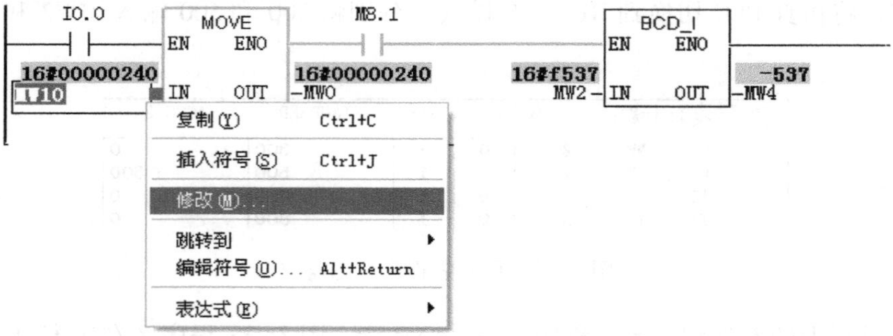

图3-34　在梯形图程序状态中修改数据值

如果CALL指令成功地调用了逻辑块，CALL线圈为绿色。如果跳转条件满足，跳转被执行，跳转线圈为绿色。被跳过的程序段的指令没有被执行，这些程序段的梯形图为黑色。

梯形图中加粗的字体显示的参数值是当前值，细体字显示的参数值来自以前的循环，即该程序区在当前扫描周期中未被处理。

用鼠标右键单击图3-34中显示的监控数据，执行快捷菜单命令“表达式”，可以将默认的十六进制显示方式改为十进制。BCD_I指令采用默认的“自动”显示方式，输入变量IN和输出变量OUT的显示格式分别为十六进制和十进制。

用左键选中图3-34中的MW10，再用右键单击它，执行出现的快捷菜单中的“修改”命令，可以用出现的“修改”对话框修改MW10的值。右键单击某个触点或线圈，可以用快捷菜单中的命令“修改为0”或“修改为1”来修改它的值。也可以用类似的方法修改语句表程序状态中的变量值。

3.3.5 在线操作

打开STEP 7的SIMATIC管理器时，建立的是离线窗口，看到的是计算机硬盘上的项目信息。“块”文件夹包含硬件组态时产生的系统数据和用户生成的块。被用户程序调用的SFB和SFC将会自动出现在“块”文件夹。

1. 建立在线连接

为了建立在线连接，必须用通信硬件（例如PC适配器USB或CP 5621）和电缆连接计算机和PLC，然后通过“在线”（ONLINE）窗口或“可访问的节点”窗口访问PLC。

如果用PLCSIM仿真，打开PLCSIM后，STEP 7和仿真PLC之间的连接被自动建立。

单击SIMATIC管理器工具栏上的在线按钮，打开在线窗口（见图3-35）。该窗口最上面的标题栏出现浅蓝色背景的长条，长条的右端显示ONLINE，表示在线。如果选中管理器左边窗口中的“块”，右边的窗口将会出现CPU中大量的系统功能块SFB、系统功能SFC，以及已经下载到CPU的系统数据和用户编写的块。SFB和SFC在CPU的操作系统中，无需下载，也不能用编程软件删除。在线窗口显示的是通过通信读取到的PLC中的块，而离线窗口显示的是计算机中的项目对象。

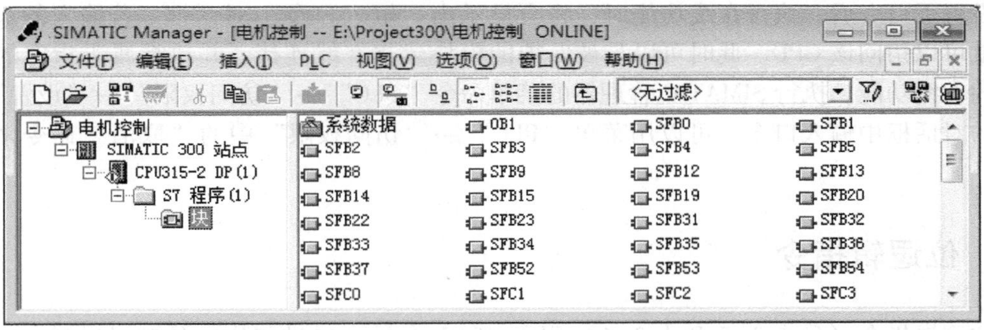

图3-35 在线窗口

打开在线窗口后，可以用SIMATIC管理器工具栏上的按钮和按钮，或者用“窗口”菜单中的命令来切换在线窗口和离线窗口。单击右上角下面的按钮，关闭在线窗口后，离线窗口仍然存在。

打开在线窗口后，执行菜单命令“视图”→“排列”→“水平”，将会同时显示在线窗口和离线窗口。可以用拖放的方法，将离线窗口中的块拖到在线窗口的块工作区（下载块）。也可以将在线窗口中的块拖到离线窗口的块工作区（上传块）。

如果PLC与STEP 7中的程序和组态数据是一致的，在线窗口显示的是PLC与STEP 7中的数据的组合。例如在线打开一个S7块，将显示来自CPU的块的指令代码部分，以及来自编程计算机数据库的注释和符号。

用CPU的模式选择开关不能删除下载到MMC（微存储卡）的系统数据和程序。为了删除它们，首先建立好PLC与计算机之间的通信连接，单击SIMATIC管理器工具栏上的在线按钮，打开在线窗口，选中块文件夹中需要删除的块，按计算机的〈Delete〉键删除它们。

2. 在线操作

选中SIMATIC管理器左边的树形结构中的某个站，执行菜单“PLC”→“诊断/设置”

中不同的子命令，可以显示和改变 CPU 的运行模式，查看与设置 CPU 时钟的日期和时间，查看 CPU 的模块信息，和对故障进行诊断等。

3. 下载用户程序和系统数据

下载之前计算机与 CPU 之间必须建立起连接，CPU 处于允许下载的 RUN－P 或 STOP 模式。在保存块或下载块时，STEP 7 首先进行语法检查，应改正检查出的错误。下载用户程序之前应清除 CPU 中原有的用户程序。可以用在线窗口删除下载到 CPU 的原有的逻辑块和数据块。不能删除固化在 CPU 中的系统功能 SFC 和系统功能块 SFB。

单击工具栏上的下载按钮，可以在 SIMATIC 管理器中下载所有的块、选中的部分块或整个站点，也可以在程序编辑器中下载当前打开的块，或者在硬件组态、网络组态窗口中下载组态数据。

4. 访问 PLC 的口令保护

使用口令可以保护 CPU 的用户程序和数据，未经授权不能改变它们（即有写保护），还可以用“读保护”来保护用户程序的编程专利。对在线功能的保护可以防止可能对控制过程的人为干扰。保护级别和口令可以在 CPU 属性对话框的“保护”选项卡中设置，需要将它们下载到 CPU 模块。

设置了口令后，执行在线功能时，将会显示出“输入口令”对话框。若输入的口令正确，就可以访问该 CPU。此时可以与被保护的模块建立在线连接，并执行属于指定的保护级别的在线功能。执行 SIMATIC 管理器的菜单命令“PLC”→“访问权限”→“设置”，在出现的对话框中输入口令。可以用菜单“PLC”→“访问权限”中的“取消”命令来取消口令。

3.4 位逻辑指令

位逻辑指令（见表 3-5 和表 3-6）用于 BOOL 变量（二进制位）的逻辑运算，二进制位只能取 0 和 1 这两个值。位逻辑运算的结果保存在状态字的 RLO 位。

表 3-5 语句表中的位逻辑指令

指令	描述	指令	描述
A	AND，与运算，电路或常开触点串联	XN(	同或运算嵌套开始
AN	AND NOT，与非运算，常闭触点串联	)	嵌套结束
O	OR，或运算，电路或常开触点并联	=	赋值，对应于梯形图中的线圈
ON	OR NOT，或非运算，常闭触点并联	R	RESET，复位指定的位或定时器、计数器
X	XOR，异或运算	S	SET，置位指定的位或设置计数器的预设值
XN	XOR NOT，同或运算	NOT	将 RLO 取反
A(	与运算嵌套开始	SET	将 RLO 置位为 1
AN(	与非运算嵌套开始	CLR	将 RLO 复位为 0
O(	或运算嵌套开始	SAVE	将 RLO 保存到 BR 位
ON(	或非运算嵌套开始	FN	下降沿检测
X(	异或运算嵌套开始	FP	上升沿检测

表 3-6　梯形图中的位逻辑指令

指　　令	描　　述	指　　令	描　　述	指　　令	描　　述
—| |—	常开触点	—(R)	复位线圈	—(P)—	RLO 上升沿检测
—|/|—	常闭触点	—(S)	置位线圈	—(SAVE)—	将 RLO 保存到 BR
—|NOT|—	能流取反	RS	RS 置位优先型双稳态触发器	NEG	地址下降沿检测
—( )	输出线圈	SR	SR 复位优先型双稳态触发器	POS	地址上升沿检测
—(#)—	中间输出	—(N)—	RLO 下降沿检测		

1. 触点与线圈指令

在语句表中，用 A（AND，与）指令来表示常开触点或电路的串联。用 O（OR，或）指令来表示常开触点或电路的并联。触点指令中变量的数据类型为 BOOL 型，变量为 1 状态时，常开触点闭合，常闭触点断开。

在语句表中，用 AN（AND NOT，与非）来表示串联的常闭触点，用 ON（OR NOT，或非）来表示并联的常闭触点，触点符号中间的“/”表示常闭。常闭触点对应的位地址为 0 状态时，该触点闭合。

赋值指令“=”将逻辑运算结果 RLO 写入位地址，赋值指令与输出线圈相对应。驱动线圈的触点电路接通时，有“能流”流过线圈，RLO 和线圈对应的位地址均为 1；反之则 RLO 和线圈对应的位地址均为 0。线圈应放在程序段的最右边。

图 3-36 中的电路的逻辑运算表达式为 $(I0.0 * \overline{I0.1} + I0.2) * \overline{I0.3} = Q4.4$，图的右边是用 STEP 7 转换得到的对应的语句表。从这个例子可以看出逻辑运算表达式与语句表程序之间的关系。

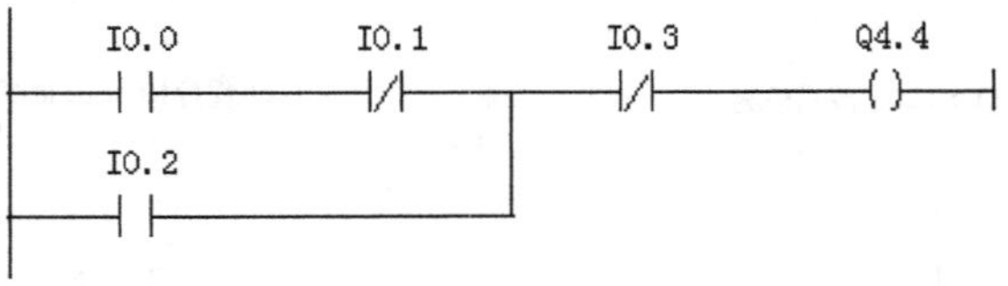


```
A(
A     I     0.0
AN    I     0.1
O     I     0.2
)
AN    I     0.3
=     Q     4.4
```

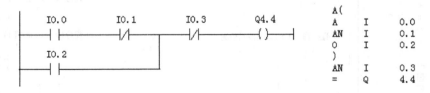

图 3-36　梯形图和语句表程序

2. 电路块的串联和并联

触点的串并联指令只能将单个触点与其他触点电路串并联。要想将图 3-37 中的两条串联电路并联，需要在两个串联电路块对应的指令之间使用没有地址的 O 指令。图 3-37 的逻辑运算对应的逻辑表达式为 $M1.3 * M4.5 + \overline{M1.3} * I2.6 = Q5.2$，表达式中的上划线表示取反（“非”运算），有上划线的地址对应于常闭触点。

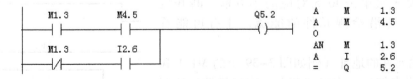

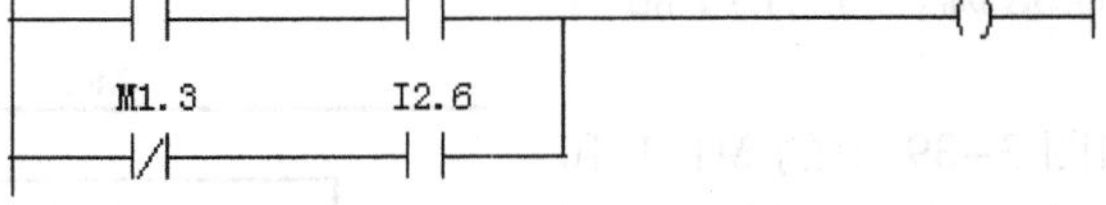


```
A     M     1.3
A     M     4.5
O
AN    M     1.3
A     I     2.6
=     Q     5.2
```

图 3-37　电路块的并联

图 3-38 中电路块串联的逻辑表达式为 $(I0.3 + I2.4) * (\overline{I5.4} + I3.5) = Q5.0$。逻辑运算的规则是先“与”后“或”，因为该电路要求先作“或”运算，后作“与”运算，所以用括号将“或”运算括起来，括号中的运算优先处理。在左括号之前使用 A 指令，就像对单独的触点使用 A 指令一样，表示将括号中的电路串联。电路块用括号括起来后，在括号之前可以使用 A、AN、O、ON、X 和 XN 指令。

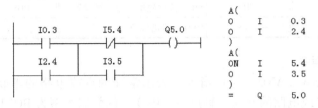

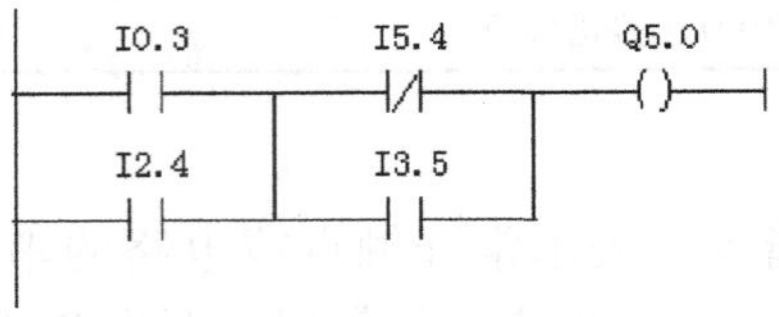


```
A(
O    I    0.3
O    I    2.4
)
A(
ON   I    5.4
O    I    3.5
)
=    Q    5.0
```

图 3-38　电路块的串联

3. RLO 边沿检测指令

图 3-39 中 I0.5 和 I0.6 的触点组成的串联电路由断开变为接通时，中间标有“P”的 RLO 上升沿检测元件左边的逻辑运算结果（RLO）由 0 变为 1（即波形的上升沿），检测到一次正跳变。能流只在该扫描周期内流过检测元件，M0.1 的线圈仅在这一个扫描周期内“通电”。图 3-40 是有关信号的波形图，高电平表示 1 状态，低电平表示 0 状态。M0.1 和 M0.3 的脉冲宽度只有一个扫描周期。

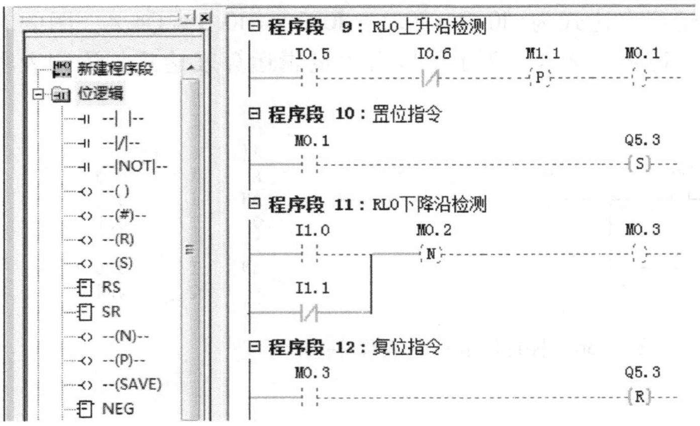


```
程序段 9：RLO上升沿检测
A    I    0.5
AN   I    0.6
FP   M    1.1
=    M    0.1
程序段 10：置位指令
A    M    0.1
S    Q    5.3
程序段 11：RLO下降沿检测
A(
O    I    1.0
ON   I    1.1
)
FN   M    0.2
=    M    0.3
程序段 12：复位指令
A    M    0.3
R    Q    5.3
```

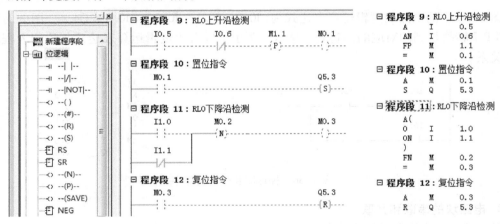

图 3-39　RLO 边沿检测与置位复位指令

因为脉冲宽度很窄，并且程序状态监控时 PLC 与计算机之间的数据传输是周期性的，监控时不一定能看到流过 M0.1 的线圈的能流的快速闪动。在做仿真实验时，需要多次单击 I0.5 对应的小方框，断开然后接通流进上升沿检测元件的能流，才有可能看到它。

边沿检测元件的地址（例如图 3-39 中的 M1.1 和 M0.2）为边沿存储位，用来储存上一次扫描循环的逻辑运算结果。不能用块的临时局部变量作边沿存储位。

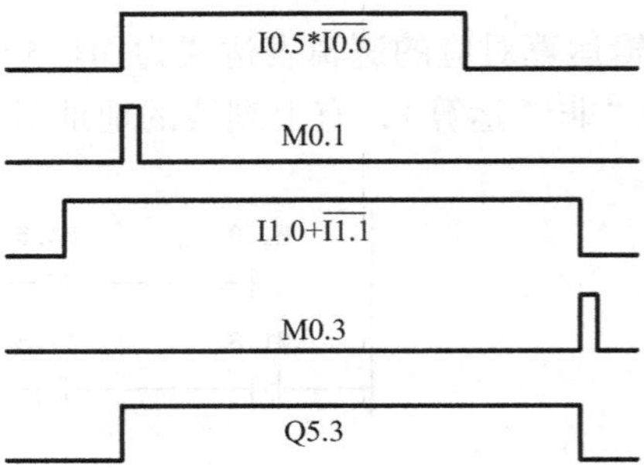

图 3-40　波形图

图 3-39 中 I1.0 和 I1.1 的触点组成的并联电路由接通变为断开时（即图 3-40 中波形的下降沿），中间标有“N”的 RLO 下降沿检测元件左边的逻辑运算结果由 1 变为 0，检测到一次负跳变。能流只在该扫描周期内流过检测元件，M0.3 的线圈仅在这一个扫描周期内“通电”（见图 3-40）。

图 3-39 的右边给出了梯形图对应的语句表程序，语句表中上升沿检测和下降沿检测指令的助记符分别为 FP（Edge Positive）和 FN（Edge Negative）。

为了在梯形图中生成常开触点、常闭触点和线圈之外的元件，例如图 3-39 中的上升沿检测元件，单击工具栏上的按钮，在出现的输入框中输入“P”（见图 3-41）后按回车键，或者向下拉动滚动条中的滑块，双击指令列表框中的“P”。

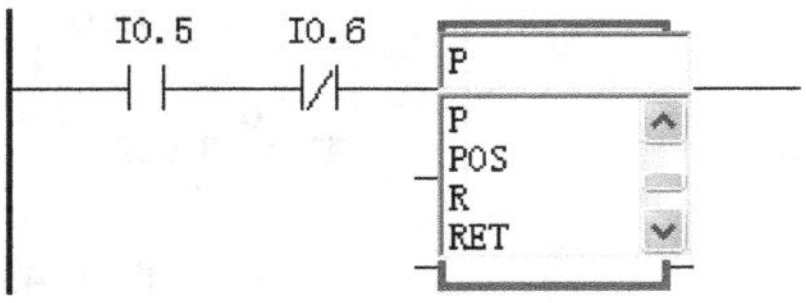

图 3-41　生成上升沿检测元件

也可以用另一种方法生成上升沿检测元件，执行菜单命令“视图”→“总览”，显示出图 3-39 左边的指令列表窗口。打开其中的“位逻辑”文件夹，用鼠标左键单击并按住其中的“--(P)--”图标，将它“拖”到梯形图中需要放置的地方，光标变为，表示可以在该处放置元件。放开按住的鼠标左键，它被放置在光标所在的位置。

放置元件的第 3 种方法是首先单击选中梯形图中要放置元件的导线，该段导线变粗。双击指令列表中的元件图标，它将在选中的导线处出现。

选中指令列表中的某一条指令，在下面的小窗口可以看到该指令的简要说明。

4. 置位指令与复位指令

S（Set，置位）指令将指定的位地址置位（变为 1 状态并保持）。图 3-39 中 M0.1 的常开触点接通时，Q5.3 变为 1 状态并保持该状态，即使 M0.1 的常开触点断开，它也仍然保持 1 状态。

R（Reset，复位）指令将指定的位地址复位（变为 0 状态并保持）。图 3-39 中 M0.3 的常开触点闭合时，Q5.3 变为 0 状态并保持该状态。即使 M0.3 的常开触点断开，它也仍然保持 0 状态。置位指令和复位指令最重要的特征是具有保持功能。

如果对定时器或计数器使用复位指令，将清除定时器的时间剩余值或计数器的当前计数值，并将它们的状态位复位。

5. 地址边沿检测指令

POS 是单个位地址信号的上升沿检测指令，相当于一个常开触点。如果图 3-42 中的输入信号 I1.2 由 0 状态变为 1 状态（即 I1.2 的上升沿），POS 指令等效的常开触点闭合，其 Q 输出端在一个扫描周期内有能流输出，Q5.6 被置位为 1 状态。图中的 M0.4 为边沿存储位，用来储存上一次扫描循环时 I1.2 的状态。不能用块的临时局部变量作边沿存储位。

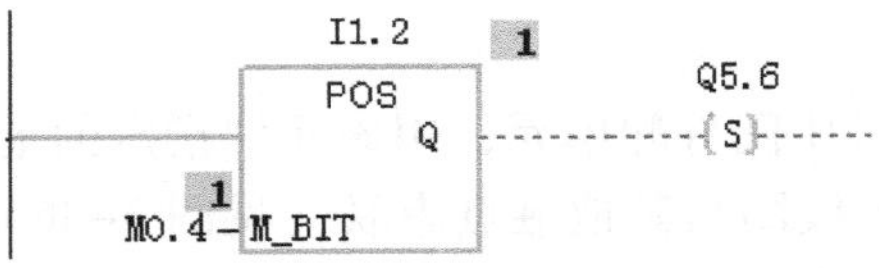


```
A     I     1.2
BLD   100
FP    M     0.4
S     Q     5.6
```

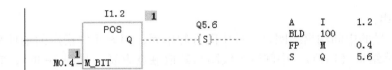

图 3-42　单个位地址的上升沿检测指令

图 3-42 的右边是梯形图对应的语句表程序，其中的 BLD 100 是空操作指令，它是在梯形图切换到语句表时自动产生的，它并不执行什么操作，但是与梯形图的显示有关。

NEG 是单个位地址信号的下降沿检测指令，相当于一个常开触点。如果图 3-43 中的 I1.3 由 1 状态变为 0 状态（即输入信号 I1.3 的下降沿），NEG 指令等效的常开触点闭合，其 Q 输出端在一个扫描周期内有能流输出，Q5.7 被复位为 0 状态。M0.5 为边沿存储位。

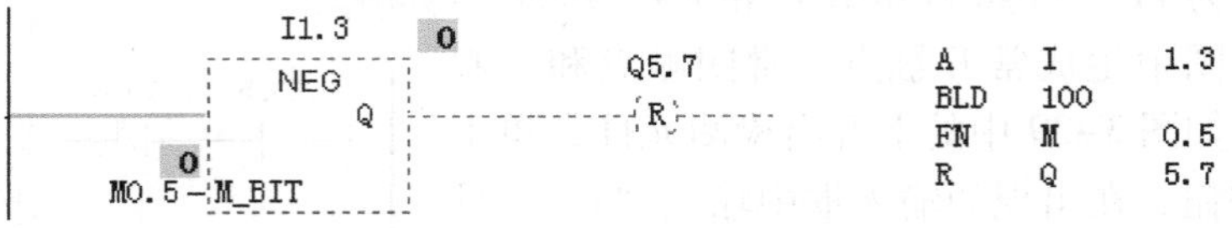

图 3-43　单个位地址的下降沿检测指令

6. SR 触发器与 RS 触发器

SR 触发器与 RS 触发器的输入/输出关系见表 3-7，二者的区别在于 S 和 R 输入均为 1 时，SR 触发器的 Q 输出为 0，RS 触发器的 Q 输出为 1（见图 3-44），后执行的置位、复位操作优先。

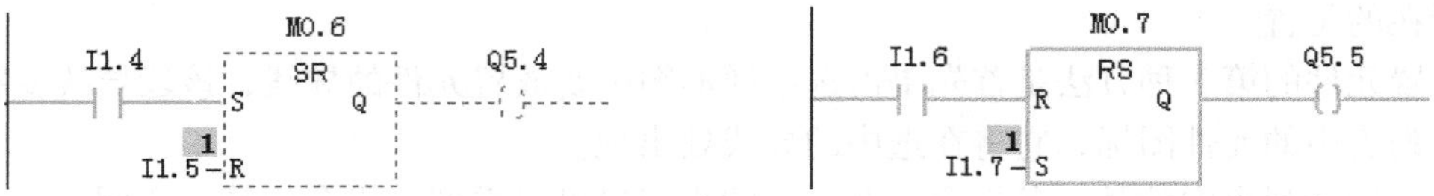

图 3-44　SR 触发器与 RS 触发器

7. 能流取反触点

能流取反触点的中间标有“NOT”，用来将它左边电路的逻辑运算结果（RLO）取反，该运算结果若为 1 则变为 0，若为 0 则变为 1。

做仿真实验时，可以看到 I0.6 和 I0.4 的触点组成的串联电路断开时（见图 3-45 的左图），没有能流流进取反触点，但是该触点有能流输出。串联电路接通时（见图 3-45 的右图），有能流流入取反触点，但是该触点没有能流输出，Q4.6 的线圈断电。

表 3-7　输入输出关系表

SR 触发器			RS 触发器		
S	R	Q	S	R	Q
0	0	不变	0	0	不变
0	1	0	0	1	0
1	0	1	1	0	1
1	1	0	1	1	1

图 3-45　能流取反

8. 中间输出

标有“#”号的中间输出线圈是一种中间分配单元，用该元件指定的地址来保存它左边电路的逻辑运算结果（RLO）。中间输出线圈与其他触点串联（见图 3-46），它并不影响能流的流动。中间输出线圈只能放在梯形图的中间，不能与左侧的垂直“电源线”相连，也不能放在最右端的电路结束处。图 3-46 的右边是程序段 18 的梯形图对应的语句表程序。

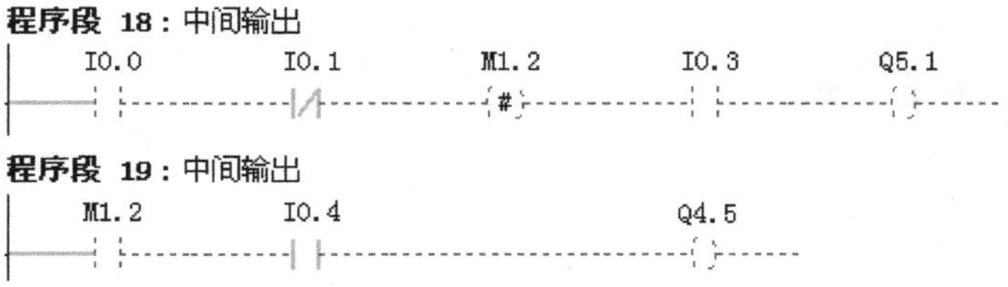


```
A    I   0.0
AN   I   0.1
=    M   1.2
A    M   1.2
A    I   0.3
=    Q   5.1
```

图 3-46　中间输出

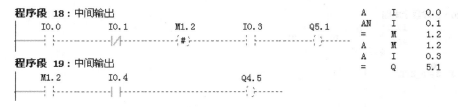

做仿真实验时，接通 I0.0 和 I0.1 的触点组成的串联电路，中间输出线圈通电。因为它对应的 M1.2 变为 1 状态，程序段 19 中 M1.2 的常开触点闭合。断开 I0.0 和 I0.1 的触点组成的串联电路，中间输出线圈断电，M1.2 的常开触点断开。

9. 异或指令与同或指令

异或指令的助记符为 X，图 3-47 的梯形图是右边的 STL 程序的等效电路。I0.0 和 I0.2 的状态不同时，Q4.7 为 1 状态，反之为 0 状态。

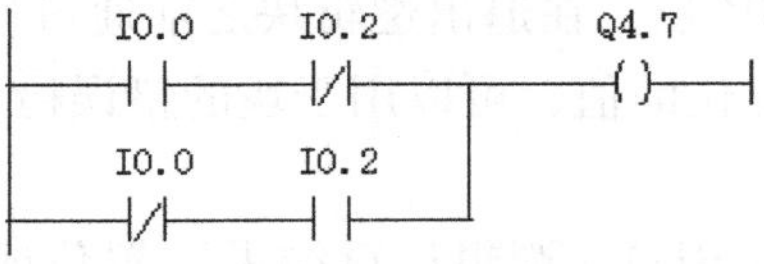


```
X    I   0.0
X    I   0.2
=    Q   4.7
```

图 3-47　异或电路

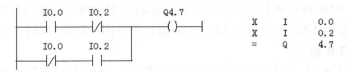

同或指令的助记符为 XN，图 3-48 的梯形图是右边的 STL 程序的等效电路。I0.0 和 I0.2 的状态相同时，Q6.1 为 1 状态，反之为 0 状态。实际上很少使用异或指令和同或指令。

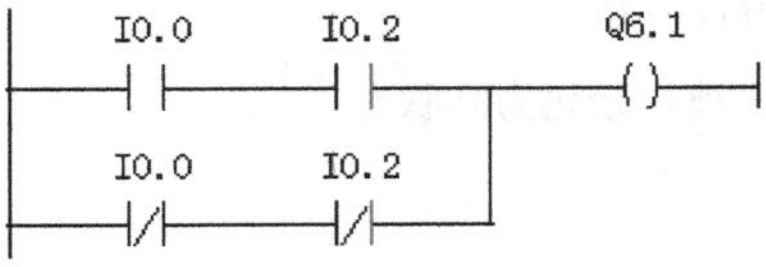


```
X    I   0.0
XN   I   0.2
=    Q   6.1
```

图 3-48　同或电路

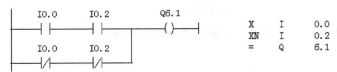

【例 3-1】 设计故障信息显示电路，故障信号 I0.0 为 1 状态时，Q6.0 控制的指示灯以 1 Hz 的频率闪烁（见图 3-50）。操作人员按下复位按钮 I0.1 后，如果故障已经消失，指示灯熄灭。如果没有消失，指示灯转为常亮，直至故障消失。

故障信息显示电路如图 3-49 所示，在设置 CPU 的属性时，令 MB2 为时钟存储器字节（见图 2-21），其中的 M2.5 提供周期为 1 s 的时钟脉冲。出现故障时，将 I0.0 提供的故障信号用 M1.3 锁存起来，M1.3 和 M2.5 的常开触点组成的串联电路使 Q6.0 控制的指示灯以 1 Hz 的频率闪烁。按下复位按钮 I0.1，故障锁存信号 M1.3 被复位为 0 状态。如果这时故障已经消失，指示灯熄灭。如果没有消失，M1.3 的常闭触点与 I0.0 的常开触点组成的串联电路使指示灯转为常亮，直至故障消失，I0.0 变为 0 状态，指示灯才熄灭。

故障信号 I0.0 的上升沿用 POS 指令检测，它输出一个扫描周期的脉冲作为起动-保持-停止电路的起动信号，使 M1.3 为 1 状态并保持。即使在按下和放开复位按钮 I0.1 时故障信号尚未消失，也能使 M1.3 变为 0 状态。

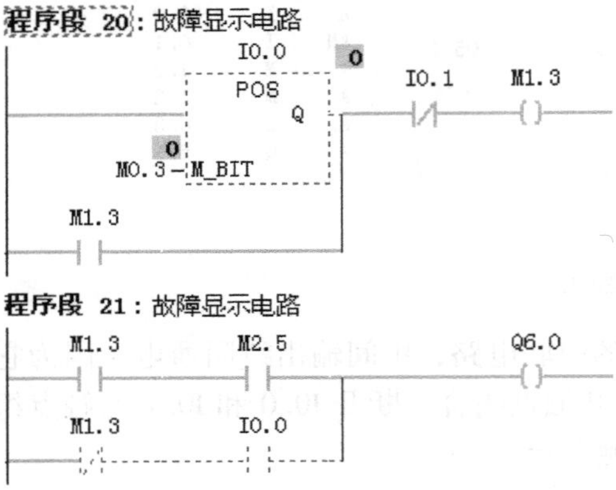

图 3-49　故障显示电路

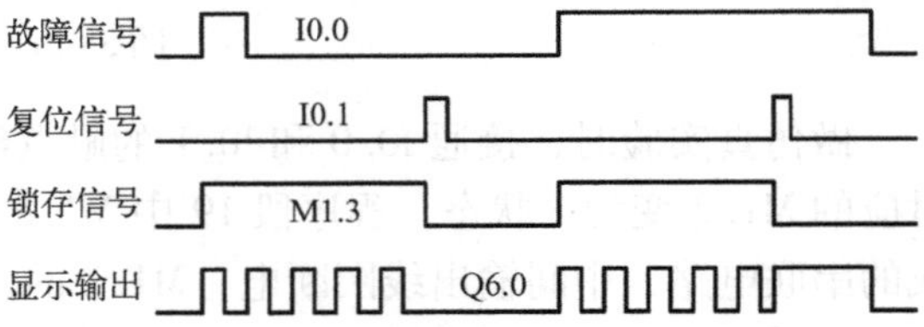

图 3-50　波形图

10. 将 RLO 保存在 BR 位

SAVE 指令将 RLO 保存到状态字的 BR 位。在退出逻辑块之前通过使用 SAVE 指令，使 BR 位对应的使能输出 ENO 被设置为 RLO 位的值，可以用于块的错误检查。

11. SET 与 CLR 指令

SET 与 CLR（Clear）指令无条件地将 RLO（逻辑运算结果）置位或复位，紧接在它们后面的赋值指令中的地址将变为 1 状态或 0 状态。在初始化组织块 OB100 中，可以用下面的程序将位变量初始化。

```
SET                      //将 RLO 置位
=     M      0.2         //M0.2 被初始化为 1 状态
CLR                      //将 RLO 复位
=     Q      4.7         //Q4.7 被初始化为 0 状态
```

3.5　定时器与计数器指令

3.5.1　定时器指令

1. 定时器的种类和存储区

定时器相当于继电器电路中的时间继电器，S5 是西门子 PLC 老产品的型号，S5 定时器在梯形图中用指令框的形式来表示。此外每一种 S5 定时器都有功能相同的用线圈形式表示的定时器。上述定时器统称为 SIMATIC 定时器，除此之外还有 3 种 IEC 定时器。

S7-300/400 的定时器分为脉冲定时器、扩展的脉冲定时器、接通延时定时器、保持型接通延时定时器和断开延时定时器。各种定时器的输入/输出基本功能见图 3-51，其中的“t”是定时器的预设时间值。

每个 SIMATIC 定时器有一个 16 位的字，定时器的字用来存放它的剩余时间值。用定时器地址（T 和定时器号，例如 T6）来访问它的剩余时间值。S7-300 的 SIMATIC 定时器的个数（128 ~ 2048 个）与 CPU 的型号有关，S7-400 有 2048 个 SIMATIC 定时器。

2. 定时器字的表示方法

用户使用的定时器字由3位BCD码时间值（0~999）和时间基准组成（见图3-52）。时间值以指定的时间基准为单位。在CPU内部，时间值以二进制格式存放。

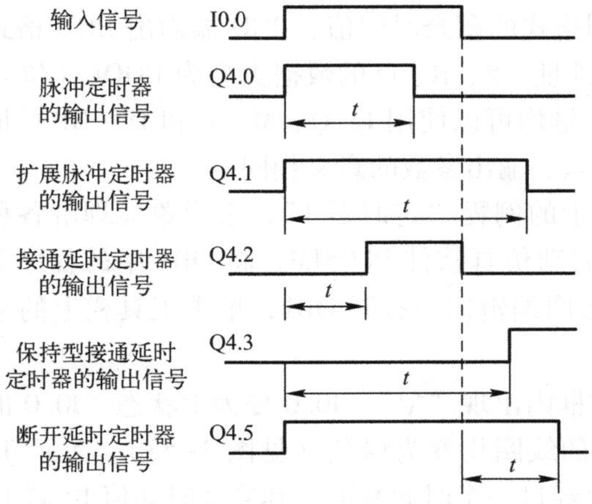

图3-51 定时器的基本功能

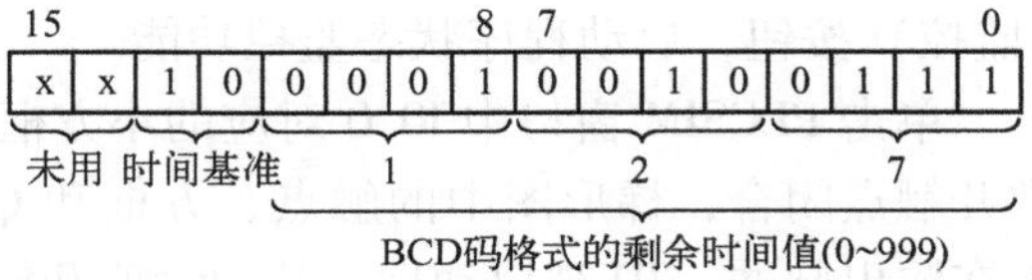

图3-52 定时器字

定时器字的第12位和第13位用来作时间基准，未用的最高两位为0。时间基准代码为二进制数00、01、10和11时，对应的时间基准分别为10 ms、100 ms、1 s和10 s。实际的定时时间等于预设时间值乘以时间基准值。例如定时器字为W#16#2127时（见图3-52），时间基准为1 s，定时时间为127×1=127 s。时间基准反映了定时器的分辨率，时间基准越小，分辨率越高，可定时的时间就越短；时间基准越大，分辨率越低，可定时的时间就越长。CPU自动选择时间基准，选择的原则是根据预设时间值选择最小的时间基准。

3. 定时器预设时间值的表示方法

在梯形图中必须使用"S5T#aH_bM_cS_dMS"格式的预设时间值，例如S5T#1H_12M_18S为1h12min18s，输入时可以省略下划线。也可以以秒为单位输入时间。输入S5T#200S后按回车键，显示的时间值变为S5T#3M20S。允许的最大时间值为9990s（2H_46M_30S）。在语句表中，还可以使用IEC格式的预设时间值，即在预设时间值的前面加T#，例如T#1M20S。定时器指令见表3-8。

表3-8 定时器指令

语句表	梯形图	描　述	语句表	梯形图	描　述
FR	—	重新启动定时器	SS	SS	保持型接通延时定时器（线圈）
L	—	将当前定时器值作为整数装载到累加器1	SF	SF	断开延时定时器（线圈）
LC	—	将当前定时器值作为BCD码装载到累加器1	—	S_PULSE	S5脉冲定时器
R	—	复位定时器	—	S_PEXT	S5扩展的脉冲定时器
SP	SP	脉冲定时器（线圈）	—	S_ODT	S5接通延时定时器
SE	SE	扩展的脉冲定时器（线圈）	—	S_ODTS	S5保持型接通延时定时器
SD	SD	接通延时定时器（线圈）	—	S_OFFDT	S5断开延时定时器

4. S5 脉冲定时器

（1）梯形图中的脉冲定时器

脉冲定时器（Pulse Timer）类似于数字电路中上升沿触发的单稳态电路。图 3-53 中的指令框是 S5 脉冲定时器，S 为使能输入，TV 为预设时间值输入，R 为复位输入；Q 端输出定时器状态，BI 端输出不带时间基准的十六进制格式的剩余时间值，BCD 端输出 BCD 格式的剩余时间值。可以不给 BI 和 BCD 输出端指定地址。S、R、Q 的数据类型为 BOOL（位），BI 和 BCD 为 WORD（字），TV 为 S5TIME。各变量均可以使用 I、Q、M、L 和 D（DB）地址区，TV 还可以使用常数。各种 S5 定时器的输入、输出参数的意义相同。

可以用仿真软件 PLCSIM 模拟运行随书光盘中的例程“定时器 1”，来形象地理解各种定时器的工作过程。在 STEP 7 中打开该项目，启动仿真软件 PLCSIM，将 OB1 中的程序下载到仿真 PLC，将后者切换到 RUN 模式。在梯形图编辑器中打开 OB1，单击工具栏上的（监控）按钮，启动程序状态监控功能。

单击 PLCSIM 窗口中 I0.0 对应的小方框，方框内出现“√”，I0.0 变为 1 状态。I0.0 的常开触点闭合，梯形图中的触点、方框和 Q4.0 的线圈均变为绿色（见图 3-53），表示 T0 正在输出脉冲。T0 被启动后，从预设值开始，每经过一个时间基准，其剩余时间值 BI 减 1。剩余时间值减为 0 时，定时时间到，Q4.0 的线圈断电。在定时期间，BI 端输出的十六进制的剩余时间值和 BCD 端输出的 S5T#格式的剩余时间值不断减小。图 3-54 中的时序图用下降的斜坡表示定时期间剩余时间值递减，图中的 t 是定时器的预设时间值。

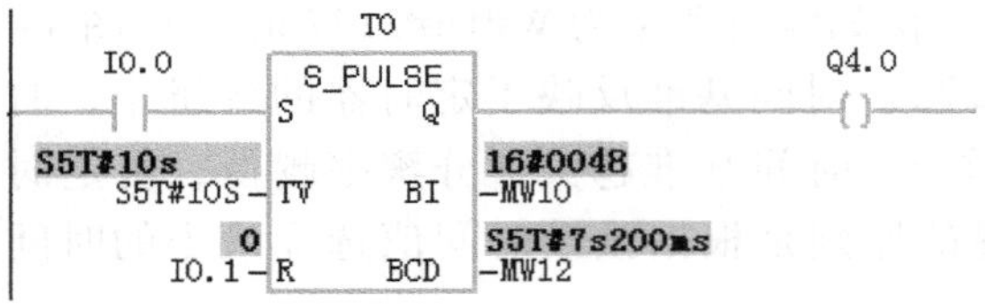

图 3-53　S5 脉冲定时器的程序状态监控

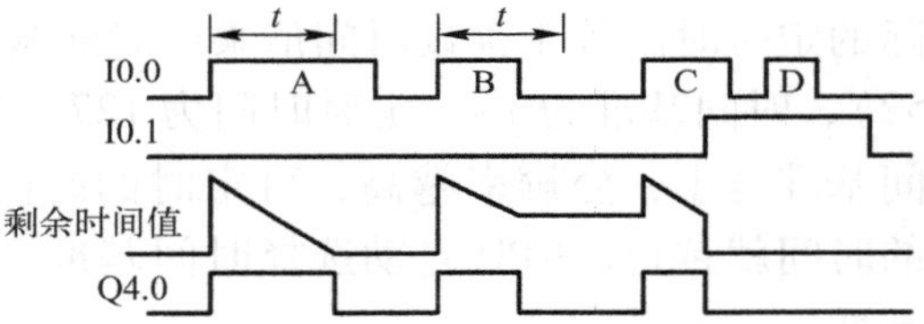

图 3-54　S5 脉冲定时器时序图

可以通过定时器的时序图和仿真实验来理解定时器的功能。由图 3-54 可知，脉冲定时器从输入信号 I0.0 的上升沿开始，输出一个脉冲信号。如果输入脉冲的宽度大于等于预设时间值（见图 3-54 中 I0.0 的脉冲 A），Q4.0 输出的脉冲宽度等于预设时间值。

未到预设时间值 10 s 时令 I0.0 变为 0 状态（见图 3-54 中 I0.0 的脉冲 B），Q4.0 的线圈同时断电，剩余时间值保持不变，Q4.0 输出的脉冲宽度等于 I0.0 的输入脉冲宽度。在 I0.0 的下一个上升沿，又从预设值开始定时（见图 3-54 中 I0.0 的脉冲 C）。

从波形图可以看出，复位信号总是优先的，与其他输入信号的状态无关。复位信号 I0.1 使定时器的剩余时间值变为 0，输出位变为 0 状态。在复位信号有效期间，即使有输入信号出现（见 I0.0 的脉冲 D），Q4.0 也不能输出脉冲。

在做仿真实验时，可以根据时序图，改变 T0 的输入信号 I0.0 的脉冲宽度和复位信号 I0.1 出现的时机，观察剩余时间值和 Q4.0 的变化情况是否符合定时器的时序图。

选中指令列表或程序中的某条指令，按计算机的〈F1〉键，将会出现该指令的在线帮助。在线帮助给出了指令的输入、输出参数的数据类型、允许使用的存储区和参数的意义。还给出了对指令的描述、有关的时序图、指令的执行对状态字的影响，以及指令应用的实例。

读者在学习指令时，重点应放在了解指令的功能上，可以通过在线帮助来了解指令应用中的细节问题，但是没有必要死记这些细节。有的指令很少使用，不熟悉也没有关系，在读、写程序时遇到它们，可以通过指令的在线帮助来了解它们。

（2）语句表编写的脉冲定时器程序

如果用语句表编程，在定时器启动之前，建议用下面两条指令中的一条将定时器的预设值装载到累加器 1：

```
L    W#16#wxyz          //w 和 xyz 均为 BCD 码,时间基准 w = 0 ~ 3,时间值 xyz = 1 ~ 999
L    S5T#aHbMcSdMS      //a、b、c、d 分别为小时、分、秒和毫秒值,自动选择时间基准
```

下面是用语句表编写的脉冲定时器程序。其中只能在语句表中使用的 FR 指令允许定时器再启动，即控制 FR 的 I1.2 由 0 变为 1 时，重新装载定时时间，定时器又从预设值开始定时。再启动只是在定时器的启动条件满足（图 3–55 中的 I0.0 为 1）时起作用。该指令可以用于所有的定时器，但是它不是启动定时器定时的必要条件。实际编程时很少使用 FR 指令。从第 3 条指令开始的语句表程序对应于图 3–53 中的梯形图。

```
A     I     1.2
FR    T     0          //允许定时器 T0 再启动
A     I     0.0
L     S5T#10S          //预设值 10s 装载到累加器 1,可以改为 T#10S
SP    T     0          //启动 T0
A     I     0.1
R     T     0          //复位 T0
L     T     0          //将 T0 的十六进制剩余时间值装载到累加器 1
T     MW    10         //将累加器 1 的内容传送到 MW10
LC    T     0          //将 T0 的 BCD 剩余时间值装载到累加器 1
T     MW    12         //将累加器 1 的内容传送到 MW12
A     T0               //检查 T0 的信号状态
=     Q     4.0        //T0 的 Q 输出端为 1 状态时,Q4.0 的线圈通电
```

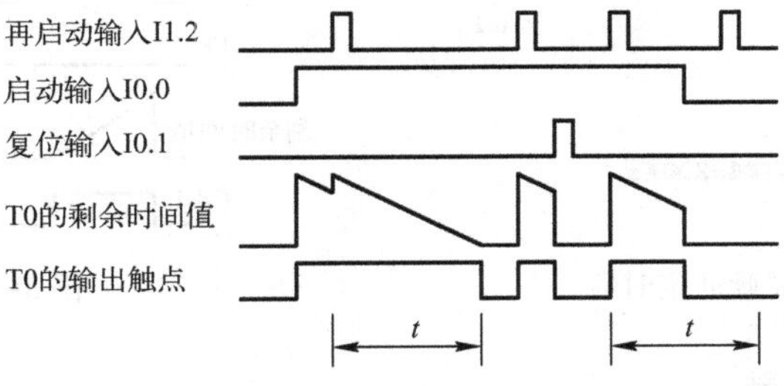

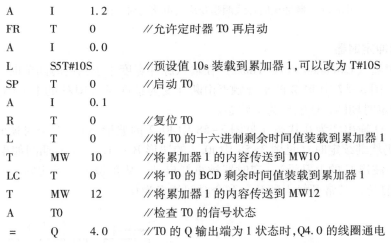

图 3–55　脉冲定时器时序图

在语句表中，用装载指令（L）将不带时间基准的十六进制整数格式的剩余时间值传送到累加器 1 的低字，用 LC 指令将 BCD 码格式的剩余时间值和时间基准装载到累加器 1 的低字。R 指令用于将定时器复位。

5. 脉冲定时器线圈指令

打开随书光盘中的例程“定时器 2”，OB1 中有使用 5 种定时器线圈指令的定时电路。

图 3-56 中的脉冲定时器线圈电路与图 3-53 中的 S5 脉冲定时器的功能、输入/输出地址和时序图相同，仿真的步骤也完全相同。当 I0.0 的常开触点由断开变为接通时，T0 开始定时，其常开触点闭合。定时时间到时，T0 的常开触点断开。在定时期间，如果 I0.0 变为 0 状态，T0 的常开触点断开。复位输入 I0.1 变为 1 状态时，T0 的常开触点断开，剩余时间值被清零。

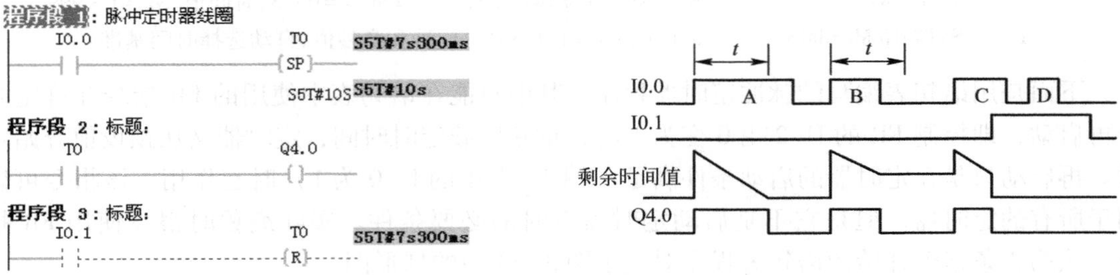

图 3-56　脉冲定时器线圈指令应用电路与时序图

6. S5 扩展的脉冲定时器

扩展的脉冲定时器（Extended Pulse Timer）在输入脉冲宽度小于预设时间值时，也能输出指定宽度的脉冲。图 3-57 中 I0.2 的常开触点由断开变为接通时（RLO 的上升沿），定时器 T1 开始定时，在定时期间，Q 输出为 1 状态。

定时时间到时，Q 输出变为 0 状态（见图 3-58 中 I0.2 的波形 A）。在定时期间，即使 I0.2 变为 0 状态，仍然继续定时（见图 3-58 中 I0.2 的波形 B 和 C）。定时期间如果 I0.2 又由 0 变为 1（I0.2 的波形 C 的上升沿），定时器被重新启动，从预设值开始定时。复位输入 I0.3 为 1 时，T1 被复位，其常开触点断开，剩余时间值变为 0。

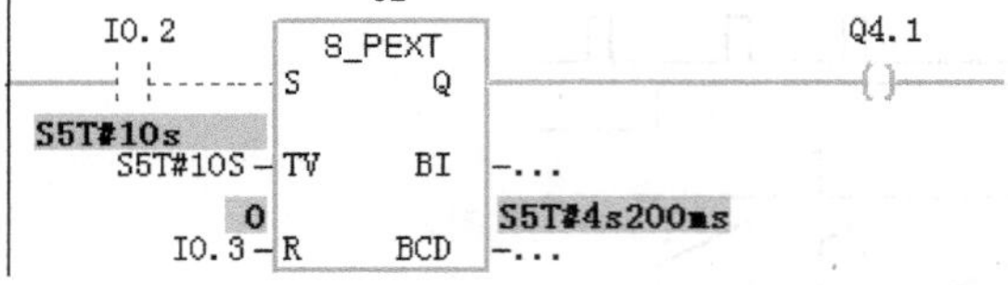

图 3-57　S5 扩展脉冲定时器

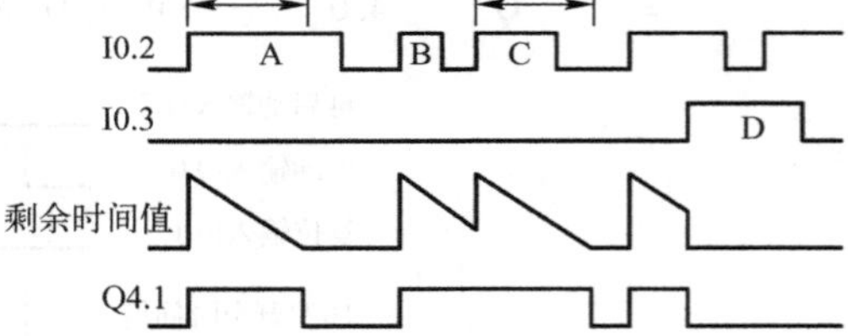

图 3-58　时序图

7. S5 接通延时定时器

接通延时定时器（On-Delay Timer）是使用得最多的定时器。图 3-59 中 I0.4 的常开触点由断开变为接通时（RLO 的上升沿），定时器 T2 开始定时。如果 I0.4 一直为 1 状态（见图 3-60 中 I0.4 的波形 A），定时时间到时，Q4.2 的线圈通电。I0.4 变为 0 状态时，Q4.2 的线圈断电。

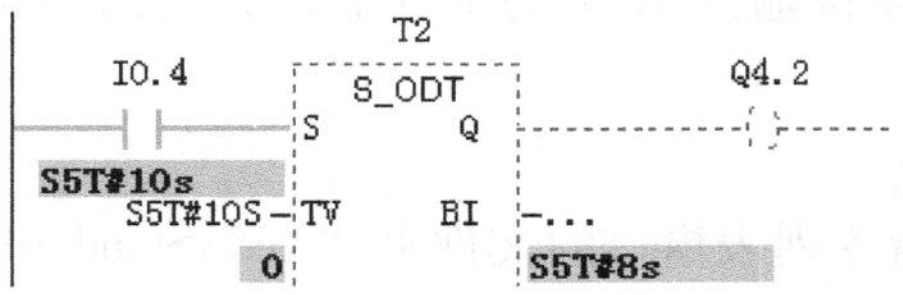

图 3-59　S5 接通延时定时器

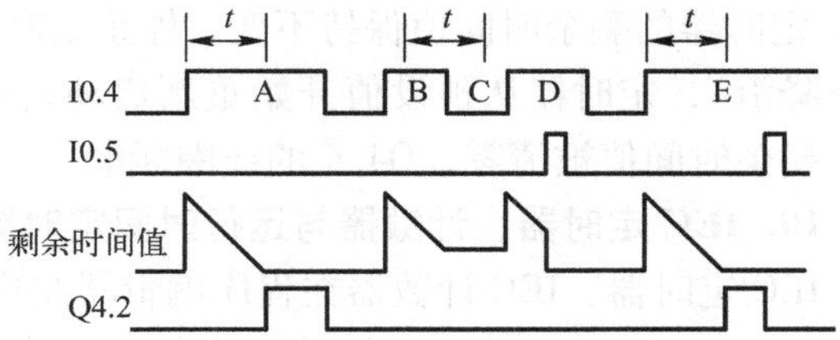

图 3-60　时序图

在定时期间如果 I0.4 变为 0 状态（见波形 C），T2 的剩余时间保持不变。在 I0.4 的下一个上升沿（见波形 D），又从预设值开始定时。不管定时时间是否已到，只要复位输入 I0.5 为 1，定时器都要被复位。复位使 Q4.2 的线圈断电，剩余时间值被清零。

8. S5 保持型接通延时定时器

图 3-61 中 I0.6 的常开触点由断开变为接通时（RLO 的上升沿），保持型接通延时定时器（Retentive On-Delay Timer）T3 开始定时（见图 3-62）。定时期间即使 I0.6 的常开触点断开，仍然继续定时。定时时间到时，Q4.3 的线圈通电。

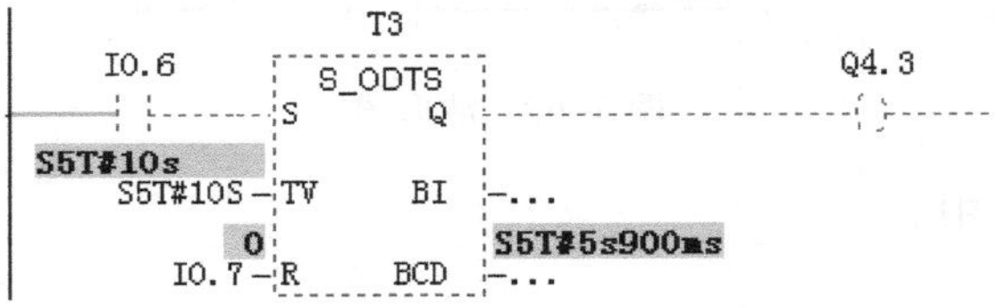

图 3-61　S5 保持型接通延时定时器

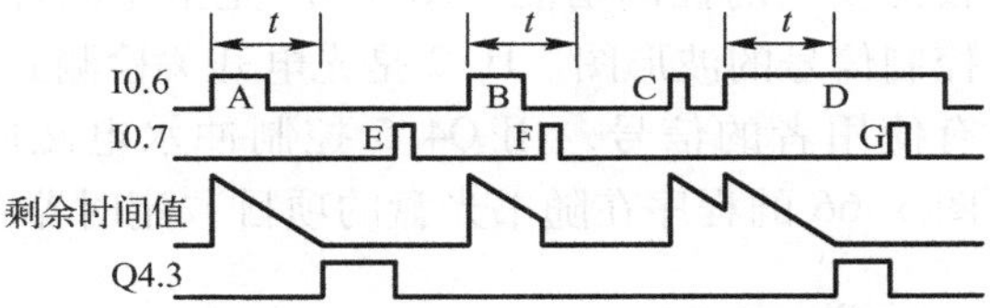

图 3-62　时序图

只有复位输入 I0.7 为 1 状态，才能使 T3 复位，复位后其剩余时间值为 0，状态位 Q 变为 0 状态。在定时期间，I0.6 的常开触点如果断开后又变为接通（见波形 D 的上升沿），定时器将被重新启动，从设置的预设值重新开始定时。

9. S5 断开延时定时器

在图 3-63 中的断开延时定时器（Off-Delay Timer）T4 的输入信号 I1.0 的上升沿时，输出 Q 变为 1 状态。在 I1.0 的下降沿，定时器开始定时（见图 3-64）。定时时间到时，T4 的剩余时间值变为 0，其输出 Q 变为 0 状态。

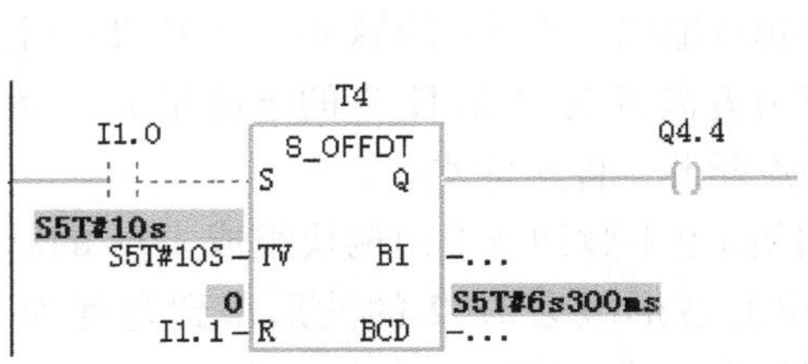

图 3-63　S5 断开延时定时器

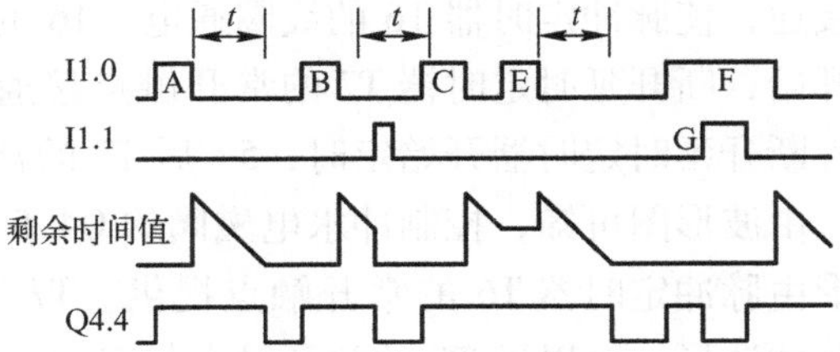

图 3-64　时序图

某些主设备（例如大型变频调速电动机）在运行时需要用风扇冷却，主设备停机后风扇应延时一段时间才能断电。可以用断开延时定时器来方便地实现这一功能，即用反映主设备运行的信号来控制断开延时定时器，用后者的输出 Q 来控制风扇。

正在定时的时候，如果 I1.0 的常开触点由断开变为接通（见图 3-64 中 I1.0 的波形

E)，定时器的剩余时间值保持不变，停止定时。如果 I1.0 的常开触点重新断开（在波形 E 的下降沿)，定时器从预设值开始重新启动定时。复位输入 I1.1 为 1 状态时，定时器被复位，剩余时间值被清零，Q4.4 的线圈断电。

10. IEC 定时器、计数器与运行时间定时器

IEC 定时器、IEC 计数器在程序编辑器左边的指令列表窗口的文件夹"\库\Standard Library\System Function Blocks"中。它们属于功能块，调用时需要指定配套的背景数据块。有 3 种 IEC 定时器，即脉冲定时器 SFB3"TP"、接通延时定时器 SFB4"TON"和断开延时定时器 SFB5"TOF"。IEC 定时器、IEC 计数器的个数没有限制。

CPU 有一个 32 位的运行时间定时器，用于统计 CPU 运行的小时数。可以用 SFC2、SFC4 来设置和读取运行时间，用 SFC3 来启动和停止运行时间定时器。

【例 3-2】 用 3 种定时器设计卫生间冲水控制电路。

S7-300/400 的定时器种类较多，巧妙地应用各种定时器，可以简化电路，方便地实现较为复杂的控制功能。图 3-65 是卫生间冲水控制信号的波形图。I1.2 是光电开关检测到的有使用者的信号，用 Q4.5 控制冲水电磁阀。图 3-66 的程序在随书光盘的项目"定时器 1"中。

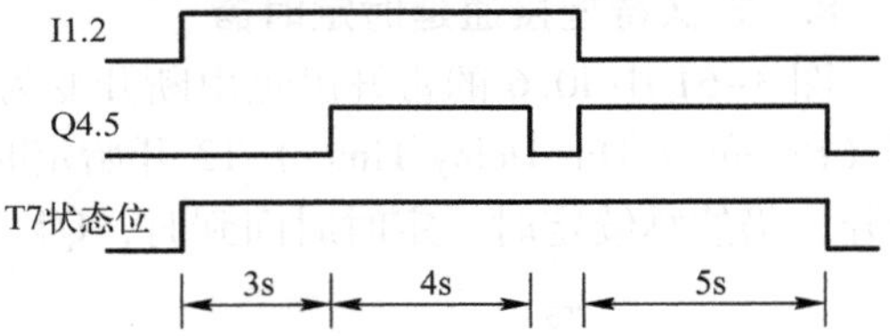

图 3-65 波形图

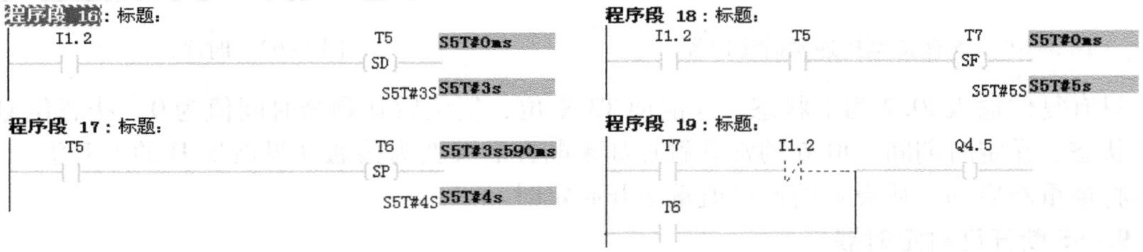

图 3-66 卫生间冲水控制电路

从 I1.2 的上升沿（有人使用）开始，用接通延时定时器 T5 延时 3 s，3 s 后 T5 的常开触点接通，使脉冲定时器 T6 的线圈通电，T6 的常开触点输出一个 4 s 的脉冲。从 I1.2 的上升沿开始，断开延时定时器 T7 的常开触点接通。使用者离开时（在 I1.2 的下降沿）开始冲水，断开延时定时器开始定时，5 s 后 T7 的常开触点断开，停止冲水。

由波形图可知，控制冲水电磁阀的 Q4.5 输出的高电平脉冲波形由两块组成，4 s 的脉冲波形由脉冲定时器 T6 的常开触点提供。T7 输出位的波形减去 I1.2 的波形得到宽度为 5 s 的脉冲波形，可以用 T7 的常开触点与 I1.2 的常闭触点组成的串联电路来实现上述要求。两块脉冲波形的叠加用并联电路来实现。梯形图右边 T5 的触点用于防止 3 s 内有人进出时冲水。

【例 3-3】 两条运输带顺序相连（见图 3-67)，为了避免运送的物料在 1 号运输带上堆积，按下启动按钮 I1.3，1 号运输带开始运行，8 s 后 2 号运输带自动启动（见图 3-68 中的波形图)。停机时为了避免物料的堆积，应尽量将皮带上的余料清理干净，使下一次可以轻载启动。停机的顺序与启动的顺序刚好相反，即按了停止按钮 I1.4 以后，先停 2 号运输带，8 s 后停 1 号运输带。PLC 通过 Q4.6 和 Q4.7 控制两台电动机 M1 和 M2。

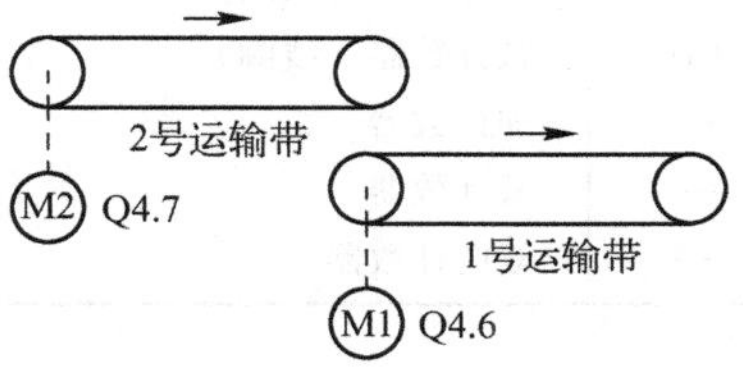

图 3-67　运输带示意图

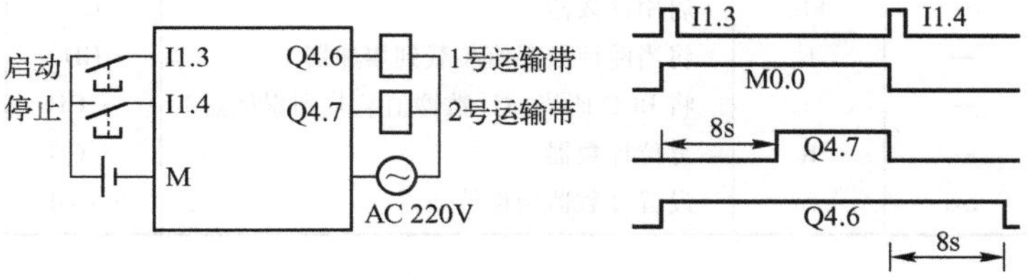

图 3-68　PLC 外部接线图与波形图

梯形图程序如图 3-69 所示（见随书光盘中的例程“定时器 1”），程序中设置了一个用启动按钮和停止按钮控制的辅助元件 M0.0，用它的常开触点控制接通延时定时器 T8 和断开延时定时器 T9 的线圈。

接通延时定时器 T8 的常开触点在 I1.3 的上升沿之后 8 s 接通，在它的线圈断电（M0.0 的下降沿）时断开。综上所述，可以用 T8 的常开触点直接控制 2 号运输带 Q4.7。

断开延时定时器 T9 的常开触点在它的线圈通电时接通，在它结束 8 s 延时后断开，因此可以用 T9 的常开触点直接控制 1 号运输带 Q4.6。

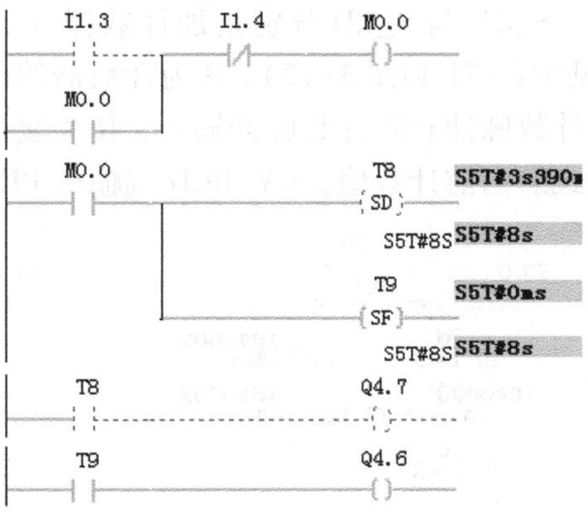

图 3-69　运输带控制梯形图

3.5.2　计数器指令

1. 计数器的存储器区

S7-300/400 有 3 种指令框格式的计数器，每种都有对应的线圈格式的计数器。上述计数器统称为 SIMATIC 计数器。SIMATIC 计数器的个数（128～2048 个）与 S7-300 CPU 的型号有关，S7-400 有 2048 个计数器。每个 SIMATIC 计数器有一个保存当前计算器值的字和一个计数器状态位。用计数器地址（C 和计数器号，例如 C24）来访问当前计数器值和状态位。

2. 当前计数值

计数器字的 0～11 位是当前计数值的 BCD 码，计数值的范围为 0～999。图 3-70 中的计数器字的当前计数值为 BCD 码 127。计数器指令见表 3-9。

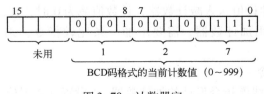

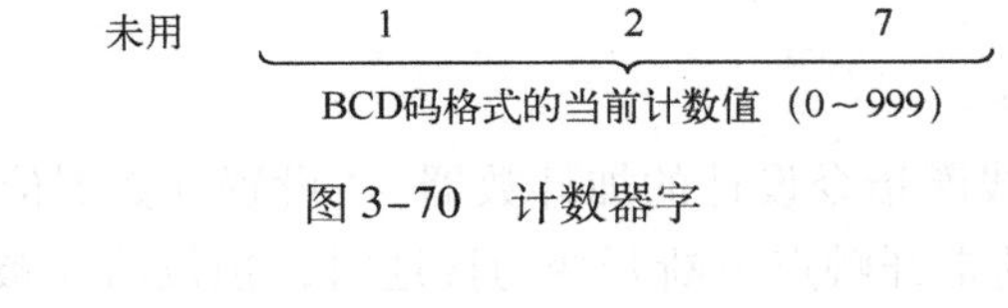

图 3-70　计数器字

表 3-9 计数器指令

梯形图	语句表	描　述	梯形图	语句表	描　述
—	FR	启用计数器	CU	CU	加计数器（线圈）
—	L	将当前计数器值装载到累加器 1	CD	CD	减计数器（线圈）
—	LC	将 BCD 码当前计数器值装载到累加器 1	S_CU	—	加计数器
—	R	复位计数器	S_CD	—	减计数器
SC	S	设置计数器预设值	S_CDU	—	双向计数器

可以用 PLCSIM 模拟运行随书光盘中的项目“计数器”，来理解计数器的工作过程。

3. 加计数器与减计数器方框指令

S_CU 与 S_CD 分别是加计数器（Up Counter）与减计数器（Down Counter）方框指令（见图 3-71 和图 3-72）。S 为计数器的设置输入，PV 为预设计数值输入，CU 和 CD 分别为加计数脉冲和减计数脉冲输入，R 为复位输入；Q 为计数器状态输出，CV 端输出十六进制格式的当前计数值，CV_BCD 端输出 BCD 码格式的当前计数值。

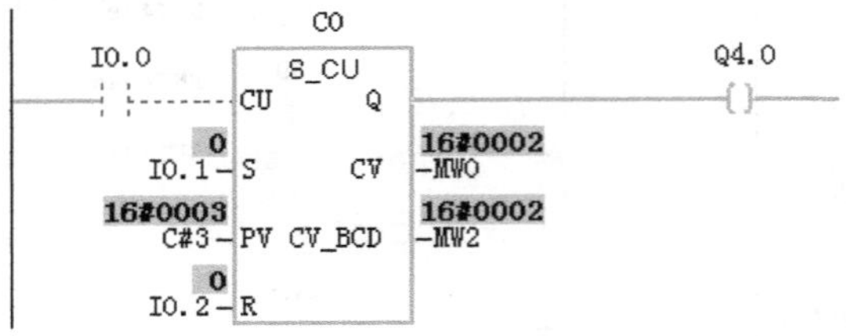

图 3-71　加计数器

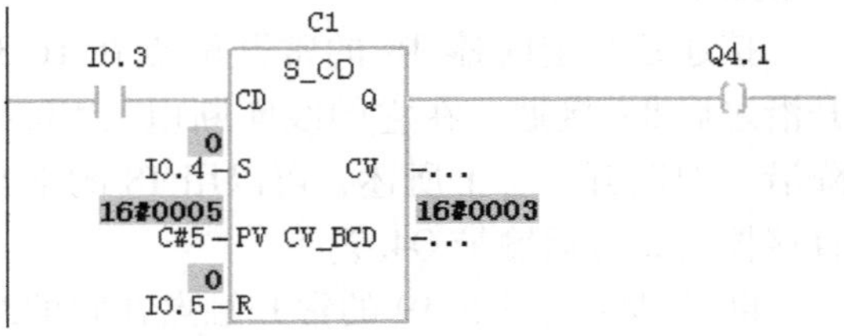

图 3-72　减计数器

计数器的 CU、CD、S、R、Q 的数据类型为 BOOL，PV、CV 和 CV_BCD 的数据类型为 WORD。各变量均可以使用 I、Q、M、L、D 地址区，PV 还可以使用计数器常数 C#。

在“设置”输入信号 S 的上升沿，将 PV 端指定的预设值送入计数器字。在加计数脉冲输入信号 I0.0 的上升沿，如果当前计数值小于 999，加计数器的计数值加 1。在减计数输入信号 I0.3 的上升沿，如果当前计数值大于 0，减计数器的计数值减 1。当前计数值大于 0 时计数器状态位 Q 为 1 状态；当前计数值为 0 时，状态位 Q 为 0 状态。

“复位”输入信号 R 为 1 状态时，计数器被复位，当前计数值被清零，状态位 Q 变为 0 状态。

在 S 信号的上升沿时，如果加计数输入信号 CU 为 1 状态，即使 CU 没有变化，下一扫描周期也会加计数。在 S 信号的上升沿时，如果减计数输入 CD 为 1 状态，即使 CD 没有变化，下一扫描周期也会减计数。

计数器一般用来在计完预设值指定的脉冲个数后，进行某种操作。为了实现这一要求，最简单的方法是首先将预设值送入减计数器，计数值减为 0 时，其常闭触点闭合，用它来完成要做的工作。如果使用加计数器，需要增加一条比较指令，来判断计数值是否等于预设值。

4. 加计数器线圈指令

图 3-73 是用计数器线圈指令设计的加计数器。“设置计数器值”线圈 SC 用来设置计数器的预设值，图中 I1.2 的常开触点由断开变为接通时，预设值 3 被送入 C3 的计数器字。

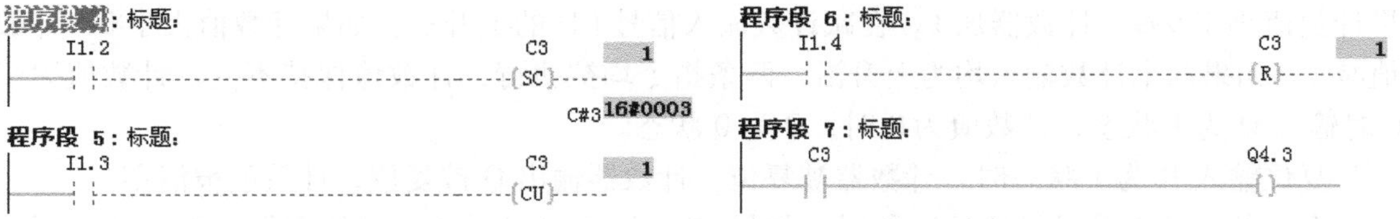

图 3-73　加计数器线圈指令应用电路

标有 CU 的线圈为加计数器线圈，标有 CD 的线圈为减计数线圈。在 I1.3 的上升沿，如果当前计数值小于 999，计数值加 1。复位输入 I1.4 为 1 时，计数器被复位，计数器状态位和计数值被清零。

当前计数值大于 0 时，C3 的常开触点接通；当前计数值为 0 时，C3 的常开触点断开。

【例 3-4】 用计数器扩展定时器的定时范围。

S7-300/400 的定时器最大定时时间为 9990 s，IEC 定时器（SFB3 ~ SFB5）的时间预设值的数据类型为 32 位的 TIME，单位为 ms，最大定时时间为 T#24D_20H_31M_23S_647MS。

如果需要更长的定时时间，可以使用图 3-74 所示的电路。T11 和 T12 组成一个振荡电路。I0.0 为 0 状态时，计数器 C0 被复位。I0.0 变为 1 状态时，预设值 500 被送入 C0，C0 被解除复位；T11 的线圈通电，开始定时。2 小时后定时时间到，T11 的常开触点接通，使 T12 开始定时。2 小时后 T12 的定时时间到，它的常闭触点断开，使 T11 的线圈断电。T11 的常开触点断开，使 T12 的线圈断电。下一个扫描周期 T12 的常闭触点接通，T11 又从预设值开始定时。

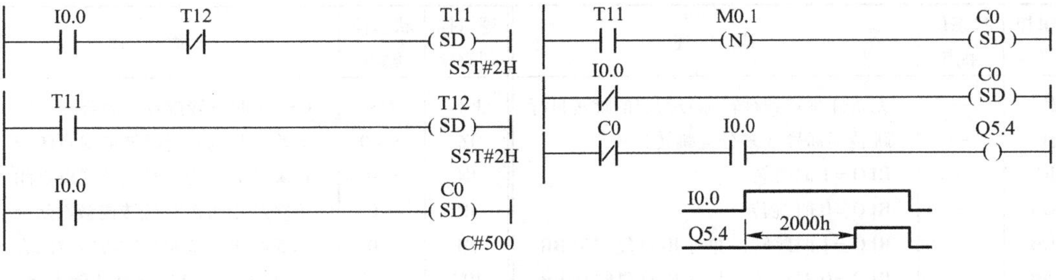

图 3-74　定时范围的扩展

振荡电路的振荡周期为 T11 和 T12 预设值之和，每隔 4 小时，当 T12 的定时时间到，T11 的常开触点由接通变为断开，其脉冲下降沿通过减计数线圈 CD 使 C0 的计数值减 1。计满 500 个数（即 2000 h）后，C0 的当前值减为 0，它的常闭触点闭合，使 Q5.4 的线圈通电。总的定时时间等于振荡电路的振荡周期乘以 C0 的计数预设值。

5. 双向计数器

在设置输入 S 的上升沿，PV 指定的预设值被送给双向计数器（Up Down Counter，见图 3-75）的计数器字。在加计数输入信号 CU 的上升沿，如

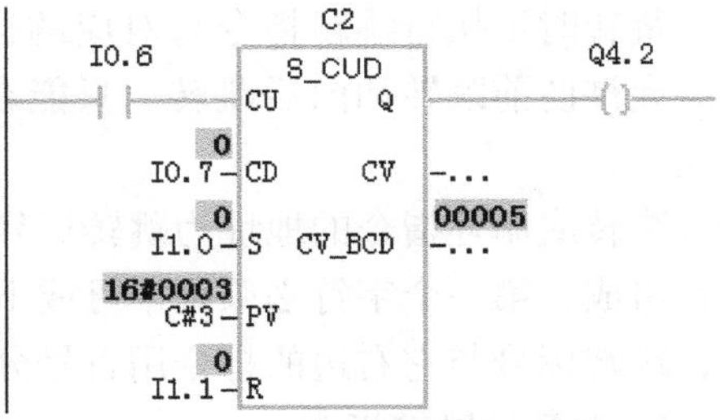

图 3-75　双向计数器

果计数值小于999，计数器加1。在减计数输入信号CD的上升沿，如果计数值大于0，计数值减1。如果两个计数输入均为上升沿，两条指令均被执行，计数值保持不变。计数值大于0时输出Q为1状态；计数值为0时，Q为0状态。

复位输入R为1状态时，计数器被复位，计数器输出Q被复位，计数值被清零。

在S信号的上升沿设置计数器时，如果CU或CD输入为1，即使它们没有变化，下一扫描周期也会加计数或减计数。

6. IEC计数器

S7-300/400有3种IEC计数器，即加计数器SFB0“CTU”、减计数器SFB1“CTD”和加减计数器SFB2“CTUD”。具体的使用方法见STEP 7的在线帮助。

3.6 逻辑控制指令与间接寻址

3.6.1 逻辑控制指令

语句表中的逻辑控制指令包括跳转指令和循环指令（见表3-10）。在没有执行跳转指令和循环指令时，各条指令按从上到下的先后顺序逐条执行。执行逻辑控制指令时（不包括无条件跳转指令），根据当时状态字中有关位的状态，决定是否跳转。满足条件则跳转到跳转标号（LABEL）所在的跳转目标，不满足条件则不跳转。

表3-10 跳转指令与状态位触点指令

逻辑控制指令	状态位触点	描述	逻辑控制指令	状态位触点	描述
JU	—	无条件跳转到跳转标号指定的跳转目标	JOS	OS	OS=1时跳转或触点闭合
JL	—	跳转到标号（多分支跳转）	JZ	==0	运算结果为0时跳转或触点闭合
JC	—	RLO=1时跳转	JN	<>0	运算结果不为0时跳转或触点闭合
JCN	—	RLO=0时跳转	JP	>0	运算结果为正时跳转或触点闭合
JCB	—	RLO=1时跳转，并将RLO复制到BR	JM	<0	运算结果为负时跳转或触点闭合
JNB	—	RLO=0时跳转，并将RLO复制到BR	JPZ	>=0	运算结果>=0时跳转或触点闭合
JBI	BR	BR=1时跳转或梯形图中的触点闭合	JMZ	<=0	运算结果<=0时跳转或触点闭合
JNBI	—	BR=0时跳转	JUO	UO	指令出错时跳转或触点闭合
JO	OV	OV=1时跳转或触点闭合	LOOP	—	循环指令

跳转时不执行跳转指令与对应的标号之间的程序，跳转到标号处后，程序继续顺序执行。允许向前跳转和向后跳转。只能在同一个逻辑块内跳转，在块内同一个标号只能出现一次。

跳转或循环指令的地址为跳转标号，后者用于指示跳转指令的跳转目标，它由最多4个字符组成，第一个字符必须是字母或下划线，其余的可以是字母、数字和下划线。在语句表中，跳转标号与它右边的指令用冒号分隔（见图3-76）。

1. 无条件跳转指令

无条件跳转（Jump Unconditional）指令的格式为“JU <跳转标号>”，语句表中逻辑

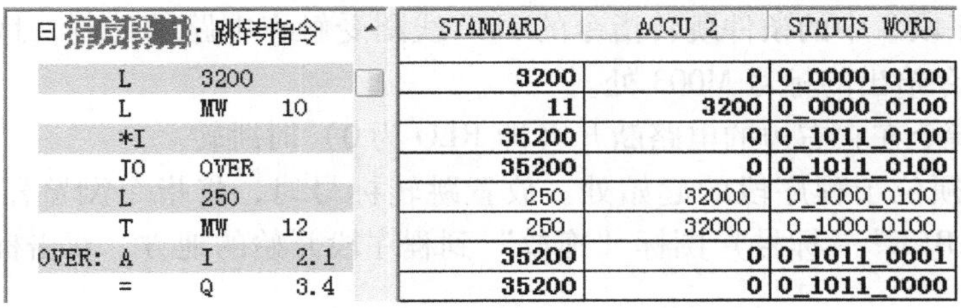

日程序段 1: 跳转指令	STANDARD	ACCU 2	STATUS WORD
L 3200	**3200**	**0**	**0_0000_0100**
L MW 10	**11**	**3200**	**0_0000_0100**
*I	**35200**	**0**	**0_1011_0100**
JO OVER	**35200**	**0**	**0_1011_0100**
L 250	250	32000	0_1000_0100
T MW 12	250	32000	0_1000_0100
OVER: A I 2.1	**35200**	**0**	**0_1011_0001**
= Q 3.4	**35200**	**0**	**0_1011_0000**

图 3-76　有溢出的语句表程序状态监控

控制指令的格式相同。JU 指令无条件中止程序的线性扫描，跳转到跳转标号指定的跳转目标。是否跳转与状态字的内容无关。

2. 多分支跳转指令

多分支跳转指令 JL 的下面是若干条无条件跳转指令 JU，根据累加器 1 的最低字节中跳转标号的编号（0 ~ 255），决定具体的跳转目标。实际上很少使用 JL 指令。

3. 与 RLO 有关的跳转指令

JC、JCN、JCB、JNB 指令检查逻辑运算结果（RLO 位）的状态，满足表 3-10 中的条件则中止程序的线性扫描，跳转到指定的标号处，不满足条件则不跳转。JCB 和 JNB 指令在跳转的同时，将 RLO 位的值复制到 BR 位。

4. 与 BR、OV、OS 有关的跳转指令

指令 JBI、JNBI、JO 和 JOS 分别检查 BR（二进制结果位）、OV（溢出位）和 OS（存储溢出位）的状态，决定是否跳转到指定的标号处（见表 3-10）。

5. 与条件码 CC0 和 CC1 有关的跳转指令

这些指令根据状态字中的条件码 CC0 和 CC1 的状态，即指令的执行结果与 0 的关系（见表 3-10），确定是否跳转到指定的标号处。

如果 CC0 = CC1 = 1，表示指令执行出错（除数为 0、使用了非法的指令、浮点数比较时使用了无效的格式），跳转指令 JUO 将跳转到指定的标号处。

图 3-76 的左边的“ * I”是 16 位整数乘法指令（见随书光盘中的例程“逻辑控制”），如果 MW10 的值为 10，乘积没有超出上限值 32767，没有溢出，不会跳转。如果 MW10 的值为 11，乘法指令执行后有溢出（见图 3-76），溢出位 OV（状态字的第 5 位）为 1。执行 JO 指令后，跳转到标号 OVER 处。被跳过的指令的监控值用普通字体显示，被执行的指令的监控值用加粗的字体显示。

6. 梯形图中的跳转指令

梯形图中的无条件跳转指令与条件跳转指令均用 JMP（Jump）线圈表示（见表 3-11），无条件跳转指令（见图 3-78 中的程序段 5）直接与右边的垂直电源线相连，执行无条件跳转指令后马上跳转到线圈上面的目标标号 M004 处。

表 3-11　梯形图中的跳转指令

跳 转 指 令	描　　述	跳 转 指 令	描　　述
---(JMP) ---(JMPN)	跳转 若“非”则跳转	├─ LABEL	定义跳转目标地址

图 3-78 程序段 3 中的条件跳转指令的 JMP 线圈受触点电路的控制，JMP 线圈“通电”时，将跳转到指令给出的标号 M003 处。

JMPN 线圈指令在它右边的电路断开（即 RLO 为 0）时跳转。

目标标号必须位于程序段的起始处。放置跳转标号时，将指令浏览器窗口的“跳转”文件夹中的“LABEL”（标号）图标“拖放”到程序段开始的地方。双击标号中的“???”，输入标号的名称。

梯形图中的状态位指令以触点的形式出现。这些触点的通断取决于状态位 BR、OV、OS、CC0 和 CC1 的状态（见表 3-10）。

指令列表的“状态位”文件夹中的状态位触点是专用的触点，不能在普通触点上面输入状态位的名称来代替它们。

图 3-77 是图 3-78 中的程序的流程图。整数乘法指令“MUL_I”的运算如果有溢出（乘积大于 16 位整数能表示的最大正数 32767），程序段 3 中标有 OV 的状态位触点闭合，将跳转到标号 M003 处。如果乘法运算没有溢出，OV 触点断开，JMP 线圈断电，不会跳转，将顺序执行程序段 4。执行完后，在程序段 5 无条件跳转到标号 M004 处。

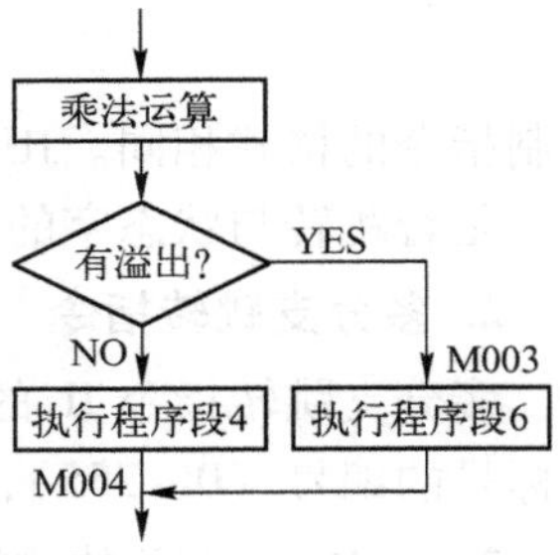

图 3-77　流程图

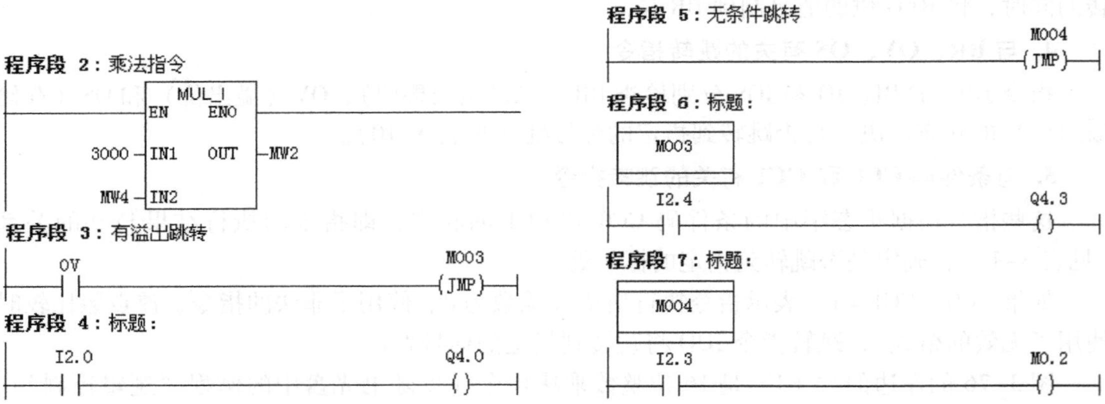

图 3-78　状态位触点指令与跳转指令的应用

3.6.2　寻址方式与间接寻址

操作数是指令操作或运算的对象，寻址方式是指令取得操作数的方式，操作数可以直接给出或者间接给出。

1. 立即寻址

S7-300/400 有三种寻址方式：立即寻址、直接寻址和间接寻址（见图 3-79）。间接寻址主要用于需要在程序中修改地址的场合。间接寻址中用得最多的是存储器间接寻址。

立即寻址的操作数直接在指令中，下面是使用立即寻址的装载指令的例子：

```
L    -35            //将 16 位整数装载到累加器 1 的低字
L    L#5            //将 32 位双整数装载到累加器 1
L    W#16#3E4F      //将十六进制常数字装载到累加器 1 的低字
```

```
L    25.38         //将32位浮点数常数装载到累加器1
L    P#10.0        //将32位内部区域指针值装载到累加器1
```

2. 直接寻址

直接寻址在指令中直接给出存储器或寄存器的地址，地址包括区域、长度和位置信息，下面是使用直接寻址的指令的例子：

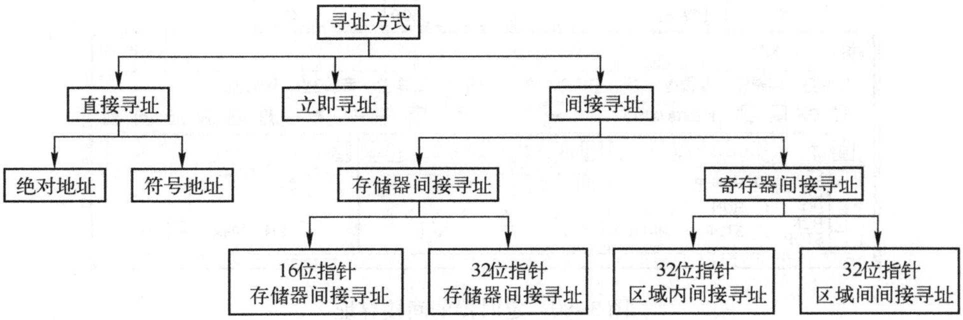

图3-79　寻址方式

```
A    Q      0.5
L    DBW    15       //将数据块中的16位字装载到累加器1的低字
L    LD     22       //将32位局部数据双字装载到累加器1
T    QB     10       //将累加器1最低字节的数据传送到过程映像输出字节QB10
```

3. 存储器间接寻址

在存储器间接寻址指令中，要寻址的变量的地址称为指针，它存放在方括号表示的一个地址（存储单元）中。例如在指令“A　M［LD20］”中，方括号表示间接寻址。如果LD20中的指针值为P#5.2，M［LD20］对应的地址为M5.2。

地址指针就像收音机调台的指针，改变指针的位置，指针指向不同的电台。改变地址指针值，指针“指向”不同的地址。

旅客入住酒店时，在前台办完入住手续，酒店就会给旅客一张房卡，房卡上面有房间号，旅客根据房间号使用酒店的房间。修改房卡中的房间号，旅客用同一张房卡就可以入住不同的房间。这里房间相当于存储单元，房间号就是地址指针值，房卡就是存放指针的存储单元。

间接寻址的优点是可以在程序运行期间，通过改变指针的值，动态地修改指令中操作数的地址。用循环程序来累加一片连续的地址区中的数值时，每次循环累加一个数值。累加后修改地址指针值，使指针指向下一个地址，为下一次循环的累加运算做好准备。没有间接寻址，就不能编写查表程序和循环程序。

值得注意的是间接寻址可能会使某些地址被同时重复使用，从而导致PLC的意外动作。

（1）16位指针的间接寻址

定时器、计数器、DB、FB和FC的编号范围小于65535，因此它们使用16位的指针。

图3-80给出了定时器的存储器间接寻址的例子（见随书光盘中的例程“存储器间接寻址”），用16位的MW8存放地址指针。MW8中的指针值为3，T［MW8］相当于T3。用

PLCSIM 监控 T3，令 T3 的启动信号 I0.2 为 1 状态，可以看到 T3 的剩余时间值开始变化，说明间接寻址的 T［MW8］的确是 T3。改变 MW8 的值，可以改用其他定时器定时。

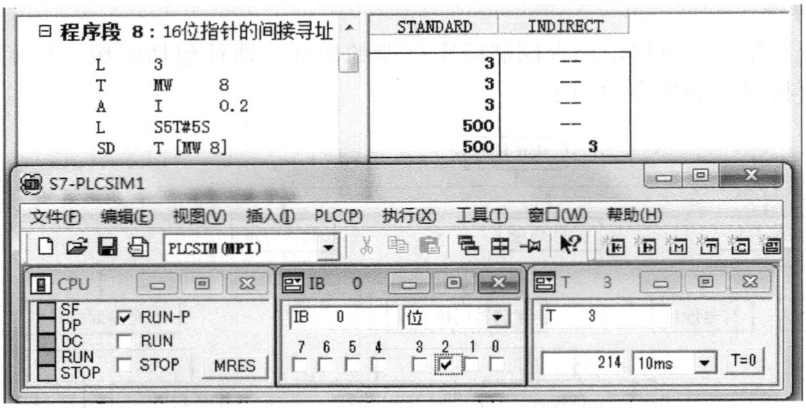

图 3-80　定时器的间接寻址

运行时启动程序状态监控，用鼠标右键单击 STANDARD（累加器 1），执行出现的快捷菜单中的命令“显示”→“间接”，添加“INDIRECT”（间接）列，可以看到 MW8 中间接寻址的地址指针值为 3。

（2）32 位指针的存储器间接寻址

S7-300/400 可以对 I、Q、M、DB 等地址区的位、字节、字和双字进行间接寻址，地址指针包含了地址中的字节和位的信息。这些地址区的间接寻址使用双字指针，指针格式如图 3-81 所示。第 0～2 位为被寻址地址中位的编号（0～7），第 3～18 位为被寻址地址的字节编号（0～65535）。32 位指针的数值实际上是以位（bit）为单位的双字。

31　　　　24	23　　　　16	15　　　　8	7　　　　0
0000 0000	0000 0bbb	bbbb bbbb	bbbb bxxx

图 3-81　存储器间接寻址的双字指针格式

如果要用双字格式的指针访问一个字节、字或双字存储器，必须保证指针的位编号为 0，例如 P#20.0。否则程序将会出错。只有 MD、LD、DBD 和 DID 能存储 32 位地址指针。

图 3-82 中“INDIRECT”（间接）列的监控值 4.0 是 DBD10 中的指针值 P#4.0 的简写，该行指令的地址 QB［DBD10］为 QB4。因为 QB 是字节地址，P#4.0 的小数点后面的位编号必

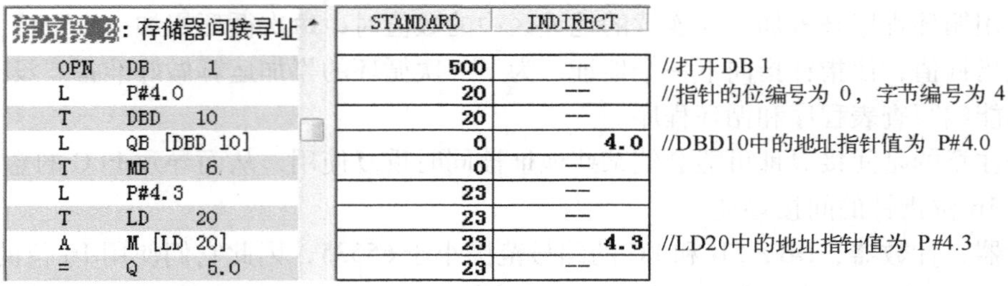

图 3-82　间接寻址的程序状态

须为0。累加器1（STANDARD）的数据显示格式为十六进制，其中的20实际上是16#20。

P#4.0的值为2#0000 0000 0000 0000 0000 0000 0010 0000（16#20）。

P#4.3的值为2#0000 0000 0000 0000 0000 0000 0010 0011（16#23）。

用共享数据块中的字或双字存放指针值时，首先应打开该数据块。例如上例中用OPN指令打开了DB1，QB［DBD10］中的DBD10实际上是DB1.DBD10。

使用32位指针对数据块内的地址寻址时，首先必须用OPN指令打开要寻址的数据块，然后才能寻址，例如DBW［MD10］。如果使用完整的数据格式（例如DB2.DBW［LD20］）进行间接寻址，该指令变为红色，表示有格式错误。改为指令“OPN　DB2”和“L　DBW［LD20］”就可以了。

【例3-5】 某表格用MW60开始的20个字存放数据，表格的偏移量（表格中字的序号）在MD40中。第1个字MW60的序号为0，第2个字MW62的序号为1……在I0.0的上升沿，用间接寻址将表格中相对于偏移量的字的数值传送到MW110中去。

下面是满足要求的语句表程序（见随书光盘中的例程“存储器间接寻址”），LD28中是存储器间接寻址的地址指针值，它实际上是以位为单位的整数。相邻的一个字相差两个字节或16位，因此偏移量乘以指针常数P#2.0或乘以L#16，加上表格的起始地址指针值P#60.0，便得到要读取的字的地址。

```
       A      I           0.0
       FP     M           0.0
       JNB    m001                    //不是I0.0的上升沿则跳转
       L      MD          40
       L      P#2.0                   //P#2.0可以改为L#16
       *D                             //偏移量乘以P#2.0或乘以L#16
       L      P#60.0
       +D                             //加上P#60.0,得到要读取的数据字的地址指针值
       T      LD          28          //数据的地址指针值送LD28
       L      MW［LD 28］              //表格中的数据送累加器1
       T      MW          110         //保存数据
m001:  NOP    0
```

用仿真软件调试程序时，用变量表设置MW60开始的数据区各个字的数值（见图3-83），设置MD40的值为L#2，表示要读取数据区中编号为2的字MW64。在I0.0的上升沿之后，可以看到MW110中读取的数据与MW64中的相同。改变MD40中字的序号，可以读取别的字的值。

	地址		显示格式	状态值	修改数值
1	MW	60	DEC	1	1
2	MW	62	DEC	2	2
3	MW	64	DEC	3	3
4	MW	66	DEC	4	4
5	MD	40	DEC	L#2	L#2
6	MW	110	DEC	3	

图3-83　变量表

3.6.3　循环指令

如果需要重复执行若干次同样的任务，可以使用循环指令。循环指令“LOOP <跳转标号>”用累加器的低字作循环计数器，每次执行LOOP指令时累加器低字的值减1，若减1后非0，将跳转到LOOP指令指定的标号处，在跳转目标处又恢复线性程序扫描。跳转只能

在同一个逻辑块内进行，LOOP 指令的跳转标号在块内应该是唯一的。

【例 3-6】用循环指令和间接寻址求从 MW80 开始存放的 5 个字的累加和（见随书光盘中的例程“存储器间接寻址”）。累加的结果用 MD50 保存，用临时局部变量 LD24 保存地址指针，LW32 作循环计数器。

```
      L     L#0              //32 位双整数装载到累加器 1
      T     MD       50      //将保存累加和的双字清零
      L     P#80.0
      T     LD       24      //起始地址送 LD24
      L     5                //将循环次数(需要累加的字的个数)装载到累加器 1 的低字
BACK:T     LW       32      //暂存循环计数器值
      L     MW[LD24]         //取数据,第一次循环取的是 MW80 的值
      ITD                    //转换为双整数
      L     MD       50      //取累加和
      +D                     //累加
      T     MD       50      //保存累加和
      L     LD       24      //取地址指针值
      L     P#2.0
      +D                     //指针值增加两个字节(16 位),指针指到下一个字
      T     LD       24      //保存地址指针值
      L     LW       32      //循环计数器值装载到累加器 1
      LOO   PBACK            //若循环计数器值减 1 后非 0,跳转到标号 BACK 处
      NOP      0
```

每次累加完成后，为了使指针指向下一个字，指针值应加 P#2.0（两个字节）或加 L#16（1 个字由 16 位组成）。如果是对字节进行操作，每次循环指针值应加一个字节（加 P#1.0）。如果是对双字进行操作，每次循环指针值应加 4 个字节（加 P#4.0）。

图 3-84 是用于验证程序的变量表，MD50 中是 MW80 开始的 5 个字的值的累加和。

	地址	显示格式	状态值	修改数值
1	MW 80	DEC	1	1
2	MW 82	DEC	2	2
3	MW 84	DEC	3	3
4	MW 86	DEC	4	4
5	MW 88	DEC	5	5
6	MD 50	DEC	L#15	

图 3-84　变量表

3.7　数据处理指令

3.7.1　比较指令

比较指令用来比较两个具有相同数据类型的有符号数，指令助记符中的 I、D、R 分别表示比较整数、双整数和浮点数。表 3-12 中的“?”可以取 ==（等于）、<>（不等于）、>、<、>= 和 <=。被比较的数的地址区可以是 I、Q、M、L、D 或常数。

梯形图中的方框比较指令（见图 3-85）相当于一个常开触点，可以与其他触点串联和并联。比较指令框的使能输入和使能输出均为 BOOL 变量。在使能输入信号为 1 时，比较 IN1 和 IN2 输入的两个操作数。如果被比较的两个数满足指令指定的条件，比较结果为

"真"，等效的触点闭合。本节的程序见随书光盘中的例程"数据处理"。

表 3-12　比较指令

语句表指令	梯形图中的符号	描　述
? I	CMP ? I	比较两个整数是否 ==，<>，>，<，>=，<=，如果条件满足，RLO = 1
? D	CMP ? D	比较两个双整数是否 ==，<>，>，<，>=，<=，如果条件满足，RLO = 1
? R	CMP ? R	比较两个浮点数是否 ==，<>，>，<，>=，<=，如果条件满足，RLO = 1

图 3-85 中的 T0 是接通延时定时器，I0.0 的常开触点接通时，T0 开始定时，其剩余时间值从预设时间值 2 s 开始递减。减至 0 时，T0 的状态位 Q 变为 1 状态，它的常闭触点断开，T0 被复位，复位后它的状态位变为 0 状态。下一扫描周期 T0 的常闭触点闭合，又从预设时间值开始定时。T0 的剩余时间值的波形为锯齿波。

T0 的十六进制剩余时间值（单位为 10 ms）被写入 MW14 后，与常数 80 比较。剩余时间值大于等于 80（800 ms）时，比较指令等效的触点闭合，Q4.0 的线圈通电，通电的时间为 1.2 s（见图 3-86）。剩余时间值小于 80 时，比较指令等效的触点断开，Q4.0 的线圈断电 0.8 s。

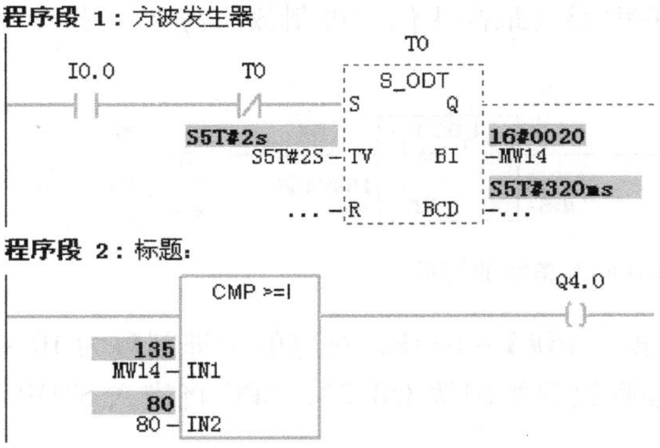

图 3-85　方波发生器电路

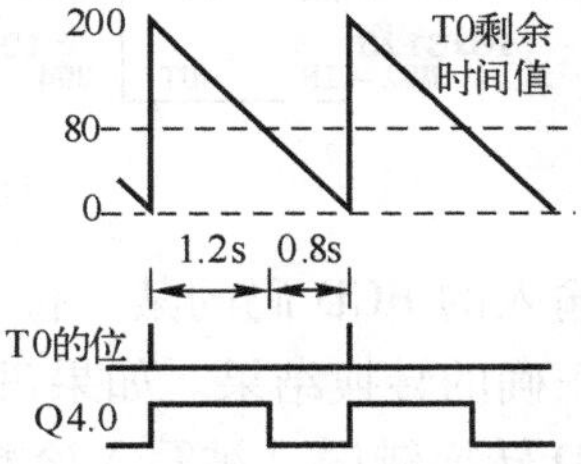

图 3-86　方波发生器的波形图

语句表中的比较指令用于比较累加器 1 与累加器 2 中数据的大小，被比较的两个数的数据类型应相同。如果比较条件满足，则 RLO 为 1，否则为 0。状态字的 CC0 和 CC1 位用来表示两个数的大于、小于和等于关系。下面是图 3-85 中的程序段 2 对应的语句表程序：

```
L     MW    14     //MW14 中的整数装载到累加器 1
L     80           //累加器 1 中的数据自动传送到累加器 2,80 装载到累加器 1
>=I                //比较累加器 1 和累加器 2 的值
=     Q     4.0    //如果 MW14≥80,则 Q4.0 为 1 状态
```

3.7.2　数据转换指令

语句表中的数据转换指令将累加器 1 中的数据进行数据类型的转换，转换的结果仍然在累加器 1 中。数据转换指令见表 3-13。

表 3-13　数据转换指令

语句表	梯形图	描　　述	语句表	梯形图	描　　述
BTI	BCD_I	将 3 位 BCD 码转换为整数	RND	ROUND	将浮点数转换为四舍五入的双整数
ITB	I_BCD	将整数转换为 3 位 BCD 码	RND +	CEIL	向上取整
BTD	BCD_DI	将 7 位 BCD 码转换为双整数	RND -	FLOOR	向下取整
DTB	DI_BCD	将双整数转换为 7 位 BCD 码	TRUNC	TRUNC	将浮点数截尾取整为双整数
DTR	DI_R	将双整数转换为浮点数	CAW	—	交换累加器 1 低字中两个字节的位置
ITD	I_DI	将整数转换为双整数	CAD	—	改变累加器 1 中 4 个字节的顺序

1. BCD 码与整数的相互转换

BCD 码的数据格式见 3. 2. 1 节。16 位 BCD 码的第 0 ~ 11 位二进制数是 3 位 BCD 码的绝对值（见图 3-17），32 位格式的 BCD 码的第 0 ~ 27 位二进制数是 7 位 BCD 码（见图 3-18）的绝对值。每一位 BCD 码的数值范围为 2#0000 ~ 2#1001，对应于十进制数 0 ~ 9。

BCD 码的最高 4 位二进制数用来表示符号，负数的最高位为 1，正数为 0，其余 3 位一般与符号位相同。

图 3-87 给出了 BCD 码与整数相互转换的例子。用变量表或程序状态给 MW2 赋值为 16#8123（最高 4 位二进制数为 2#1000）或 16#f123（最高 4 位二进制数均为 1），指令 BCD_I 转换的结果均为十进制数 -123。

图 3-87　BCD 码与整数的转换

如果输入的 BCD 码的某一位为无效数据（16#A ~ 16#F，对应的十进制数为 10 ~ 15），将得不到正确的转换结果。如果没有下载编程错误组织块 OB121，CPU 将进入 STOP 状态，事件“BCD 转换错误”被写入诊断缓冲区。

I_BCD 指令将 16 位整数转换为 3 位 BCD 码，DI_BCD 指令将 32 位双整数转换为 7 位 BCD 码。图 3-87 中的 I_BCD 指令将 -456 转换为 BCD 码 W#16#f456，对应的二进制数的最高 4 位均为 1，表示该数是负数。图的右边是 I_BCD 指令对应的语句表程序。

16 位整数的允许范围为 -32768 ~ +32767，而 3 位 BCD 码的允许范围为 -999 ~ +999。如果被转换的整数超出 BCD 码的允许范围，得不到有效的转换结果，同时状态字的溢出位 OV 和存储溢出位 OS 将被置为 1。在程序中，可以根据 OV 位判断转换结果是否有效，以免造成进一步的运算错误。

2. 双整数与浮点数之间的转换

DTR 指令将累加器 1 中的 32 位双整数转换为 32 位 IEEE 浮点数（实数），结果仍在累加器 1。因为 32 位双整数的精度比浮点数的高，指令将转换结果四舍五入。

有 4 条将浮点数转换为双整数的指令（见表 3-13），因为转换规则不同，得到的结果也不相同。向上取整指令 RND + 将浮点数转换为大于等于它的最小双整数；向下取整指令 RND - 将浮点数转换为小于等于它的最大双整数。4 条指令中用得最多的是四舍五入的 RND，RND + 和 RND - 极少使用。

因为浮点数的数值范围远远大于32位整数，有的浮点数不能成功地转换为32位整数。如果出现这种情况，得不到有效的结果，状态字中的OV位和OS位被置1。

【例3-7】 某压力变送器的量程为0~10MPa，输出的4~20mA电流被AI模块转换为数字0~27648。设AI模块的输出值为N，压力计算公式为

$$P = (10000 \times N)/27648 = 0.36169 \times N \quad (\text{kPa}) \tag{3-1}$$

来自AI模块的PIW320的原始数据N为16位整数，首先用I_DI指令将整数转换为双整数（见图3-88），然后用DI_R指令转换为实数（Real），再用实数乘法指令MUL_R完成式（3-1）的运算。最后用四舍五入的ROUND指令，将运算结果转换为以kPa为单位的整数。图中的程序见随书光盘的例程“数据处理”。

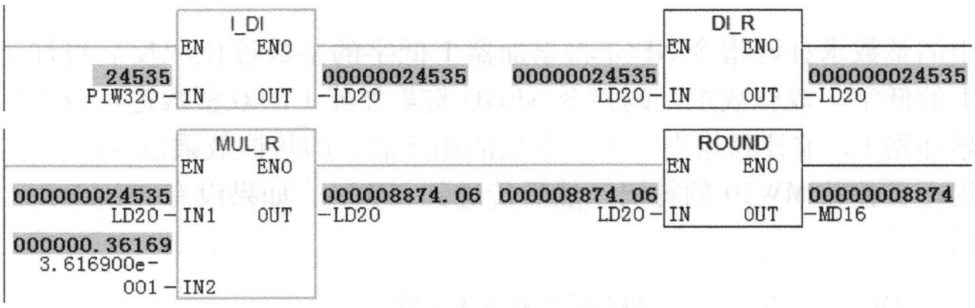

图3-88　使用浮点数运算指令的压力计算程序

用仿真软件调试程序时，可以将0和27648分别输入PIW320，观察MD16中的计算结果是否是0和10000 kPa。将0~27648之间的任意数值输入PIW320，观察计算结果是否与计算器计算的相同。

【例3-8】 将101.0in（英寸）转换为以cm（厘米）为单位的整数，保存到MW0。

```
L      101.0      //将浮点数101.0装载到累加器1
L      25.4       //累加器1的内容自动传送到累加器2,浮点数25.4装载到累加器1
*R                //101.0乘以25.4,乘积为2565.4cm
RND               //四舍五入转换为整数2565cm
T      MW         0
```

3. 交换累加器1中字节的位置

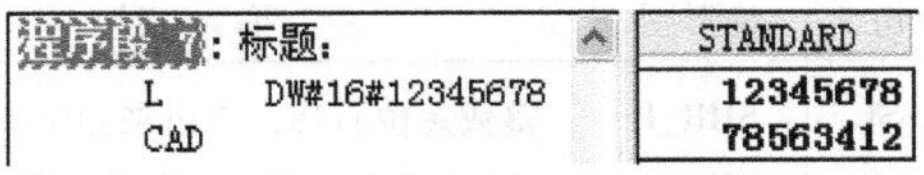

图3-89　CAD指令的程序状态

CAW指令交换累加器1低字中两个字节的位置，累加器1的高字不变。CAD指令交换累加器1中4个字节的顺序（见图3-89），累加器1中数据的显示格式为十六进制数。这两条指令很少使用。

4. 求反码与求补码指令

求反码与求补码指令如表3-14所示。图3-90中的整数求反码指令INV_I将MW20的16位整数逐位取反，即各位二进制数由0变为1，由1变为0（见图3-91），运算结果用MW22保存。语句表中的求双整数反码指令INVD将累加器1中的双整数逐位取反，结果在累加器1。

表 3-14　求反码与求补码指令

语句表指令	梯形图指令	描　述	语句表指令	梯形图指令	描　述
INVI	INV_I	求 16 位整数的反码	NEGI	NEG_I	求 16 位整数的补码
INVD	INV_DI	求 32 位双整数的反码	NEGD	NEG_DI	求 32 位双整数的补码
–			NEGR	NEG_R	将浮点数取反

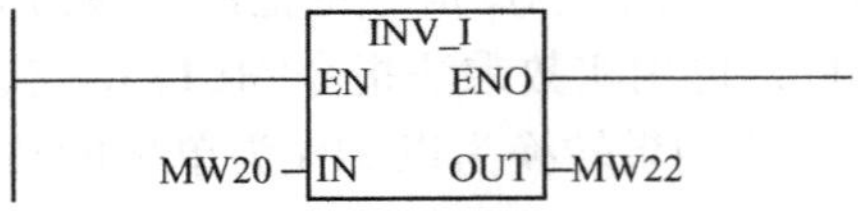

图 3-90　求反码指令

	地址		符号	显示格式	状态值
1	MW	20	"原始数据"	BIN	2#0101_1011_1000_1010
2	MW	22	"取反结果"	BIN	2#1010_0100_0111_0101
3	MW	24	"求补结果"	BIN	2#1010_0100_0111_0110

图 3-91　变量表

语句表中的整数求补码指令 NEGI 将累加器 1 低字的整数逐位取反后再加 1，运算结果仍在累加器 1 的低字。双整数求补码指令 NEGD 将累加器 1 的双整数逐位取反后再加 1，运算结果仍在累加器 1。求补码相当于求一个数的相反数，即将该数乘以 -1。

下面的程序求整数 MW20 的补码，然后传送到 MW24。如果没有"NOP 0"指令，不能转换为梯形图。

```
L      MW     20      //将整数装载到累加器 1
NEGI                  //求补码
T      MW     24      //运算结果传送到 MW24
NOP    0
```

浮点数求反码指令将浮点数的符号位（第 31 位）取反，即变为它的相反数。

3.7.3　移位与循环移位指令

1. 有符号数右移指令

语句表中的 SSI 和 SSD 指令将有符号数（整数和双整数）右移若干位（见表 3-15）。右移后高端空出来的位填上符号位对应的二进制数，正数的符号位为 0，负数的符号位为 1。最后移出的位被装载到状态位 CC1。

表 3-15　移位指令

语句表	梯形图	描　述	语句表	梯形图	描　述
SSI	SHR_I	整数逐位右移，空出来的位添上符号位	SRW	SHR_W	字逐位右移，空出来的位添 0
SSD	SHR_DI	双整数逐位右移，空出来的位添上符号位	SLD	SHL_DW	双字逐位左移，空出来的位添 0
SLW	SHL_W	字逐位左移，空出来的位添 0	SRD	SHR_DW	双字逐位右移，空出来的位添 0

图 3-92 中的整数右移指令 SHR_I 将 MW40 中的 16 位有符号整数右移 4 位。-8000 右移 4 位相当于除以 2^4，移位后的数为 -500。从图 3-93 中的变量表可以看出，右移后空出来的位用符号位 1 填充。移位位数 N 的数据类型为 WORD，其常数用十六进制数表示。N 如果大于等于 16，原有的数据被全部移出去了，MW42 的各位均为符号位。

图 3-92 的右边是移位指令对应的语句表程序，被移位的数在累加器 1，移位的位数可以用指令中的参数 <number> 来指定，也可以放在累加器 2 的最低字节。移位位数的允许值

为 0～255。如果移位位数等于 0，移位指令被当作 NOP（空操作）指令来处理。

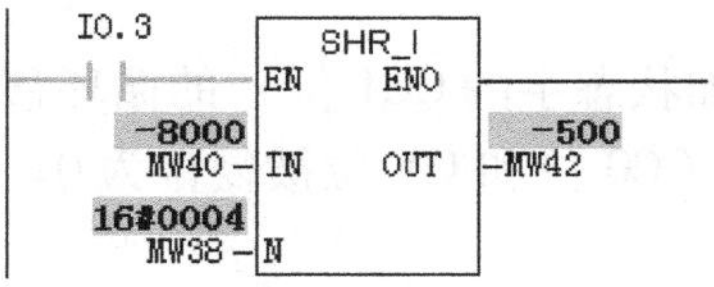


```
      A     I     0.3
      JNB   _005
      L     MW    38
      L     MW    40
      SSI
      T     MW    42
_005: NOP   0
```

图 3-92　有符号整数右移指令

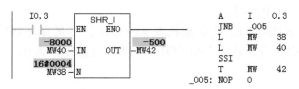

	地址		显示格式	状态值
1	MW	40	BIN	2#1110_0000_1100_0000
2	MW	42	BIN	2#1111_1110_0000_1100

图 3-93　变量表

2. 无符号数移位指令

无符号的字（Word）和双字（DWord）可以左移和右移，移位后空出来的位填以 0。

图 3-94 是无符号字左移 4 位的移位指令，50 左移 4 位相当于乘以 2^4，移位后的数为 800，左移后空出来的低 4 位添 0。从变量表可以看到左移 4 位的结果（见图 3-95）。

如果移位前后的地址（IN、OUT）相同，应在 I0.4 的触点右边添加一个上升沿检测元件，否则在 I0.4 为 1 的每个扫描周期都要移位一次。

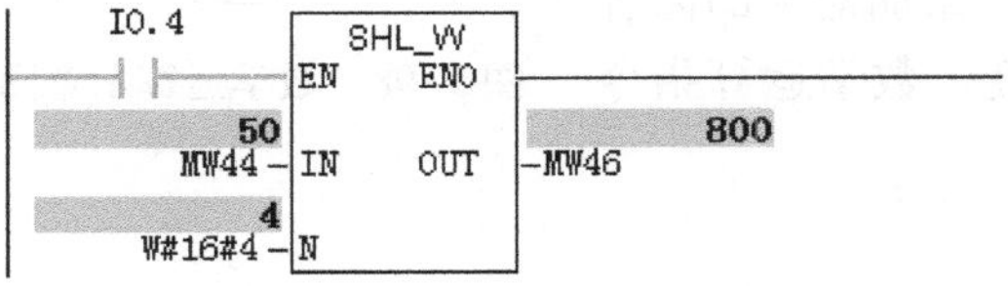

图 3-94　无符号字左移指令

	地址		显示格式	状态值
1	MW	44	BIN	2#0000_0000_0011_0010
2	MW	46	BIN	2#0000_0011_0010_0000

图 3-95　变量表

3. 循环移位指令

语句表中的循环移位指令（见表 3-16）将累加器 1 的整个内容逐位循环左移或循环右移 0～32 位，循环移位的位数可以用指令中的参数 <number> 来指定，也可以放在累加器 2 的最低字节。移位位数等于 0 时，循环移位指令被当作 NOP（空操作）指令来处理。

表 3-16　循环移位指令

语 句 表	梯 形 图	描 述	语 句 表	梯 形 图	描 述
RLD	ROL_DW	双字循环左移	RLDA	—	双字通过 CC1 循环左移
RRD	ROR_DW	双字循环右移	RRDA	—	双字通过 CC1 循环右移

图 3-96 和图 3-97 给出了双字循环左移 8 位的例子。从 MD50 的高 8 位移出来的位送入 MD54 低 8 位空出来的位，最后移出的位保存到状态字的 CC1 位。

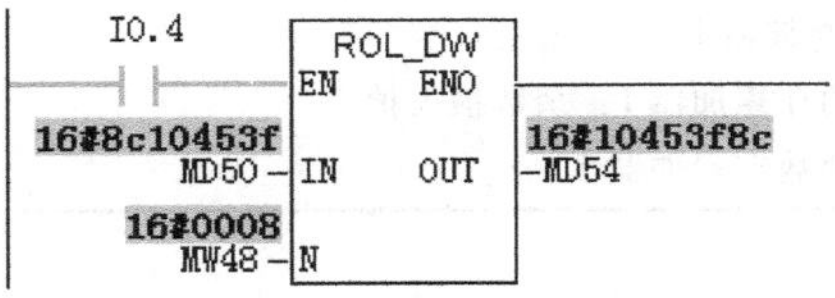

图 3-96　双字循环左移指令

	地址		显示格式	状态值
1	MD	50	BIN	2#1000_1100_0001_0000_0100_0101_0011_1111
2	MD	54	BIN	2#0001_0000_0100_0101_0011_1111_1000_1100

图 3-97　变量表

4. 累加器 1 的双字通过 CC1 的循环移位指令

双字通过 CC1 循环左移指令 RLDA 将累加器 1 的整个内容逐位左移 1 位，移出来的最高位保存到 CC1，CC1 原有的内容保存到累加器 1 的最低位。双字通过 CC1 循环右移指令 RR-

DA 将累加器 1 的整个内容逐位右移 1 位，移出来的最低位保存到 CC1，CC1 原有的内容保存到累加器 1 的最高位。这两条指令实际上极少使用。

RLDA 和 RRDA 实际上是一种 33 位（累加器 1 的 32 位加状态字的 CC1 位）的循环移位指令，累加器移出来的位保存到状态字的 CC1 位，状态字的 CC0 位和 OV 位被复位为 0。

3.8 数学运算指令

数学运算指令包括整型数学运算指令、浮点型数学运算指令和字逻辑运算指令。这些指令是否执行与 RLO 无关。

3.8.1 整型数学运算指令

语句表中的数学运算指令对累加器 1 和累加器 2 的数据进行运算，运算结果在累加器 1 中（见图 3-98）。对于有 4 个累加器的 CPU，累加器 3 的内容复制到累加器 2，累加器 4 的内容复制到累加器 3，累加器 4 原有的内容保持不变。数学运算指令影响状态位 CC1、CC0、OV 和 OS。

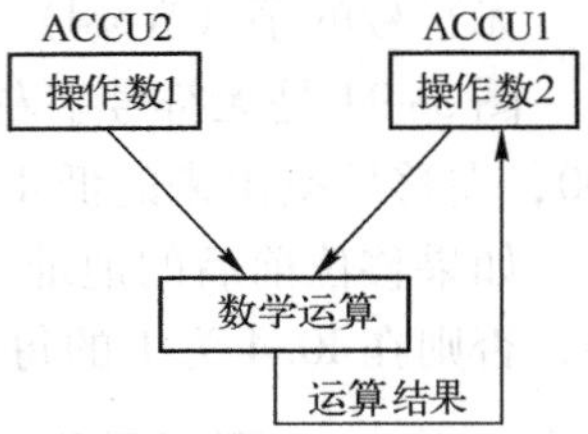

图 3-98　数学运算示意图

1. 语句表中的整型数学运算指令

语句表中的整型数学运算指令的操作见表 3-17。下面是整数加法运算的例子。

```
L    IW          10     //IW10 的内容装载到累加器 1 的低字
L    MW          14     //累加器 1 的内容传送到累加器 2,MW14 的值装载到累加器 1 低字
 +I                     //累加器 1 与累加器 2 低字的值相加,结果在累加器 1 的低字
T    DB1. DBW25         //累加器 1 低字中的运算结果传送到数据块 DB1 的 DBW25
```

表 3-17　整型数学运算指令

语 句 表	梯 形 图	描　　述
+I	ADD_I	将累加器 1、2 低字的整数相加，运算结果在累加器 1 的低字
-I	SUB_I	累加器 2 低字的整数减去累加器 1 低字的整数，运算结果在累加器 1 的低字
*I	MUL_I	将累加器 1、2 低字的整数相乘，双整数运算结果在累加器 1
/I	DIV_I	累加器 2 低字的整数除以累加器 1 低字的整数，商在累加器 1 的低字，余数在累加器 1 的高字
+		累加器 1 的内容与 16 位或 32 位常数相加，运算结果在累加器 1
+D	ADD_DI	将累加器 1、2 的双整数相加，双整数运算结果在累加器 1
-D	SUB_DI	累加器 2 的双整数减去累加器 1 的双整数，双整数运算结果在累加器 1
*D	MUL_DI	将累加器 1、2 的双整数相乘，双整数运算结果在累加器 1
/D	DIV_DI	累加器 2 的双整数除以累加器 1 的双整数，32 位商在累加器 1，余数被丢掉
MOD	MOD_DI	累加器 2 的双整数除以累加器 1 的双整数，32 位余数在累加器 1

语句表中的整数乘法指令“*I”将累加器 1、2 低字的 16 位整数相乘，32 位双整数运算结果在累加器 1。如果整数乘法的运算结果超出了 16 位整数允许的范围，OV 和 OS 位均为 1。在语句表中输入程序时，不能使用中文的加号和减号。

2. 梯形图中的整型数学运算指令

梯形图中的整型数学运算指令对输入参数 IN1 和 IN2 进行运算，运算结果送输出参数

OUT（见图3-99）。四则运算指令的操作为 IN1 + IN2 = OUT，IN1 - IN2 = OUT，IN1 * IN2 = OUT，IN1/IN2 = OUT。

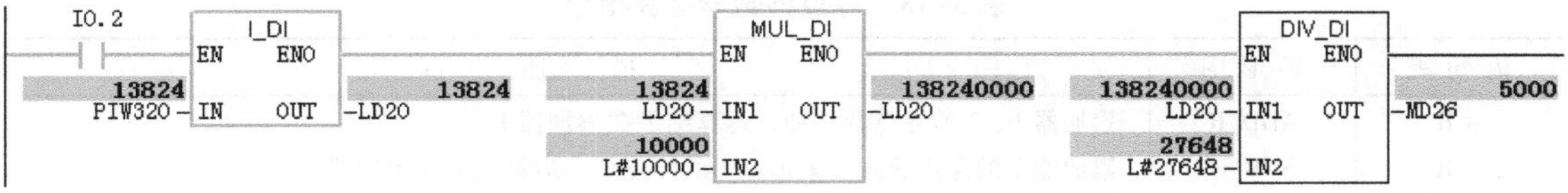

图3-99　压力计算程序

【例3-9】AI模块的输出值为 N，改用整型数学运算指令实现（3-1）式的压力计算公式为

$$P = 10000 \times N/27648\ \text{kPa} \tag{3-2}$$

在运算时一定要先乘后除，否则会损失原始数据 N 的精度。应根据指令的输入、输出数据可能的最大值选用整数运算指令或双整数运算指令。

假设用于测量压力的AI模块的通道地址为PIW320，模拟量满量程时 A - D 转换后的数字 N 的值为0~27648，乘以10000以后乘积可能超过16位整数的允许范围，因此应采用双整数乘法指令 MUL_DI。除法指令中的被除数是双整数，也应采用双整数除法指令 DIV_DI。

首先用 I_DI 指令将 PIW320 中的原始数据（16位整数）转换为双整数（见图3-99）。双整数乘、除法指令中的常数应使用"L#"开始的32位的双整数常数。3.8节的程序见随书光盘中的例程"数学运算"。

如果某一方框指令的运算结果超出了整数运算指令的允许范围，状态位 OV 和 OS 将为1，使能输出 ENO 为0，不会执行该方框指令右边的指令。

双整数除法指令 DIV_DI 的运算结果为双字，但是由式（3-2）可知运算结果实际上不会超过16位正整数的最大值32767，所以运算结果在 MD26 的低字 MW28 中。

3.8.2　浮点型数学运算指令

浮点型数学运算指令包括基本指令和扩展指令，它们的操作数是32位 IEEE 格式的浮点数（实数）。

1. 基本指令

基本指令包括浮点数的四则运算指令和求绝对值指令 ABS。语句表中的浮点数四则运算指令（见表3-18）对累加器1和累加器2中的数进行运算，运算结果在累加器1。

2. 扩展指令

扩展指令包括各种浮点数函数运算指令（见表3-18）。语句表中的操作数和运算结果都是累加器1中的32位浮点数。下面的程序用来求 DB17. DBD0 的平方根，如果运算没有出错，运算结果存放在 DB17. DBD4。

```
OPN    DB     17    //打开数据块 DB17
L      DBD    0     //DB17. DBD0 的浮点数装载到累加器 1
SQRT                //求累加器 1 的浮点数的平方根,运算结果在累加器 1
AN     OV           //如果运算时没有出错
JC     OK           //跳转到标号 OK 处
```

```
      BEU                                //如果运算时出错,逻辑块无条件结束
OK:T          DBD       4                //累加器 1 中的运算结果传送到 DB17. DBD4
```

表 3-18 浮点型数学运算指令

语句表	梯形图	描　述
+R	ADD_R	累加器 1、2 的浮点数相加，运算结果在累加器 1
-R	SUB_R	累加器 2 的浮点数减去累加器 1 的浮点数，运算结果在累加器 1
*R	MUL_R	累加器 1、2 的浮点数相乘，乘积在累加器 1
/R	DIV_R	累加器 2 的浮点数除以累加器 1 的浮点数，商在累加器 1，余数被丢掉
ABS	ABS	累加器 1 的浮点数取绝对值，运算结果在累加器 1
SQR	SQR	求累加器 1 的浮点数的平方，运算结果在累加器 1
SQRT	SQRT	求累加器 1 的浮点数的平方根，运算结果在累加器 1
EXP	EXP	求累加器 1 的浮点数的自然指数，运算结果在累加器 1
LN	LN	求累加器 1 的浮点数的自然对数，运算结果在累加器 1
SIN	SIN	求累加器 1 的浮点数的正弦函数，运算结果在累加器 1
COS	COS	求累加器 1 的浮点数的余弦函数，运算结果在累加器 1
TAN	TAN	求累加器 1 的浮点数的正切函数，运算结果在累加器 1
ASIN	ASIN	求累加器 1 的浮点数的反正弦函数，运算结果在累加器 1
ACOS	ACOS	求累加器 1 的浮点数的反余弦函数，运算结果在累加器 1
ATAN	ATAN	求累加器 1 的浮点数的反正切函数，运算结果在累加器 1

浮点数开平方指令 SQRT 的输入值应大于等于 0，运算结果为正数或 0。浮点数自然指数指令 EXP 和浮点数自然对数指令 LN 中的指数和对数的底数 e = 2.71828。

求以 10 为底的对数时，需要将自然对数值除以 2.302585（10 的自然对数值）。例如

$$\lg 100 = \ln 100/2.302585 = 4.605170/2.302585 = 2$$

【例 3-10】 用浮点数对数指令和指数指令求 5 的 1.5 次方。计算公式为

$$5.0^{1.5} = \mathrm{EXP}(1.5 * \mathrm{LN}(5.0)) = 11.18034$$

指数可以是任意的小数。下面是对应的程序：

```
L       5.0
LN                       //求 5.0 的自然对数
L       1.5
*R
EXP                      //求自然指数
T       MD      40
```

浮点数三角函数指令的输入值是以弧度为单位的浮点数，图 3-100 是求正弦值的程序。MD30 中的角度值是以度为单位的浮点数，使用三角函数指令之前应先将角度值乘以 π/180.0（0.0174533），转换为弧度值，然后用 SIN 指令求角度的正弦值。

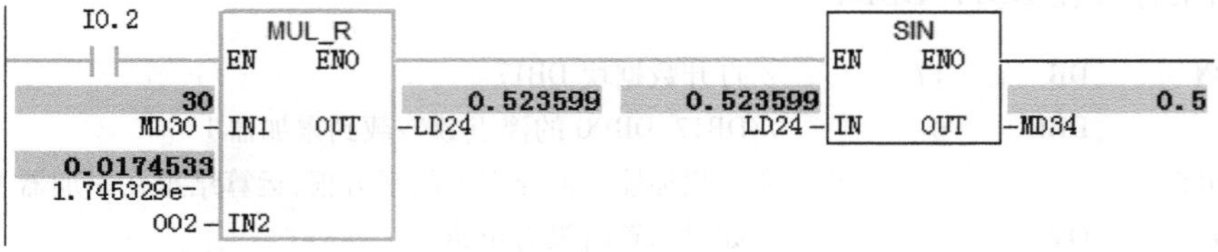

图 3-100 浮点数运算程序

在调试时给 MD30 输入浮点数的角度值 30.0，MD34 中的计算结果为 0.5。图 3-100 与图 3-99 中的程序的调试方法相同。

浮点数反正弦函数指令 ASIN 和浮点数反余弦函数指令 ACOS 的输入值应≥－1 和≤＋1。浮点数反正弦函数和反正切函数指令的运算结果≥－π/2 和≤＋π/2，0≤ACOS 的运算结果≤π。

3. 使用 FC105 将 AI 模块输出的整数值转换为工程单位值

库文件夹\Standard Library\TI－S7 Converting Blocks 中的 FC105 "SCALE"（缩放）将来自 AI 模块的整数输入参数 IN 转换为以工程单位表示的实数值 OUT。

BOOL 输入参数 BIPOLAR 为 1 时为双极性，AI 模块输出值的下限 K1 为－27648.0，上限 K2 为 27648.0。BIPOLAR 为 0 时为单极性，AI 模块输出值的下限 K1 为 0.0，上限 K2 为 27648.0。HI_LIM 和 LO_LIM 分别是以工程单位表示的实数上、下限值。计算公式为

$$OUT = \frac{(IN - K1)(HI\_LIM - LO\_LIM)}{K2 - K1} + LO\_LIM \tag{3-3}$$

输入值 IN 超出上限 K2 或下限 K1 时，输出值将被箝位为 HI_LIM 或 LO_LIM。

【例 3-11】某压力变送器的量程为－20 kPa～100 kPa，输出的 4～20 mA 电流被 AI 模块转换为数字 0～27648，AI 通道的地址为 IW256，试求以 kPa 为单位的压力值。

解：压力值－20 kPa～100 kPa 对应于数字量 0～27648，下面是调用 FC105 的程序（见随书光盘中的例程“数学运算”）。

```
CALL  "SCALE"                          //FC105
  IN        := IW256                   //AI 通道的地址
  HI_LIM    := 1.000000e+002           //上限值 100.0kPa
  LO_LIM    := -2.000000e+001          //下限值 -20.0kPa
  BIPOLAR   := FALSE                   //单极性
  RET_VAL   := MW18                    //错误信息
  OUT       := MD50                    //kPa 为单位的输出值
```

IW256 为 10000 时，OUT 的值为 23.40 kPa，与用计算器根据（3-3）式计算出来的值相同。IW256 的值超过上限 27648 时，OUT 的值被箝位为 HI_LIM（100.0 kPa）。

3.8.3 字逻辑运算指令

1. 字逻辑运算指令的功能

字逻辑运算指令（见表 3-19）对两个 16 位字或 32 位双字逐位进行逻辑运算。

“与”运算时如果两个操作数的同一位均为 1，运算结果的对应位为 1，否则为 0。

“或”运算时如果两个操作数的同一位均为 0，运算结果的对应位为 0，否则为 1。

“异或”运算时如果两个操作数的同一位不相同，运算结果的对应位为 1，否则为 0。

表 3-19 字逻辑运算指令

语句表	梯形图	描 述	语句表	梯形图	描 述	语句表	梯形图	描 述
AW AD	WAND_W WAND_DW	单字与 双字与	OW OD	WOR_W WOR_DW	单字或 双字或	XOW XOD	WXOR_W WXOR_DW	单字异或 双字异或

2. 语句表中的字逻辑运算指令

字逻辑运算的一个操作数在累加器1，另一个操作数在累加器2，或者在指令中用立即数（常数）的形式给出，运算结果在累加器1。如果字逻辑运算的结果非0，状态字的CC1位为1，反之为0。在任何情况下，状态字的CC0和OV位被清零。

下面是用语句表编写的实现字逻辑“或”运算的程序，用来将QW10的第2～4位置为1，其余各位保持不变。OW指令的操作数16#0001C的第2～4位为1，其余各位为0。QW10的某一位与1作“或”运算，运算结果为1，与0作“或”运算，运算结果不变。不管QW10的第2～4位为0或为1，逻辑“或”运算后QW10的这3位总是为1，其他位不变。

```
L     QW      10      //QW10的内容装载到累加器1的低字
OW    W#16#001C       //累加器1低字的内容与常数字逻辑或,运算结果在累加器1的低字
T     QW      10      //累加器1低字中的运算结果传送到QW10
```

假设用IW20的低12位读取3位拨码开关的BCD码，IW20的高4位另作他用。下面程序的AW指令的操作数16#0FFF的最高4位二进制数为0，低12位为1。IW20的某一位与1作“与”运算，运算结果不变；与0作“与”运算，运算结果为0。AW指令的运算结果的低12位与IW20的低12位（3位拨码开关输入的BCD码）的值相同，高4位为0。

```
L     IW      20      //IW20的内容装载到累加器1的低字
AW    W#16#0FFF       //累加器1低字的内容与常数字逻辑与,运算结果在累加器1的低字
T     MW      10      //累加器1低字中的运算结果传送到MW10
```

3. 梯形图中的字逻辑运算指令

图3-101是随书光盘中的例程“数学运算”的OB1中的字逻辑运算程序，图3-102的变量表给出了逻辑运算的结果。

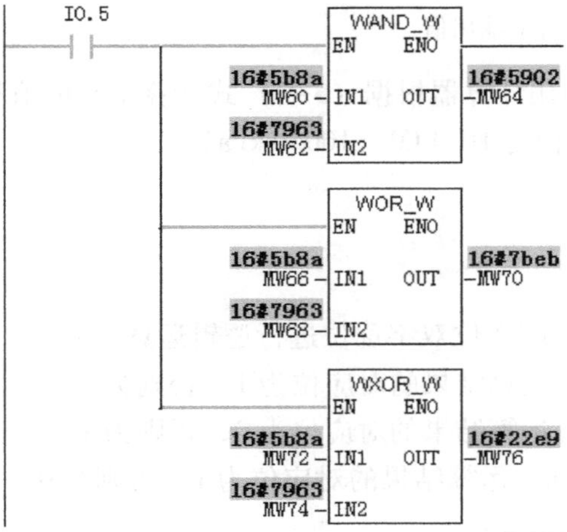

图3-101 字逻辑运算指令

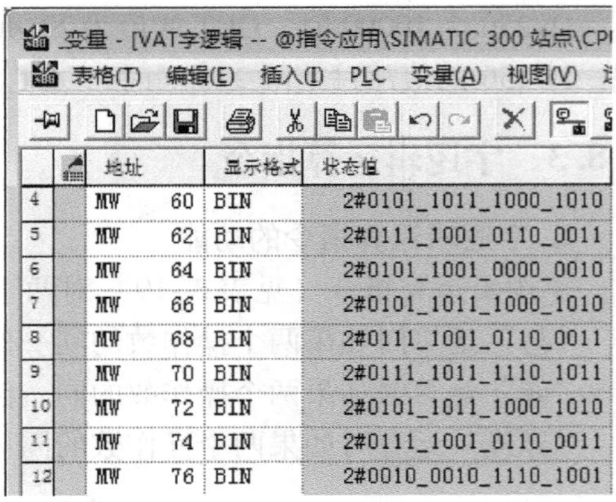

图3-102 变量表

3.9 其他指令

1. 程序控制指令

程序控制指令中的块结束和块调用指令将在第 4 章介绍。主控继电器（Master Control Relay）简称为 MCR。主控继电器指令（见表 3-20）用来控制 MCR 区内的指令是否被正常执行，相当于一个用来接通和断开“能流”的主令开关。现在几乎没有人使用 MCR 指令。

2. 数据块指令

数据块指令见表 3-20。访问数据块时，需要指明被访问的是哪一个数据块，以及访问该数据块中的哪一个存储单元的地址。指令如果同时给出数据块的编号和数据在数据块中的地址（例如 DB2. DBX4. 5)，可以直接访问数据块中的数据。访问时可以使用绝对地址，也可以使用符号地址。这种访问方法不容易出错，建议尽量使用这种方法。

表 3-20　主控继电器指令与数据块指令

语句表	梯形图	描　述	语句表	梯形图	描　述
MCR(	MCR <	打开 MCR 区	CDB	—	交换共享数据块和背景数据块的编号
)MCR	MCR >	关闭 MCR 区	L DBLG	—	共享数据块的长度装载到累加器 1
MCRA	MCRA	激活 MCR 区	L DBNO	—	共享数据块的编号装载到累加器 1
MCRD	MCRD	取消激活 MCR 区	L DILG	—	背景数据块的长度装载到累加器 1
OPN	OPN	打开数据块	L DINO	—	背景数据块的编号装载到累加器 1

OPN（Open）指令用来打开数据块。访问已经打开的数据块内的存储单元时，可以省略其地址中数据块的编号。

同时只能分别打开一个共享数据块和一个背景数据块，打开的共享数据块和背景数据块的编号分别存放在 DB 寄存器和 DI 寄存器中。打开新的数据块后，原来打开的数据块自动关闭。调用一个功能块时，它的背景数据块被自动打开。如果该功能块调用了其他逻辑块，调用结束后返回该功能块，原来打开的背景数据块不再有效，必须重新打开它。下面是打开数据块的例程。

```
OPN     DI      3       //打开背景数据块 DB3
L       DIB     40      //将 DI3. DIB40 装载到累加器 1
OPN     DB2             //打开共享数据块 DB2
T       DBB     27      //累加器 1 的最低字节传送到 DB2. DBB27
```

在梯形图中，与数据块操作有关的只有一条无条件打开共享数据块或背景数据块的 OPN 线圈指令（见图 3-103）。因为打开了数据块 DB10，图中的数据位 DBX1.0 相当于 DB10. DBX1. 0。

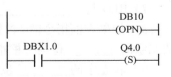

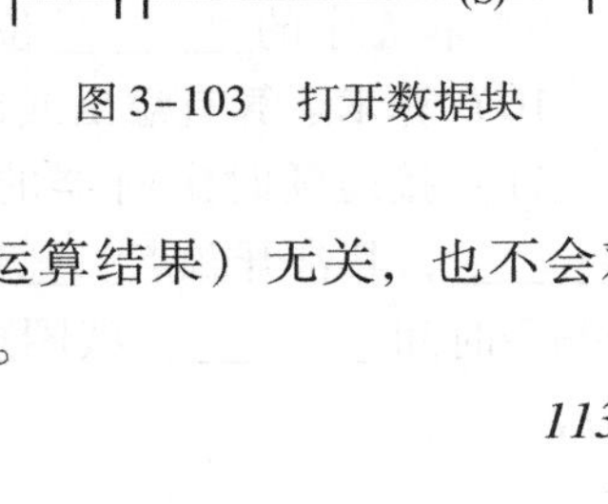

图 3-103　打开数据块

3. 累加器指令

累加器指令只能在语句表中使用，用于处理单个或多个累加器的内容（见表 3-21）。这些指令的执行与 RLO（逻辑运算结果）无关，也不会对 RLO 产生影响。指令 TAK 用来交换累加器 1 和累加器 2 的内容。

表 3-21　累加器指令

指　　令	描　　述	指　　令	描　　述
TAK	交换累加器 1、2 的内容	DEC	累加器 1 最低字节减去 8 位常数
PUSH	入栈	BLD	程序显示指令（空指令）
POP	出栈	NOP 0	空指令
ENT	进入 ACCU 堆栈	NOP 1	空指令
LEAVE	离开 ACCU 堆栈	+AR1	将 ACCU 1 加到地址寄存器 1
INC	累加器 1 最低字节加上 8 位常数	+AR2	将 ACCU 1 加到地址寄存器 2

S7-300 的 CPU 的两个累加器或 S7-400 的 CPU 的 4 个累加器组成一个堆栈，堆栈中的数据按“先入后出”的原则存取。堆栈指令主要用来保存中间运算结果，因为可以将中间结果保存在累加器之外的存储区，实际上很少使用堆栈指令。

字节加指令 INC 和字节减指令 DEC 将累加器 1 的最低字节的内容加上或减去指令中的 8 位常数（0~255），运算结果储存在累加器的最低字节。累加器 1 的其他 3 个字节不变，最低字节和它的相邻字节之间不产生进位。

程序显示指令“BLD　< 数字 >”、空指令 NOP 0 和 NOP 1 并不执行什么功能，也不会影响状态位。“BLD　< 数字 >”指令只是用于编程设备的图形显示。用 STEP 7 将梯形图或功能块图转换为语句表时，可能会出现 BLD 指令。指令中的常数 < 数字 > 是编程设备自动生成的。

3.10　习题

1. 填空

1）每一位 BCD 码用________位二进制数来表示，其取值范围为二进制数 2#________~2#________。BCD 码 2#0100 0001 1000 0101 对应的十进制数是________。

2）二进制数 2#0100 0001 1000 0101 对应的十六进制数是 16#________，对应的十进制数是________，绝对值与它相同的负数的补码是 2#________________。

3）Q4.2 是输出字节________的第____位。

4）MW4 由 MB ____和 MB ____组成，MB ____是它的高位字节。

5）MD104 由 MW ______和 MW ______组成，MB ______是它的最低位字节。

6）16 位常数 21 的数据类型为________，16 位常数 16#21 的数据类型为________，常数 21.0 的数据类型为________，L#21 是____位的________。

7）RLO 是________________的简称。

8）如果方框指令的 EN 输入端有能流流入且执行时无错误，则 ENO 输出端________。状态字的________位与方框指令的使能输出 ENO 的状态相同。

9）状态字的________位与位逻辑指令中的位变量的状态相同。

10）算术运算有溢出或执行了非法的操作，状态字的________位被置 1。

11）接通延时定时器的 SD 线圈________时开始定时，定时时间到时剩余时间值为________，其常开触点________，常闭触点________。定时期间如果 SD 线圈断电，定时器的剩余时间________。线圈重新通电时，又从________开始定时。复位输入信号为 1 或 SD

线圈断电时，定时器的常开触点________。

12）在加计数器的设置输入端 S 的________，将预设值 PV 指定的值送入计数器字。在加计数脉冲输入信号 CU 的________，如果计数值小于________，计数值加 1。复位输入信号 R 为 1 时，计数值被________。计数值大于 0 时计数器状态位（即输出 Q）为________；计数值为 0 时，计数器状态位为________。

13）S5T#和 T#二者之一能用于梯形图的是________。

14）整数 MW0 的值为 2#1011 0110 1100 0010，右移 4 位后为 2#________________。

2. 求二进制补码 2#1111 1111 1010 0101 对应的十进制数。

3. 变量表用什么数据格式显示 BCD 码？

4. 共享符号和局部符号分别有什么特点，在什么地方定义？什么符号可以使用汉字？

5. 怎样打开和关闭梯形图和语句表中的符号显示和符号信息？

6. 怎样改变梯形图中触点的宽度、显示比例和字符的大小？

7. 在线窗口与离线窗口分别显示什么内容？

8. 怎样增、减语句表程序状态监视的内容？

9. 强制变量与修改变量有什么区别？

10. PI/PQ 与 I/Q 有什么区别？PI/PQ 区可以使用位地址吗？下列指令为什么是错误的？

```
L    PQB    0
T    PIB    0
```

11. 设计程序，将 Q4.5 的值立即写入到对应的输出模块。

12. 按下启动按钮 I0.0，Q4.0 控制的电机运行 30 s，然后自动断电，同时 Q4.1 控制的制动电磁铁开始通电，10 s 后自动断电。用扩展的脉冲定时器和断开延时定时器设计控制电路。

13. 按下启动按钮 I0.0，Q4.0 延时 10 s 后变为 1 状态，按下停止按钮 I0.1，Q4.0 变为 0 状态，用扩展的接通延时定时器设计程序。

14. 在按钮 I0.0 按下后 Q0.0 变为 1 状态并自保持（见图 3-104），I0.1 输入 3 个脉冲后（用 C1 计数），T0 开始定时，5 s 后 Q4.0 变为 0 状态，同时 C1 被复位，设计出梯形图。

15. 用 S、R 和上升沿、下降沿检测指令设计满足图 3-105 所示波形的梯形图。

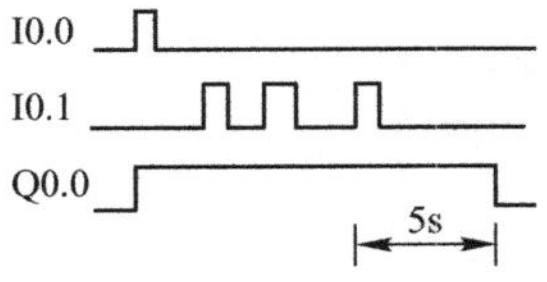

图 3-104　题 14 的图

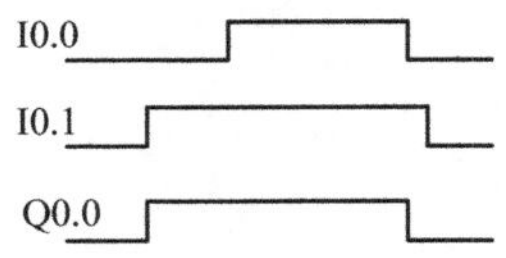

图 3-105　题 15 的图

16. 画出图 3-106 中 Q0.0 的波形图。

17. 画出图 3-107 中 M0.0 的波形图。

18. 指出图 3-108 中的错误，左侧垂直线断开处是相邻网络的分界点。

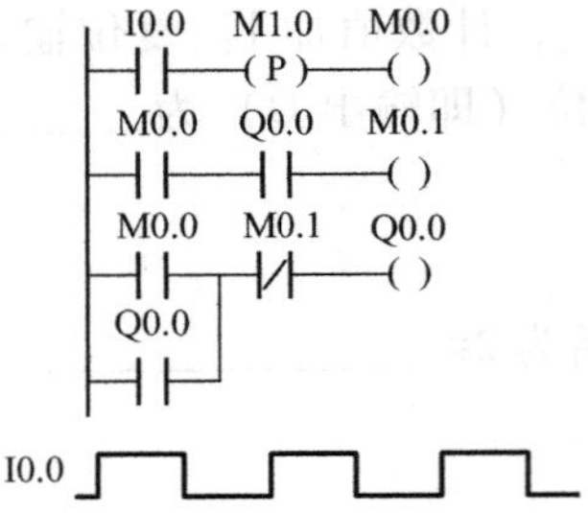

图 3-106　题 16 的图

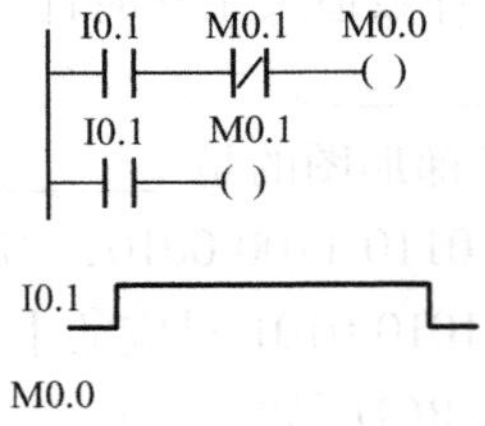

图 3-107　题 17 的图

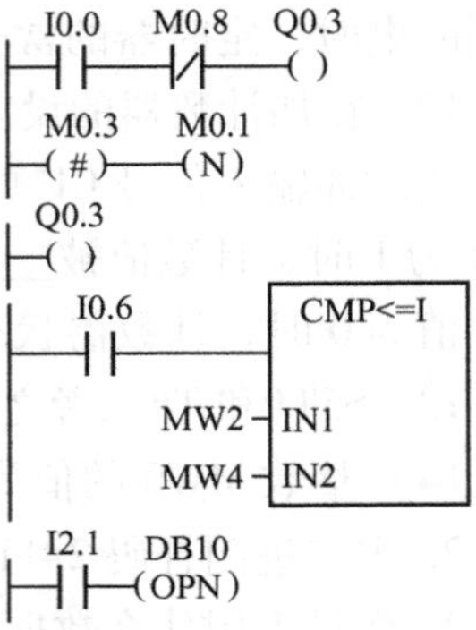

图 3-108　题 18 的图

19. 执行下列指令后，累加器 1 装入的是 MW ____中的数据。

```
L    P#28.0
T    LD 10
L    MW［LD 10］
```

20. 编写程序，在 I0.0 的上升沿将 MW10 ~ MW58 清零。

21. 如果 MW4 中的数小于等于 IW2 中的数，将 M0.1 置位为 1，反之将 M0.1 复位为 0。设计满足上述要求的语句表程序。

22. 设计循环程序，求 MD20 ~ MD40 中的浮点数的平均值。

23. 频率变送器的量程为 45 ~ 55 Hz，输出信号为直流 4 ~ 20 mA，模拟量输入模块的额定输入电流为 4 ~ 20 mA，设转换后的数字为 13054，用 FC105 求以 Hz 为单位的频率值。

24. PIW256 中 A-D 转换得到的数值 0 ~ 27648 正比于温度值 0 ~ 1200 °C。在 I0.0 的上升沿，将 PIW256 的值转换为以度为单位的温度值，存放在 MW10 中，设计出梯形图程序。

25. 以 0.1 度为单位的整数格式的角度值在 MW0 中，在 I0.0 的上升沿，求出该角度的正弦值，运算结果转换为以10^{-6}为单位的双整数，存放在 MD2 中，设计出程序。

26. 半径（小于 1000 的整数）在 DB2.DBW2 中，取圆周率为 3.1416，用浮点数运算指令计算圆的周长，运算结果转换为整数，存放在 DB2.DBW4 中。

27. 要求同第 24 题，用整型运算指令计算圆周长。

第 4 章　S7-300/400 的用户程序结构

4.1　用户程序的基本结构

4.1.1　用户程序中的块

PLC 的程序分为操作系统和用户程序，操作系统用来实现与特定的控制任务无关的功能，处理 PLC 的启动、刷新过程映像输入/输出表、调用用户程序、处理中断和错误、管理存储区和处理通信等。用户程序包含处理用户特定的自动化任务所需要的所有功能。

1. 用户程序的结构

STEP 7 将用户编写的程序和程序所需的数据放置在块中，使单个程序部件标准化。OB、FB、FC、SFB 和 SFC 都是有程序的块，统称为逻辑块（见表 4-1），FB、FC、SFB 和 SFC 属于子程序。通过块与块之间的调用，使用户程序结构化，可以简化程序组织，使程序易于修改、查错和调试。块结构显著地增加了 PLC 程序的组织透明性、可理解性和易维护性。程序运行时所需的大量数据和变量存储在数据块中。

表 4-1　用户程序中的块

块的类型		简要描述
逻辑块	组织块（OB）	操作系统与用户程序的接口，决定用户程序的结构
	功能块（FB）	用户编写的包含经常使用的功能的子程序，有专用的存储区（背景数据块）
	功能（FC）	用户编写的包含经常使用的功能的子程序，没有专用的存储区
	系统功能块（SFB）	集成在 CPU 模块中，通过 SFB 调用系统功能，有专用的存储区（背景数据块）
	系统功能（SFC）	集成在 CPU 模块中，通过 SFC 调用系统功能，没有专用的存储区
数据块	共享数据块（DB）	存储用户数据的地址区，供所有的逻辑块共享
	背景数据块（DI）	用于保存 FB 和 SFB 的输入、输出参数和静态数据，其数据是自动生成的

可以将控制任务分层划分为工厂级、车间级、生产线、设备等多级任务，分别建立与各级任务对应的逻辑块。每一层的控制程序（逻辑块）作为上一级控制程序的子程序，前者又可以调用下一级的子程序。这种调用称为嵌套调用，即被调用的块又可以调用别的块。

2. 组织块（OB）

组织块是操作系统与用户程序的接口，由操作系统调用。CPU 的档次越高，能使用的同类型组织块越多。OB1 是用户程序中的主程序，每次扫描循环都要调用一次 OB1。OB1 可以调用 OB 之外的逻辑块。

如果出现中断事件，例如时间中断、硬件中断和错误处理中断，CPU 将立即停止执行当前的程序，操作系统将会调用中断事件对应的组织块（即中断程序）。该组织块执行完后，被中断的块将从断点处继续执行。组织块中的程序是用户编写的。

3. 临时局部数据

生成功能和功能块时可以声明临时局部数据。这些数据是临时的，退出逻辑块时不保留它们。它们又是局部（Local）的，只能在生成它们的逻辑块内使用。CPU 按 OB 的优先级划分局部数据区，同一优先级的块共用一片局部数据区。

4. 功能与功能块

功能（FC）是用户编写的没有固定的存储区的块，其临时数据存储在局部数据堆栈中，功能执行结束后，这些数据就丢失了。不能为功能的局部数据分配初始值。

功能块（FB）是用户编写的有被控对象专用的存储区（即背景数据块）的块，功能块的输入、输出参数和静态数据（STAT）存放在指定的背景数据块（DI）中，临时数据存储在局部数据堆栈中。

5. 数据块

数据块（DB）是用于存放执行用户程序时所需的数据的数据区。与逻辑块不同，数据块没有 STEP 7 的指令。STEP 7 按数据块中的变量生成的顺序自动地为它们分配地址。数据块分为共享数据块（Share Data Block）和背景数据块（Instance Data Block）。CPU 可以同时打开一个共享数据块和一个背景数据块。访问被打开的数据块中的数据时不用指定数据块编号。

6. 系统功能块与系统功能

系统功能块 SFB 和系统功能 SFC 集成在 CPU 的操作系统中，它们是预先编好程序的功能块和功能，不占用用户程序空间。用户程序可以调用这些块，但是用户不能打开它们，也不能修改它们的程序。

7. 程序库

程序编辑器左边窗口的“库”文件夹中的程序库用来存放可以多次使用的程序部件，其中的子文件夹“Standard Library”（标准库）是 STEP 7 标准软件包提供的标准程序库，它由以下子文件夹组成：

1）System Function Blocks：保存在 CPU 的操作系统中的系统功能块 SFB 和系统功能 SFC。

2）S5-S7 Converting Blocks：转换 S5 程序的块。

3）IEC Function Blocks：符合 IEC 标准的块，用于处理时间和日期信息、比较操作、字符串处理与选择最大值/最小值等。

4）Organization Blocks：组织块（OB）。

5）PID Control Blocks：用于 PID 控制的功能块。

6）Communication Blocks：用于 SIMATIC NET CP 通信的 FC 和 FB。

7）TI-S7 Converting Blocks：一般用途的标准功能。

8）Miscellaneous Blocks：其他块，用于时间标记和实时钟同步的块。

“库”文件夹中还有其他程序库，例如“SIMATIC_ NET_ CP”文件夹中的块用于通信处理器（CP）的编程，名称中包含“Redundant IO”的文件夹用于冗余控制系统。文件夹“stdlibs”与“Standard Library”中的块是重复的。用户安装可选软件包后，将会增加其他程序库。例如安装了顺序功能图语言 S7-Graph 后，将会增加 GRAPH7 库。

4.1.2　用户程序使用的堆栈

堆栈（见图4-1）是CPU中的一块特殊的存储区，它采用“先入后出”的规则存入和取出数据。堆栈最上面一层存储区称为栈顶，要保存的数据从栈顶“压入”堆栈时，堆栈中原有的数据依次向下移动一层，最下面一层的数据丢失。取出栈顶的数据后，堆栈中所有的数据依次向上移动一层。堆栈的这种“先入后出”的存取顺序，刚好能满足块调用时存储和取出数据的要求，因此堆栈在计算机的程序设计中得到了广泛的应用。下面介绍STEP 7中3种不同的堆栈。

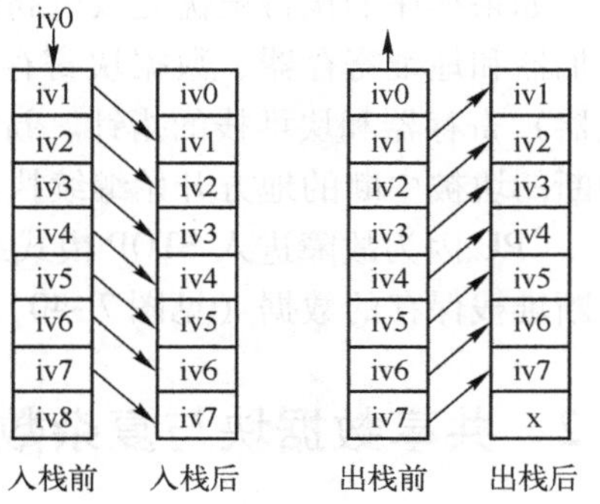

图4-1　堆栈操作

1. 局部数据堆栈（L堆栈）

各逻辑块都有它的局部数据（L）存储区，局部变量在逻辑块的变量声明表中生成，只在它被创建的块中有效。每个组织块用20B的临时局部数据来存储它的起动信息。局部数据可以按位、字节、字和双字来存取，例如L0.0、LB9、LW4和LD52。

CPU分配给当前正在处理的块的临时局部数据的存储器容量是有限的，这一存储区（即局部数据堆栈）的大小与CPU的型号有关。CPU给每一优先级的OB分配了局部数据区，这样可以保证不同优先级的OB都有它们专用的局部数据空间。

S7-300 CPU每一优先级的OB的局部数据区固定为256B。可以用STEP 7的CPU属性对话框设置S7-400每个优先级的局部数据区的大小。

2. 块堆栈（B堆栈）

如果一个块的处理因为调用另外一个块，或者被更高优先级的OB块中止，CPU将在块堆栈中存储以下信息：

1）被中断的块的类型（OB、FB、FC、SFB、SFC）、编号和返回地址。

2）DB和DI寄存器中块被中断时打开的共享数据块和背景数据块的编号。

CPU利用这些数据，可以在中断它的任务处理完后恢复被中断的块的处理。在多重调用时，堆栈可以保存参与嵌套调用的几个块的信息。图4-2中的OB1调用功能块FB1，FB1又调用FC2，图中给出了块堆栈中的数据动态变化的情况。

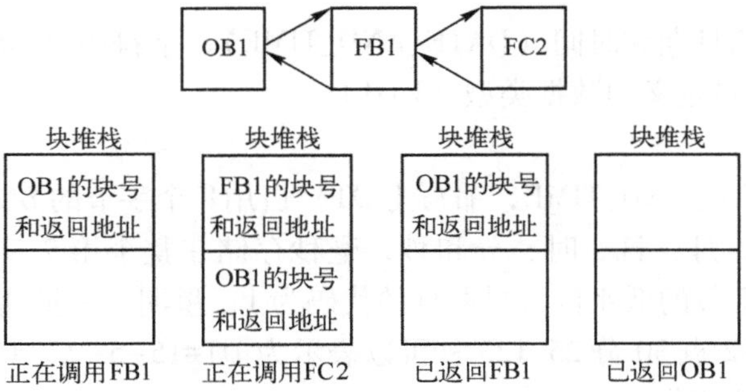

图4-2　块堆栈

CPU 处于 STOP 模式时，可以在 CPU 的模块信息对话框中，查看块堆栈保存的进入 STOP 模式时没有处理完的块，在块堆栈中，块按照它们被处理的顺序存储（见图 4-2）。

3. 中断堆栈（I 堆栈）

如果程序的执行被优先级更高的 OB 中断，操作系统将保存下述寄存器的内容：当前的累加器和地址寄存器、数据块寄存器 DB 和 DI、局部数据的指针、状态字、MCR（主控继电器）寄存器和块堆栈的指针。新的 OB 执行完后，操作系统读取中断堆栈中的信息，从被中断的块被中断的地方开始继续执行程序。

CPU 因为故障进入 STOP 模式或因为遇到断点进入 HOLD 模式时，可以用 STEP 7 查看中断堆栈保存的数据（见图 7-40）。

4.2 共享数据块与复杂数据类型

4.2.1 共享数据块与数据类型

1. 数据块的分类

数据块（DB）用来分类储存设备或生产线中变量的值，数据块也是用来实现各逻辑块之间的数据交换、数据传递和共享数据的重要途径。数据块丰富的数据结构便于提高程序的执行效率和进行数据管理。与逻辑块不同，数据块只有变量声明部分，没有程序指令部分。

数据块分为共享数据块（DB）和背景数据块（DI）。在共享数据块和符号表中声明的变量都是全局变量。用户程序中所有的逻辑块（FB、FC、SFB、SFC 和 OB）都可以使用共享数据块和符号表中的数据。

在符号表中，共享数据块的数据类型是它本身，背景数据块的数据类型是对应的功能块。

2. 生成共享数据块

用鼠标右键单击 SIMATIC 管理器左边窗口中的“块”，在弹出的菜单中执行“插入新对象”→“数据块”命令，生成新的数据块，默认的类型为共享数据块。

3. 基本数据类型

基本数据类型包括位（Bool）、字节（Byte）、字（Word）、双字（Dword）、整数（Int）、双整数（Dint）和浮点数（Float，或称实数 Real）等（见 3.2.2 节）。

4. 复杂数据类型

复杂数据类型包括日期和时间（DATE_AND_TIME）、字符串（String）、数组（Array）、结构（Struct）和用户自定义的数据类型（UDT）。

（1）日期和时间

日期和时间（DATE_AND_TIME，缩写为 DT）占用 8 个字节的 BCD 码。第 1 ~6 个字节分别存储年的低两位、月、日、时、分和秒，毫秒存储在整个第 7 字节和第 8 字节的高 4 位，星期存放在第 8 字节的低 4 位。星期日的代码为 1，星期一 ~ 星期六的代码为 2 ~7。例如 2015 年 5 月 22 日 12 点 30 分 25.123 秒可以表示为 DT#15-5-22-12:30:25.123，在软件中输入时可以省略毫秒部分。

通过调用程序编辑器的文件夹“\库\Standard Library\IEC Function Block”中的 IEC 功

能，可以实现 DATE_AND_TIME 数据类型与基本数据类型之间的相互转换、日期时间的比较和加、减，具体的使用方法见有关 FC 的在线帮助。

SFC0 "SET_CLK" 用于设置和启动 CPU 时钟的时间和日期。SFC1 "READ_CLK" 用于读取 CPU 时钟当前的日期和时间。OB1 的局部变量中有调用它的日期时间信息。

（2）字符串

字符串（String）是字符（Char）组成的一维数组，每个字节存放 1 个字符。第一个字节是字符串的最大字符长度，第二个字节是字符串当前有效字符的个数，字符从第 3 个字节开始存放，一个字符串最多 254 个字符。

（3）数组

数组（ARRAY）是同一数据类型的数据的组合，数组的维数最多为 6 维。图 4-3 给出了一个二维数组 ARRAY[1..2,1..3] 的内部结构，它共有 6 个字节型元素，图中的每一小格为二进制的 1 位，每个数组元素占一行（一个字节）。ARRAY 后面的方括号中的数字用来定义每一维的数组元素的下标的下限值和上限值，它们用两个小数点隔开，可以是任意的整数（-32768～32767），上限值应大于下限值。各维之间的数字用逗号隔开。

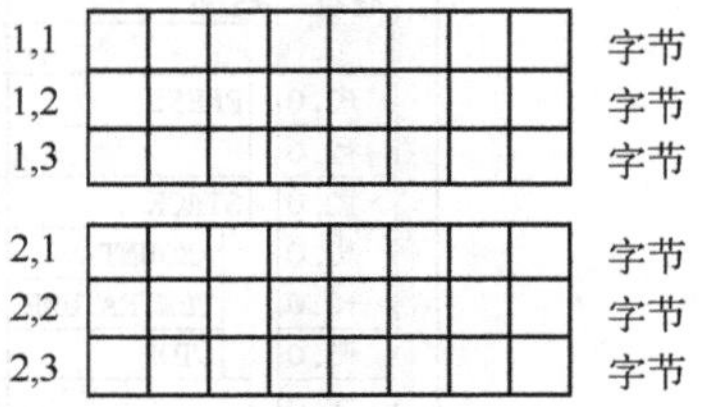

图 4-3　二维数组的结构

（4）结构

结构（STRUCT）是不同数据类型的数据的组合。可以用基本数据类型、复杂数据类型（包括数组和结构）和用户自定义数据类型（UDT）作结构的元素，结构可以嵌套 8 层。用户可以把过程控制中有关的数据统一组织在一个结构中，作为一个数据单元来使用，而不是使用大量的单个的元素，为统一处理不同类型的数据或参数提供了方便。

（5）用户自定义数据类型

用户自定义数据类型（User-Defined Data Types）简称为 UDT，是一种特殊的数据结构，用户只需要对它定义一次，定义好以后可以在用户程序中作为数据类型使用。

可以用 UDT 来产生大量的具有相同数据结构的数据组合，用这些数据组合来输入用于不同目的的实际数据。例如生成用于颜料混合配方的 UDT 后，可以用它来生成用于不同颜色配方的数据组合。使用 UDT 可以节约录入数据的时间。

4.2.2　复杂数据类型的生成与应用

1. 数组的生成与使用

（1）生成数组

可以在数据块中定义数组，也可以在逻辑块的变量声明表中定义它。下面介绍在数据块中定义的方法。在 SIMATIC 管理器中执行菜单命令“插入”→“S7 块”→“数据块”，生成共享数据块 DB 4。双击打开它，默认的显示方式为声明视图方式。声明视图用于定义、删除和修改共享数据块中的变量，指定它们的名称、数据类型和初始值。

在新生成的数据块中自动生成的第一行是 STRUCT（结构），最后一行是 END_STRUCT（结构结束）。在这两行中间有一个自动生成的临时占位符变量。

将占位符变量的名称改为数组的名称“PRESS”（见图 4-4），变量的名称只能使用字母、数字和下划线，不能使用中文。用右键单击该行的“类型”列，执行弹出的快捷菜单中的“复杂类型”→“ARRAY”（数组）命令，在出现的“ARRAY[ ]”的方括号中输入“1..2，1..3”，即指定二维数组 PRESS 有 2×3 个元素。选中“注释”列的单元后按回车键，在 ARRAY 下面出现空白单元，在其中输入“INT”，定义数组元素为 16 位整数，INT 所在行的“地址”列自动生成的“＊2.0”表示一个数组元素占用 2B。地址列的“＋12.0”表示该行上面的数组的 6 个元素一共占用 12B，地址列的内容是自动生成的。可以用中文给每个变量添加注释。

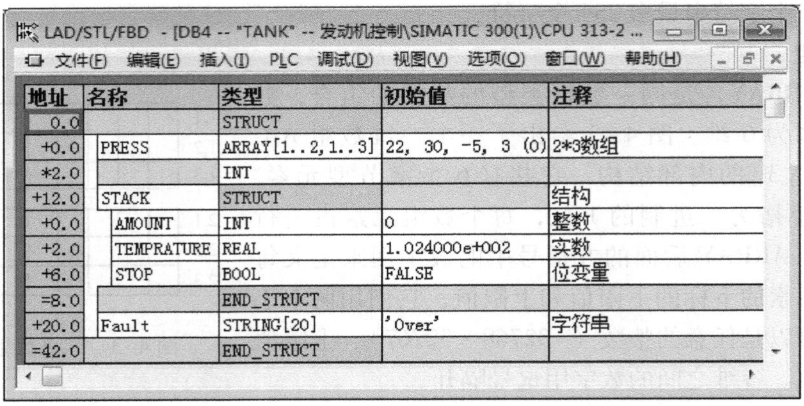

LAD/STL/FBD - [DB4 -- "TANK" -- 发动机控制\SIMATIC 300(1)\CPU 313-2 ...

文件(F) 编辑(E) 插入(I) PLC 调试(D) 视图(V) 选项(O) 窗口(W) 帮助(H)

地址	名称	类型	初始值	注释
0.0		STRUCT		
+0.0	PRESS	ARRAY[1..2,1..3]	22, 30, -5, 3 (0)	2*3数组
*2.0		INT		
+12.0	STACK	STRUCT		结构
+0.0	AMOUNT	INT	0	整数
+2.0	TEMPRATURE	REAL	1.024000e+002	实数
+6.0	STOP	BOOL	FALSE	位变量
=8.0		END_STRUCT		
+20.0	Fault	STRING[20]	'Over'	字符串
=42.0		END_STRUCT		

图 4-4　在数据块中定义数组、结构和字符串

（2）给数组元素赋初始值

定义数组时可以在 ARRAY 所在的行的“初始值”列中给数组元素赋初始值，各元素的初始值之间用英语逗号分隔，例如上例中 6 个元素的初始值可以写成“22,30,－5,0,0,0”，结束时不用标点符号。若相邻元素的初始值相同可以简写，上述初始值可以简写为“22，30，－5,3(0)”（见图 4-4）。未定义初始值的数组所有元素的初始值均为 0。

执行菜单命令“视图”→“数据视图”，切换到数据视图方式，将显示数组和结构中各元素的初始值和实际值（见图 4-5）。

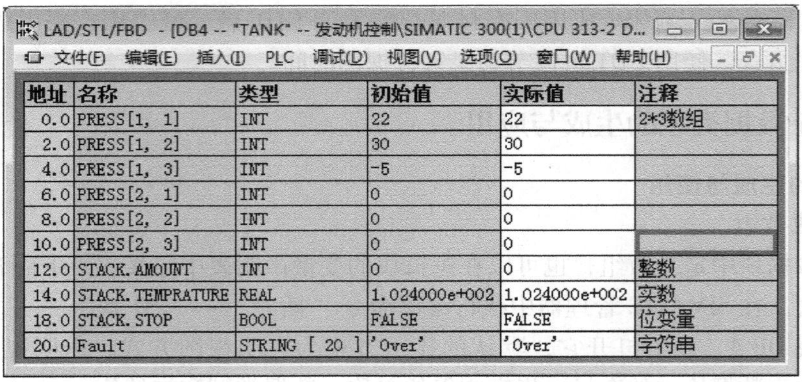

LAD/STL/FBD - [DB4 -- "TANK" -- 发动机控制\SIMATIC 300(1)\CPU 313-2 D...

文件(F) 编辑(E) 插入(I) PLC 调试(D) 视图(V) 选项(O) 窗口(W) 帮助(H)

地址	名称	类型	初始值	实际值	注释
0.0	PRESS[1, 1]	INT	22	22	2*3数组
2.0	PRESS[1, 2]	INT	30	30	
4.0	PRESS[1, 3]	INT	-5	-5	
6.0	PRESS[2, 1]	INT	0	0	
8.0	PRESS[2, 2]	INT	0	0	
10.0	PRESS[2, 3]	INT	0	0	
12.0	STACK.AMOUNT	INT	0	0	整数
14.0	STACK.TEMPRATURE	REAL	1.024000e+002	1.024000e+002	实数
18.0	STACK.STOP	BOOL	FALSE	FALSE	位变量
20.0	Fault	STRING [20]	'Over'	'Over'	字符串

图 4-5　数据块的数据视图显示方式

在数据视图方式，显示变量的初始值和实际值，用户只能修改变量的实际值，修改后需要下载数据块。如果用户输入的实际值与变量的数据类型不符，将用红色显示错误的数据。

在数据视图方式执行菜单命令“编辑”→“初始化数据块”，可以恢复变量的初始值。

（3）访问数组中的数据

本例中的数组是数据块的一部分，访问数组中的数据时，需要指出数据块和数组的名称，以及数组元素的下标，例如“TANK”. PRESS[2,1]。其中的TANK是数据块DB4的符号名，PRESS是数组的名称，它们用小数点分开。方括号中的数字是数组元素的下标，该元素是数组中的第4个元素（见图4-5）。

（4）用数组定义数据块的大小

数据块的大小与数据块中定义的变量的个数和数据类型有关。如果需要一个容量很大的数据块，可以用数组来定义数据块的大小。如果在数据块中只定义了数组ARRAY[1..500]，数组元素的数据类型为字，则该数据块的大小为1000B。可以用绝对地址和任意的简单数据类型来访问该数据块中的存储单元。如果访问数据块中的地址超出了数据块定义的范围，将会产生“读取时发生区域长度错误”。

2. 结构的生成与使用

（1）结构的生成

可以在数据块中或逻辑块的变量声明表中定义结构，下面介绍在数据块中定义的方法。

选中图4-4“ARRAY”下面的“INT”后按回车键，在该单元的下面生成一个空白行。在“名称”列输入结构的名称“STACK”，用右键单击空白行的“类型”列单元，执行弹出的快捷菜单中的“复杂类型”→“STRUCT”（也可以直接输入STRUCT），连续按回车键后，在该行的下面出现新的空白行，空白行下面一行增加的“END_STRUCT”（结束结构）是自动生成的，表示该结构的结束。在新的空白行输入结构的第一个元素“AMOUNT”和它的数据类型。如果没有输入该元素的初始值，将会自动生成默认的初始值0。用同样的方法生成结构的其他元素。

图4-4的STACK所在行的地址列中的+12.0表示结构在数据块中的起始地址为DBB12。结构各元素的地址列中的“+2.0”等表示结构元素在结构中的相对起始地址，“=8.0”表示该结构一共占用8B。最后一行地址列中的“=42.0”表示DB4中的数组、结构和字符串一共占用42B。可以为结构中各个元素设置初始值和加上注释。在图4-4中输入实数的初始值102.4后，被自动转换为1.024000e+002（1.024×10^2）。

用鼠标单击结构的第一行或最后一行（即有关键字STRUCT或END_STRUCT的行）的地址列中的单元，将选中整个结构，结构各行的背景色变为黑色，字变为白色（称为反色）。若要选中结构中的某一元素，用鼠标单击该行的地址单元，仅该行反色。可以对选中的对象作删除、复制等操作。

（2）访问结构中的元素

可以用结构中的元素的绝对地址或符号地址来访问结构中的元素。访问结构中的元素时，需要指出结构所在的数据块的名称、结构的名称，以及结构元素的名称。数据块TANK内结构STACK的元素AMOUNT的符号地址为“TANK”. STACK. AMOUNT。因为AMOUNT从数据块TANK（DB4）的第12号字节开始存放，它的绝对地址为DB4. DBW12。

（3）用数组和结构传递参数

如果在块的变量声明表中声明形参的类型为数组或结构，可以将整个数组或结构作为参数来传递（见图4-14）。调用块时也可以将数组或结构的元素传递给同一数据类型的参数。

将复杂数据类型的变量作为块的输入、输出参数来传递时，作为形式参数（形参）和实际参数（实参）的两个变量必须具有相同的数据结构，例如两个结构应具有相同数据类型的结构元素和相同的排列顺序。

3. 字符串的生成与使用

选中结构的“END_STRUCT”所在的单元后按回车键，在下面出现的新的空白行中定义一个名为 Fault、长度为 20 个字符的字符串（见图 4-4），其数据类型为 STRING[20]。它占用从 DB4. DBB20 开始的 22B，其初始值只有 4 个字符‘Over’。字符串变量中未使用的字节地址被初始化为 B#16#00。

如果在生成字符串时没有定义它的长度，将会采用默认的长度（254 个字符），在 STRING 的后面自动添加“[254]”。

将 DB4 下载到仿真 PLC，用变量表监控字符串 Fault 的前两个字节 DB4. DBB20 和 DB4. DBB21，它们的值分别为 20（字符串 Fault 的长度为 20）和 4（当前有 4 个字符）。还可以看到从 DB4. DBB22 开始的 4 个字节中的 ASCII 码字符‘Over’。可以用指令访问字符串中的字符，例如用指令“L　DB4. Fault[3]”来访问字符串 Fault 的第 3 个字符“e”。在字符串的当前有效字符改变时，字符串的第 2 个字节不会自动变化，需要用户程序来管理它。

可以用标准库的 IEC 库中的功能（FC）来处理字符串变量，包括字符串与其他数据类型的转换、字符串的比较和字符串的编辑，具体的使用方法见有关 FC 的在线帮助。

4.3　功能块与功能的生成与调用

用 STEP 7 的新建项目向导创建一个名为“发动机控制”的项目（见随书光盘中的同名例程）。图 4-6 中的主程序 OB1 调用功能块 FB1 和名为“汽油机数据”的背景数据块 DB1 来控制汽油机，调用 FB1 和名为“柴油机数据”的背景数据块 DB2 来控制柴油机。此外还用不同的参数调用功能 FC1 来控制汽油机和柴油机的冷却风扇。

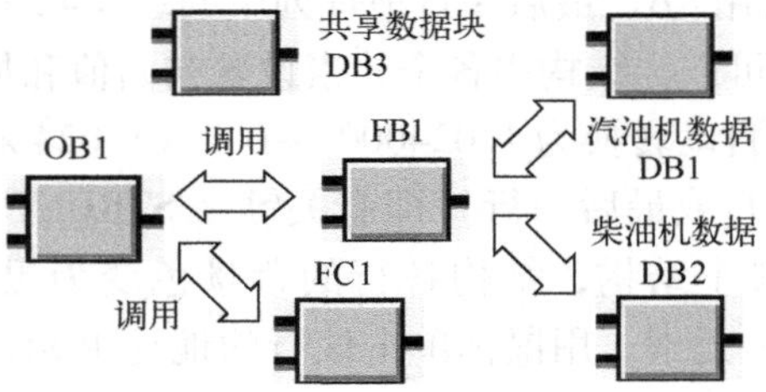

图 4-6　程序结构示意图

4.3.1　功能块

1. 生成功能块

用鼠标右键单击 SIMATIC 管理器左边窗口中的“块”，执行出现的快捷菜单中的“插入新对象”→“功能块”，生成一个新的功能块。在出现的功能块属性对话框中，采用系统自动生成的功能块的名称 FB1，设置编程语言为梯形图（LAD）。采用默认的设置，“多重背景功能”多选框被激活。单击“确定”按钮返回 SIMATIC 管理器，可以看到新生成的功能块 FB1。

2. 局部变量

双击生成的 FB1，打开程序编辑器。将鼠标的光标放在右边的程序区最上面的分隔条上（见图4-7），按住鼠标的左键，往下拉动分隔条，分隔条上面是功能块的变量声明表，下面是程序区，左边是指令列表和库。将水平分隔条拉至程序编辑器视窗的顶部，不再显示变量声明表，但是它仍然存在。

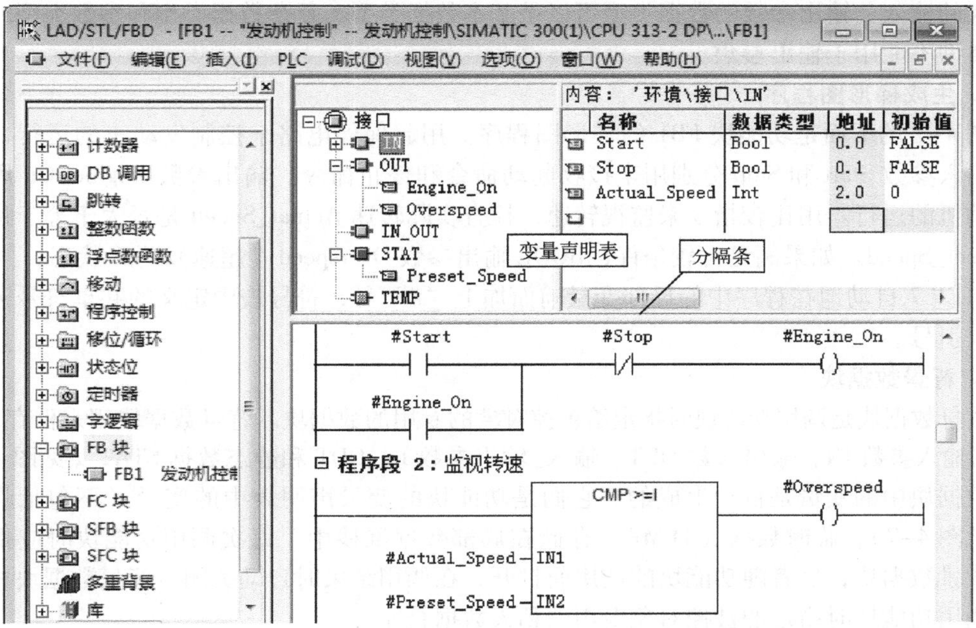

图 4-7　功能块 FB1

在变量声明表中声明（即定义）局部变量，局部变量只能在它所在的块中使用。

变量声明表的左边窗口给出了该表的总体结构，选中某一变量类型，例如“IN”，在表的右边显示的是输入参数 Start 等的详细情况。

由图 4-7 可知，功能块有 5 种局部变量：

1）输入参数（IN）。用于将数据从主调块传递到被调用块。

2）输出参数（OUT）。用于将块的执行结果从被调用块返回给主调块。

3）输入_输出参数(IN_OUT)。用于双向数据传递。其初始值由主调块提供，用同一个参数将块的执行结果返回给主调块。

4）静态数据（STAT）。从功能块执行完，到下一次重新调用它，背景数据块中的静态数据的值保持不变。

5）临时数据（TEMP）。它是暂时保存在局部数据堆栈（L 堆栈）中的数据。同一优先级的 OB 及其调用的块的临时数据使用局部数据堆栈中的同一片物理存储区，它类似于公用的布告栏，大家都可以往上面贴布告，后贴的布告将原来的布告覆盖掉。只是在执行块时使用临时数据，每次调用块之后，不再保存它的临时数据的值，它可能在同一扫描周期被同一优先级中后面调用的块的临时数据覆盖。调用 FC 和 FB 时，首先应初始化它们的临时数据（写入数值），然后再使用它，简称为“先赋值后使用”。

选中变量声明表左边窗口中的输入参数“IN”，在右边窗口中生成两个 BOOL 变量和一个 INT 变量（见图 4-7）。用类似的方法生成其他局部变量。

块的局部变量名必须以字母开始，只能由英语字母、数字和下划线组成，不能使用汉字，但是在符号表中定义的共享数据的符号名可以使用其他字符（包括汉字）。

生成局部变量时，不需要指定存储器地址；根据各变量的数据类型，程序编辑器自动地为所有的局部变量指定存储器地址。

块的输入、输出参数的数据类型可以是基本数据类型、复杂数据类型和参数类型。某些参数类型不能用于输出参数。

3. 生成梯形图程序

图 4-7 的下面是功能块 FB1 的梯形图程序。用起保停电路来控制发动机的运行，功能块的输入参数 Start 和 Stop 分别用来接收起动命令和停止命令。输出参数 Engine_On 用来控制发动机的运行。用比较指令来监视转速，检查实际转速 Actual_Speed 是否大于等于预置转速 Preset_Speed。如果满足比较条件，BOOL 输出参数 Overspeed（超速）为 1 状态。

STEP 7 自动地在程序中的局部变量前面加上“#”号，符号表中定义的共享符号被自动加上双引号。

4. 背景数据块

背景数据块是调用功能块时指定给被控对象的专用的数据块。背景数据块用来保存 FB 和 SFB 的输入参数 IN、输出参数 OUT、输入_输出参数 IN_OUT 和静态数据 STAT（见图 4-8），背景数据块中的变量是自动生成的。它们是功能块的变量声明表中的变量（不包括临时变量，见图 4-7），临时数据（TEMP）存储在局部数据堆栈中。每次调用功能块时应指定不同的背景数据块，后者随功能块的调用而打开，在调用结束时自动关闭。背景数据块相当于每次调用功能块时指定的被控对象专用的私人数据仓库。

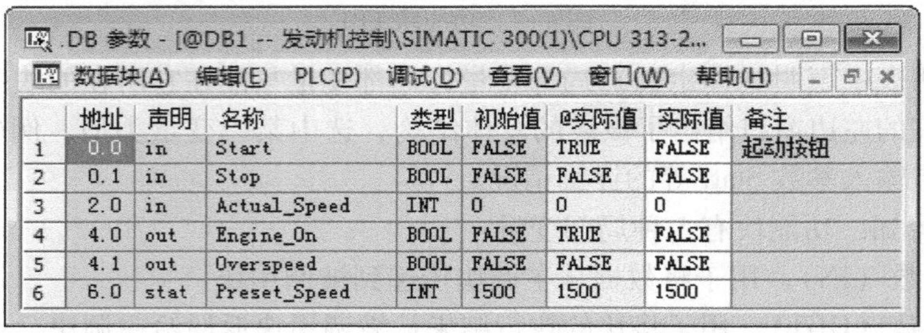

	地址	声明	名称	类型	初始值	@实际值	实际值	备注
1	0.0	in	Start	BOOL	FALSE	TRUE	FALSE	起动按钮
2	0.1	in	Stop	BOOL	FALSE	FALSE	FALSE	
3	2.0	in	Actual_Speed	INT	0	0	0	
4	4.0	out	Engine_On	BOOL	FALSE	TRUE	FALSE	
5	4.1	out	Overspeed	BOOL	FALSE	FALSE	FALSE	
6	6.0	stat	Preset_Speed	INT	1500	1500	1500	

图 4-8　背景数据块

功能块执行完以后，背景数据块中的数据不会丢失，以供下一次执行功能块时使用。其他逻辑块可以访问背景数据块中的变量。图 4-8 是在线监控时 FB1 的背景数据块 DB1，功能块的变量声明表决定了它的背景数据块中的变量。不能在背景数据块中直接删除和修改它们，只能在它对应的功能块的变量申明表中删除和修改这些变量。

生成功能块的输入参数、输出参数和静态变量时，它们被自动指定一个初始值，用户可以修改这些初始值。它们被传送给 FB 的背景数据块，作为同一个变量的初始值。图 4-8 中 BOOL 变量的初始值 FALSE 为二进制数 0。静态变量 Preset_Speed（预置转速）的初始值为 1500，是在 FB1 的变量声明表中设置的。“@ 实际值”列是 CPU 中的数值。在监控时修改“实际值”列的值之后，需要将数据块下载到 PLC 修改才起作用。

调用 FB 时没有指定实参的形参使用背景数据块中的初始值。

4.3.2 功能

如果逻辑块执行完后不需要保存它内部的数据，可以用功能 FC 来编程。与功能块 FB 相比，调用 FC 时不需要指定背景数据块。

1. 生成功能

用右键单击 SIMATIC 管理器左边窗口中的“块”，执行出现的快捷菜单中的“插入新对象”→“功能”，生成一个新的功能。在出现的功能属性对话框中，采用系统自动生成的功能的名称 FC1，设置梯形图（LAD）为功能默认的编程语言。

2. 功能的局部变量

双击 SIMATIC 管理器中 FC1 的图标，打开程序编辑器（见图 4-9）。与功能块的变量声明表（见图 4-7）相比，功能没有静态数据（STAT）。

FC1 的变量声明表中的返回值 RET_VAL 是自动生成的，它没有初始的数据类型。如果将它设置为任意的数据类型，在调用 FC1 时，可以看到 FC1 方框内右边出现了 RET_VAL。因此 RET_VAL 属于 FC 的输出参数。

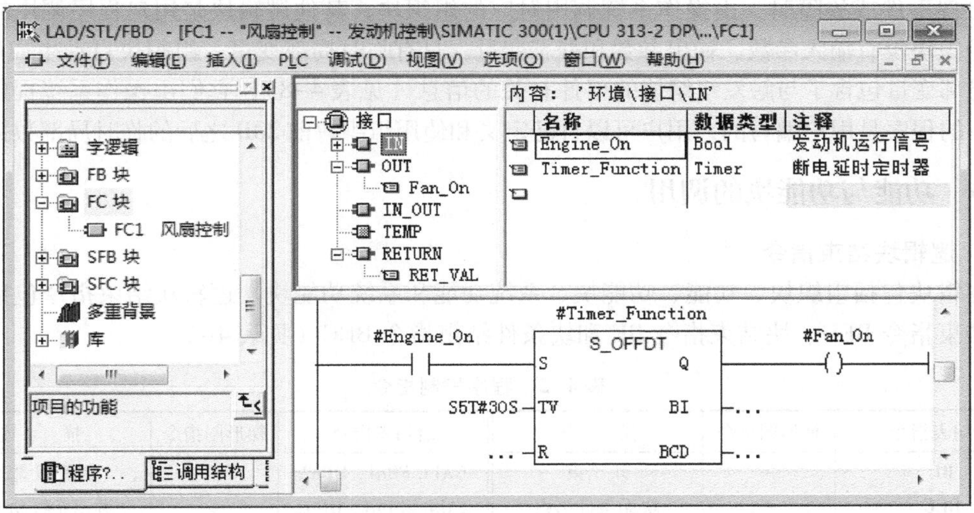

图 4-9 功能 FC1

FC1 用来控制发动机的风扇，要求在发动机运行信号 Engine_On 为 1 状态时起动风扇，发动机停车后，用输出参数 Fan_On 控制的风扇继续运行 30 s 后停机。

在 FC1 中，用断开延时定时器 S_OFFDT（见图 4-9）来定时。在功能的变量声明表中定义的输入参数 Timer_Function 是断开延时定时器的编号，数据类型为 Timer，在调用 FC1 时用它来为不同的发动机指定不同的定时器。

3. 功能与功能块的区别

FB 和 FC 均为用户编写的子程序，变量声明表中均有 IN、OUT、IN_OUT 和 TEMP 变量，临时数据 TEMP 储存在局部数据堆栈中。

1）返回值 RET_VAL 实际上是输出参数。因此有无静态数据（STAT）是 FC 和 FB 的局部变量的本质区别，功能块的静态数据用背景数据块来保存。

功能如果有执行完后需要保存的数据，只能用全局数据区（例如共享数据块和 M 区）来保存，但是这样会影响功能的可移植性。如果功能或功能块的内部不使用全局变量，只使用局部变量，不需要做任何修改，就可以将块移植到其他项目。如果块的内部使用了全局变量，在移植时需要重新统一分配所有的块内部使用的全局变量的地址，以保证不会出现地址冲突。当程序很复杂，逻辑块很多时，这种重新分配全局变量地址的工作量非常大，也很容易出错。

如果逻辑块有执行完后需要保存的数据，显然应使用功能块，而不是功能。

2）功能块有背景数据块，功能没有背景数据块。只能在功能内部访问功能的局部变量，其他逻辑块可以访问功能块的背景数据块中的变量。

3）功能块的局部变量（不包括 TEMP）有初始值，功能的局部变量没有初始值。在调用功能块时如果没有设置某些输入、输出参数的实参，将使用背景数据块中的初始值，或使用上一次执行后的参数值。调用功能时应给所有的输入、输出参数指定实参。

4）功能块的输出参数不仅与来自外部的输入参数有关，还与用静态变量保存的内部状态数据有关。功能因为没有静态变量，相同的输入参数产生的执行结果是相同的。

4. 组织块与其他逻辑块的区别

出现事件或故障时，由操作系统调用对应的组织块，其他逻辑块是用户程序调用的。

组织块没有输入参数、输出参数和静态变量，只有临时局部变量。组织块自动生成的 20B 临时局部变量包含了与触发组织块的事件有关的信息（见表 4-8），它们由操作系统提供。组织块中的程序是用户编写的，用户可以自己定义和使用组织块前 20B 之后的临时局部数据。

4.3.3 功能与功能块的调用

1. 逻辑块结束指令

逻辑块包括组织块、功能、功能块、系统功能和系统功能块。逻辑块结束指令包括块无条件结束指令 BEU、块结束指令 BE 和块条件结束指令 BEC（见表 4-2）。

表 4-2 程序控制指令

语句表指令	梯形图指令	描述	语句表指令	梯形图指令	描述
BE	—	块结束	CALL FBn1，DBn2	—	调用功能块
BEU	—	块无条件结束	CALL SFBn1，DBn2	—	调用系统功能块
BEC	—	块条件结束	CC FCn 或 CC SFCn	CALL	RLO=1 时条件调用
CALL FCn	—	调用功能	UC FCn 或 UC SFCn	CALL	无条件调用
CALL SFCn	—	调用系统功能	—	RET	条件返回

执行块结束指令时，将中止当前块的程序扫描，返回调用它的块。BEU 和 BE 是无条件执行的，而 BEC 只是在 RLO 为 1 时执行。下面是使用 BEC 的例子：

```
A    I    0.1        //刷新 RLO
BEC                  //如果 RLO 为 1,结束块
L    IW   4          //如果 RLO 为 0,不结束块,继续执行这条指令
……
```

假设逻辑块 A 调用逻辑块 B，执行逻辑块 B 的无条件结束指令 BEU 或在条件满足时执行 BEC 指令时，将会中止逻辑块 B 的程序扫描，返回逻辑块 A 中调用块 B 的指令的下一条

指令，继续程序扫描。逻辑块 B 结束调用后，它的局部数据区被释放出来，调用它的块 A 的局部数据区变为当前局部数据区。块 A 调用块 B 时打开的数据块被重新打开。块 A 的主控继电器（MCR）被恢复，RLO 从块 B 被带到块 A。

如果 BEU 指令没有被跳转指令跳过，BEU 指令的执行不需要任何条件。

2. 逻辑块调用指令

块调用指令（CALL）用来调用功能块、功能、系统功能块和系统功能，或调用西门子提供的其他标准块。CALL 指令的执行不需要任何条件。在调用 FB 和 SFB 时，应提供与它们配套的背景数据块。

无条件调用指令 UC 和条件调用指令 CC 用于调用没有输入/输出参数的 FC 和 SFC。下面是使用 CC 指令和 UC 指令的例子：

```
A    I    0.1    //刷新 RLO
CC   FC   6      //如果 RLO 为 1,调用没有参数的 FC
L    IW   4      //从 FC6 返回后执行,I0.1 为 0 时不调用 FC6,直接执行本指令
UC   FC   2      //无条件调用没有参数的 FC2
```

3. 梯形图中的逻辑块调用指令

梯形图中的 CALL 线圈可以调用功能 FC 或系统功能 SFC，调用时不能传递参数。调用可以是无条件的，CALL 线圈直接与左侧垂直线相连，相当于语句表中的 UC 指令；也可以是有条件的，条件由控制 CALL 线圈的触点电路提供，相当于语句表的 CC 指令。CALL 指令调用的块应是已经存在的块。

可以将程序编辑器左边的指令列表窗口的 FB、FC 文件夹或库文件夹中的逻辑块（不包括 OB）直接拖放到右边的程序区，生成的逻辑块调用指令用方框表示（见图 4-10 中的 FC2）。需要传递参数的逻辑块最好用这种方法来调用（见图 4-12）。

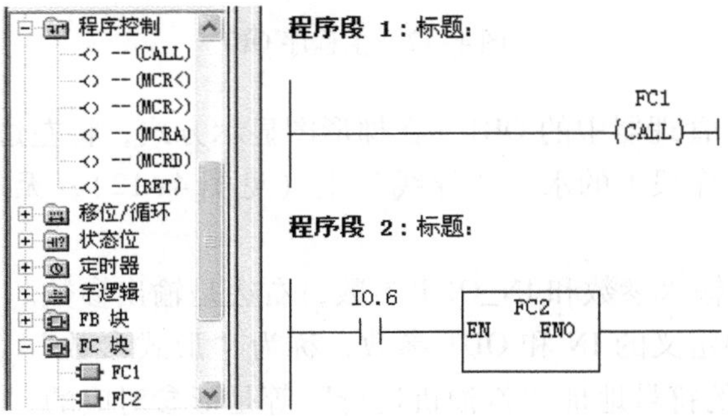

图 4-10 调用逻辑块

条件返回指令 RET（Return）以线圈的形式出现，用于有条件地离开逻辑块，条件由控制它的触点电路提供，RET 线圈不能直接连接在左侧垂直“电源线”上。如果是无条件地返回调用它的块，在块结束时并不需要使用 RET 指令。

4. 功能的调用

在项目“发动机控制”的符号表中定义块的符号，以及两次调用 FC1、FB1 的实参的符号（见图 4-11）。

	符号	地址		数据类型	
1	汽油机数据	DB	1	FB	1
2	柴油机数据	DB	2	FB	1
3	共享	DB	3	DB	3
4	TANK	DB	4	DB	4
5	发动机控制	FB	1	FB	1
6	风扇控制	FC	1	FC	1
7	起动汽油机	I	1.0	BOOL	
8	关闭汽油机	I	1.1	BOOL	
9	起动柴油机	I	1.4	BOOL	
10	关闭柴油机	I	1.5	BOOL	
11	主程序	OB	1	OB	1
12	汽油机运行	Q	5.0	BOOL	
13	汽油机风扇运行	Q	5.1	BOOL	
14	汽油机超速	Q	5.2	BOOL	
15	柴油机运行	Q	5.3	BOOL	
16	柴油机风扇运行	Q	5.4	BOOL	
17	柴油机超速	Q	5.5	BOOL	
18	汽油机风扇延时	T	1	TIMER	
19	柴油机风扇延时	T	2	TIMER	
20	VAT1	VAT	1		

图 4-11　符号表

OB1 通过两次调用 FB1 和 FC1，实现对汽油机和柴油机的控制。图 4-12 只给出了控制汽油机的程序，控制柴油机的程序与之相似。

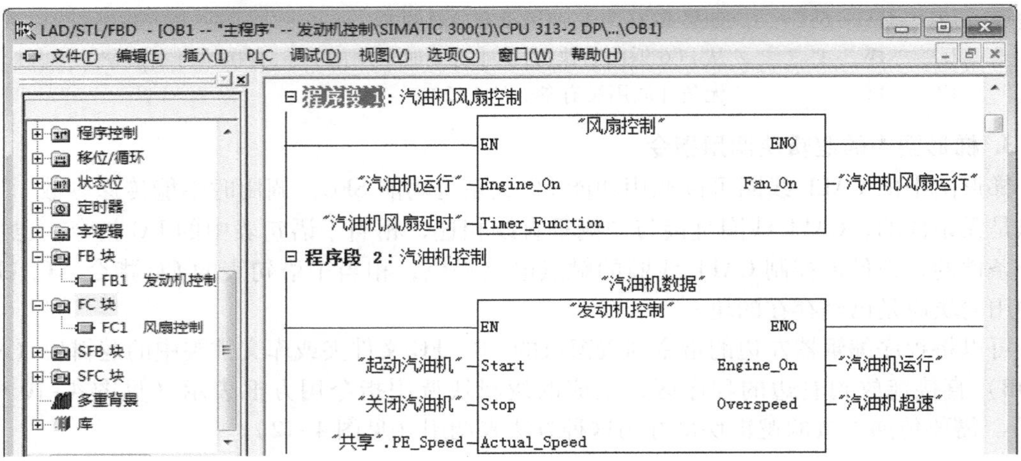

图 4-12　主程序 OB1

双击打开 SIMATIC 管理器中的 OB1，在梯形图显示方式，将左边窗口中的“FC 块”文件夹中的 FC1 拖放到程序段 1 的水平“导线”上（见图 4-12），无条件调用符号名为“风扇控制”的 FC1。

方框的左边是块的输入参数和 IN_OUT 参数，右边是输出参数。方框内的 Engine_On 等是 FC1 的变量声明表中定义的 IN 和 OUT 参数，称为“形式参数”（Formal Parameter），简称为“形参”。方框外的符号地址“汽油机运行”等是形参对应的“实际参数”（Actual Parameter），简称为“实参”。形参是局部变量在逻辑块中的名称，实参是调用块时指定的输入、输出参数具体的地址或数值。调用块时应保证实参与形参的数据类型一致。

输入参数（IN）的实参可以是绝对地址、符号地址或常数，输出参数（OUT）或输入_输出参数（IN_OUT）的实参必须是绝对地址或符号地址。将不同的实参赋值给形参，就可以实现对类似的但是不完全相同的被控对象（例如汽油机和柴油机）的控制。

5. 功能块的调用

双击打开 OB1，执行菜单命令“视图”→“总览”，显示出左边的指令列表。打开“FB 块”文件夹，将其中的 FB1 拖放到程序区的水平“导线”上（见图 4-12）。双击方框上面的红色“???”，输入背景数据块的名称 DB1，按回车键后出现的对话框询问“背景数据块 DB1 不存在，是否要生成它?”，单击“是”按钮确认。DB1 的符号名为“汽油机数据”。打开 SIMATIC 管理器，可以看到自动生成的 DB1。

也可以首先生成 FB1 的背景数据块，然后在调用 FB1 时使用它。应设置生成的数据块为背景数据块，如果项目中有多个 FB，应设置是哪一个 FB 的背景数据块。

FB1 的符号名为“发动机控制”。方框内的 Start 等是 FB1 的变量声明表中定义的输入、输出参数（形参）。方框外的符号地址“起动汽油机”等是方框内的形参对应的实参。实参"共享". PE_Speed 是符号名为“共享”的数据块 DB3 中的变量 PE_Speed（汽油机的实际转速）。在调用块时，CPU 将实参分配给形参的值存储在背景数据块中。如果调用时没有给形参指定实参，功能块使用背景数据块中的参数值。该数值可能是在功能块的变量声明表中设置的形参的初始值，也可能是开机后调用 FB 时储存在背景数据块中的数值。

两次调用 FB1 时，使用不同的实参和不同的背景数据块，FB1 分别用于控制汽油机和柴油机。两个背景数据块中的变量相同，区别仅在于变量的值（即实参的值）不同。

下面是用语句表调用 FB1 和 FC1 的程序，“：=”的前面是形参，“：=”的后面是实参。

```
程序段 1:汽油机风扇控制
      CALL  "风扇控制"
        Engine_On          : = "汽油机运行"           //发动机运行标志
        Timer_Function     : = "汽油机风扇延时"       //定时器编号
        Fan_On             : = "汽油机风扇运行"       //控制冷却风扇的输出参数
程序段 2:汽油机控制
      CALL  "发动机控制" , "汽油机数据"
        Start              : = "起动汽油机"           //起动按钮
        Stop               : = "关闭汽油机"           //停车按钮
        Actual_Speed       : = "共享". PE_Speed       //实际转速
        Engine_On          : = "汽油机运行"           //控制发动机的输出参数
        Overspeed          : = "汽油机超速"           //发动机过速标志
```

梯形图和语句表中的功能和功能块包含的信息基本上相同。梯形图中的 FC、FB、SFC 和 SFB 的输入参数和 IN_OUT 参数在方框左边，输出参数在右边；方框里面是形参，方框外面是实参。语句表的优点是可以给每一行加上“//”右边的注释，便于程序的阅读和理解。语句表的功能比梯形图更强，有的功能只能用语句表来实现。图 4-12 中的梯形图可以转换为语句表，但是上面的语句表程序不能用 STEP 7 直接转换为梯形图。

项目“发动机控制”可以用变量表或 OB1 的程序状态来调试。通过改变各 FB 和 FC 的输入参数的实参的值，来观察块的输出参数的实参是否按程序的要求变化。

4.3.4 复杂数据类型作块的输入参数

在块调用中，可以用复杂数据类型作为块的实参，用它将一组数据传送到被调用块，或者用复杂数据类型将一组数据返回给调用它的块。通过这种方式，可以高效而简洁地在主调块和被调用块之间传递数据。

下面的例子用数组作为功能的输入参数。将数组作为参数传递时，作为形参和实参的两个数组应有相同的结构，例如都是 2 ×3 格式的数组，数组元素的数据类型应相同。

用 STEP 7 的新建项目向导创建一个名为“字逻辑与”的项目（见随书光盘中的同名例程）。在 SIMATIC 管理器中生成功能 FC1，在 FC1 的变量声明表中生成一个输入参数 InArray，它是有 3 个 Word 元素的数组（见图 4-13），再生成一个数据类型为 Word 的输出参数 Result。图中的语句表程序将数组 InArray 的 3 个字元素作“与”运算。

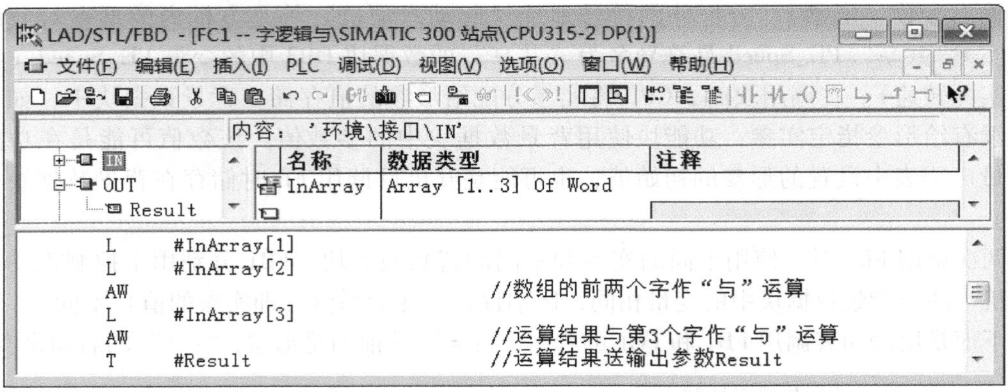

图 4-13　FC1

在 SIMATIC 管理器中生成数据块 DB1，在 DB1 中生成有 3 个 WORD 元素的数组 Aray。在 OB1 中调用 FC1（见图 4-14），用数组 DB1. Aray 作 FC1 的输入参数 InArray 的实参。在变量表中用二进制格式监控数组的 3 个元素和 MW6 中的运算结果，可以检验程序执行的结果是否正确。

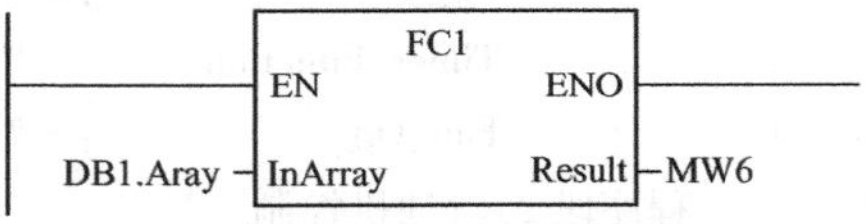

图 4-14　在 OB1 中调用 FC1

4.3.5　时间标记冲突与一致性检查

每个块包含一个代码时间标记和一个接口时间标记，可以在块的属性对话框中查看它们。下列情况将会产生时间标记冲突：

1）被调用的块比调用它的块的时间标记更新。

2）用户定义数据类型（UDT）比使用它的块或使用它的用户数据的时间标记更新。

3）功能块比它的背景数据块的时间标记更新。

4）FB2 在 FB1 中被定义为多重背景，FB2 的时间标记比 FB1 的更新。

即使块与块之间的时间标记的关系是正确的，如果块的接口的定义与它被使用的区域中的定义不匹配（有接口冲突），也会出现不一致性。

以随书光盘中的例程“发动机控制”为例，调用 FB1 以后，如果在 FB1 的变量声明表中修改或增减输入/输出参数，在保存块时，将会出现“块接口已改变……”的警告信息。保存后打开调用它的 OB1，出现“至少一个块调用有时间标记冲突”的对话框。在 OB1 中可以看到，调用 FB1 的指令变成红色。如果用手工来消除块的不一致性，是很麻烦的。可以用下面的方法自动修正一致性错误。

1）关闭与冲突有关的所有的块。

2）选中SIMATIC管理器左边窗口的“块”，执行菜单命令“编辑”→“检查块的一致性”。在出现的“检查块的一致性”对话框中（见图4-15），有时间标记冲突的块用红色的指示灯标出。执行菜单命令“程序”→“编译”，STEP 7将打开相应的编辑器，时间标记冲突和块的不一致性被自动地尽可能地消除，同时对块进行编译。经过编译后，时间标记冲突被消除，对应的红色指示灯消失（见图4-16）。

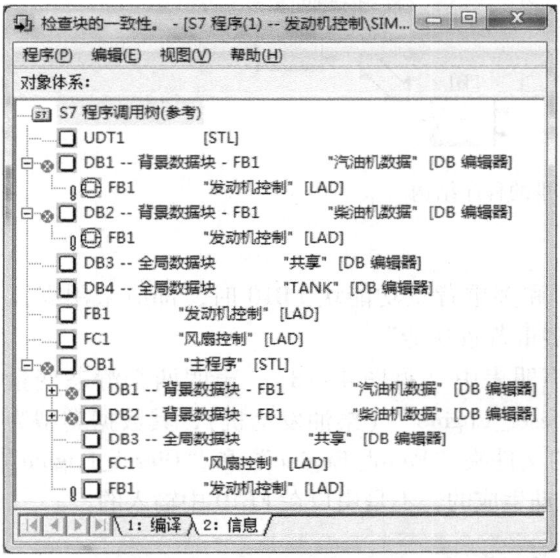

图4-15 “检查块的一致性”对话框

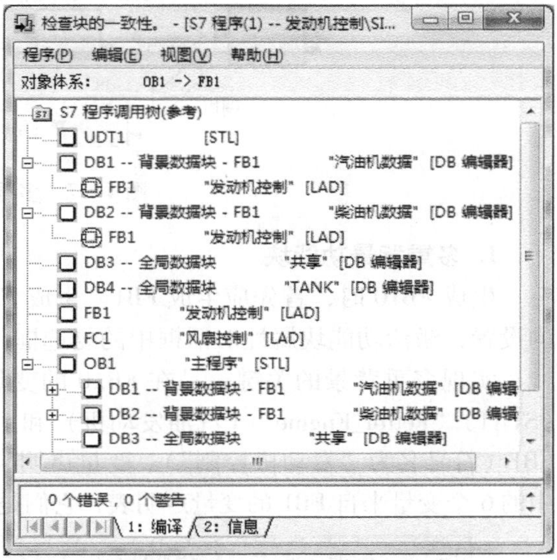

图4-16 编译后的对话框

3）如果上述编译操作不能自动清除所有的块的不一致性，在下面的输出窗口中给出有错误的块的信息。双击某一错误，有错误的块被打开，错误的参数用红色标记。对于所有标记为有错误的对象，重复这一过程。

4）重新执行步骤1和2，直至“检查块的一致性”对话框不再显示错误信息。

如果不能用上述的操作自动清除所有的块的不一致性，只有删除被调用的有冲突的块，然后重新调用修改参数后的块。

4.4 多重背景

有的项目需要调用很多功能块，有的功能块（例如IEC定时器、IEC计数器）可能被多次调用。每次调用都需要生成一个背景数据块，但是这些背景数据块中的变量又很少，这样在项目中就出现了大量的背景数据块“碎片”。在用户程序中使用多重背景可以减少背景数据块的数量。

例程“多重背景”（见随书光盘中的同名例程）与例程“发动机控制”的控制要求相同，两个例程中的FB1和FC1亦相同。原来用FB1控制汽油机和柴油机时，在OB1中调用了两次FB1，分别使用了背景数据块DB1和DB2。

使用多重背景时，需要增加一个功能块（本例为FB10）来调用两次作为“多重背景”的FB1（见图4-17）。调用时不需要给FB1分配背景数据块，两次调用FB1的背景数据存储在 FB10 的背景数据块 DB10 中。但是需要在 FB10 的变量声明表中声明数据类型为 FB1 的两个静态数据变量（STAT）。

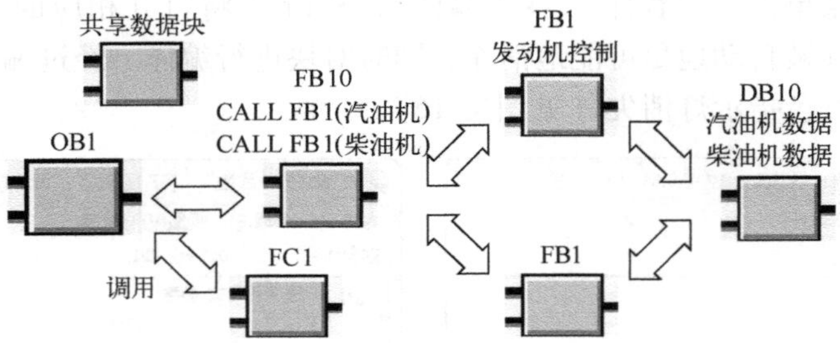

图 4-17　多重背景的程序结构

1. 多重背景功能块

生成 FB10 时，首先应生成 FB1。生成 FB1 和多重背景功能块 FB10 时，都应采用默认的设置，激活功能块属性对话框中的复选框“多重背景功能”。

实现多重背景的关键，是在 FB10 的变量声明表中（见图 4-18），声明两个静态变量（STAT）“Petrol_Engine”（汽油发动机）和“Diesel_Engine”（柴油发动机），其数据类型为 FB1（符号名为“发动机控制”）。变量声明表的文件夹“Petrol_Engine”和“Diesel_Engine”中的 6 个变量来自 FB1 的变量声明表，它们是自动生成的，不是用户在 FB10 中输入的。

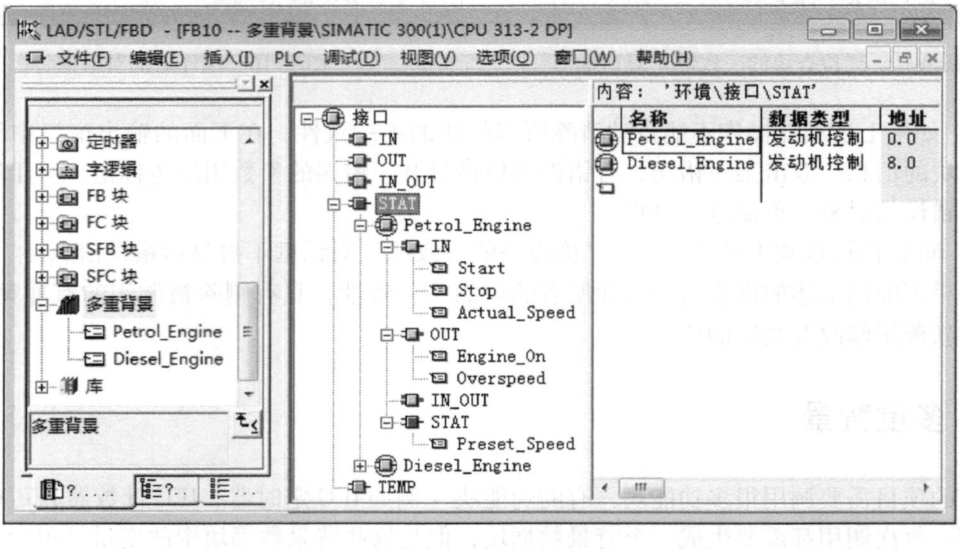

图 4-18　FB10 的变量申明表

2. 调用多重背景和多重背景功能块

生成静态变量“Petrol_Engine”和“Diesel_Engine”后，它们将出现在程序编辑器左边窗口的“多重背景”文件夹中（见图 4-18）。将它们“拖放”到 FB10 的程序区（见图 4-19），然后指定它们的输入参数和输出参数。项目“发动机控制”中 OB1 对 FB1 的两次调用，被图 4-20 中 OB1 对 FB10 的调用代替。OB1 中调用 FC1 的程序与图 4-12 中的相同。

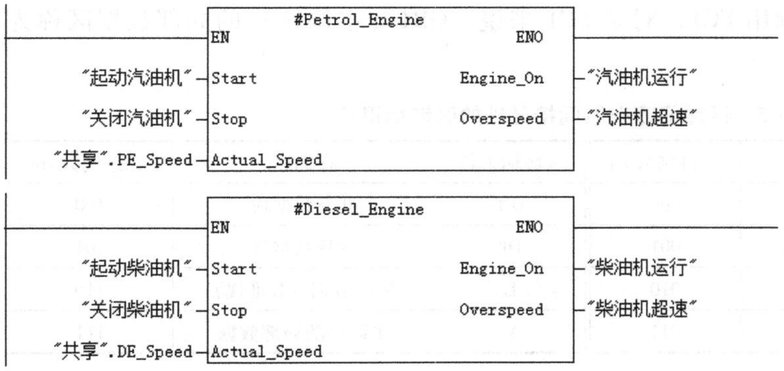

图 4-19　FB10 的程序

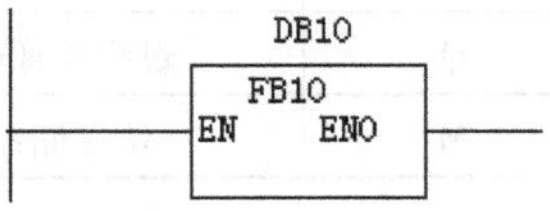

图 4-20　OB1 调用 FB10

FB10 的背景数据块 DB10 见图 4-21，多重背景的局部变量的名称由多重背景的名称和 FB1 的局部变量的名称组成，例如“Petrol_Engine. Start”。

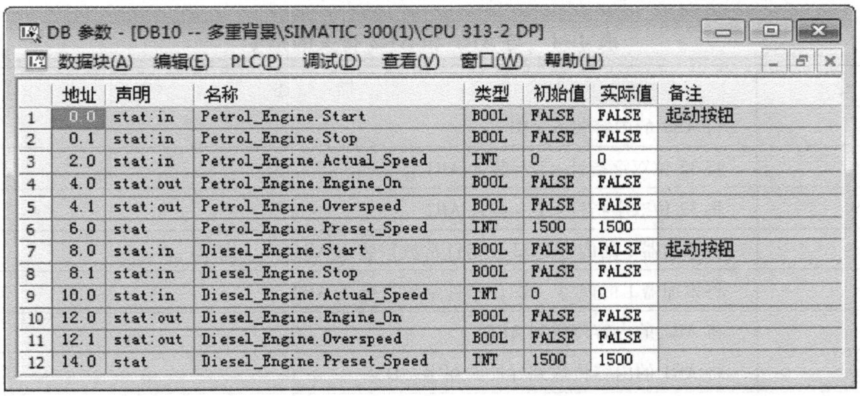

	地址	声明	名称	类型	初始值	实际值	备注
1	0.0	stat:in	Petrol_Engine.Start	BOOL	FALSE	FALSE	起动按钮
2	0.1	stat:in	Petrol_Engine.Stop	BOOL	FALSE	FALSE	
3	2.0	stat:in	Petrol_Engine.Actual_Speed	INT	0	0	
4	4.0	stat:out	Petrol_Engine.Engine_On	BOOL	FALSE	FALSE	
5	4.1	stat:out	Petrol_Engine.Overspeed	BOOL	FALSE	FALSE	
6	6.0	stat	Petrol_Engine.Preset_Speed	INT	1500	1500	
7	8.0	stat:in	Diesel_Engine.Start	BOOL	FALSE	FALSE	起动按钮
8	8.1	stat:in	Diesel_Engine.Stop	BOOL	FALSE	FALSE	
9	10.0	stat:in	Diesel_Engine.Actual_Speed	INT	0	0	
10	12.0	stat:out	Diesel_Engine.Engine_On	BOOL	FALSE	FALSE	
11	12.1	stat:out	Diesel_Engine.Overspeed	BOOL	FALSE	FALSE	
12	14.0	stat	Diesel_Engine.Preset_Speed	INT	1500	1500	

图 4-21　多重背景数据块 DB10 的数据视图

4.5　寄存器间接寻址与参数类型

4.5.1　寄存器间接寻址

1. 寄存器间接寻址的指针格式

S7-300/400 有两个用于寄存器间接寻址的地址寄存器 AR1 和 AR2，可以用它们对各存储区的地址作寄存器间接寻址。地址寄存器中的地址指针值加上地址偏移量，形成地址指针，指向数据所在的存储单元。

图 4-22 是地址寄存器间接寻址的双字地址指针的格式，其中第 0 ~ 2 位（xxx）为被寻址地址中位的编号（0 ~ 7），第 3 ~ 18 位为被寻址地址的字节的编号。第 24 ~ 26 位（rrr）为被寻址地址的区域标识号（见表 4-3），第 31 位 x = 0 为区域内的间接寻址，为 1 则为区

31　　24	23　　16	15　　8	7　　0
x000　0rrr	0000　0bbb	bbbb　bbbb	bbbb　bxxx

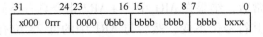

图 4-22　寄存器间接寻址的双字指针格式

域间的间接寻址。如果 OB1 调用 FC1，对于 FC1 来说，OB1（主调块）的局部数据区称为 V 区。

表 4-3　区域间寄存器间接寻址的区域标识符

区域标识符	存储区	二进制数 rrr	区域标识符	存储区	二进制数 rrr
P	没有地址区	000	DB	共享数据块	100
I	过程映像输入	001	DI	背景数据块	101
Q	过程映像输出	010	L	局部数据（L 堆栈）	110
M	位存储器区	011	V	主调块的局部数据	111

2. 与地址寄存器有关的指令

可以不经过累加器 1，直接将操作数装入地址寄存器 AR1 和 AR2（见表 4-4），或者从 AR1 和 AR2 将数据传送出来。也可以将两个地址寄存器的内容直接交换，指令 TAR1 <D> 和 TAR2 <D> 的目的区为双字 MD、LD、DBD 和 DID。

表 4-4　与 AR1 和 AR2 有关的指令

指　令	描　述
LAR1 AR2	将 AR2 的内容装入 AR1
LAR1 <D>	将 32 位双字指针 <D> 装入 AR1
LAR2 <D>	将 32 位双字指针 <D> 装入 AR2
LAR1	将累加器 1 的内容（32 位指针常数）装入 AR1
LAR2	将累加器 1 的内容（32 位指针常数）装入 AR2
TAR1 AR2	将 AR1 的内容传送到 AR2
TAR1 <D>	将 AR1 的内容传送到寻址的双字 <D>
TAR2 <D>	将 AR2 的内容传送到寻址的双字 <D>
TAR1	将 AR1 的内容传送到累加器 1，累加器 1 中的内容保存到累加器 2
TAR2	将 AR2 的内容传送到累加器 1，累加器 1 中的内容保存到累加器 2
+AR1	AR1 的内容加上地址偏移量
+AR2	AR2 的内容加上地址偏移量
CAR	交换 AR1 和 AR2 中的数据

下面是应用实例：

```
LAR1  DBD   20      //将数据双字 DBD20 中的指针值装入 AR1
LAR1  P#M10.2       //将带区域标识符的 32 位指针常数装入 AR1
LAR2  P#24.0        //将不带区域标识符的 32 位指针常数装入 AR2
TAR2  MD    24      //AR2 的内容传送到存储器双字 MD24
```

+AR1 指令将地址寄存器 AR1 的内容加上作为地址偏移量的累加器 1 的低字的内容，或者加上指令中的 16 位常数，结果在 AR1 中。+AR2 指令具有类似的功能。16 位有符号整数首先被扩充为 24 位，其符号位不变，然后与 AR1 中的低 24 位有效数字相加。地址寄存器中的存储区域标识符 rrr（第 24～26 位，见图 4-22）保持不变。下面是应用实例：

```
L         P#20.0          //指针常数 P#20.0 装入累加器 1 的低字
+AR1                      //AR1 与累加器 1 的内容相加,运算结果送 AR1
+AR2      P#100.0         //AR2 的内容加上地址偏移量 P#100.0,运算结果送 AR2
```

3. 寄存器区域内间接寻址

区域内间接寻址的地址指针格式与存储器间接寻址的相同（见图3-81），指针给出了被寻址数值所在的存储单元的字节地址和位地址，存储区的类型在指令中给出。这种指针格式适用于在某一存储区内寻址。最高字节中的第 24 ~26 位（rrr）和第 31 位为 0。

图 4-23 给出了区域内间接寻址的例子（见随书光盘中的项目“寄存器间接寻址”），图中累加器 1（STANDARD）的显示格式为十六进制数。AR1 的监控值 5.0 是 P#5.0 的简写。

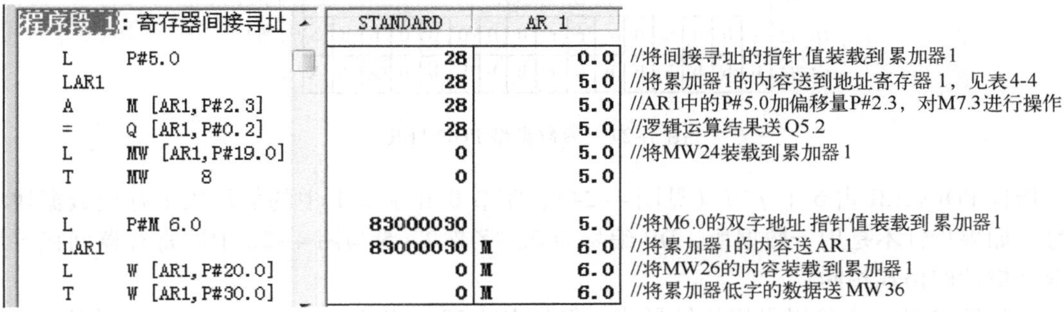

程序段 1: 寄存器间接寻址
STANDARD
AR 1
L P#5.0 28 0.0 //将间接寻址的指针值装载到累加器1
LAR1 28 5.0 //将累加器1的内容送到地址寄存器 1，见表4-4
A M [AR1,P#2.3] 28 5.0 //AR1中的P#5.0加偏移量P#2.3，对M7.3进行操作
= Q [AR1,P#0.2] 28 5.0 //逻辑运算结果送 Q5.2
L MW [AR1,P#19.0] 0 5.0 //将MW24装载到累加器1
T MW 8 0 5.0
L P#M 6.0 83000030 5.0 //将M6.0的双字地址指针值装载到累加器1
LAR1 83000030 M 6.0 //将累加器1的内容送AR1
L W [AR1,P#20.0] 0 M 6.0 //将MW26的内容装载到累加器1
T W [AR1,P#30.0] 0 M 6.0 //将累加器低字的数据送 MW36

图 4-23　寄存器间接寻址

指针常数 P #5.0 对应的二进制数为 2#0000 0000 0000 0000 0000 0000 0010 1000(16#28)。

因为 AR1 中的地址值为 P#5.0，程序中的 M［AR1，P#2.3］和 Q［AR1，P#0.2］的地址分别为 M7.3 和 Q5.2。可以用仿真实验检查是否可以用 M7.3 控制 Q5.2。

用寄存器间接寻址访问一个字节、字或双字时，必须保证指针的位地址编号为 0。

4. 寄存器区域间的间接寻址

区域间的间接寻址的地址指针格式的第 24 ~26 位还包含了说明地址所在存储区的区域标识符 rrr（见表 4-3）。图 4-23 给出了区域间间接寻址的例子。

P#M6.0 对应的二进制数为 2#1000 0011 0000 0000 0000 0000 0011 0000（16#83000030）。因为地址指针 P#M6.0 已经包含有区域信息，间接寻址的指令“L　W［AR1，P#20.0］”省略了地址标识符 M（见图 4-23）。

5. 参数类型

参数类型是为逻辑块的形参定义的数据类型，用于在调用逻辑块时传递参数。除了简单数据类型和复杂数据类型（见 4.2 节）之外，还可以使用下列参数类型：

（1） Timer 与 Counter

使用参数类型 Timer（定时器）和 Counter（计数器），可以在调用逻辑块时，分别将定时器和计数器的编号（例如 T3、C21）作为实参传递给块的形参（见图 4-9）。

（2） Block

使用参数类型 Block_FC、Block_FB、Block_DB 和 Block_SDB，可以在调用逻辑块时，分别将 FC、FB、DB 和系统数据块 SDB 的编号作为实参传送给块的形参。块参数类型的实参应为同类型的块的绝对地址编号（例如 FB2）或块的符号名。

参数类型 Timer、Counter、Block 只能用于块的输入参数（IN）。

参数类型 POINTER 和 ANY 将在下一节和 4.4.3 节介绍。

4.5.2 参数类型 POINTER 的应用

1. 参数类型 POINTER

使用参数类型 POINTER（指针），可以在调用逻辑块时，将变量的地址指针作为实参传送给块的形参。POINTER 可以直接指向一个数据块中的变量，例如 P#DB2.DBX4.0。POINTER 只能用于形参中的 IN、OUT（不能用于 FB）和 IN_OUT 变量。

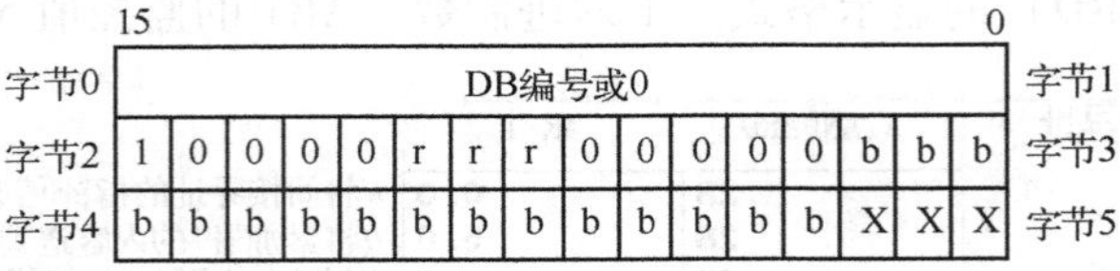

图 4-24　参数类型 POINTER

指针 POINTER 占 6 个字节（见图 4-24），字节 0 和字节 1 中的数值用来存放数据块的编号。如果指针不是用于数据块，DB 编号为 0。字节 2～5 与图 4-22 中的寄存器间接寻址的双字指针的格式相同。

POINTER 的实参可以采用指针形式，例如 P#M50.0 和 P#DB2.DBX4.0。也可以采用地址形式，例如将 P#M50.0 简写为 M50.0，编译时 STEP 7 会将它自动转换为指针形式。

参数类型 ANY 和 POINTER 的字节数分别为 10B 和 6B，在调用块时不能用 32 位的累加器 1 来直接传递它们。因此在块 A 调用块 B 时，CPU 将 ANY 和 POINTER 的实参暂时保存在块 A 的临时局部数据区（V 区）中。块 B 通过寄存器间接寻址来访问 ANY 和 POINTER 的实参。

2. FC1 的程序设计

【例 4-1】用 FC1 将同一地址区中相邻的若干个字累加。地址区的起始地址由参数类型为 POINTER 的输入参数 Start_Addr 提供。程序见随书光盘的例程“寄存器间接寻址”，FC1 的局部变量如表 4-5 所示。

表 4-5　FC1 的局部变量

变量名称	变量类型	数据类型	注　释	变量名称	变量类型	数据类型	注　释
Start_Addr	IN	POINTER	数据区起始地址	DB_No	TEMP	Int	数据块编号
Number	IN	Int	需要累加的字数	Addr_Point	TEMP	DWord	地址指针
Result	OUT	DInt	运算结果	Sycle_C	TEMP	Int	循环次数计数器

下面是 FC1 的程序，第一条指令的操作数 P##Start_Addr 是 OB1 的局部数据区中保存 POINTER 参数 Start_Addr 的实参的地址指针，P#表示指针，第 2 个#号表示局部变量。

```
L      P##Start_Addr      //输入参数 Start_Addr 的实参的地址指针值送累加器 1
LAR1                      //累加器 1 的指针值送地址寄存器 AR1
L      0
L      W［AR1,P#0.0］     //取 POINTER 第 1 个字内的数据块编号(见图 4-24)
```

```
         ==I
         JC      _001              //不是数据块(编号为0)则跳转
         T       #DB_No            //保存数据块的编号
         OPN     DB[#DB_No]        //用间接寻址打开 POINTER 指定的数据块
_001:    L       D[AR1,P#2.0]      //读取 POINTER 内的地址指针(图 4-24 中的第 2~5 号字节)
         LAR1                      //保存到 AR1,AR1 中是要累加的数据的起始地址指针值
         L       L#0               //32 位整数 0 装入累加器 1
         T       #Result           //将累加和清零
         L       #Number           //将循环次数(需要累加的字的个数)装载到累加器 1 的低字
BACK:    T       #Sycle_C          //暂存循环计数器值
         L       W[AR1,P#0.0]      //取要累加的数据
         ITD                       //转换为双整数
         L       #Result           //取累加和
         +D                        //累加
         T       #Result           //保存累加和
         +AR1    P#2.0             //地址指针值增加两个字节,指到下一个字
         L       #Sycle_C          //循环计数器值装载到累加器 1
         LOOP    BACK              //若循环计数器值减 1 后非 0,跳转到标号 BACK 处
```

3. OB1 的程序

生成共享数据块 DB2，在 DB2 中生成用于保存累加和的双整数 Sum，以及有 5 个整数元素的数组 Aray。下面是 OB1 调用 FC1 的程序，分别累加 DB2 和 M 区中的 5 个字。如果将 DB2. DBX4. 0 改写为指针格式 P#DB2. DBX4. 0，将会自动变为 DB2. Aray。

```
CALL  FC    1
  Start_Addr  := DB2.DBX4.0       //数据区起始地址
  Number      :=5                 //需要累加的字数
  Result      :=DB2.DBD0          //保存运算结果的双整数
CALL  FC    1
  Start_Addr  :=P#M 10.0          //数据区起始地址
  Number      :=5                 //需要累加的字数
  Result      :=MD20              //保存运算结果的双整数
```

4. 程序运行的监控

图 4-25 是 FC1 部分程序的程序状态监控图，图中累加器 1（STANDARD）的显示格式为十六进制数。数据类型为 POINTER 的输入参数 Start_Addr 的实参为 DB2. DBX4. 0 时，POINTER 的第一个字（数据块编号，见图 4-24）为 16#0002，后 4B 为地址指针 P#DBX4. 0（16#84000020）。

V 区是调用 FC1 的 OB1 的局部数据区。执行第一条 LAR1 指令以后，OB1 的局部数据区中存放指针参数 Start_Addr 的 6B 实参的地址指针值 V21. 0（16#870000a8）被装入 AR1（见图 4-25）。

在第 3 条指令“L 0”处设置一个断点，程序运行到该指令处暂停。在 CPU 的模块信息对话框的“堆栈”选项卡打开 OB1 的局部数据堆栈（L 堆栈，见图 4-26），可以看到从

VB21 开始存放的 Start_Addr 的 6B 实参为上述的 16#000284000020。

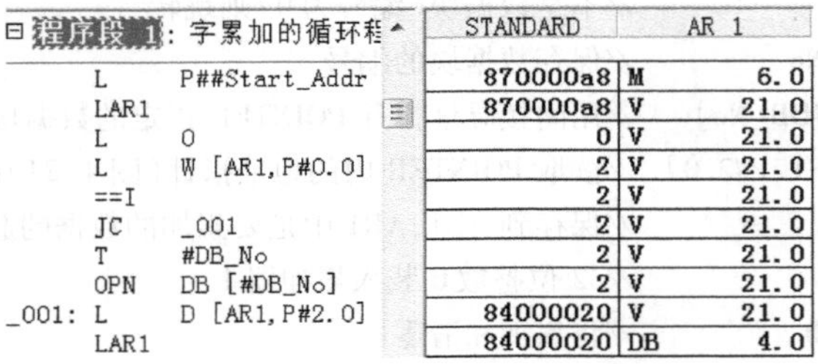
程序段 1: 字累加的循环程
L P##Start_Addr
LAR1
L 0
L W [AR1,P#0.0]
==I
JC _001
T #DB_No
OPN DB [#DB_No]
_001: L D [AR1,P#2.0]
LAR1
STANDARD
AR 1
870000a8 M 6.0
870000a8 V 21.0
0 V 21.0
2 V 21.0
2 V 21.0
2 V 21.0
2 V 21.0
2 V 21.0
84000020 V 21.0
84000020 DB 4.0

图 4-25　FC1 部分程序的程序状态

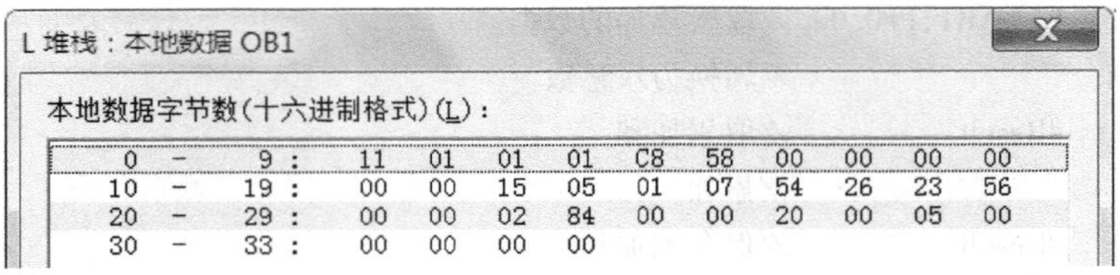

图 4-26　OB1 的局部数据

执行指令“L　D[AR1，P#2.0]以后，POINTER 第 2 ~5 号字节的地址指针值 P#DBX4.0（16#84000020）被装载到累加器 1。执行第二条 LAR1 指令以后，地址指针值 P#DBX4.0（在程序状态监控中被简记为 DB4.0）被送入 AR1。第一次循环执行指令“L　W［AR1，P#0.0］”时，装载的是被累加的第一个数 DB2.DBW4。

可以用变量表监控程序运行的结果。

4.5.3　参数类型 ANY 的应用

1. 参数类型 ANY

在调用逻辑块时，参数类型 ANY 用于将任意的数据类型传递给声明的形参。ANY 可用于实参的数据类型未知，或实参可以使用任意数据类型的情况。

ANY 由 10B 组成（见图 4-27），字节 4 ~9 的意义与指针 POINTER 的 0 ~5 号字节相同（见图 4-24），字节 1（数据类型编码）的意义见表 4-6。

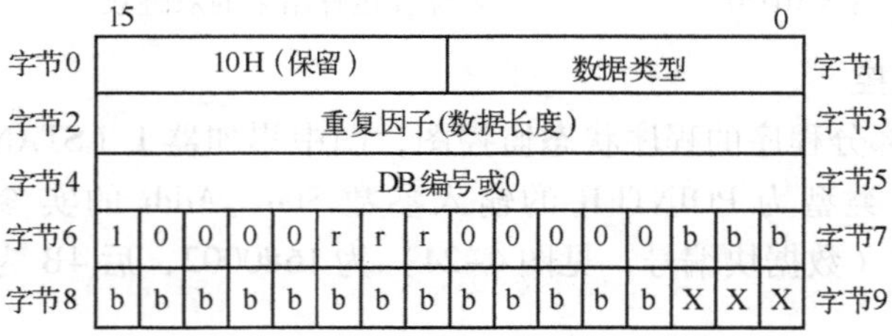

图 4-27　参数类型 ANY 的结构

ANY 指针可以用来表示一片连续的数据区，例如 P#DB1.DBX 0.0 WORD 3 表示 DB1 中的 DBW0 ~DBW4 这 3 个字。在这个例子中，DB 编号为 1，重复因子（数据长度）为 3，数据类型的编码为 B#16#04（WORD）。6 ~9 号字节的指针值为 16#84000000（P#DBX0.0）。

表 4-6　数据类型的编码

代　码	数 据 类 型	描　述	代　码	数 据 类 型	描　述
B#16#00	NIL	空指针	B#16#0B	TIME(32 位)	IEC 时间
B#16#01	BOOL	位	B#16#0C	S5TIME(16 位)	S5 格式的时间
B#16#02	BYTE	字节(8 位)	B#16#0E	DATE_AND_TIME(DT)	日期和时间(64 位)
B#16#03	CHAR	字符(8 位)	B#16#13	STRING	字符串
B#16#04	WORD	字(16 位)	B#16#17	BLOCK_FB	FB 编号
B#16#05	INT	整数(16 位)	B#16#18	BLOCK_FC	FC 编号
B#16#06	DWORD	双字(32 位)	B#16#19	BLOCK_DB	DB 编号
B#16#07	DINT	双整数(32 位)	B#16#1A	BLOCK_SDB	系统数据块编号
B#16#08	REAL	浮点数(32 位)	B#16#1C	COUNTER	计数器编号
B#16#09	DATE	IEC 日期(16 位)	B#16#1D	TIMER	定时器编号
B#16#0A	TIME_OF_DAY(TOD)	实时时间(32 位)			

ANY 指针也可以用地址作实参，例如 DB2. DBW30 和 Q12. 5，但是只能指向一个地址。ANY 指针只能用于形参的 IN、OUT（不能用于 FB）、IN_OUT 和 TEMP 变量。

2. FC2 的程序设计

【例 4-2】 用 ANY 指针作为输入参数，用 FC2 对若干个连续存放的字作异或运算。不是字则不进行运算。程序见随书光盘的例程“寄存器间接寻址”，FC2 的局部变量如表 4-7 所示。

表 4-7　FC2 的局部变量

变量名称	变量类型	数据类型	注　释	变量名称	变量类型	数据类型	注　释
ANYPoint	IN	ANY	ANY 指针	Lenth	TEMP	Int	字的个数
Result	OUT	Word	异或运算的结果	DB_No	TEMP	Int	数据块编号

OB1 调用 FC2 时，不能用 32 位的累加器来传递 10B 的 ANY 指针 ANYPoint，而是将 ANYPoint 的实参保存在 OB1 的局部数据区（V 区）中。

下面是 FC2 中的程序，第一条指令的操作数 P##ANYPoint 是保存在 V 区的 ANYPoint 的 10B 实参 P#DB1. DBX 0. 0 WORD 3 的地址指针。其中的 P#表示指针，第 2 个#号表示局部变量。

从程序状态监控可知，执行第一条 LAR1 指令以后，AR1 内的程序状态监控值是参数 ANYPoint 的实参的起始地址 V21. 0（16#870000a8）。执行第二条 LAR1 指令以后，AR1 中是要异或运算的数据区的地址指针值 P#DBX0. 0（16#84000000），其程序状态监控值为 DB0. 0。

```
L      P##ANYPoint            //P#表示指针,第 2 个#号表示局部变量
LAR1                          //ANYPoint 的实参在 V 区的指针值送地址寄存器 AR1
L      0
T      #Result                //将保存异或运算结果的字清 0
L      B[AR1,P#1.0]           //取 ANYPoint 的实参内的数据类型(见图 4-27)
```

```
        L       B#16#4
        <>I
        JC      _003                  //不是字则返回
        L       0
        L       W[AR1,P#4.0]          //取 ANYPoint 的实参内的数据块编号(见图 4-27)
        ==I
        JC      _001                  //不是数据块(编号为0)则跳转
        T       #DB_No                //保存数据块编号
        OPN     DB[#DB_No]            //打开 ANYPoint 的实参指定的数据块 DB
_001:   L       W[AR1,P#2.0]          //取 ANYPoint 的实参内的重复因子(见图 4-27)
        T       #Lenth                //保存需要异或的字的个数
        L       D[AR1,P#6.0]          //取 ANYPoint 的实参内要异或的数据区的指针值(见图 4-27)
        LAR1                          //要异或的数据的起始地址指针值 P#DBX0.0 送 AR1
        L       #Lenth                //取需要异或的字的个数(即需要循环的次数)
_002:   T       #Lenth                //暂存循环计数器值
        L       W[AR1,P#0.0]          //取数据字
        L       #Result               //取异或运算的中间结果
        XOW                           //字异或运算
        T       #Result               //存放运算结果
        +AR1    P#2.0                 //地址指针值增加两个字节,指针指到下一个字
        L       #Lenth                //循环计数器值装载到累加器 1
        LOOP    _002                  //若循环计数器值减 1 后非 0,跳转到标号_002
_003:   NOP0
```

3. OB1 的程序与程序运行结果

下面是 OB1 中调用 FC2 的程序，对 DB 1 中的 DBW0、DBW2 和 DBW4 作异或运算，运算结果送 MW4。

```
CALL  FC    2
  ANYPoint :=P#DB1.DBX 0.0 WORD 3
  Result   :=MW4
```

图 4-28 中的变量表给出了程序运行的结果，DB1 前 3 个字同一位中 1 的个数为奇数时，异或运算后 MW4 的同一位为 1；1 的个数为偶数时，MW4 的同一位为 0。

	地址	显示格式	状态值
1	DB1.DBW 0	BIN	2#1010_0100_1001_0010
2	DB1.DBW 2	BIN	2#1000_0011_0100_0111
3	DB1.DBW 4	BIN	2#1100_1110_0110_0101
4	MW 4	BIN	2#1110_1001_1011_0000

图 4-28　变量表

从上述两个例子可以看到寄存器间接寻址的优点，执行第二条 LAR1 指令之前，AR1 中是 POINTER 或 ANY 的实参的地址指针值，通过修改寄存器间接寻址的地址偏移量，可以方便地读取 POINTER 或 ANY 实参内的数据值或地址指针值。

4.6 组织块与中断处理

组织块（OB）是操作系统与用户程序之间的接口，用于控制扫描循环和中断程序的执行、PLC 的启动和错误处理等，可以使用的同类组织块的个数与 CPU 的型号有关。

4.6.1 中断的基本概念

1. 中断过程

中断处理用来实现对特殊内部事件或外部事件的快速响应。如果没有中断事件发生，CPU 循环执行主程序 OB1。除了背景组织块 OB90 以外，OB1 的中断优先级最低。CPU 检测到中断源的中断请求时，操作系统在执行完当前逻辑块的当前指令后，立即响应中断。CPU 暂停正在执行的程序，自动调用中断源对应的组织块（OB）来处理中断事件。执行完中断组织块后，返回被中断的程序的断点处继续执行原来的程序。中断组织块不是由逻辑块调用，而是在中断事件发生时由操作系统调用。中断组织块中的程序是用户编写的。

大多数中断事件发生时，如果没有下载对应的组织块，CPU 将会进入 STOP 模式。即使下载一个空的组织块，出现对应的中断事件时，CPU 也不会进入 STOP 模式。

PLC 的中断事件可能来自 I/O 模块的硬件中断，或者来自 CPU 模块内部的软件中断，例如时间中断、延时中断、循环中断和编程错误引起的中断。

一个 OB 的执行被另一个 OB 中断时，操作系统对现场进行保护。被中断的 OB 的局部数据压入 L 堆栈（局部数据堆栈），被中断的断点处的现场信息保存在 I 堆栈（中断堆栈）和 B 堆栈（块堆栈）中。因为不能预知系统何时调用中断程序，中断程序不能改写其他程序中可能正在使用的存储器，中断程序应尽可能地使用局部变量。

中断程序的执行时间如果太长，可能引起主程序控制的设备操作异常。

2. 组织块的分类

组织块只能由操作系统启动，它由变量声明表和用户编写的控制程序组成。

（1）启动组织块

启动组织块用于系统初始化，CPU 上电或切换到 RUN 模式时，执行一次启动组织块。

（2）循环执行的 OB1

需要循环执行的程序存放在主程序 OB1 中，操作系统在每次循环中调用一次 OB1。

（3）定期执行的组织块

循环中断组织块 OB30 ~ OB38 按指定的时间间隔周期性地执行，时间中断组织块 OB10 ~ OB17 可以根据设定的日期时间执行一次，或者按指定的时间间隔周期性地执行。

（4）事件驱动的组织块

延时中断组织块 OB20 ~ OB23 在过程事件出现后延时一定的时间，再执行中断程序；硬件中断组织块 OB40 ~ OB47 用于需要快速响应的过程事件，事件出现时马上中止当前正在执行的程序，开始执行对应的中断程序。异步错误中断组织块 OB80 ~ OB87 和同步错误中断组织块 OB121、OB122 用来决定在出现错误时系统如何响应。

3. 中断的优先级

中断的优先级也就是组织块的优先级，如果在执行中断 OB 时，又检测到一个中断请求，CPU 将比较两个中断源的中断优先级。如果优先级相同，按照产生中断请求的先后次序进行处理。如果后者的优先级比正在执行的中断 OB 的优先级高，将中止当前正在处理的中断 OB，改为执行较高优先级的中断 OB。这种处理方式称为中断程序的嵌套调用。

S7-300 的组织块的优先级是固定的，可以用 STEP 7 修改 S7-400 CPU 和 CPU 318 下述组织块的优先级：OB10 ~ OB47、OB70 ~ OB72（只适用于 H 系列 CPU）和 OB81 ~ OB87。通常情况下组织块的编号越大（OB90 除外），优先级越高。具有相同优先级的 OB 按启动它们的事件出现的先后顺序处理。被同步错误启动的 OB121 和 OB122 的优先级与错误出现时正在执行的 OB 的优先级相同。

生成逻辑块 OB、FB 和 FC 时，同时生成临时局部数据，CPU 的局部数据区按优先级划分。可以在 S7-400 的 CPU 模块属性对话框的“存储器”选项卡中，改变每个优先级的局部数据区的大小。将优先级赋值为 0，或分配小于 20B 的局部数据给某一个优先级，可以取消相应的中断 OB。

4. 对中断的控制

时间中断和延时中断有专用的允许处理中断（或称激活中断、使能中断）和禁止中断的系统功能（SFC）。

SFC39“DIS_INT”用来禁止中断和异步错误处理，SFC40“EN_INT”用来激活（使能）新的中断和异步错误处理，激活中断是指允许处理中断，做好了在中断事件出现时执行对应的组织块的准备。可以全部或有选择地禁止或允许某些优先级范围的中断，或者只禁止或允许指定的某个中断。

SFC41“DIS_AIRT”延迟处理比当前优先级更高的中断和异步错误，直到用 SFC42 允许处理中断或当前的 OB 执行完毕。SFC42“EN_ AIRT”用来允许立即处理被 SFC41 暂时禁止的中断和异步错误，SFC42 和 SFC41 配对使用。

5. 组织块的变量声明表

组织块（OB）是操作系统调用的，OB 没有背景数据块，也不能为 OB 声明输入、输出参数和静态数据，因此 OB 的变量声明表中只有临时数据。OB 的临时数据可以是基本数据类型、复杂数据类型或参数类型 ANY。

局部数据区的前 20B 提供了触发该 OB 的事件的详细信息，这些信息在 OB 启动时由操作系统提供（见表 4-8），包括事件等级和标示符、优先级、附加信息、启动日期与时间等。声明表中变量的具体内容与组织块的类型有关，用户也可以在前 20B 之后定义自己使用的临时局部变量。

表 4-8　OB 的临时局部变量

地址（字节）	内　容
0	事件级别与标识符，例如 OB40 为 B#16#11，表示硬件中断被激活
1	用代码表示的与启动 OB 的事件有关的信息
2	优先级，例如 OB40 默认的优先级为 16（OB40）~23（OB47）
3	OB 编号，例如 OB40 的编号为 40
4 ~ 11	附加信息，例如 OB40 的第 5 号字节为 16#54（输入模块）或 16#55（输出模块）；第 6、7 号字节组成的字为产生中断的模块的起始地址；第 8 ~ 11 号字节组成的双字为数字量模块产生中断的通道号
12 ~ 19	OB 被启动的日期和时间的 BCD 码（年的低两位、月、日、时、分、秒、毫秒与星期）

4.6.2 启动组织块与循环中断组织块

1. CPU 模块的启动方式与启动组织块

S7-400 CPU 有 3 种启动方式：暖启动、热启动和冷启动。打开 S7-400 CPU 模块的属性对话框的“启动”选项卡，可以选择这 3 种启动方式中的一种，绝大多数 S7-300 CPU 只能暖启动。

启动组织块 OB100 ~ OB102 用于系统初始化。CPU 上电或由 STOP 模式切换到 RUN 模式时，首先执行一次启动组织块。用户可以在启动组织块中编写初始化程序，例如设置开始运行时某些变量的初始值和输出模块的初始值等。

1）暖启动：过程映像数据和没有保持功能的存储器位、定时器和计数器被复位。具有保持功能的存储器位、定时器、计数器和所有的数据块将保留原数值。执行一次 OB100 后，循环执行 OB1。将模式选择开关从 STOP 位置扳到 RUN 位置，执行一次手动暖启动。

2）热启动：如果 S7-400 CPU 在 RUN 模式时电源突然丢失，在设置的时间之内又重新上电，将执行 OB101，自动地完成热启动。从上次 RUN 模式结束时程序被中断之处继续执行，不对定时器、计数器、位存储器和数据块复位。

3）冷启动：所有系统存储区均被清零，包括有保持功能的存储区。用户程序从装载存储器载入工作存储器，调用 OB102 后，循环执行 OB1。

将模式选择开关扳到 MRES 位置，可以实现手动冷启动。

2. 循环中断组织块

循环中断组织块用于按精确的时间间隔循环执行中断程序，例如周期性地执行闭环控制系统的 PID 控制程序，间隔时间从 STOP 模式切换到 RUN 模式时开始计算。部分 S7-300 CPU 只能使用 OB35，其余的 CPU 可以使用的循环中断 OB 的个数与 CPU 的型号和订货号有关。

时间间隔不能小于 5 ms。如果时间间隔过短，还没有执行完循环中断程序又开始调用它，将会产生时间错误事件，CPU 将调用 OB80。

3. 硬件组态

用新建项目向导生成名为“OB35 例程”的项目（见随书光盘中的同名例程），CPU 为 CPU 315-2PN/DP。双击硬件组态工具 HW Config 中的 CPU，打开 CPU 属性对话框，由“循环中断”选项卡（见图 4-29）可知，该 CPU 可以使用 OB32 ~ OB35。将 OB35 的默认值 100 ms 修改为 800 ms，将组态数据下载到 CPU 后生效。如果没有作上述的硬件组态操作，OB35 的时间间隔为默认值 100 ms。

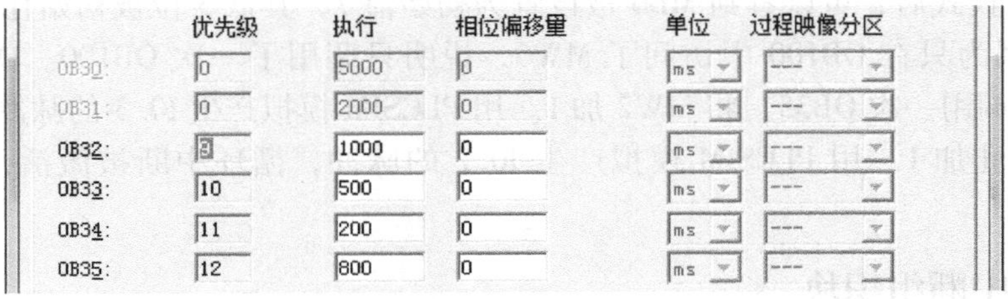

图 4-29 循环中断的设置

如果两个循环中断 OB 的时间间隔为整倍数，它们可能同时请求中断。相位偏移量（默认值为0）用于错开不同时间间隔的几个循环中断 OB，以减少连续执行多个循环中断 OB 的时间。相位偏移应小于 OB 的循环时间间隔。

组态结束后，单击工具栏上的按钮，编译并保存组态信息。

4. OB100 的程序

生成 OB100 后双击打开它（见图 4-30），用 MOVE 指令将 MB0 的初始值设置为 7，即低 3 位置 1，其余各位为 0。此外用 ADD_I 指令将 MW6 加 1。

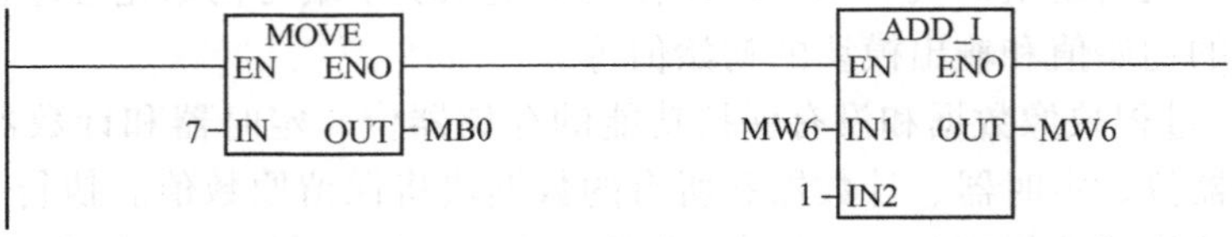

图 4-30　OB100 的程序

5. OB35 的程序

下面是用 STL 编写的 OB35 中断程序，每经过 800 ms，MW2 被加 1。

```
L    MW    2
+    1
T    MW    2
```

6. 禁止和激活硬件中断

SFC40 “EN_IRT” 和 SFC39 “DIS_IRT” 分别是激活、禁止中断和异步错误的系统功能。它们的参数 MODE（模式）为 2 时激活或禁止 OB_NR 指定的 OB 编号对应的中断。因为 MODE 的数据类型为 BYTE，它的实参为十六进制常数 16#2。图 4-31 是 OB1 中的程序。

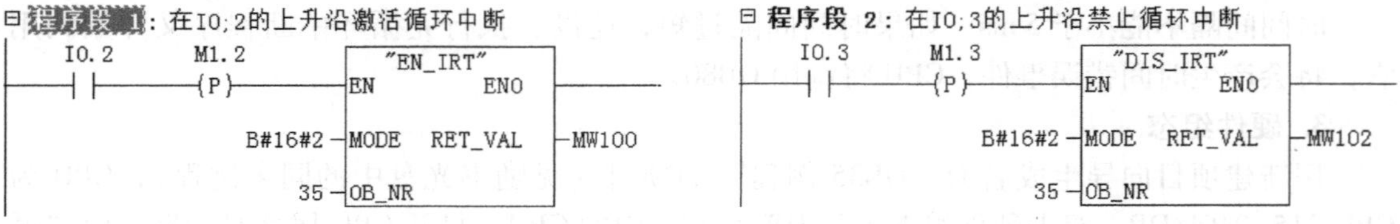

图 4-31　OB1 激活和禁止循环中断的程序

7. 仿真实验

可以用仿真软件 PLCSIM 模拟运行上述例程，将程序和硬件组态数据下载到仿真 PLC。

进入 RUN 模式后，可以看到 MB0 被设置为初始值 7，其低 3 位被初始化为 1，MW6 的值一直为 1。因为只在 OB100 中访问了 MW6，说明只调用了一次 OB100。OB35 被自动激活，每 800 ms 调用一次 OB35，将 MW2 加 1。用 PLCSIM 模拟产生 I0.3 的脉冲，循环中断被禁止，MW2 停止加 1。用 PLCSIM 模拟产生 I0.2 的脉冲，循环中断被激活，MW2 又开始加 1。

4.6.3　时间中断组织块

S7-400 CPU 可以使用的时间中断 OB（OB10 ~ OB17）的个数与 CPU 的型号有关。大多数 S7-300 CPU 只能使用 OB10。可以用组态或编程的方法来启动时间中断。

可以设置在某一特定的日期和时间产生一次时间中断，也可以设置从设定的日期时间开始，周期性地重复产生中断，例如每分钟、每小时、每天、每周、每月、月末、每年产生一次时间中断。可以用专用的 SFC28 ~ SFC30 来设置、取消和激活时间中断。

1. 基于硬件组态的时间中断

要求在到达设置的日期和时间时，用 Q4.0 自动起动某台设备。用新建项目向导生成一个名为“OB10_1”的项目（见随书光盘中的同名例程），CPU 模块的型号为 CPU 315-2DP。

打开硬件组态工具 HW Config，双击机架中的 CPU，打开 CPU 的属性对话框。在“时间中断”选项卡（见图 4-32），设置自动起动设备的日期和时间，执行方式为“一次”。用复选框激活中断，按“确定”按钮结束设置。单击工具栏上的按钮，保存和编译组态信息。

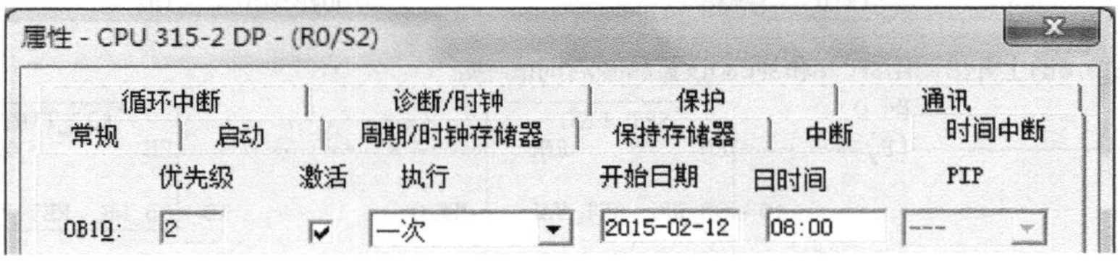

图 4-32　组态时间中断

在 SIMATIC 管理器中生成 OB10，下面是用语句表编写的 OB10 的程序，设置的时间到时，将需要起动的设备对应的输出点 Q4.0 置位：

```
SET                  //将 RLO 置为 1
=      Q    4.0      //将 RLO 写入 Q4.0
```

下面是 OB1 中的程序，用 I0.0 将 Q4.0 复位：

```
A    I    0.0
R    Q    4.0
```

打开 PLCSIM，生成 QB4 的视图对象。下载所有的块和系统数据后，将仿真 PLC 切换到 RUN-P 模式。时间中断在 PLC 暖启动或热启动时被激活，在 PLC 启动过程结束之后才能执行。达到设置的日期和时间时，可以看到 Q4.0 变为 1 状态。

做实验时可以设置比当前的日期时间稍晚一点的日期和时间，以免等待的时间太长。

2. 用 SFC 控制时间中断

可以在用户程序中调用 SFC 来设置和激活时间中断。用新建项目向导生成一个名为“OB10_2”的项目（见随书光盘中的同名例程）。在 OB1 中调用 SFC31“QRY_TINT”来查询时间中断的状态（见图 4-33），读取的状态字用 MW8 保存。

IEC 功能 FC3“D_TOD_TD”用于合并日期和时间值，它在程序编辑器左边窗口的文件夹“\库\Standard Library\IEC Function Blocks”中。首先生成 OB1 的临时局部变量（TEMP）“DT1”，其数据类型为 Date_And_Time，“D_TOD_TD”的执行结果用 DT1 保存。

在 I0.0 的上升沿，调用 SFC28“SET_TINT”和 SFC30“ACT_TINT”来分别设置和激活时间中断 OB10。在 I0.1 的上升沿，调用 SFC29“CAN_TINT”来禁止时间中断。

各 SFC 的参数 OB_NR 是组织块的编号，SFC28“SET_TINT”用来设置时间中断，它的参数 SDT 是开始产生中断的日期和时间。PERIOD 用来设置执行的方式，W#16#0201 表示每分钟产生一次时间中断。RET_VAL 是执行时可能出现的错误代码，为 0 时无错误。

下面是 OB10 中将 MW2 加 1 的 STL 程序：

```
L      MW      2
+       1
T      MW      2
```

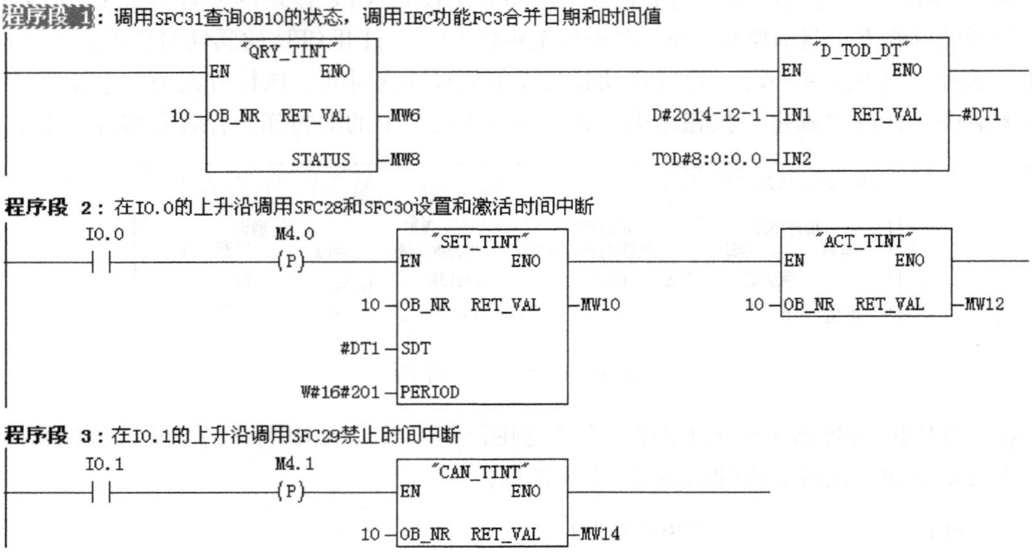

图 4-33　OB1 的程序

3. 仿真实验

打开仿真软件 PLCSIM，生成 IB0、MB9 和 MW2（见图 4-34）的视图对象，MB9 是 SFC31 读取的状态字 MW8 的低位字节。下载所有的块后，将仿真 PLC 切换到 RUN-P 模式，M9.4 变为 1 状态，表示已经下载了 OB10。令 I0.0 为 1 状态，M9.2 变为 1 状态，表示时间中断已被激活，如果设置的是已经过去的日期和时间，CPU 将会每分钟调用一次 OB10，将 MW2 加 1。两次单击 I0.1 对应的小方框，在 I0.1 的上升沿，时间中断被禁止，M9.2 变为 0 状态，MW2 停止加 1。两次单击 I0.0 对应的小方框，在 I0.0 的上升沿，时间中断被重新激活，M9.2 变为 1 状态，MW2 每分钟又被加 1。

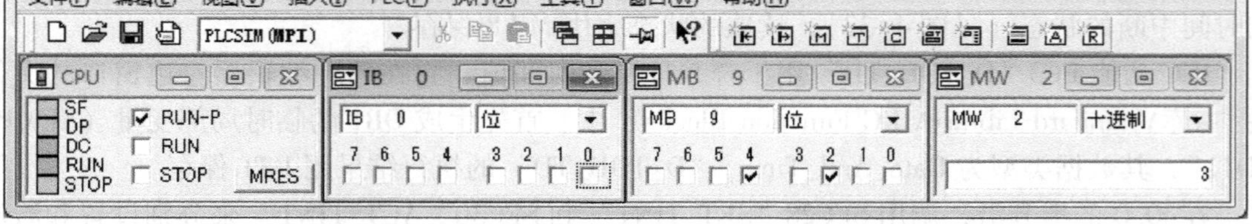

图 4-34　PLCSIM

4.6.4 硬件中断组织块

硬件中断组织块（OB40～OB47）用于快速响应信号模块（SM，即输入/输出模块）、通信处理器（CP）和功能模块（FM）的状态变化。具有硬件中断功能的上述模块将中断信号传送到 CPU 时，将触发硬件中断。绝大多数 S7-300 CPU 只能使用 OB40，S7-400 CPU 可以使用的硬件中断 OB 的个数与 CPU 的型号有关。

为了产生硬件中断，在组态时应启用有硬件中断功能的模块的硬件中断。产生硬件中断时，如果没有生成和下载硬件中断组织块，操作系统将会向诊断缓冲区输入错误信息，并执行异步错误处理组织块 OB80。

硬件中断 OB 默认的优先级为 16～23，可以修改 S7-400 的硬件中断 OB 的优先级。

硬件中断被模块触发后，操作系统将用 OB40 的局部变量向用户提供产生硬件中断的模块的起始地址和模块中的通道号。

如果正在处理某一硬件中断事件，又出现了同一模块同一通道产生的完全相同的中断事件，新的中断事件将丢失，即不处理它。

如果正在处理某一中断信号时，同一模块的其他通道或其他模块产生了中断事件，新的请求将被记录。当前的中断组织块执行完后，再处理被记录的中断。

1. 硬件组态

用新建项目向导生成一个名为“OB40 例程”的项目（见随书光盘中的同名例程），CPU 模块的型号为 CPU 315-2DP。打开硬件组态工具 HW Config，将型号为“DI4xNAMUR，Ex”的 4 点 DI 模块插入 4 号槽，16 点 DO 模块插入 5 号槽。

自动分配的 DI 模块的字节地址为 0。双击该模块，打开它的属性对话框（见图 4-35）。用复选框启用硬件中断，设置 I0.0 产生上升沿中断，I0.1 产生下降沿中断。

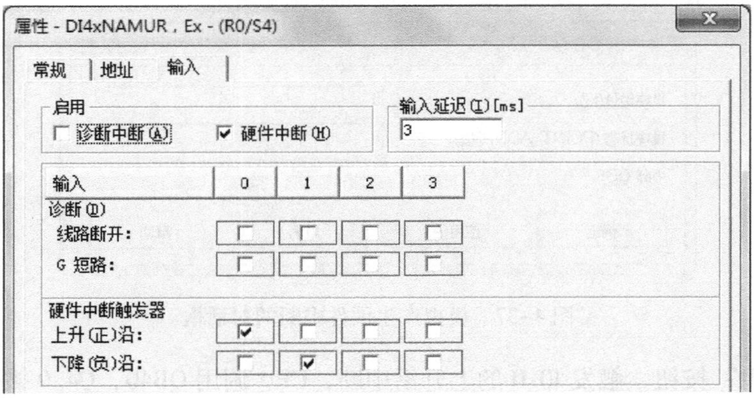

图 4-35 组态硬件中断

2. 编写 OB40 中的程序

OB40 中的程序（见图 4-36）用来判断是哪个模块的哪个点产生的中断，然后执行相应的操作。临时局部变量 OB40_MDL_ADDR 和 OB40_POINT_ADDR 分别是产生中断的模块的起始字节地址和模块内的位地址，数据类型分别为 Word 和 DWord，这两个变量不能直接用于整数比较指令和双整数比较指令。

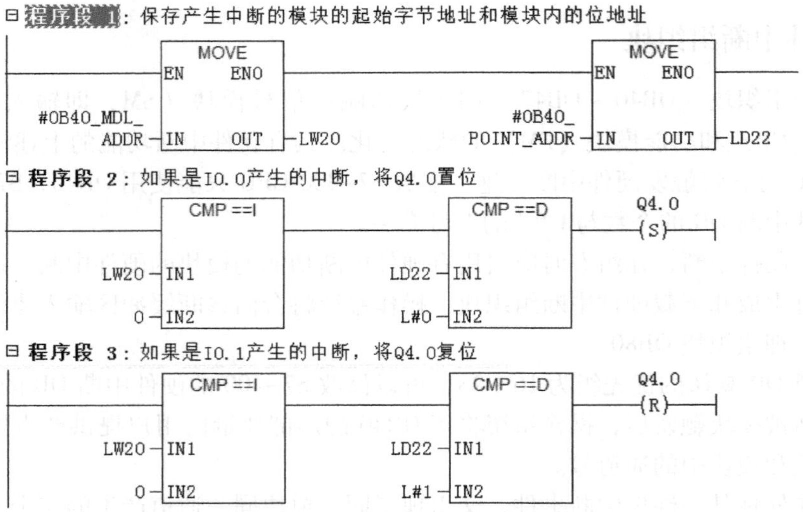

图 4-36　OB40 中的程序

首先用 MOVE 指令将它们保存到 LW20 和 LD22，然后才能用比较指令判别是哪一个模块和模块中的哪一点产生的中断。如果是 I0.0 产生的中断，LW20 和 LD22 均为 0，程序段 2 的两条比较指令等效的触点同时闭合，将 Q4.0 置位。程序段 3 在 I0.1 的下降沿将 Q4.0 复位。

3. 硬件中断的仿真实验

打开 PLCSIM，下载所有的块，将仿真 PLC 切换到 RUN-P 模式。执行 PLCSIM 的菜单命令“执行”→“触发错误 OB”→“硬件中断（OB40-OB47）…”，打开“硬件中断 OB（40-47）”对话框（见图 4-37），在“模块地址”文本框内输入模块的起始字节地址 0，在“模块状态（POINT_ADDR）”文本框内输入模块内的位地址 0。

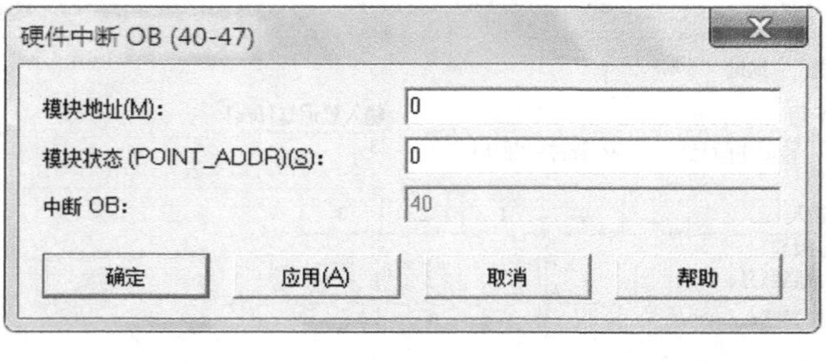

图 4-37　模拟产生硬件中断的对话框

单击“应用”按钮，触发 I0.0 的上升沿中断，CPU 调用 OB40，Q4.0 被置位为 1 状态，同时在“中断 OB”显示框内自动显示出对应的 OB 编号 40。将位地址（POINT_ADDR）改为 1，模拟 I0.1 产生的下降沿中断，单击“应用”按钮，在放开按钮时，Q4.0 被复位为 0 状态。单击“OK”按钮，将执行与“应用”按钮同样的操作，同时关闭对话框。

4. 禁止和激活硬件中断

图 4-38 是 OB1 中的程序，在 I0.2 的上升沿调用 SFC40（EN_IRT）激活 OB40 对应的硬件中断，在 I0.3 的上升沿调用 SFC39（DIS_IRT）禁止 OB40 对应的硬件中断。输入参数 MODE（模式）为 2 时，OB_NR 的实参为 OB 的编号。

两次单击 PLCSIM 中 I0.3 对应的小方框，OB40 被禁止执行。这时用图 4-37 中的对话框模拟产生硬件中断，不会调用 OB40。两次单击 I0.2 对应的小方框，OB40 被允许执行。又可以用 I0.0 和 I0.1 产生的硬件中断来控制 Q4.0 了。

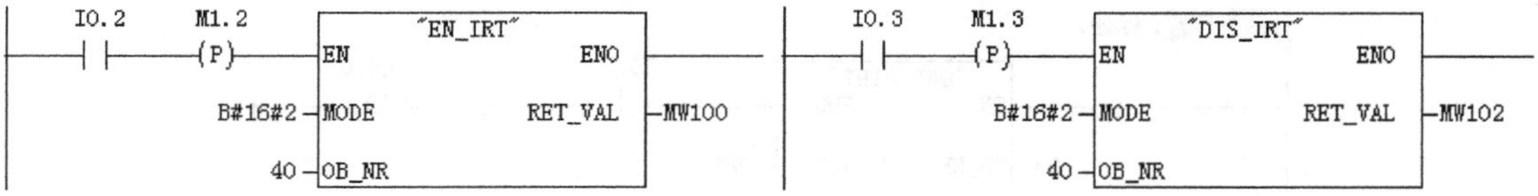

图 4-38　OB1 中激活和禁止硬件中断的程序

4.6.5　延时中断组织块

PLC 的普通定时器的工作与扫描工作方式有关，其定时精度较差。如果需要高精度的延时，应使用延时中断 OB。用 SFC32 "SRT_DINT" 启动延时中断，延时时间为 1～60000 ms，精度为 1 ms。延时时间到时触发延时中断，调用 SFC32 指定的组织块。S7-300 的部分 CPU 只能使用 OB20。

1. 硬件组态

用新建项目向导生成一个名为 "OB20 例程" 的项目（见随书光盘中的同名例程），硬件结构和组态方法与例程 "OB40" 的相同。型号为 "DI4xNAMUR，Ex" 的 4 点 DI 模块的字节地址为 0，用复选框启用硬件中断，设置 I0.0 产生上升沿中断（见图 4-35）。

2. 程序设计

在 I0.0 的上升沿触发硬件中断，CPU 调用 OB40，在 OB40 中调用 SFC32 "SRT_DINT" 启动延时中断（见图 4-39），延时时间为 10s。从 LD12 开始的 8B 临时局部变量是调用 OB40 时的日期时间值，用 MOVE 指令将其中的后 4 个字节 LD16（分、秒、ms 和星期的代码）保存到 MD20。

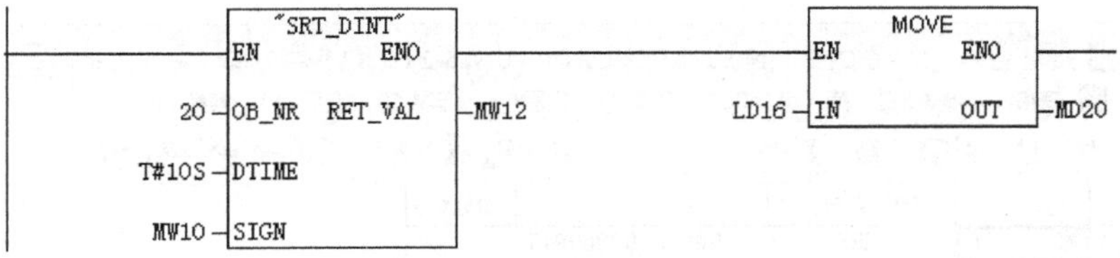

图 4-39　OB40 中的程序

10 s 后延时时间到，CPU 调用 SFC32 指定的 OB20。在 OB20 中将它的局部变量的日期时间值的后 4 个字节保存到 MD24（见图 4-40）。同时将 Q4.0 置位，并通过 PQB4 立即输出 Q4.0 的新值。

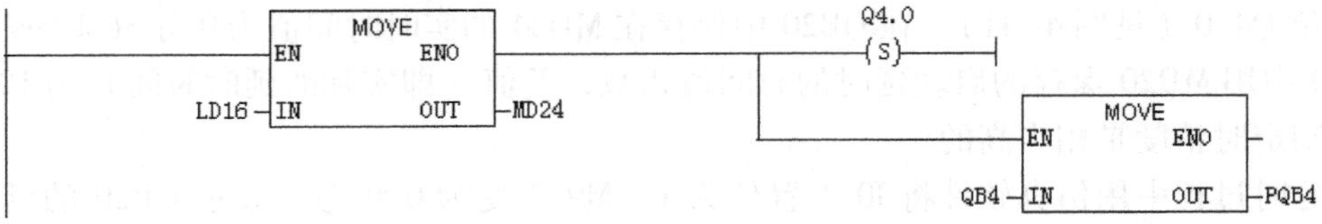

图 4-40　OB20 中的程序

在 OB1 中调用 SFC34“QRY_DINT”来查询延时中断的状态字 STATUS（见图 4-41），查询的结果用 MW8 保存，其低字节为 MB9。OB_NR 的实参是 OB20 的编号。

在延时过程中，可以在 I0.1 的上升沿调用 SFC33“CAN_DINT”来取消延时中断过程。

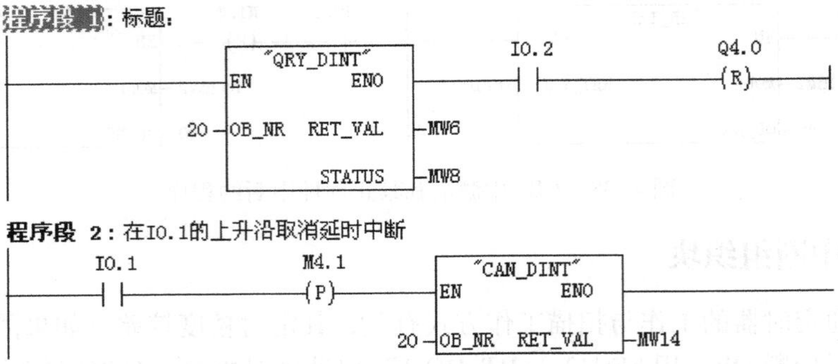

图 4-41　OB1 中的程序

3. 仿真实验

打开仿真软件 PLCSIM，将程序和组态信息下载到仿真 PLC。切换到 RUN-P 模式时，M9.4 马上变为 1 状态，表示 OB20 已经下载到 CPU。

执行 PLCSIM 的菜单命令“执行”→“触发错误 OB”→“硬件中断（OB40-OB47）…”，在“硬件中断 OB（40-47）”对话框中（见图 4-37），输入 DI 模块的起始字节地址 0 和模块内的位地址 0。单击“应用”按钮，I0.0 产生硬件中断。CPU 调用 OB40，M9.2 变为 1 状态，表示正在执行 SFC32 启动的时间延时。

在 SIMATIC 管理器中生成变量表（见图 4-42），单击工具栏上的按钮，起动监控功能。MD20 保存的是在 OB40 中读取的 BCD 格式的时间值（9 分 26 秒 991 毫秒），最后 1 位为星期的代码，7 表示星期六。

图 4-42　变量表

10s 的延时时间到时，CPU 调用 OB20，M9.2 变为 0 状态，表示延时结束。OB20 中的程序将 Q4.0 置位为 1 状态（见图 4-40），并且用 MOVE 指令立即写入 DO 模块。可以用 I0.2 复位 Q4.0（见图 4-41）。在 OB20 中保存在 MD24 的实时时间值为 9 分 36 秒 991 毫秒，与 OB40 中用 MD20 保存的启动延时的时间值相减，差值（即实际的延时时间）为 10.000 s，由此可知定时精度是相当高的。

在延时过程中用仿真软件将 I0.1 置位为 1，M9.2 变为 0 状态，表示 OB20 的延时被取消，定时时间到不会调用 OB20。

4.6.6 异步错误组织块与其他组织块

1. 错误处理概述

S7-300/400 有很强的错误（或故障）检测和处理的能力。操作系统可以检测出下列错误：不正确的 CPU 功能、操作系统执行的错误、用户程序中的错误和 I/O 中的错误。

操作系统检测到一个异步错误时，将启动相应的组织块（见表 4-9）。用户可以在组织块中编程，对出现的错误采取相应的措施，以减小或消除错误的影响。如果没有生成和下载处理某个错误的组织块，出现该错误时 CPU 将进入 STOP 模式。即使下载一个空的 OB，出现该错误时 CPU 也不会进入 STOP 模式。

利用系统功能（SFC），用户可以屏蔽、延迟或禁止各种 OB 的启动事件。

2. 异步错误组织块

被 CPU 检测到并且用户可以通过组织块对其进行处理的错误分为异步错误和同步错误。

异步错误是与 PLC 的硬件或操作系统密切相关的错误，与用户程序的执行无关。异步错误的后果一般都比较严重。异步错误对应的组织块为 OB70 ~ OB73 和 OB80 ~ OB87（见表 4-9），具有最高的优先级。

表 4-9 错误处理组织块

OB 号	错误类型	优先级	OB 号	错误类型	优先级
OB70	I/O 冗余错误（仅 H 系列 CPU）	25	OB84	CPU 硬件故障	S7-300：26/28 S7-400 和 CPU 318：27/28
OB72	CPU 冗余错误（仅 H 系列 CPU）	28	OB85	优先级错误	
OB73	通信冗余错误（仅 H 系列 CPU）	25	OB86	机架故障或分布式 I/O 的站故障	
OB80	时间错误	26/28	OB87	通信错误	
OB81	电源故障	S7-300：26/28 S7-400 和 CPU 318：27/28	OB121	编程错误	出错的 OB 的优先级
OB82	诊断中断		OB122	I/O 访问错误	
OB83	插入/删除模块中断				

3. 同步错误组织块

同步错误是与程序执行有关的错误，OB121 用于对程序错误的处理，OB122 用于处理模块访问错误。同步错误 OB 的优先级与出现错误时被中断的块的优先级相同。即同步错误 OB 中的程序可以访问块被中断时累加器和其他寄存器的内容。对错误进行适当处理后，可以将处理结果返回被中断的块。

可以用 SFC36“MASK_FLT”来屏蔽同步错误，使某些同步错误出现时不调用对应的 OB。SFC37“DMSK_FLT”用来解除对同步错误的屏蔽，SFC38“READ_ERR”用来读取错误寄存器。

4. 时间错误处理组织块（OB80）

扫描周期监视时间的默认值为 150 ms，时间错误包括实际扫描周期超过设置的扫描周期时间、因为向前修改时间而跳过时间中断、处理优先级时延迟太多等。

5. 电源故障处理组织块（OB81）

电源故障包括备用电池失效或未安装，S7-400 的 CPU 机架或扩展机架上的 DC 24 V 电源故障。电源故障出现和消失时操作系统都要调用 OB81。

6. 用于故障诊断的组织块

OB82、OB85、OB86 和 OB122 在故障诊断中的应用将在 7.1.1 节详细介绍。

7. 其他组织块

此外还有 CPU 硬件故障组织块 OB84、通信错误组织块 OB87、DPV1 中断组织块 OB55 ~ OB57、多处理器中断组织块 OB60、同步周期性中断组织块 OB61 ~ OB64、技术同步中断组织块 OB65、冗余故障组织（OB70、OB72 和 OB73）、处理中断组织块 OB88 和背景组织块 OB90。它们用得很少，具体的使用方法见在线帮助。

4.7 显示参考数据

STEP 7 为用户提供各种参考数据，参考数据对阅读和分析大型复杂的用户程序是非常有用的。参考数据也可以打印存档，供最终用户使用。

1. 生成与显示参考数据

打开随书光盘中的项目“钻床控制”，用右键单击 SIMATIC 管理器左边窗口的“块”，执行出现的快捷菜单中的命令“参考数据”→“显示”，如果出现“生成参考数据”对话框，采用默认的选项“更新”或“重新生成”，单击“是”按钮后出现“自定义”对话框（见图 4-43 中的左图）。用单选框选中“交叉参考”，单击“确定”按钮，打开“参考”窗口，显示交叉参考表（见图 4-43 中的右图）。可以用“参考”窗口工具栏上的按钮显示其他参考数据。

执行参考窗口的菜单命令“窗口”→“新建窗口”，出现图 4-43 中左边的对话框。选中新窗口要显示的参考数据，可以同时打开多个参考数据窗口。

2. 交叉参考表

交叉参考表（见图 4-43）给出了 S7 用户程序使用的地址的概况，显示 I、Q、M、T、C、FB、FC、SFB、SFC、PI/PQ 和 DB 的绝对地址、符号地址，以及使用的情况。“类型”列的“R”和“W”分别表示读和写。“块”列是变量所在的逻辑块，“位置”列给出了变量在逻辑块中的位置和指令，例如“NW 1 /A”是程序段 1 中的“A”（与）指令。

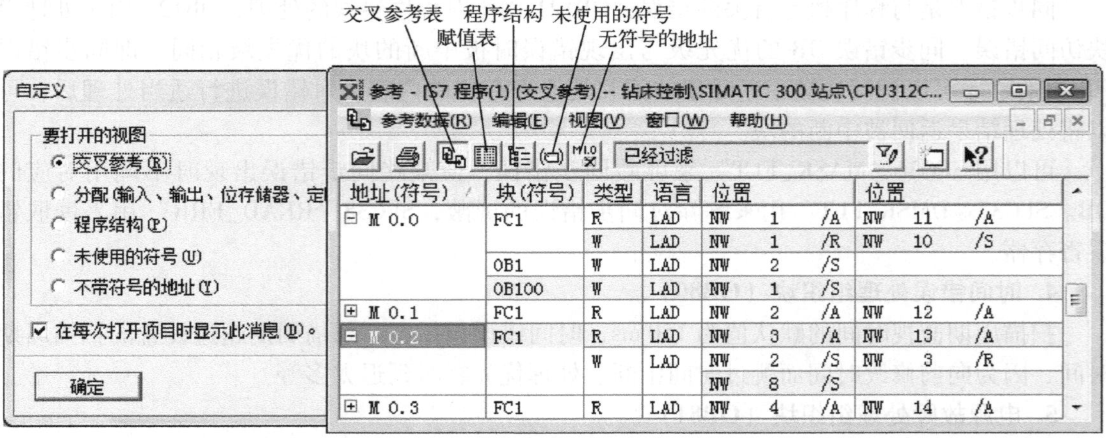

图 4-43 交叉参考表

单击地址列左边的⊞，可以查看该地址被多次使用的情况。单击地址列的⊟，将同一地址有关的各行缩为一行。执行菜单命令“编辑”→“查找”，可以搜索指定的地址或符号。

在交叉参考表中执行菜单命令“视图”→“过滤”，将会出现“过滤参考数据”对话框，可以设置显示或不显示哪些地址。

3. 赋值表

赋值表（见图4-44）显示已被用户程序使用的地址。赋值表的左边显示I、Q和M区哪些字节、哪些位被使用，一个字节占一行。标有“X”的方格表示该位被访问。“B W D”列中的B、W、D分别表示按字节、字或双字访问，例如图4-44中的MB0和MB1以字（MW0）为单位访问。以字节、字或双字为单位访问的行用浅蓝色背景来表示。赋值表的右边显示用户程序使用的定时器和计数器，该项目只使用了计数器C0。

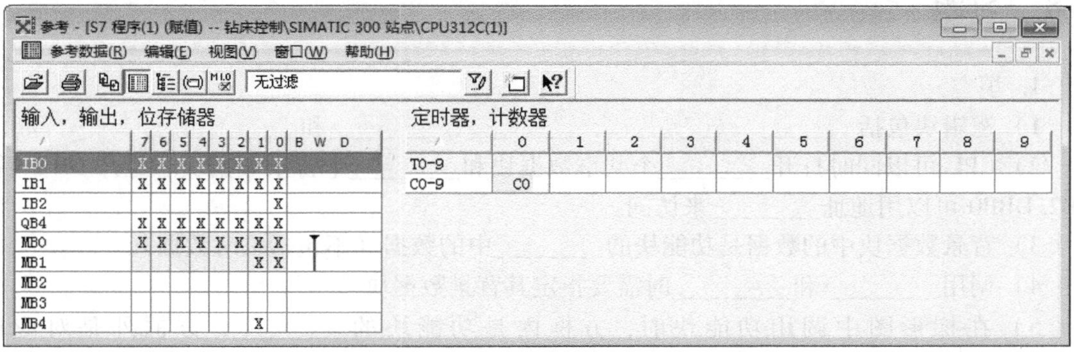

图4-44　赋值表

4. 程序结构

程序结构显示用户程序中块的分层调用结构，通过它可以对程序所用的块、它们的从属关系以及它们对局部数据的需求有一个概括的了解。图4-45是随书光盘中的项目“S7_DP”的程序结构。“块（符号），背景数据块（符号）”列显示逻辑块、功能块的背景数据块，和逻辑块使用的共享数据块，以及它们的符号。

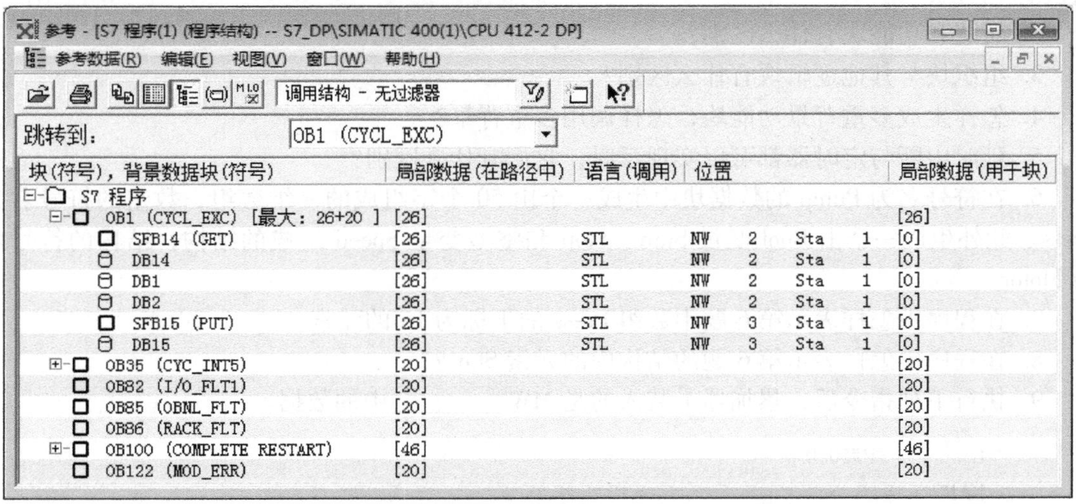

图4-45　程序结构

“语言”列是块使用的编程语言。SFB14 的“位置”列的“NW　2　Sta　1”表示它被程序段 2 的第一条指令调用。没有被调用的块在程序结构的底部显示，并且用黑叉标记。

双击图 4-45 中 OB1 或 DB1 所在的行，可以分别打开它们。单击 OB35 左边的⊞，可以看到它内部调用块的情况。

5. 其他参考数据

单击参考数据窗口工具栏上的“未使用的符号”按钮，可以显示在符号表中已经定义，但是没有在用户程序中使用的符号。项目调试好以后可以删除未使用的符号。单击工具栏上的“不带符号的地址”按钮，可以显示已经在用户程序中使用、但是没有在符号表中定义的绝对地址。

4.8　习题

1. 填空

1）逻辑块包括________、________、________、________和________。

2）CPU 可以同时打开________个共享数据块和________个背景数据块。打开 DB 2 后，DB2. DBB0 可以用地址________来访问。

3）背景数据块中的数据是功能块的________中的数据（不包括临时数据）。

4）调用________ 和________ 时需要指定其背景数据块。

5）在梯形图中调用功能块时，方框内是功能块的________，方框外是对应的________。方框的左边是块的________参数和________参数，右边是块的________参数。

6）S7-300 在起动时调用 OB ________。

7）CPU 检测到故障或错误时，如果没有下载对应的错误处理 OB，CPU 将进入________模式。

8）异步错误是与 PLC 的________或________有关的错误。

9）同步错误是与________有关的错误，OB ________和 OB ________用于处理同步错误。

2. 功能和功能块有什么区别？

3. 组织块与其他逻辑块有什么区别？

4. 怎样生成多重背景功能块，怎样调用多重背景？

5. 延时中断与定时器都可以实现延时，它们有什么区别？

6. 在符号名为 Pump 的数据块中生成一个由 50 个字组成的一维数组，数组的符号名为 Press。此外生成一个由 Bool 变量 Start、Stop 和整型变量 Speed 组成的结构，结构的符号名为 Motor。

7. 在程序中怎样表示第 6 题中数组 Press 的下标为 15 的元素？

8. 在程序中怎样表示第 6 题的结构中的元素 Start？

9. 执行下列指令后，累加器 1 装入的是 MW ________中的数据。

```
L       P#10.0
LAR2
L       MW[AR1, P#5.0]
```

10. 执行下列指令后，累加器1装入的是________中的数据。

```
L        P#Q3.0
LAR1
L        B[AR1, P#2.0]
```

11. 设计求圆周长的功能FC1，FC1的输入参数为直径Diameter（整数），圆周率为3.1416，用整数运算指令计算圆的周长，存放在双整数输出参数Circle中。TMP1是FC1中的双整数临时局部变量。在OB1中调用FC1，直径的输入值用MW6提供，存放圆周长的地址为MD8。

12. AI模块的输出值0～27648正比于温度值0～1200℃。设计功能块FC2，其输入参数为AI模块输出的转换值In_Value（整数），输出参数为计算出的以度为单位的整数Out_Value，TMP1是FC1中的双整数临时变量。在OB1中调用FC2来计算温度测量值，模拟量输入点的地址为PIW320，运算结果用MW30保存。设计出梯形图程序。

13. 用指针Pointer作输入变量，编写功能FC3，用循环程序求同一地址区中相邻的若干个整数的平均值。在OB1中调用FC3，求DB1中DBW0～DBW38的平均值，运算结果用DB1.DBW40保存。

14. 什么原因会产生块的时间标记冲突，应怎样处理?

15. 要求每750ms在OB35中将MW50加1，在I0.1的上升沿停止调用OB35，在I0.0的上升沿允许调用OB35。生成项目，组态硬件，编写程序，用PLCSIM调试程序。

第 5 章　数字量控制系统梯形图设计方法

5.1　梯形图的经验设计法

数字量控制系统又称为开关量控制系统，继电器控制系统就是典型的数字量控制系统。

1. 起动-保持-停止电路

起动-保持-停止电路简称为起保停电路，在梯形图中得到了广泛的应用。图 5-1 中起动按钮和停止按钮提供的起动信号 I0.0 和停止信号 I0.1 为 1 状态的时间一般很短。按下起动按钮，I0.0 的常开触点和 I0.1 的常闭触点均接通，Q4.1 的线圈“通电”，它的常开触点同时接通。放开起动按钮，I0.0 的常开触点断开，“能流”经 Q4.1 和 I0.1 的触点流过 Q4.1 的线圈，这就是所谓的“自锁”或“自保持”功能。按下停止按钮，I0.1 的常闭触点断开，使 Q4.1 的线圈“断电”，其常开触点断开，以后即使放开停止按钮，I0.1 的常闭触点恢复接通状态，Q4.1 的线圈仍然“断电”。这种功能也可以用图 5-2 中的 S（置位）指令和 R（复位）指令来实现。

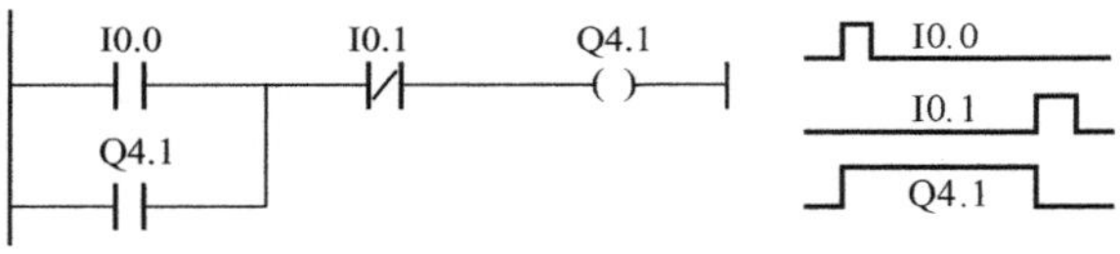

图 5-1　起保停电路

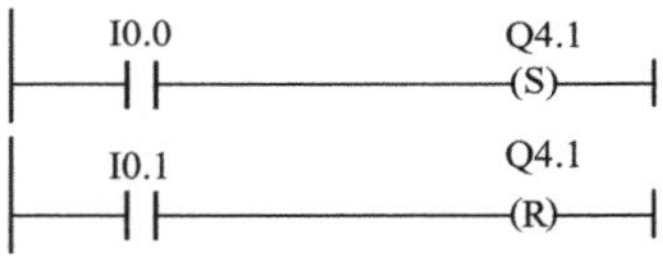

图 5-2　置位复位电路

在实际电路中，起动信号和停止信号可能由多个触点组成的串、并联电路提供。

可以用设计继电器电路图的方法来设计比较简单的数字量控制系统的梯形图，即在一些典型电路的基础上，根据被控对象对控制系统的具体要求，不断地修改和完善梯形图。有时需要多次反复地调试和修改梯形图，增加一些中间编程元件和触点，最后才能得到一个较为满意的结果。电工手册中常用的继电器电路图可以作为设计梯形图的参考电路。

这种设计方法没有普遍的规律可以遵循，具有很大的试探性和随意性，最后的结果不是唯一的，设计所用的时间、设计的质量与设计者的经验有很大的关系，所以有人把这种设计方法叫做经验设计法，它可以用于较简单的梯形图（例如手动程序）的设计。

2. 小车控制程序的设计

（1）控制要求

3.1.2 节给出了三相异步电动机正反转控制的主电路、PLC 外部接线图和梯形图程序。

图 5-3 是在异步电动机正反转控制的基础上设计的小车控制系统的 PLC 外部接线图。开始时小车停在左边，左限位开关 SQ1 的常开触点闭合。要求按下列顺序控制小车：

1）按下右行起动按钮 SB2，小车右行。

2）走到右限位开关 SQ2 处停止运动，延时 8 s 后开始左行。

3）回到左限位开关 SQ1 处时停止运动。

图 5-4 是小车控制系统的梯形图程序。下面介绍硬件、软件设计中需要注意的一些问题。

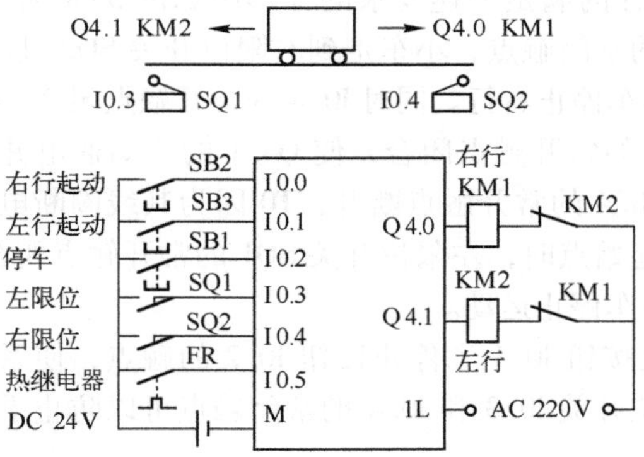

图 5-3　PLC 的外部接线图

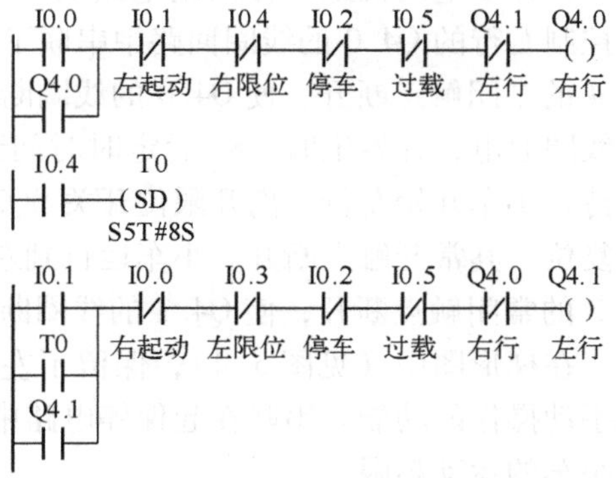

图 5-4　梯形图

（2）确定 PLC 的输入、输出信号

设计控制系统梯形图时，首先应确定 PLC 的输入信号和输出信号。3 个按钮提供操作人员的指令信号，热继电器和限位开关的常开触点是反馈信号，它们都是 PLC 的输入信号。两个交流接触器的线圈是 PLC 的输出负载。

画出 PLC 的外部接线图后，同时也确定了外部输入/输出信号与 PLC 内的过程映像输入/输出位的地址之间的关系。

（3）按钮连锁

为了方便操作和保证 KM1 和 KM2 不会同时动作，在图 5-4 中设置了“按钮联锁”，即将正转起动按钮 I0. 0 的常闭触点与控制反转的 Q4. 1 的线圈串联，将反转起动按钮 I0. 1 的常闭触点与控制正转的 Q4. 0 的线圈串联。设 Q4. 0 的线圈通电，电动机正转。这时如果想改为反转，可以不按停止按钮 I0. 2，直接按反转起动按钮 I0. 1，它的常闭触点断开，使 Q4. 0 的线圈断电。同时 I0. 1 的常开触点接通，使 Q4. 1 的线圈得电，电动机由正转变为反转。

（4）硬件互锁电路

由图 5-3 中的主回路可知，如果 KM1 和 KM2 的主触点同时闭合，将会造成三相电源相间短路的故障。梯形图用 Q4. 0 和 Q4. 1 的常闭触点组成软件互锁电路，它们只能保证输出模块与 Q4. 0 和 Q4. 1 对应的硬件继电器的常开触点不会同时接通。

如果没有图 5-3 输出电路中的硬件互锁电路，从正转马上切换到反转时，由于切换过程中电感的延时作用，可能会出现原来接通的接触器的主触点还未断弧，另一个接触器的主触点已经合上的现象，从而造成交流电源瞬间短路的故障。

此外，如果没有硬件互锁电路，并且因为主电路电流过大或接触器质量不好，某一接触器的主触点被断电时产生的电弧熔焊而被黏结，其线圈断电后主触点仍然是接通的。这时如果另一个接触器的线圈通电，也会造成交流电源短路。为了防止出现上述情况，应在 PLC 外部设置由 KM1 和 KM2 的辅助常闭触点组成的硬件互锁电路（见图 5-3）。假设 KM1 的主触点被电弧熔焊，这时它的与 KM2 线圈串联的辅助常闭触点处于断开状态，因此 KM2 的线圈不可能得电。这种互锁电路可以有效地防止电源短路故障。

（5）小车控制系统的程序设计

在异步电动机正反转控制电路的基础上设计的满足上述要求的梯形图如图 5-4 所示。在控制右行的 Q4.0 的线圈回路中串联了 I0.4 的常闭触点，小车走到右限位开关 SQ2 处时，I0.4 的常闭触点断开，使 Q4.0 的线圈断电，小车停止右行。同时 I0.4 的常开触点闭合，T0 的线圈通电，开始定时。8s 后定时时间到，T0 的常开触点闭合，使 Q4.1 的线圈通电并自保持，小车开始左行。离开限位开关 SQ2 后，I0.4 的常开触点断开，T0 因为其线圈断电而被复位，其常开触点断开。小车运行到左边的起始点时，左限位开关 SQ1 的常开触点闭合，I0.3 的常闭触点断开，使 Q4.1 的线圈断电，小车停止运动。

在梯形图中（见图 5-4），保留了左行起动按钮 I0.1 和停止按钮 I0.2 的触点，使系统有手动操作的功能。串联在起保停电路中的限位开关 I0.3 和 I0.4 的常闭触点可以防止手动时小车的运动超限。

3. 常闭触点输入信号的处理

前面在介绍梯形图的设计方法时，输入的数字量信号均由外部的常开触点提供，但是在实际系统中有些输入信号只能由常闭触点提供。如果将图 5-3 中热继电器 FR 的常开触点换成常闭触点，没有过载时 FR 的常闭触点闭合，I0.5 为 1 状态，其常开触点闭合，常闭触点断开。为了保证没有过载时电动机的正常运行，显然应在 Q4.0 和 Q4.1 的线圈回路中串联 I0.5 的常开触点，而不是像继电器系统那样，串联 I0.5 的常闭触点。过载时 FR 的常闭触点断开，I0.5 为 0 状态，其常开触点断开，使 Q4.0 或 Q4.1 的线圈“断电”，起到了保护作用。

这种处理方法虽然能保证系统的正常运行，但是作过载保护的 I0.5 的触点类型与继电器电路中的刚好相反，熟悉继电器电路的人看起来很不习惯，在将继电器电路“转换”为梯形图时也很容易出错。为了使梯形图和继电器电路图中触点的常开/常闭的类型相同，建议尽可能地用常开触点作 PLC 的输入信号。如果某些信号只能用常闭触点输入，可以按输入全部为常开触点来设计，然后将梯形图中相应的输入位的触点改为相反的触点，即常开触点改为常闭触点，常闭触点改为常开触点。

5.2 顺序控制设计法与顺序功能图

5.2.1 顺序控制设计法

用经验设计法设计梯形图时，没有一套固定的方法和步骤可以遵循，具有很大的试探性和随意性，对于不同的控制系统，没有一种通用的容易掌握的设计方法。在设计复杂系统的梯形图时，用大量的中间单元来完成记忆、联锁和互锁等功能，由于需要考虑的因素很多，它们往往又交织在一起，分析起来非常困难，一般不可能把所有的问题都考虑得很周到。程序设计出来以后，需要模拟调试或在现场调试，发现问题后再针对问题对程序进行修改。即使是非常有经验的工程师，也很难做到设计出的程序在试车时能一次成功。修改某一局部电路时，很可能会引发出别的问题，对系统的其他部分产生意想不到的影响，因此梯形图的修改也很麻烦，往往花了很长的时间还得不到一个满意的结果。用经验法设计出的梯形图很难阅读，给系统的维修和改进带来了很大的困难。

所谓顺序控制，就是按照生产工艺预先规定的顺序，在各个输入信号的作用下，根据内部状态和时间的顺序，在生产过程中各个执行机构自动地有秩序地进行操作。

顺序功能图（Sequential Function Chart，SFC）是描述控制系统的控制过程、功能和特性的一种图形，也是设计 PLC 的顺序控制程序的有力工具。

顺序功能图是 IEC 61131-3 标准中的编程语言，我国早在 1986 年就颁布了顺序功能图的国家标准 GB 6988. 6-1986。有的 PLC 为用户提供了顺序功能图语言，例如 S7-300/400 的 S7-Graph 语言，在编程软件中生成顺序功能图后便完成了编程工作。

顺序功能图并不涉及所描述的控制功能的具体技术，它是一种通用的技术语言，可以供进一步设计和不同专业的人员之间进行技术交流之用。

顺序控制设计法是一种先进的设计方法，它很容易被初学者接受，对于有经验的工程师，也会提高设计的效率，程序的调试、修改和阅读也很方便。只要正确地画出描述系统工作过程的顺序功能图，顺序控制程序一般都可以做到试车一次成功。

5. 2. 2　顺序功能图的基本元件

1. 步的基本概念

顺序控制设计法最基本的思想是将系统的一个工作周期划分为若干个顺序相连的阶段，这些阶段称为步（Step），然后用位地址（例如存储器位 M）来代表各步。步是根据输出量的 0、1 状态的变化来划分的，一般在任何一步之内，各输出量的状态不变，但是相邻两步输出量总的状态是不同的，步的这种划分方法使代表各步的位地址的状态与各输出量的状态之间有着极为简单的逻辑关系。顺序控制设计法用转换条件控制代表各步的位地址，让它们的状态按规定的顺序变化，然后用代表各步的位地址去控制 PLC 的各输出位。

顺序功能图主要由步、动作、有向连线、转换和转换条件组成。

图 5-5 是某液压动力滑台的进给运动示意图和输入/输出信号的时序图，为了节省篇幅，将分时出现的几个脉冲输入信号的波形画在一个波形图中。

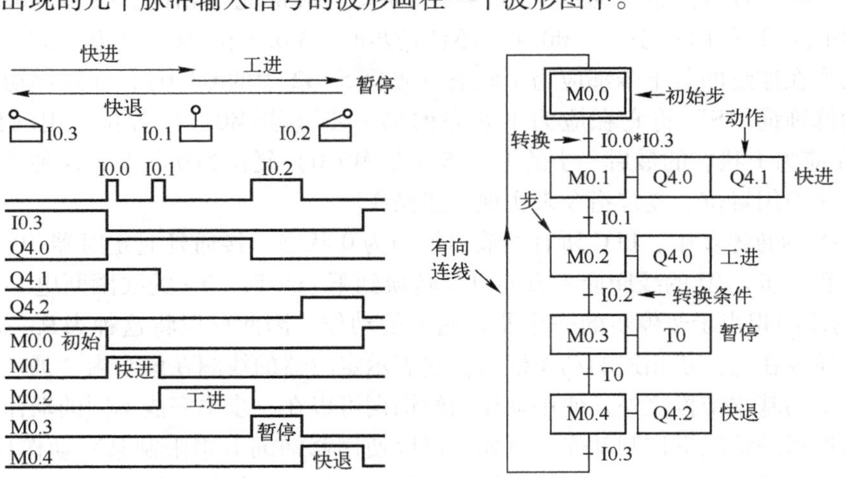

图 5-5　液压动力滑台的顺序功能图

设动力滑台在初始位置时停在左边，限位开关I0.3为1状态，Q4.0~Q4.2是控制动力滑台运动的3个电磁阀。按下起动按钮后，动力滑台的一个工作周期由快速进给（简称为快进）、工作进给（简称为工进）、暂停和快速退回（简称为快退）组成，返回初始位置后停止运动。根据Q4.0~Q4.2的0、1状态的变化，一个工作周期可以分为快进、工进、暂停和快退这4步，另外还应设置等待起动的初始步，图中分别用M0.0~M0.4来代表这5步。图5-5的右边是描述该系统的顺序功能图，图中用矩形方框表示步，用代表各步的存储器位的地址作为步的代号，例如M0.0等，这样在根据顺序功能图设计梯形图时较为方便。

2. 初始步

初始状态一般是系统等待启动命令的相对静止的状态。系统在开始进行自动控制之前，首先应进入规定的初始状态。与系统的初始状态相对应的步称为初始步，初始步用双线方框来表示，每一个顺序功能图至少应该有一个初始步。

3. 活动步

当系统正处于某一步所在的阶段时，该步处于活动状态，称该步为“活动步”。步处于活动状态时，执行相应的非存储型动作；处于不活动状态时，则停止执行非存储型动作。

4. 与步对应的动作或命令

可以将一个控制系统划分为被控系统和施控系统，例如在数控车床中，数控装置是施控系统，而车床是被控系统。对于被控系统，在某一步中要完成某些“动作”（action）；对于施控系统，在某一步中则要向被控系统发出某些“命令”（command）。为了叙述方便，下面将命令或动作统称为动作，并用矩形框中的文字或符号来表示动作，该矩形框与相应的步的方框用水平短线相连。如果某一步有几个动作，可以用图5-6中的两种画法来表示，但是并不隐含这些动作之间有先后顺序。

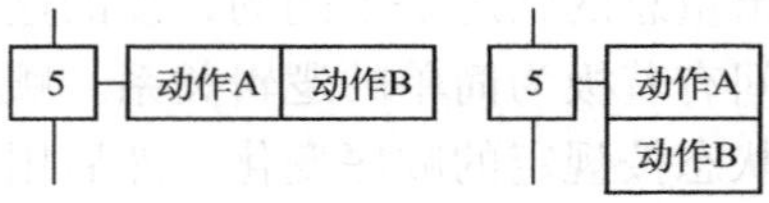

图5-6 动作的两种画法

应清楚地表明动作是存储型的还是非存储型的。非存储型动作与它所在的步是“同生共死”的。例如图5-5中的Q4.2为非存储型动作，M0.4与Q4.2的波形完全相同。在步M0.4为活动步时，M0.4和Q4.2为1状态；步M0.4为不活动步时，M0.4和Q4.2为0状态。

某些动作在连续的若干步都应为1状态（见图5-42中的Q4.0），在顺序功能图中，可以用动作的修饰词“S”将它在应为1状态的第一步（步M0.1）置位，用动作的修饰词“R”将它在应为1状态的最后一步的下一步（步M0.0）复位为0状态，这种动作是存储型动作。在程序中用置位、复位指令来实现上述操作。

在图5-5的暂停步中，PLC所有的输出量均为0状态。接通延时定时器T0用来给暂停步定时，在暂停步，T0的线圈应一直通电。转换到下一步后，T0的线圈断电。从这个意义上说，T0的线圈相当于暂停步的一个非存储型的动作，因此可以将这种为某一步定时的接通延时定时器放在与该步相连的动作框内，它表示定时器的线圈在该步内“通电”。

除了以上的基本结构之外，使用动作的修饰词可以在一步中完成不同的动作。修饰词允许在不增加逻辑的情况下控制动作。例如，可以使用修饰词L来限制某一动作执行的时间。不过在使用动作的修饰词时比较容易出错，初学者在使用动作的修饰词时要特别小心。在顺序功能图语言S7-Graph中，将动作的修饰词称为动作中的命令。

5. 有向连线

在顺序功能图中，随着时间的推移和转换条件的实现，将会发生步的活动状态的进展，这种进展按有向连线规定的路线和方向进行。在画顺序功能图时，将代表各步的方框按它们成为活动步的先后次序顺序排列，并且用有向连线将它们连接起来。有向连线的方向用箭头表示，步的活动状态默认的进展方向是从上到下和从左至右，在这两个方向可以省略有向连线上的箭头。如果不是上述的方向，应在有向连线上用箭头注明进展方向。在可以省略箭头的有向连线上，为了更易于理解也可以用箭头表示方向。

6. 转换与转换条件

转换用有向连线上与有向连线垂直的短划线来表示，转换将相邻两步分隔开。步的活动状态的进展是由转换的实现来完成的，并与控制过程的发展相对应。

使系统由当前步进入下一步的信号称为转换条件，转换条件可以是外部的输入信号，例如按钮、指令开关、限位开关的接通或断开等；也可以是 PLC 内产生的信号，例如定时器、计数器触点的通断等，转换条件还可以是若干个信号的与、或、非逻辑组合。

S7-Graph 中的转换条件用梯形图或功能块图来表示（见图 5-7），如果没有使用 S7-Graph 语言，一般用布尔代数表达式来表示转换条件。

图 5-7 的右图用高电平表示步 M2.1 为活动步，反之则用低电平来表示。转换条件 I3.5 表示 I3.5 为 1 状态时转换实现，转换条件 $\overline{\text{I3.5}}$ 表示 I3.5 为 0 状态时转换实现。转换条件 I0.0 · $\overline{\text{I2.1}}$ 表示 I0.0 的常开触点和 I2.1 的常闭触点同时闭合时转换实现，在梯形图中则用两个触点的串联来表示这样的“与”逻辑关系。

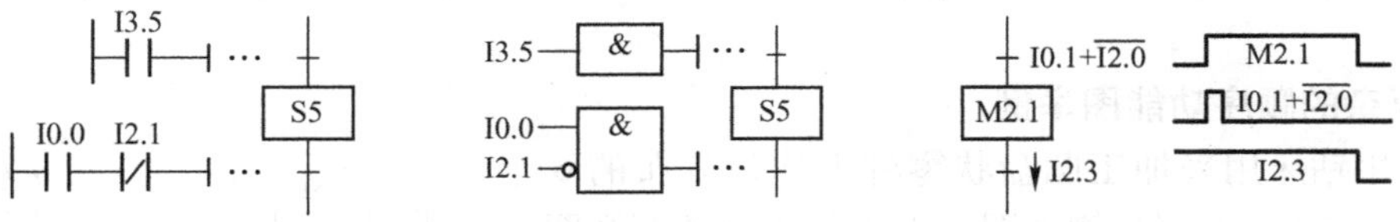

图 5-7　转换与转换条件

符号↑I2.3 和↓I2.3 分别表示当 I2.3 从 0 状态变为 1 状态和从 1 状态变为 0 状态时转换实现。一般情况下转换条件↑I2.3 和 I2.3 是等效的，前级步为活动步时，一旦 I2.3 由 0 状态变为 1 状态（即在 I2.3 的上升沿），转换条件 I2.3 也会马上起作用。

在图 5-5 中，转换条件 T0 相当于接通延时定时器 T0 的常开触点，即在 T0 的定时时间到时其常开触点闭合，该转换条件满足。

5.2.3 顺序功能图的基本结构

1. 单序列

单序列由一系列相继激活的步组成，每一步的后面仅有一个转换，每一个转换的后面只有一个步（见图 5-8a），单序列的特点是没有分支与合并。

2. 选择序列

选择序列的开始称为分支（见图 5-8b），转换符号只能标在水平连线之下。如果步 5 是活动步，并且转换条件 h 为 1 状态，则发生由步 5→步 8 的进展。如果步 5 是活动步，并且

k 为 1 状态，则发生由步 5→步 10 的进展。在步 5 之后选择序列的分支处，每次只允许选择一个序列。如果将选择条件 k 改为 $k\cdot\bar{h}$，则当 k 和 h 同时为 1 状态时，将优先选择 h 对应的序列。

选择序列的结束称为合并（见图 5-8b），几个选择序列合并到一个公共序列时，用需要重新组合的序列相同数量的转换符号和水平连线来表示，转换符号只允许标在水平连线之上。

如果步 9 是活动步，并且转换条件 j 为 1 状态，则发生由步 9→步 12 的进展。如果步 10 是活动步，并且 n 为 1 状态，则发生由步 10→步 12 的进展。

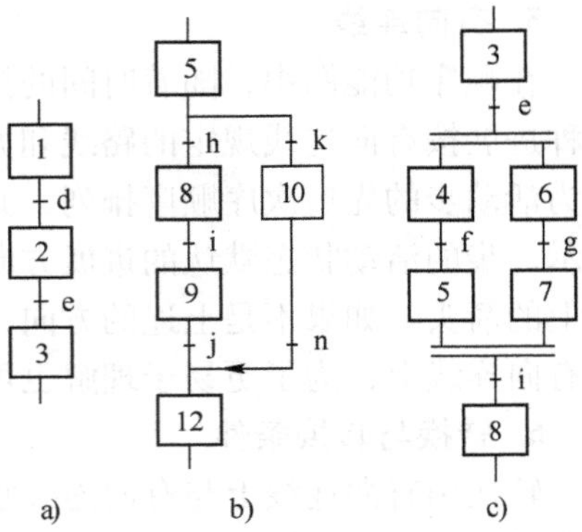

图 5-8　单序列、选择序列与并行序列

3. 并行序列

并行序列用来表示系统的几个同时工作的独立部分的工作情况。并行序列的开始称为分支（见图 5-8c），当转换的实现导致几个序列同时激活时，这些序列称为并行序列。当步 3 是活动的，并且转换条件 e 为 1 状态，步 4 和步 6 这两步同时变为活动步，同时步 3 变为不活动步。为了强调转换的同步实现，水平连线用双线表示。步 4 和步 6 被同时激活后，每个序列中活动步的进展将是独立的。在表示同步的水平双线之上，只允许有一个转换符号。

并行序列的结束称为合并（见图 5-8c），当直接连在双线上的所有前级步（步 5 和步 7）都处于活动状态，并且转换条件 i 为 1 状态时，才会发生步 5 和步 7 到步 8 的进展，即步 5 和步 7 同时变为不活动步，而步 8 变为活动步。在表示同步的水平双线之下，只允许有一个转换符号。

4. 复杂的顺序功能图举例

某专用钻床用来加工圆盘状零件上均匀分布的 6 个孔（见图 5-9），上面是侧视图，下面是工件的俯视图。

在进入自动运行之前，两个钻头应在最上面，上限位开关 I0.3 和 I0.5 为 1 状态，初始步为活动步，减计数器 C0 的设定值 3 被送入计数器字。在图 5-10 中用存储器位 M 来代表各步，顺序功能图中包含了选择序列和并行序列。操作人员放好工件后，按下起动按钮 I0.0，转换条件 I0.0 * I0.3 * I0.5 满足（* 号表示“与”运算），从由初始步转换到步 M0.1，Q4.0 变为 1 状态，工件被夹紧。夹紧后压力继电器 I0.1 为 1 状态，从步 M0.1 转换到步 M0.2 和 M0.5，Q4.1 和 Q4.3 使两只钻头同时开始向下钻孔。因为要求两个钻头向下钻孔和钻头提升的过程同时进行，采用并行序列来描述上述的过程。由 M0.2 ~ M0.4 和 M0.5 ~ M0.7 组成的两个单序列分别用来描述大钻头和小钻头的工作过程。

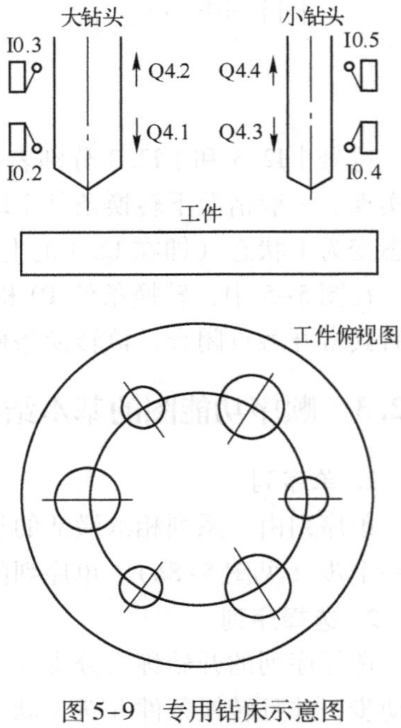

图 5-9　专用钻床示意图

大钻头钻到由限位开关 I0.2 设定的深度时，进入步 M0.3，Q4.2 使大钻头上升，升到由限位开关 I0.3 设定

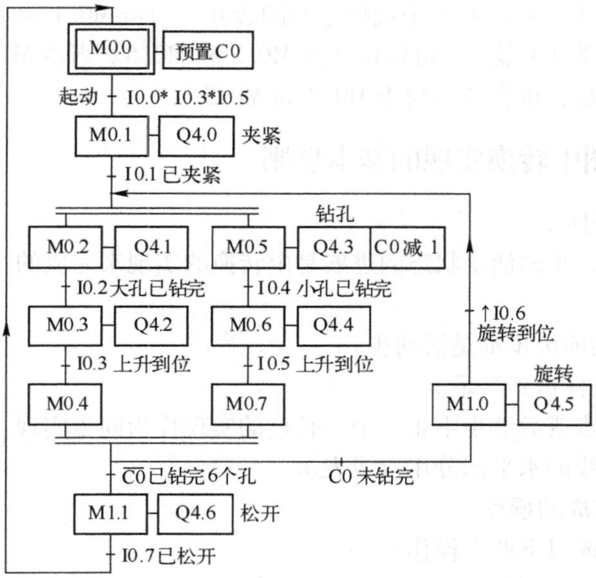

图 5-10　专用钻床控制系统的顺序功能图

的起始位置时停止上升，进入等待步 M0.4。小钻头钻到由限位开关 I0.4 设定的深度时，进入步 M0.6，Q4.4 使小钻头上升，升到由限位开关 I0.5 设定的起始位置时停止上升，进入等待步 M0.7。在步 M0.5，设定值为 3 的计数器 C0 的当前值减 1。减 1 后当前值为 2（非 0），C0 的常开触点闭合，转换条件 C0 满足。两个钻头都上升到位后，将转换到步 M1.0。Q4.5 使工件旋转 120°，旋转到位时 I0.6 变为 1 状态，又返回步 M0.2 和 M0.5，开始钻第二对孔。3 对孔都钻完后，计数器的当前值变为 0，其常闭触点闭合，转换条件$\overline{C0}$满足，进入步 M1.1，Q4.6 使工件松开。松开到位时，限位开关 I0.7 为 1 状态，系统返回初始步 M0.0。

步 M1.0 上面的转换条件如果改为 I0.6，因为在工件开始旋转之前限位开关 I0.6 就处于 1 状态，转换条件满足，导致工件不能旋转。转换条件改为“↑I0.6”后则不存在这个问题。工件旋转 120°后，I0.6 由 0 状态变为 1 状态，转换条件“↑I0.6”才满足，转换到步 M0.2 和步 M0.5 后，工件停止旋转。

在步 M0.1 之后，有一个并行序列的分支。当 M0.1 为活动步，并且转换条件 I0.1 得到满足（I0.1 为 1 状态），并行序列的两个单序列的第 1 步（步 M0.2 和 M0.5）同时变为活动步。此后两个单序列内部各步的活动状态的转换是相互独立的，例如大孔或小孔钻完时的转换一般不是同步的。

两个单序列的最后 1 步应同时变为不活动步。但是两个钻头一般不会同时上升到位，不可能同时结束运动，所以设置了等待步 M0.4 和 M0.7，它们用来同时结束两个并行序列。当两个钻头均上升到位，限位开关 I0.3 和 I0.5 均为 1 状态时，大、小钻头两个子系统分别进入两个等待步，并行序列将会立即结束。

在步 M0.4 和 M0.7 之后，有一个选择序列的分支。没有钻完 3 对孔时 C0 的常开触点闭合，转换条件 C0 满足，如果两个钻头都上升到位，将从步 M0.4 和 M0.7 转换到步 M1.0。如果已经钻完了 3 对孔，C0 的常闭触点闭合，转换条件$\overline{C0}$满足，将从步 M0.4 和 M0.7 转换到步 M1.1。在步 M0.1 之后，有一个选择序列的合并。当步 M0.1 为活动步，并且转换条件 I0.1 得到满足（I0.1 为 1 状态），将转换到步 M0.2 和 M0.5。当步 M1.0 为活动步，并且转换条件↑I0.6 得到满足，也会转换到步 M0.2 和 M0.5。

5.2.4 顺序功能图中转换实现的基本规则

1. 转换实现的条件

在顺序功能图中，步的活动状态的进展是由转换的实现来完成的。转换实现必须同时满足两个条件：

1）该转换所有的前级步都是活动步。

2）相应的转换条件得到满足。

如果转换的前级步或后续步不止一个，转换的实现称为同步实现（见图 5-11）。为了强调同步实现，有向连线的水平部分用双线表示。

2. 转换实现应完成的操作

转换实现时应完成以下两个操作：

1）使所有由有向连线与相应转换符号相连的后续步都变为活动步。

2）使所有由有向连线与相应转换符号相连的前级步都变为不活动步。

转换实现的基本规则是根据顺序功能图设计梯形图的基础，它适用于顺序功能图中的各种基本结构，也是后面将要介绍的顺序控制梯形图编程方法的基础。

3. 顺序控制设计法的本质

经验设计法实际上是试图用输入信号 I 直接控制输出信号 Q（见图 5-12a），如果无法直接控制，或者为了实现记忆、联锁、互锁等功能，只好被动地增加一些辅助元件和辅助触点。由于不同的控制系统的输出量 Q 与输入量 I 之间的关系各不相同，以及它们对联锁、互锁的要求千变万化，不可能找出一种简单通用的设计方法。

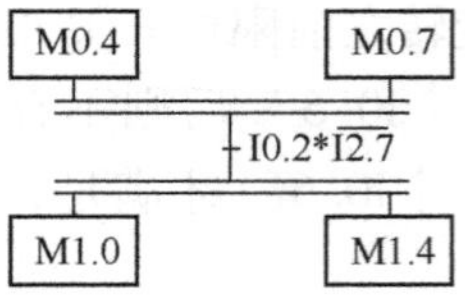

图 5-11 转换的同步实现

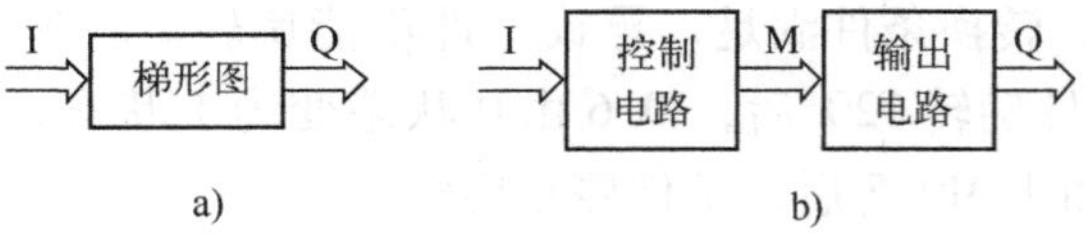

图 5-12 信号关系图

顺序控制设计法则是用输入量 I 控制代表各步的位地址（例如存储器位 M），再用它们控制输出量 Q（见图 5-12b）。步是根据输出量 Q 的状态划分的，M 与 Q 之间具有很简单的逻辑关系，输出电路的设计极为简单。任何复杂系统的代表步的存储器位 M 的控制电路的设计方法都是相同的，并且很容易掌握，所以顺序控制设计法具有简单、规范、通用的优点。由于 M 是依次顺序变为 1 状态的，实际上已经基本上解决了经验设计法中的记忆、联锁等问题。

4. 绘制顺序功能图的注意事项

下面是针对绘制顺序功能图时常见的错误提出的注意事项：

1）两个步绝对不能直接相连，必须用一个转换将它们分隔开。

2）两个转换也不能直接相连，必须用一个步将它们分隔开。

3）顺序功能图中的初始步一般对应于系统等待启动的初始状态，这一步可能没有什么输出处于1状态，因此在画顺序功能图时很容易遗漏掉这一步。初始步是必不可少的，一方面因为该步与它的相邻步相比，从总体上来说输出变量的状态各不相同；另一方面如果没有该步，无法表示初始状态，系统也不能返回停止状态。

4）自动控制系统应能多次重复执行同一个工艺过程，因此在顺序功能图中一般应有由步和有向连线组成的闭环，即在完成一次工艺过程的全部操作之后，应从最后一步返回初始步，系统停留在初始状态（单周期操作，见图5-5），在连续循环工作方式时，应从最后一步返回下一工作周期开始运行的第一步（见图5-35）。

5.3 使用置位复位指令的顺序控制梯形图编程方法

S7-Graph是S7-300/400的顺序功能图编程语言，它属于可选的语言，需要单独的许可证密钥，熟练掌握S7-Graph需要花大量的时间。此外现在很多PLC（包括S7-200和S7-200 SMART）还没有顺序功能图语言。因此有必要学习使用通用的指令，根据顺序功能图来设计顺序控制梯形图的编程方法。本节介绍使用置位复位指令的通用编程方法，5.4节介绍具有多种工作方式的控制系统的编程方法，5.5节介绍S7-Graph的使用方法。

本节介绍的编程方法很容易掌握，用它们可以迅速地、得心应手地设计出任意复杂的数字量控制系统的梯形图。

5.3.1 单序列的编程方法

1. 程序的基本结构

绝大多数自动控制系统除了自动工作方式外，还需要设置手动工作方式。下列两种情况需要使用手动工作方式：

1）开始执行自动程序之前，要求系统处于规定的初始状态。如果开机时系统没有处于初始状态，则应进入手动工作方式，用手动操作使系统进入规定的初始状态后，再切换到自动工作方式。也可以设置使系统自动进入初始状态的工作方式（见5.4节）。

系统满足规定的初始状态以后，应将顺序功能图的初始步对应的存储器位（M）置为1状态，使初始步变为活动步，为启动自动运行作好准备。同时还应将其余各步对应的存储器位复位为0状态，这是因为在没有并行序列或并行序列未处于活动状态时，同时只能有一个活动步。

2）顺序自动控制对硬件的要求很高，如果有硬件故障，例如某个限位开关有故障，不可能正确地完成整个自动控制过程。在这种情况下，为了使设备不至于停机，可以进入手动工作方式，对设备进行手动控制。手动工作方式也可以用于系统的调试。

有自动、手动工作方式的控制系统的程序结构如图5-13所示，公用程序用于处理自动方式和手动方式都需要执行的任务，以及处理两种工作方式的相互切换。

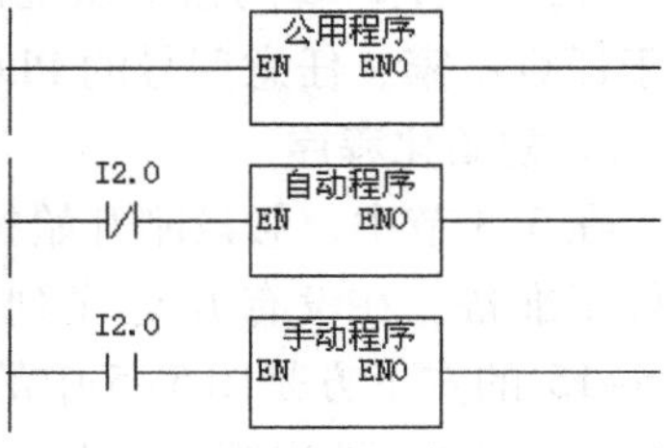

图5-13 OB1

图中的 I2.0 是自动/手动切换开关，I2.0 为 0 状态时调用自动程序，为 1 状态时调用手动程序。

2. 编程的基本方法

根据顺序功能图设计梯形图时，用存储器位来代表步。5.2 节介绍的转换实现的基本规则是设计顺序控制程序的基础。

图 5-14 给出了顺序功能图与梯形图的对应关系。实现图中的转换需要同时满足两个条件：

1）该转换所有的前级步都是活动步，即 M0.4 和 M0.7 均为 1 状态，M0.4 和 M0.7 的常开触点同时闭合。

2）转换条件 I0.2 * $\overline{\text{I2.7}}$满足，即 I0.2 的常开触点和 I2.7 的常闭触点组成的串联电路接通。

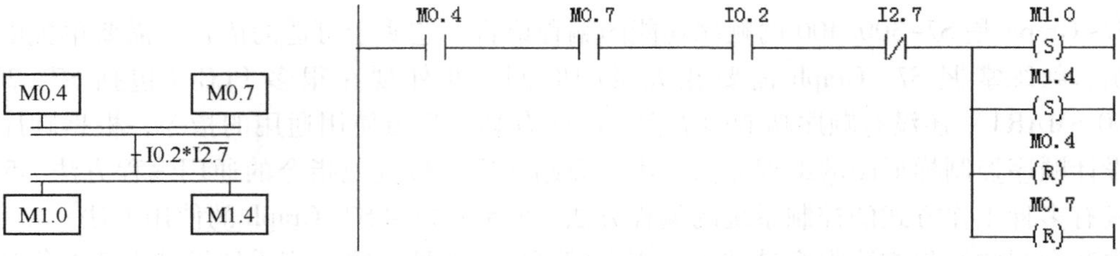

图 5-14　使用置位复位指令的编程方法

在梯形图中，M0.4、M0.7、I0.2 的常开触点和 I2.7 的常闭触点组成的串联电路接通时，上述两个条件同时满足，应执行下述的两个操作：

1）将该转换所有的后续步变为活动步，即将后续步对应的存储器位 M1.0 和 M1.4 变为 1 状态，并保持为 1 状态。这一要求刚好可以用有保持功能的置位指令（S 指令）来完成。

2）将该转换所有的前级步变为不活动步，即将前级步对应的存储器位 M0.4 和 M0.7 变为 0 状态，并使它们保持为 0 状态。这一要求刚好可以用复位指令（R 指令）来完成。

这种编程方法与转换实现的基本规则之间有着严格的对应关系，在任何情况下，代表步的存储器位的控制电路都可以用这个统一的规则来设计，每个转换对应一个图 5-14 所示的控制置位和复位的程序段，有多少个转换就有多少个这样的程序段。这种编程方法特别有规律，在设计复杂的顺序功能图的梯形图时既容易掌握，又不容易出错。用它编制复杂的顺序功能图的梯形图时，更能显示出它的优越性。

任何一种 PLC 的指令系统都有置位、复位指令，因此这是一种通用的编程方法，可以用于任意厂家、任意型号的 PLC。

3. 初始化程序

在 5.3 节中，假设刚开始执行用户程序时，系统已处于要求的初始状态，为转换的实现做好了准备。在没有并行序列或并行序列未处于活动状态时，同时只能有一个活动步。图 5-15 的左下方是图 5-5 中的液压动力滑台控制系统的初始化组织块 OB100 中的程序，在 PLC 上电或由 STOP 模式切换到 RUN 模式时，CPU 调用初始化组织块 OB100。MOVE 指令将 M0.0 ~ M0.7 复位，然后用 S 指令将 M0.0 置位为 0，初始步变为活动步。

4. 控制电路的编程方法

图 5-15 给出了液压动力滑台的进给运动示意图和顺序功能图，右边是 OB1 中的顺序控制梯形图（见随书光盘中的例程“动力滑台顺控”）。在初始状态时动力滑台停在左边，限位开关 I0.3 为 1 状态。按下起动按钮 I0.0，动力滑台在各步中分别实现快进、工进、暂停和快退，最后返回初始位置和初始步后停止运动。

要实现从快进步 M0.1 到工进步 M0.2 的转换，需要同时满足两个条件：

1）该转换的前级步是活动步，M0.1 的常开触点闭合。

2）转换条件满足，动力滑台碰到中限位开关 I0.1，其常开触点闭合。

这两个条件需要同时满足。在梯形图中，当 M0.1 和 I0.1 的常开触点组成的串联电路接通时，两个条件同时满足。此时置位指令将 M0.2 置位，使该转换的后续步工进步变为活动步。复位指令将 M0.1 复位，将该转换的前级步快进步变为不活动步。

每一个转换对应一个这样的“标准”程序段，有多少个转换就有多少这样的程序段。设计时应注意不要遗漏掉某一个转换对应的程序段。

在初始状态时动力滑台停在左边，限位开关 I0.3 为 1 状态。初始步 M0.0 为活动步，按下起动按钮 I0.0，初始步下面的转换条件 I0.0 * I0.3 满足，转换实现的两个条件同时满足，梯形图中第一个程序段的 3 个触点组成的串联电路接通，后续步对应的 M0.1 被置位，前级步对应的 M0.0 被复位。前级步变为不活动步，后续步变为活动步，从初始步转换到快进步。

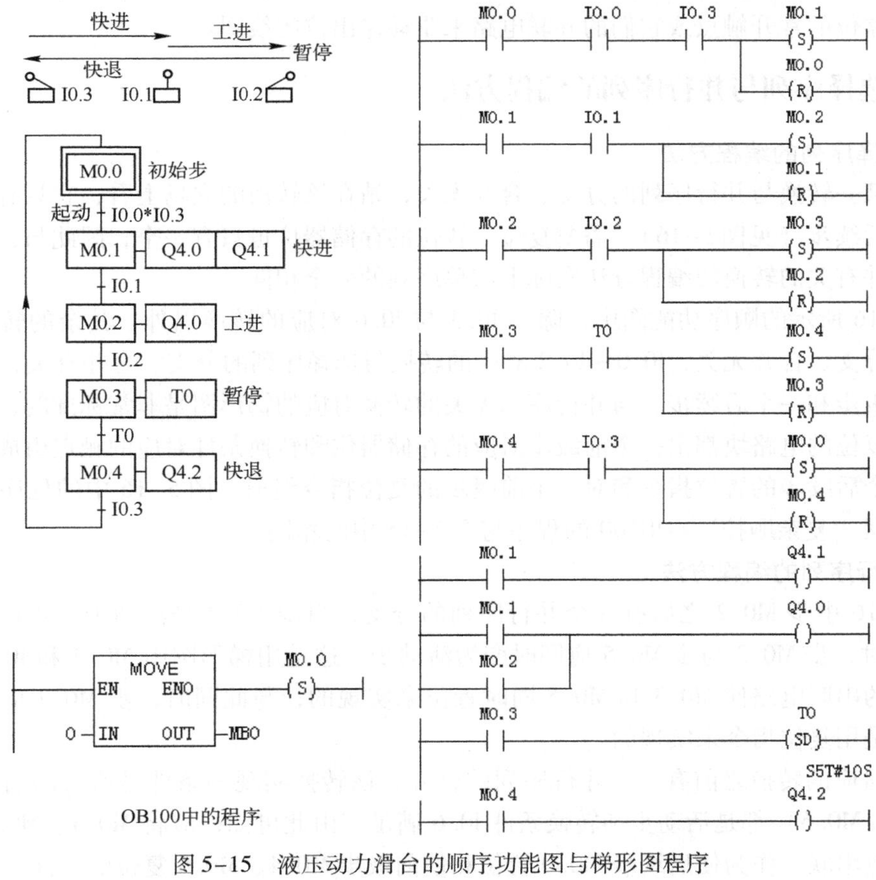

图 5-15　液压动力滑台的顺序功能图与梯形图程序

在快进步，M0.1 一直为 1 状态，其常开触点闭合。滑台碰到中限位开关时，I0.1 的常开触点闭合，由 M0.1 和 I0.1 的常开触点组成的串联电路接通，使 M0.1 复位。在下一个扫描周期，M0.1 的常开触点断开。由以上的分析可知，控制置位复位的电路只接通一个扫描周期，因此必须用有记忆功能的电路（例如起动–保持–停止电路或置位/复位电路）来控制代表步的存储器位。

5. 输出电路的编程方法

下面介绍设计梯形图的输出电路部分的方法。因为步是根据输出位的状态变化来划分的，它们之间的关系极为简单，可以分为两种情况来处理：

1）某一输出位仅在某一步中为 1 状态，例如图 5–15 中的 Q4.1、T0 和 Q4.2 就属于这种情况，可以用它们所在的步对应的存储器位的常开触点来控制它们的线圈。例如用 M0.1 的常开触点控制 Q4.1 的线圈，用 M0.3 的常开触点控制 T0 的线圈。

2）如果某一输出位在几步中都为 1 状态，应将代表这几步的存储器位的常开触点并联后，来驱动该输出位的线圈。图 5–15 中 Q4.0 在 M0.1 和 M0.2 这两步均应工作，所以用 M0.1 和 M0.2 的常开触点组成的并联电路来驱动 Q4.0 的线圈。

使用这种编程方法时，不能将过程映像输出位（Q）的线圈与置位指令和复位指令并联，这是因为前级步和转换条件对应的串联电路接通的时间只有一个扫描周期，而输出位的线圈一般应该在某一步或某几步对应的全部时间内被接通。所以应根据顺序功能图，用代表步的存储器位的常开触点或它们的并联电路来驱动输出位的线圈。

5.3.2 选择序列与并行序列的编程方法

1. 选择序列的编程方法

如果某一转换与并行序列的分支、合并无关，站在该转换的立场上看，它只有一个前级步和一个后续步（见图5–16），需要复位、置位的存储器位也只有一个，因此与选择序列的分支、合并有关的转换的编程方法实际上与单序列的完全相同。

图 5–16 所示的顺序功能图中，除了 I0.3 与 I0.6 对应的转换以外，其余的转换均与并行序列的分支、合并无关，I0.0～I0.2 对应的转换与选择序列的分支、合并有关，它们都只有一个前级步和一个后续步。与并行序列无关的转换对应的梯形图是非常标准的，每一个控制置位、复位的电路块都由一个前级步对应的存储器位和转换条件对应的触点组成的串联电路、对一个后续步的置位指令和对一个前级步的复位指令组成。图 5–16 中的程序见随书光盘中的例程“复杂顺控”。OB100 的程序与图 5–15 中的相同。

2. 并行序列的编程方法

图 5–16 中步 M0.2 之后有一个并行序列的分支，当步 M0.2 是活动步，并且转换条件 I0.3 满足时，步 M0.3 与步 M0.5 应同时变为活动步，这是用梯形图中 M0.2 和 I0.3 的常开触点组成的串联电路使 M0.3 和 M0.5 同时置位来实现的；与此同时，步 M0.2 应变为不活动步，这是用复位指令来实现的。

I0.6 对应的转换之前有一个并行序列的合并，该转换实现的条件是所有的前级步（即步 M0.4 和 M0.6）都是活动步和转换条件 I0.6 满足。由此可知，应将 M0.4、M0.6 和 I0.6 的常开触点串联，作为使后续步 M0.0 置位和使前级步 M0.4、M0.6 复位的条件。

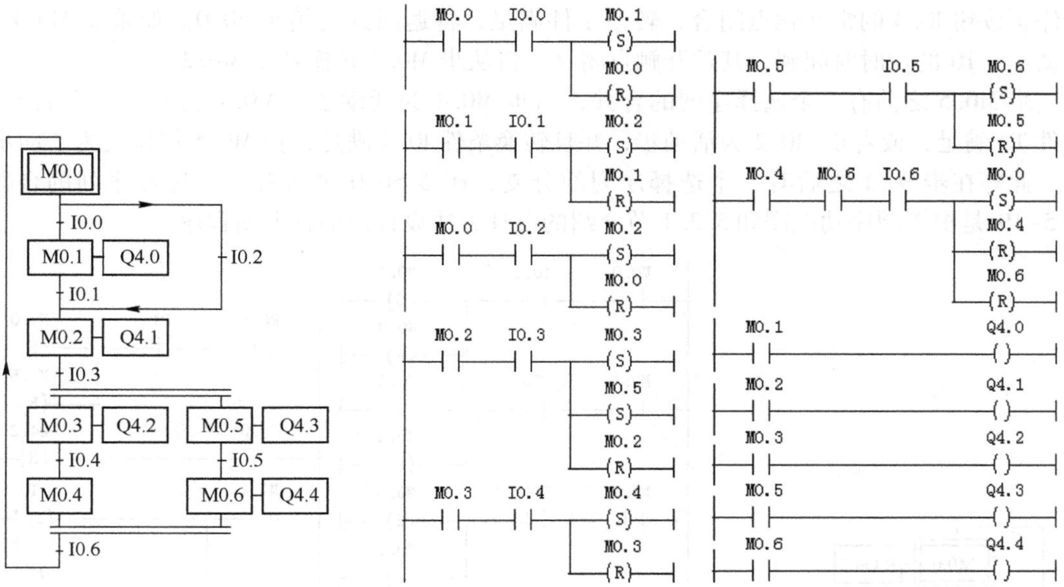

图 5-16　选择序列与并行序列的顺序功能图与梯形图

3. 程序的调试方法

调试复杂的顺序功能图时，应充分考虑各种可能的情况，对系统的各种工作方式、顺序功能图中的每一条支路、各种可能的进展路线，都应逐一检查，不能遗漏。

打开 PLCSIM，将随书光盘中的例程“复杂顺控”下载到仿真 PLC，将 CPU 切换到 RUN-P 模式后调试程序。调试时用变量表和二进制格式监控 MB0、QB4 和 IB0。

首先调试经过步 M0.1、最后返回初始步的流程，然后调试跳过步 M0.1、最后返回初始步的流程。应注意并行序列中各子序列的第 1 步（步 M0.3 和步 M0.5）是否同时变为活动步，各子序列的最后一步（步 M0.4 和步 M0.6）是否同时变为不活动步。

5.3.3　3 运输带顺序控制程序设计

1. 控制要求

3 条运输带顺序相连（见图 5-17），按下起动按钮 I0.2，1 号运输带开始运行，5s 后 2 号运输带自动起动，再过 5s 后 3 号运输带自动起动。停机的顺序与起动的顺序刚好相反，即按了停止按钮 I0.3 以后，先停 3 号运输带，5s 后停 2 号运输带，再过 5s 停 1 号运输带。Q4.2～Q4.4 分别控制 1～3 号运输带。

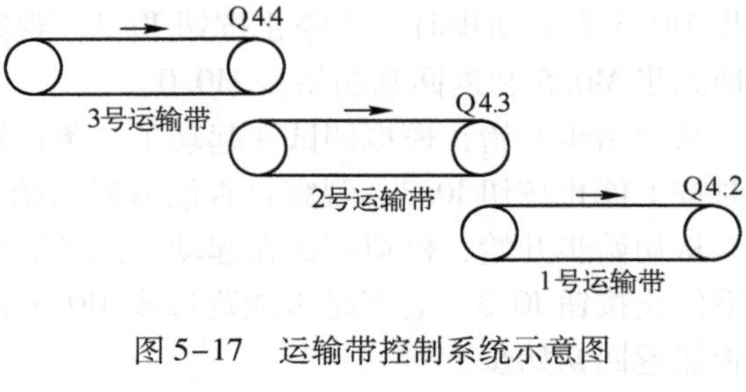

图 5-17　运输带控制系统示意图

在顺序起动 3 条运输带的过程中，操作人员如果发现异常情况，可以由起动改为停车。按下停止按钮 I0.3 后，将已经起动的运输带停车，仍采用后起动的运输带先停车的原则。图 5-18 是满足上述要求的顺序功能图。图中步 M0.1 之后有一个选择序列的分支。当步 M0.1 为活动步，并且停止按钮 I0.3 的常开触点闭合，转换条件满足，将返回到初始步 S0.0。如果步 M0.1 为活动步，T0 的定时时间到，其常开触点闭合，将从步 M0.1 转换到步 M0.2。

步 M0.5 之前有一个选择序列的合并，当步 M0.4 为活动步（M0.4 为 ON），并且转换条件 T2 满足，或者步 M0.2 为活动步，并且转换条件 I0.3 满足，步 M0.5 都应变为活动步。

此外在步 S0.1 之后有一个选择序列的分支，在步 S0.0 之前有一个选择序列的合并。图 5-19 是根据顺序功能图和 5.3.1 节介绍的设计方法设计出的梯形图程序。

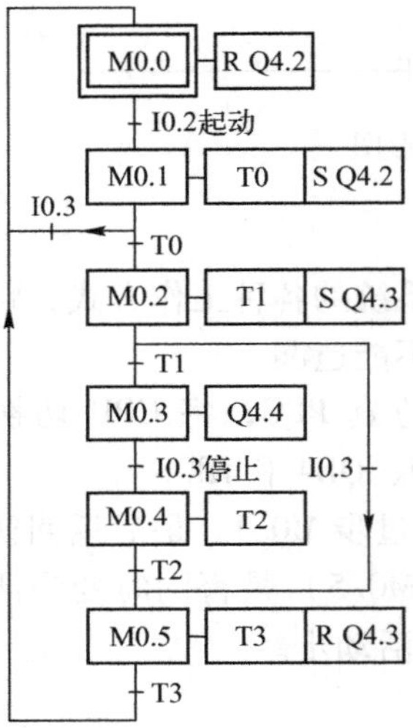

图 5-18 顺序功能图

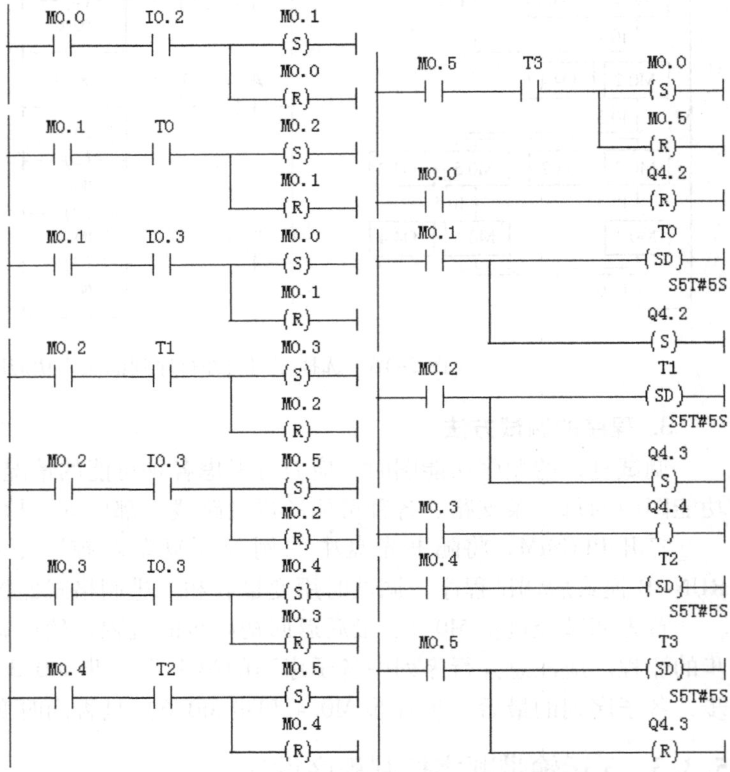

图 5-19 OB1 中的梯形图

2. 程序的调试

打开 PLCSIM，将随书光盘中的例程“3 运输带顺控”下载到仿真 PLC，将 CPU 切换到 RUN-P 模式后调试程序。调试时用 PLCSIM 监控 MB0、QB4 和 IB0。

从初始步开始，按正常起动和停车的顺序调试程序。即在初始步 M0.0 为活动步时按下起动按钮 I0.2，观察是否能转换到步 M0.1，延时后是否能依次转换到步 M0.2 和步 M0.3。在步 M0.3 为活动步时按下停止按钮 I0.3，观察是否能转换到步 M0.4，延时后是否能依次转换到步 M0.5 和返回到初始步 M0.0。

从初始步开始，模拟调试在起动了一条运输带时停机的过程。即在第 2 步 M0.1 为活动步时按下停止按钮 I0.3，观察是否能返回初始步。

从初始步开始，模拟调试在起动了两条运输带时停机的过程。即在步 M0.2 为活动步时按下停止按钮 I0.3，观察是否能跳过步 M0.3 和步 M0.4，进入步 M0.5，经过 T3 的延时后，是否能返回初始步。

5.3.4 专用钻床顺序控制程序设计

本节介绍控制图 5-10 中专用钻床的梯形图设计方法。项目名称为“钻床控制”（见随书光盘中的同名例程），CPU 为 CPU 315-2DP。

1. OB1 中的程序

OB1 中的程序见图 5-20，符号名为“自动开关”的 I2.0 为 1 状态时调用自动程序 FC1，为 0 状态时调用手动程序 FC2。在手动方式时，将各步对应的存储器位（M0.0 ~ M1.1）复位，然后将初始步 M0.0 置位。上述操作主要是防止由自动方式切换到手动方式，然后又返回自动方式时，可能会出现同时有两个活动步的异常情况。程序中变量的符号见图 5-21 中的符号表。

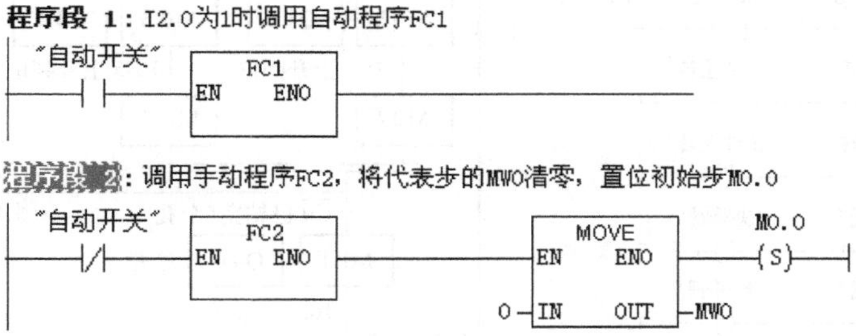

图 5-20　OB1 中的程序

	符号	地址	数据类型
1	起动按钮	I 0.0	BOOL
2	已夹紧	I 0.1	BOOL
3	大孔钻完	I 0.2	BOOL
4	大钻升到位	I 0.3	BOOL
5	小孔钻完	I 0.4	BOOL
6	小钻升到位	I 0.5	BOOL
7	旋转到位	I 0.6	BOOL
8	已松开	I 0.7	BOOL
9	大钻升按钮	I 1.0	BOOL
10	大钻降按钮	I 1.1	BOOL
11	小钻升按钮	I 1.2	BOOL
12	小钻降按钮	I 1.3	BOOL
13	正转按钮	I 1.4	BOOL
14	反转按钮	I 1.5	BOOL
15	夹紧按钮	I 1.6	BOOL
16	松开按钮	I 1.7	BOOL
17	自动开关	I 2.0	BOOL
18	夹紧阀	Q 4.0	BOOL
19	大钻头下	Q 4.1	BOOL
20	大钻头上	Q 4.2	BOOL
21	小钻头下	Q 4.3	BOOL
22	小钻头上	Q 4.4	BOOL
23	工件正转	Q 4.5	BOOL
24	松开阀	Q 4.6	BOOL
25	工件反转	Q 4.7	BOOL

图 5-21　符号表

2. 初始化程序与手动程序

在初始化组织块 OB100 中（见图 5-22），将所有步对应的 M0.0 ~ M1.1 复位为 0 状态，然后将初始步对应的 M0.0 置位为 1 状态。

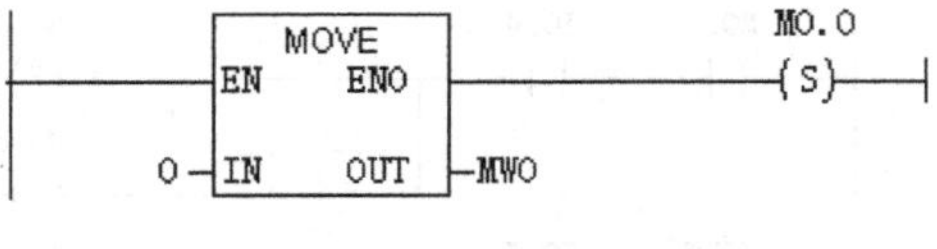

图 5-22　OB100 中的程序

图 5-23 是 FC2 中的手动程序，为了节约篇幅，删除了各程序段的标题。在手动方式，用 8 个手动按钮分别独立操作大、小钻头的升降、工件的旋转和夹紧、松开。每对相反操作的输出位用对方的常闭触点实现互锁，用限位开关的常闭触点对钻头的升、降限位。

3. 自动程序

钻床控制的顺序功能图重画在图 5-24 中，图 5-25 是用置位复位指令编制的顺序控制程序。图 5-26 是自动程序 FC1 中用代表步的存储器位 M 控制各输出位 Q 和 C0 的输出电路。

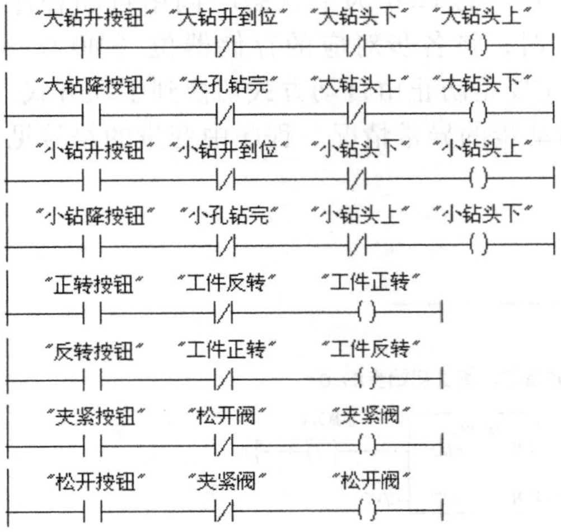

图 5-23 FC2 中的手动程序

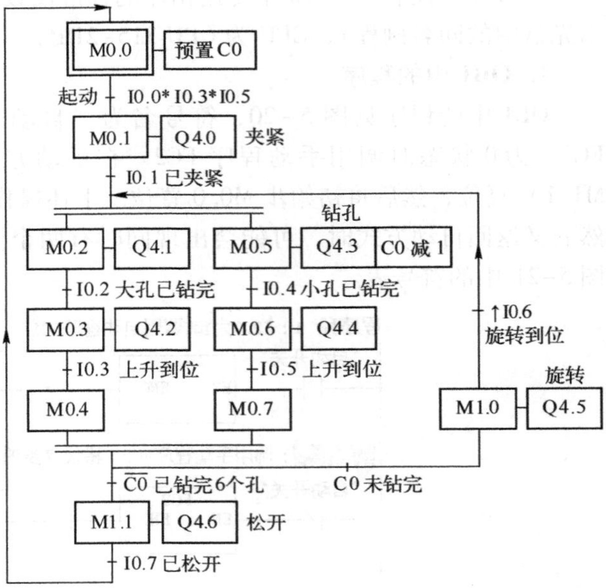

图 5-24 专用钻床控制系统的顺序功能图

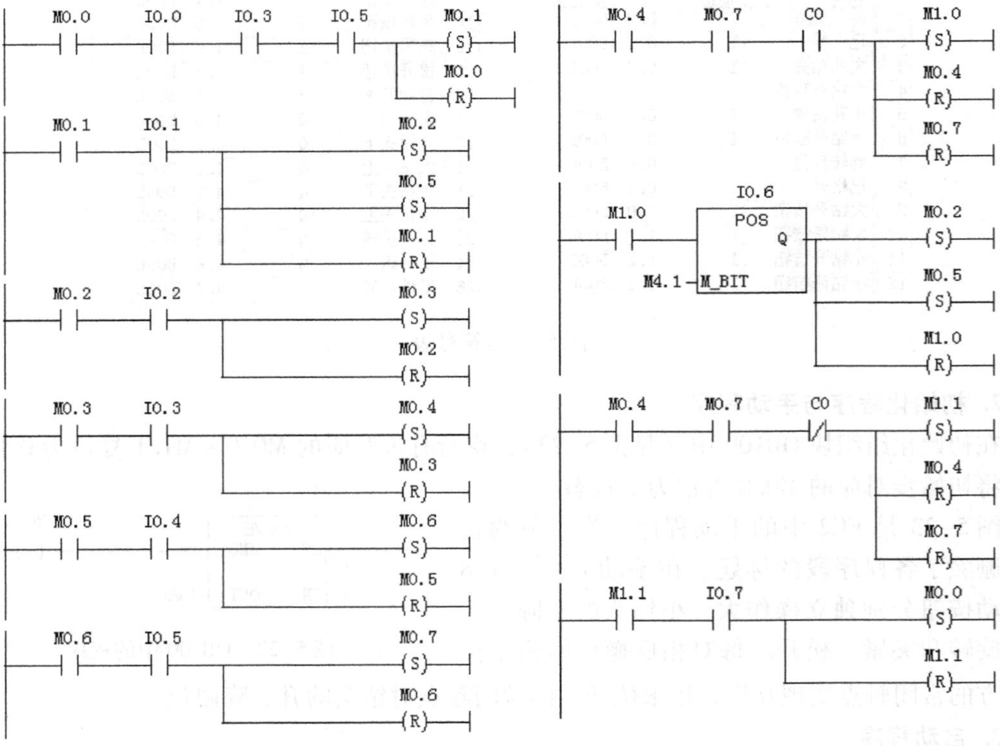

图 5-25 FC1 中的顺序控制程序

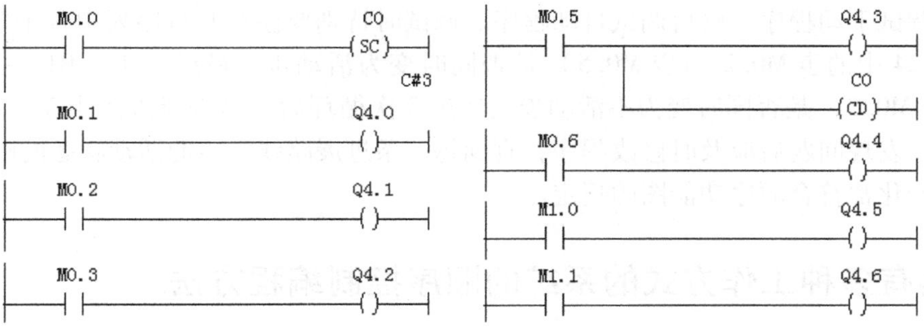

图 5-26　FC1 中的输出电路

顺序功能图中分别由 M0.2～M0.4 和 M0.5～M0.7 组成的两个单序列是并行工作的，设计梯形图时应保证这两个序列同时开始工作和同时结束，即两个序列的第一步 M0.2 和 M0.5 应同时变为活动步，两个序列的最后一步 M0.4 和 M0.7 应同时变为不活动步。

并行序列的分支的处理是很简单的，在图 5-24 中，当步 M0.1 是活动步，并且转换条件 I0.1 为 1 状态时，步 M0.2 和 M0.5 同时变为活动步，两个序列开始同时工作。在梯形图中，用 M0.1 和 I0.1 的常开触点组成的串联电路，来控制对 M0.2 和 M0.5 的同时置位，以及对前级步 M0.1 的复位。

另一种情况是当步 M1.0 为活动步，并且在 I0.6 的上升沿时，步 M0.2 和 M0.5 也应同时变为活动步，两个序列同时开始工作。在梯形图中，用 M1.0 的常开触点和 I0.6 的上升沿检测指令组成的串联电路，来控制对 M0.2 和 M0.5 的同时置位，以及对前级步 M1.0 的复位。

图 5-24 的并行序列合并处的转换有两个前级步 M0.4 和 M0.7，根据转换实现的基本规则，当它们均为活动步并且转换条件满足时，将实现并行序列的合并。未钻完 3 对孔时，减计数器 C0 的当前值非 0，其常开触点闭合，转换条件 C0 满足，将转换到步 M1.0。在梯形图中，用 M0.4、M0.7 和 C0 的常开触点组成的串联电路将 M1.0 置位，使后续步 M1.0 变为活动步；同时用 R 指令将 M0.4 和 M0.7 复位，使前级步 M0.4 和 M0.7 变为不活动步。

钻完 3 对孔时，C0 的当前值减至 0，其常闭触点闭合，转换条件$\overline{\text{C0}}$满足，将转换到步 M1.1。在梯形图中，用 M0.4、M0.7 的常开触点和 C0 的常闭触点组成的串联电路将 M1.1 置位，使后续步 M1.1 变为活动步；同时用 R 指令将 M0.4 和 M0.7 复位，使前级步 M0.4 和 M0.7 变为不活动步。

4. 双线圈问题

自动程序和手动程序都需要控制 PLC 的输出 Q，因此同一个过程映像输出位的线圈可能会出现两次，称为双线圈现象。一般情况不允许出现双线圈现象。像图 5-20 这样用相反的条件调用自动程序 FC1 和手动程序 FC2 时，允许同一个输出位的线圈在这两个 FC 中分别出现一次。因为它们的调用条件相反，在一个扫描周期内只会调用其中的一个 FC，而逻辑块中的指令只是在它被调用时才执行，没有调用时则不执行。因此实际上每次扫描循环只处理同一个过程映像输出位的两个线圈中的一个。

5. 程序的调试方法

打开 PLCSIM，生成 MB0、MB1、IB0、IB1、IB2、QB4 和 C0 的视图对象。将随书光盘中的例程“钻床控制”下载到仿真 PLC，将 CPU 切换到 RUN-P 模式后调试程序。

首先调试手动程序，然后调试自动程序。调试时特别要注意并行序列中各子序列的第 1 步（图 5-24 中的步 M0.2 和步 M0.5）是否同时变为活动步，最后一步（图 5-24 中的步 M0.4 和步 M0.7）是否同时变为不活动步。经过 3 次循环后，是否能进入步 M1.1，最后返回初始步。发现问题后应及时修改程序，直到每一条进展路线上步的活动状态的顺序变化和输出位的变化都符合顺序功能图的规定。

5.4 具有多种工作方式的系统的顺序控制编程方法

5.4.1 系统的硬件结构与工作方式

1. 硬件结构

为了满足生产的需要，很多设备要求设置多种工作方式，例如手动方式和自动方式，后者包括连续、单周期、单步、自动返回原点几种工作方式。手动程序比较简单，一般用经验法设计，复杂的自动程序一般用顺序控制法设计。

图 5-27 中的机械手用来将工件从 A 点搬运到 B 点，操作面板如图 5-28 所示，图 5-29 是 PLC 的外部接线图。夹紧装置用单线圈电磁阀控制，输出 Q4.1 为 1 时工件被夹紧，为 0 时被松开。工作方式选择开关的 5 个位置分别对应于 5 种工作方式，操作面板左下部的 6 个按钮是手动按钮。为了保证在紧急情况下（包括 PLC 发生故障时）能可靠地切断 PLC 的负载电源，设置了交流接触器 KM（见图 5-29）。运行时按下“负载电源”按钮，使 KM 线圈得电并自锁，KM 的主触点接通，给外部负载提供交流电源，出现紧急情况时用“紧急停车”按钮断开负载电源。

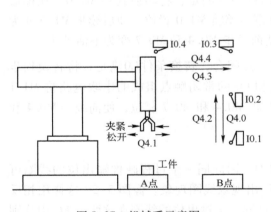

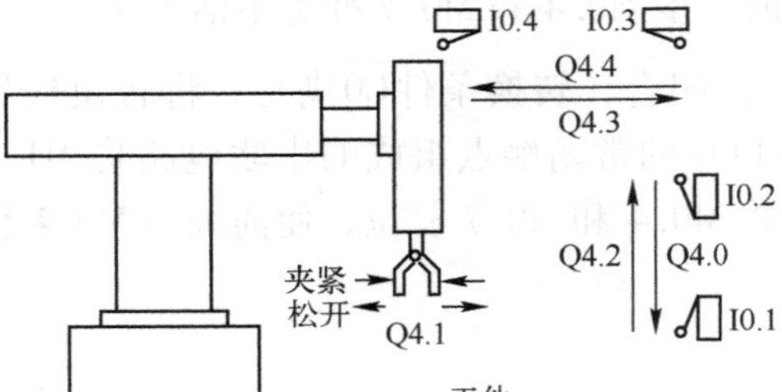

图 5-27 机械手示意图

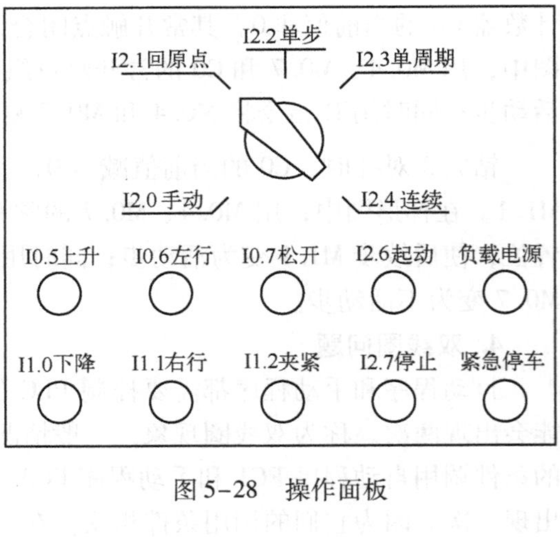

图 5-28 操作面板

2. 工作方式

系统设有手动、单周期、单步、连续和回原点 5 种工作方式，用单刀五掷开关切换机械手的工作方式。机械手从初始状态开始，将工件从 A 点搬运到 B 点，最后返回初始状态的过程，称为一个工作周期。

1）在手动工作方式，用 I0.5 ~ I1.2 对应的 6 个按钮分别独立控制机械手的升、降、左

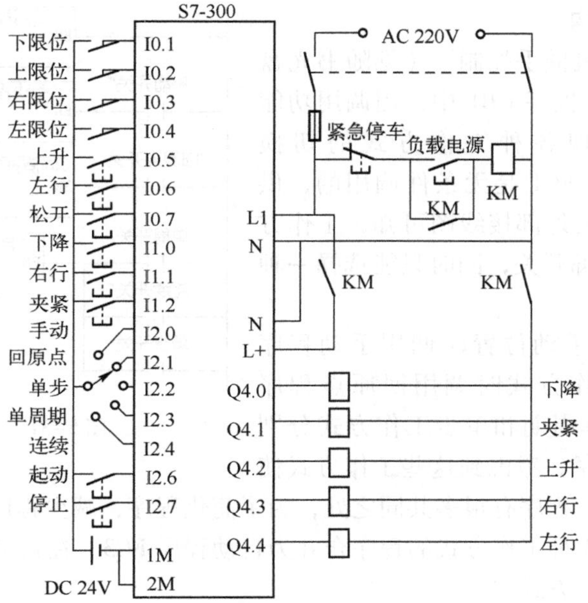

图 5-29　PLC 外部接线图

行、右行和松开、夹紧。

2）在单周期工作方式的初始状态按下起动按钮 I2.6，从初始步 M0.0 开始，机械手按顺序功能图（见图 5-35）的规定完成一个周期的工作后，返回并停留在初始步。

3）在连续工作方式的初始状态按下起动按钮，机械手从初始步开始，工作一个周期后又开始搬运下一个工件，反复连续地工作。按下停止按钮，并不马上停止工作，完成最后一个周期的工作后，系统才返回并停留在初始步。

4）在单步工作方式，从初始步开始，按一下起动按钮，系统转换到下一步，完成该步的任务后，自动停止工作并停留在该步，再按一下起动按钮，才开始执行下一步的操作。单步工作方式常用于系统的调试。

5）机械手在最上面和最左边且夹紧装置松开时，称为系统处于原点状态（或称初始状态）。在进入单周期、连续和单步工作方式之前，系统应处于原点状态。如果不满足这一条件，可以选择回原点工作方式，然后按起动按钮 I2.6，使系统自动返回原点状态。符号表见图 5-30。

	符号	地址	数据类型		符号	地址	数据类型		符号	地址	数据类型
1	公用程序	FC 1	FC 1	14	夹紧按钮	I 1.2	BOOL	27	夹紧步	M 2.1	BOOL
2	手动程序	FC 2	FC 2	15	手动开关	I 2.0	BOOL	28	A点升步	M 2.2	BOOL
3	自动程序	FC 3	FC 3	16	回原点开关	I 2.1	BOOL	29	右行步	M 2.3	BOOL
4	回原点程序	FC 4	FC 4	17	单步开关	I 2.2	BOOL	30	B点降步	M 2.4	BOOL
5	下限位	I 0.1	BOOL	18	单周开关	I 2.3	BOOL	31	松开步	M 2.5	BOOL
6	上限位	I 0.2	BOOL	19	连续开关	I 2.4	BOOL	32	B点升步	M 2.6	BOOL
7	右限位	I 0.3	BOOL	20	起动按钮	I 2.6	BOOL	33	左行步	M 2.7	BOOL
8	左限位	I 0.4	BOOL	21	停止按钮	I 2.7	BOOL	34	下降阀	Q 4.0	BOOL
9	上升按钮	I 0.5	BOOL	22	初始步	M 0.0	BOOL	35	夹紧阀	Q 4.1	BOOL
10	左行按钮	I 0.6	BOOL	23	原点条件	M 0.5	BOOL	36	上升阀	Q 4.2	BOOL
11	松开按钮	I 0.7	BOOL	24	转换允许	M 0.6	BOOL	37	右行阀	Q 4.3	BOOL
12	下降按钮	I 1.0	BOOL	25	连续标志	M 0.7	BOOL	38	左行阀	Q 4.4	BOOL
13	右行按钮	I 1.1	BOOL	26	A点降步	M 2.0	BOOL	39			

图 5-30　符号表

3. 程序的总体结构

项目的名称为“机械手控制”（见随书光盘中的同名例程），在主程序 OB1 中，用调用功能（FC）的方式来实现各种工作方式的切换（图 5-31）。公用程序 FC1 是无条件调用的，供各种工作方式公用。由外部接线图可知，工作方式选择开关是单刀 5 掷开关，同时只能选择一种工作方式。

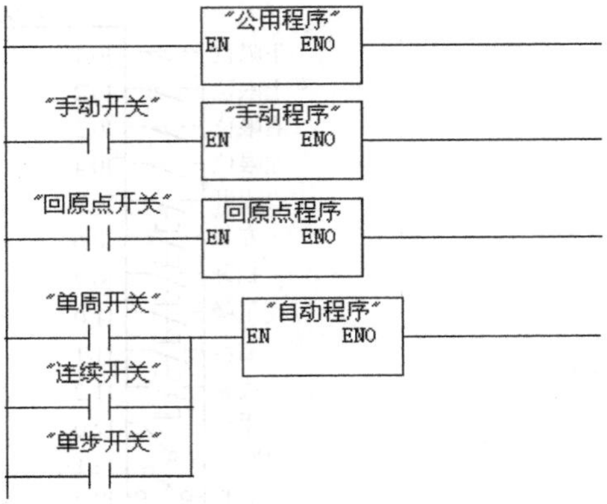

图 5-31 主程序 OB1

方式选择开关在手动位置时调用手动程序 FC2，选择回原点工作方式时调用回原点程序 FC4。可以为连续、单周期和单步工作方式分别设计一个单独的子程序。考虑到这些工作方式使用相同的顺序功能图，程序有很多共同之处，为了简化程序，减少程序设计的工作量，将单步、单周期和连续这 3 种工作方式的程序合并为自动程序 FC3。在自动程序中，应考虑用什么方法区分这 3 种工作方式。

5.4.2 公用程序与手动程序

1. OB100 中的初始化程序

机械手在最上面和最左边的位置、夹紧装置松开时，系统处于规定的初始条件，称为“原点条件”，此时左限位开关 I0.4、上限位开关 I0.2 的常开触点和表示夹紧装置松开的 Q4.1 的常闭触点组成的串联电路接通，原点条件标志 M0.5 为 1 状态（见图 5-32）。

CPU 刚进入 RUN 模式的第一个扫描周期时，执行组织块 OB100。如果此时原点条件满足，M0.5 为 1 状态，顺序功能图中的初始步对应的 M0.0 被置位为 1 状态，初始步为活动步，为进入单步、单周期和连续工作方式做好准备。如果 M0.5 为 0 状态，原点条件不满足，初始步 M0.0 被复位为不活动步，禁止在单步、单周期和连续工作方式工作。

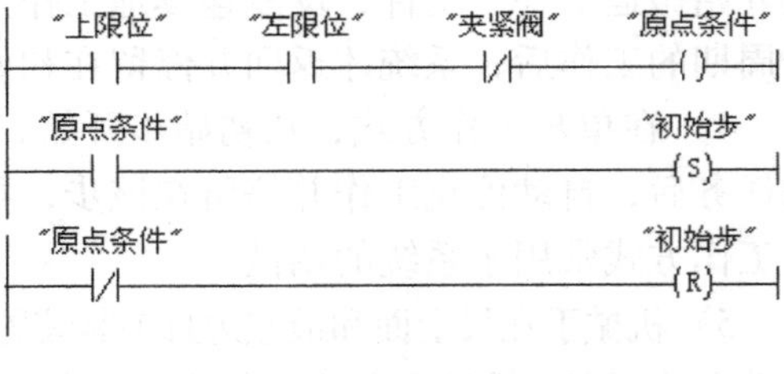

图 5-32 初始化程序 OB100

2. 公用程序

图 5-33 中的公用程序用于处理各种工作方式都要执行的任务，以及不同的工作方式之间相互切换的处理。当系统处于手动工作方式或回原点方式，手动开关 I2.0 或回原点开关 I2.1 为 1 状态。与 OB100 中的处理相同，如果此时满足原点条件，顺序功能图中的初始步对应的 M0.0 被置位。如果此时原点条件 M0.5 为 0 状态，初始步 M0.0 被复位为不活动步，按下起动按钮也不能转换到下一步，系统不能在单步、单周期和连续工作方式工作。

从一种工作方式切换到另一种工作方式时，应将有存储功能的位元件复位。工作方式较多时，应仔细考虑各种可能的情况，分别进行处理。在切换工作方式时应执行下列操作：

1）当系统从自动工作方式切换到手动或自动回原点工作方式时，必须用 MOVE 指令将顺序功能图（图 5-35）中除初始步以外的各步对应的存储器位（M2.0～M2.7，即 MB2）复位，否则以后返回自动工作方式时，可能会出现同时有两个活动步的异常情况，引起错误的动作。

2）在退出自动回原点工作方式时，回原点开关 I2.1 的常闭触点闭合。此时使用 MOVE 指令，将自动回原点的顺序功能图（见图 5-38）中所有的步对应的存储器位（M1.0～M1.5）复位，以防止下一次进入自动回原点方式时，可能会出现同时有两个活动步的异常情况。

3）非连续工作方式时，连续开关 I2.4 的常闭触点闭合，将连续标志 M0.7 复位。

3. 手动程序

图 5-34 是手动程序，手动操作时用 6 个按钮控制机械手的升、降、左行、右行和夹紧、松开。为了保证系统的安全运行，在手动程序中设置了一些必要的联锁。

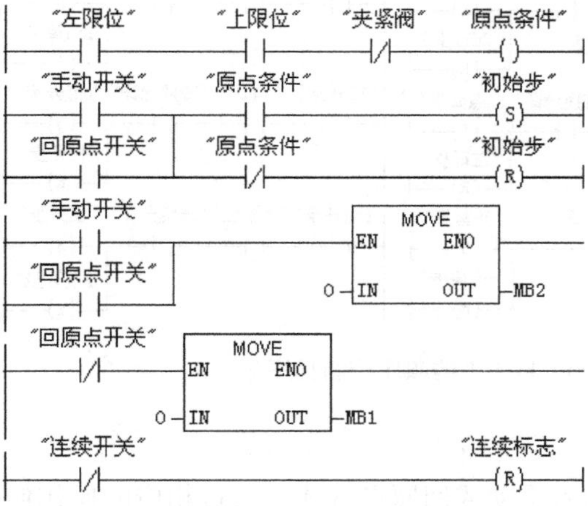

图 5-33　公用程序 FC1

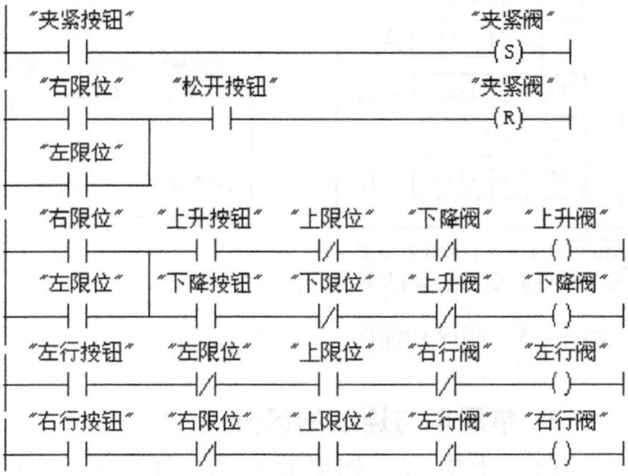

图 5-34　手动程序 FC2

1）用 4 个限位开关 I0.1～I0.4 的常闭触点限制机械手运动时超出极限位置。

2）设置上升与下降之间、左行与右行之间的互锁，用来防止功能相反的两个输出同时为 1 状态。

3）上限位开关 I0.2 的常开触点与左、右行电磁阀的线圈串联，机械手升到最高位置才能左、右移动，以防止机械手在较低位置运行时与别的物体碰撞。

4）机械手在最左边或最右边（左、右限位开关 I0.3 或 I0.4 为 1 状态）时，才允许进行松开工件（复位夹紧阀）、上升和下降的操作。

5.4.3　自动程序

图 5-35 是处理单周期、连续和单步工作方式的自动程序 FC3 的顺序功能图，最上面的转换条件与公用程序有关。图 5-36 是用置位复位指令设计的程序。单周期、连续和单步这 3 种工作方式主要是用“连续标志”M0.7 和“转换允许”标志 M0.6 来区分的。

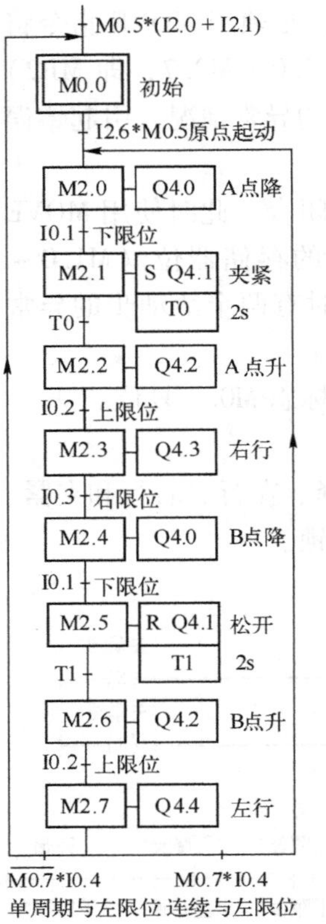

图 5-35　顺序功能图

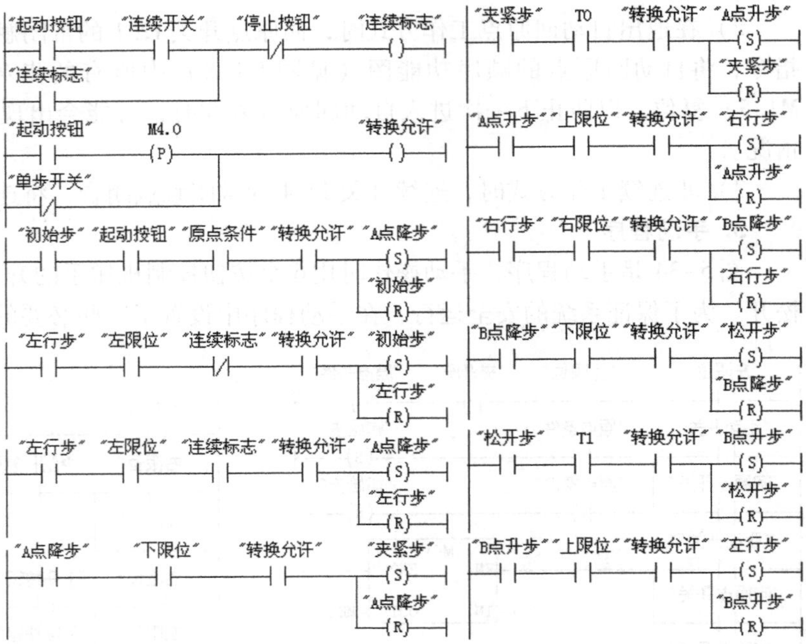

图 5-36　FC3 中的顺序控制程序

1. 单周期与连续的区分

PLC 上电后，如果原点条件不满足，应首先进入手动或回原点方式，通过相应的操作使原点条件满足，公用程序使初始步 M0.0 为 1 状态，然后切换到自动方式。

系统工作在连续和单周期（非单步）工作方式时，单步开关 I2.2 的常闭触点接通，转换允许标志 M0.6 为 1 状态，控制置位复位的电路中的 M0.6（转换允许）的常开触点接通，允许步与步之间的正常转换。

在连续工作方式，连续开关 I2.4 和“转换允许”标志 M0.6 为 1 状态。设初始步时系统处于原点状态，原点条件标志 M0.5 和初始步 M0.0 为 1 状态，按下起动按钮 I2.6，“A 点降步”M2.0 变为 1 状态，下降阀 Q4.0 的线圈通电，机械手下降。与此同时，连续标志 M0.7 的线圈通电并自保持（见图 5-36 左边第一个程序段）。

机械手碰到下限位开关 I0.1 时，转换到“夹紧步”M2.1，夹紧阀 Q4.1 被置位，工件被夹紧。同时接通延时定时器 T0 开始定时，2s 后定时时间到，夹紧操作完成，定时器 T0 的常开触点闭合，“A 点升步”M2.2 被置位为 1，机械手开始上升。以后系统将这样一步一步地工作下去。

当机械手在“左行步”M2.7 返回最左边时，左限位开关 I0.4 变为 1 状态，因为“连续”标志位 M0.7 为 1 状态，转换条件 M0.7 * I0.4 满足，系统将返回“A 点降步”M2.0，反复连续地工作下去。

按下停止按钮 I2.7 后，连续标志 M0.7 变为0 状态（见图5-36），但是系统不会立即停止工作。完成当前工作周期的全部操作后，在步 M2.7 机械手返回最左边，左限位开关 I0.4 为1 状态，转换条件$\overline{\text{M0.7}}$ * I0.4 满足，系统才返回并停留在初始步。

在单周期工作方式，当机械手在最后一步 M2.7 返回最左边时，左限位开关 I0.4 为1 状态。因为连续标志 M0.7 一直为0 状态，转换条件$\overline{\text{M0.7}}$ * I0.4 满足，系统返回并停留在初始步，机械手停止运动。按一次起动按钮，系统只工作一个周期。

2. 单步工作方式

在单步工作方式，单步开关 I2.2 为1 状态，它的常闭触点断开，“转换允许”标志 M0.6 在一般情况下为0 状态，不允许步与步之间的转换。设初始步时系统处于原点状态，按下起动按钮 I2.6，转换允许标志 M0.6 在一个扫描周期为1 状态，“A 点降步” M2.0 被置位为活动步，机械手下降。在起动按钮上升沿之后，M0.6 变为0 状态。

机械手碰到下限位开关 I0.1 时，与下降阀 Q4.0 的线圈串联的 I0.1 的常闭触点断开（见图5-37 左边第一个程序段），使下降阀的线圈“断电”，机械手停止下降。

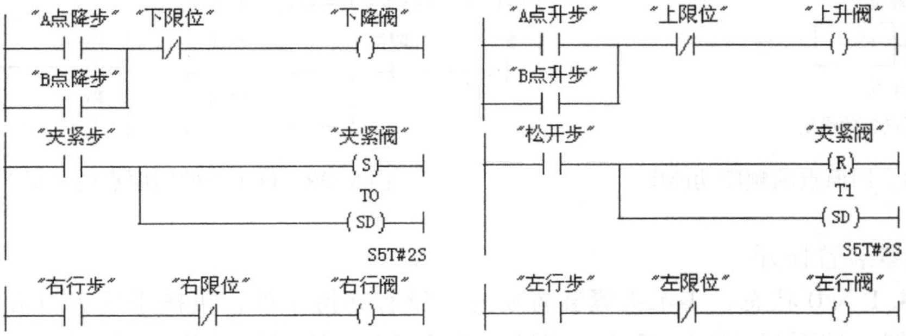

图5-37　FC3 中的输出电路

图5-36 左边最下面的程序段的下限位开关 I0.1 的常开触点闭合后，如果没有按起动按钮，转换允许标志 M0.6 为0 状态，不会转换到下一步。一直要等到按下起动按钮，M0.6 的常开触点接通，才能使转换条件 I0.1（下限位）起作用，“夹紧步” M2.1 被置位，才能进入夹紧步。以后在完成某一步的操作后，都必须按一次起动按钮，使 M0.6 的常开触点接通，才能转换到下一步。

3. 输出电路

输出电路（见图5-37）是自动程序 FC3 的一部分，输出电路中4 个限位开关 I0.1 ~ I0.4 的常闭触点是为单步工作方式设置的。以右行为例，当机械手碰到右限位开关 I0.3 后，与“右行步”对应的存储器位 M2.3 不会马上变为0 状态，如果右行电磁阀 Q4.3 的线圈不与右限位开关 I0.3 的常闭触点串联，机械手不能停在右限位开关处，还会继续右行，对于某些设备，可能造成事故。

4. 自动返回原点程序

图5-38 是自动回原点程序 FC4 的顺序功能图，图5-39 是用置位复位电路设计的梯形图。在回原点工作方式，回原点开关 I2.1 为1 状态，在 OB1 中调用 FC4。在回原点方式按下起动按钮 I2.6，机械手可能处于任意状态，根据机械手当时所处的位置和夹紧装置的状

态，可以分为 3 种情况，采用不同的处理方法（见图 5-38）。

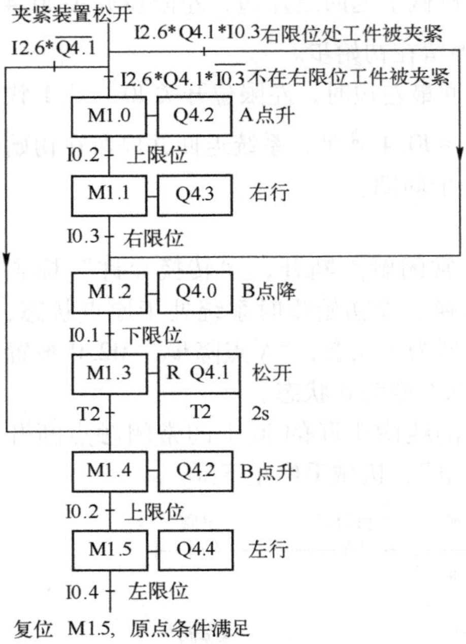

图 5-38 回原点的顺序功能图

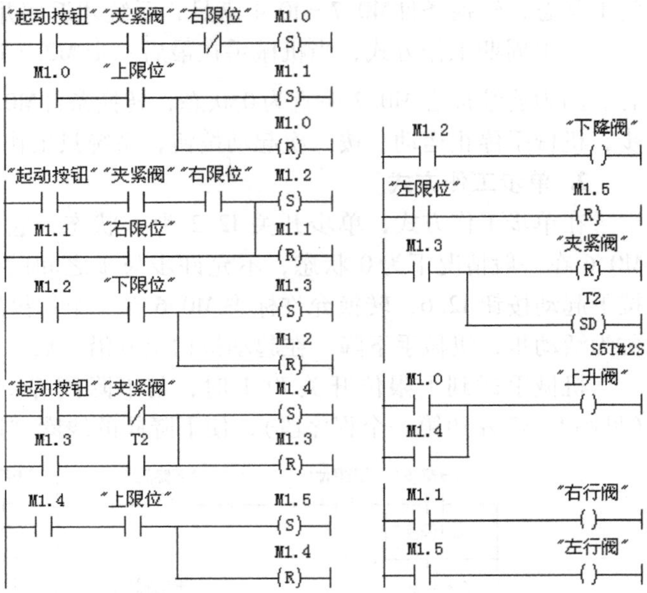

图 5-39 FC4 中的回原点的梯形图

（1）夹紧装置松开

如果 Q4.1 为 0 状态，表示夹紧装置松开，没有夹持工件，机械手应上升和左行，直接返回原点位置。按下起动按钮 I2.6，应进入图 5-38 中的“B 点升”步 M1.4，转换条件为 I2.6 * $\overline{Q4.1}$。如果机械手已经在最上面，上限位开关 I0.2 为 1 状态，进入“B 点升”步后，因为转换条件满足，将马上转换到“左行”步。

自动返回原点的操作结束后，原点条件满足。公用程序中的原点条件标志 M0.5 变为 1 状态，顺序功能图中的初始步 M0.0 在公用程序中被置位，为进入单周期、连续或单步工作方式做好了准备，因此可以认为图 5-35 中的初始步 M0.0 是“左行”步 M1.5 的后续步。

（2）夹紧装置处于夹紧状态，机械手在最右边

此时 Q4.1 和和右限位开关 I0.3 均为 1 状态，应将工件放到 B 点后再返回原点位置。按下起动按钮 I2.6，机械手应进入“B 点降”步 M1.2，转换条件为 I2.6 * Q4.1 * I0.3。首先执行下降和松开操作，释放工件后，机械手再上升、左行，返回原点位置。如果机械手已经在最下面，下限位开关 I0.1 为 1 状态。进入“B 点降”步后，因为转换条件已经满足，将马上转换到“松开”步。

（3）夹紧装置处于夹紧状态，机械手不在最右边

此时 Q4.1 为 1 状态，右限位开关 I0.3 为 0 状态。按下起动按钮 I2.6，应进入“A 点升”步 M1.0，转换条件为 I2.6 * Q4.1 * $\overline{I0.3}$。机械手首先应上升，然后右行、下降和松开工件，将工件搬运到 B 点后再上升、左行，返回原点位置。如果机械手已经在最上面，上

限位开关 I0.2 为 1 状态，进入“A 点升”步后，因为转换条件已经满足，将马上转换到“右行”步。

5.5 顺序功能图语言 S7-Graph 的应用

5.5.1 S7-Graph 语言概述

S7-Graph 语言是 S7-300/400 用于顺序控制程序编程的顺序功能图语言，遵从 IEC 61131-3 标准中的顺序功能图语言“Sequential Function Chart”的规定。

在这种语言中，工艺过程被划分为若干个顺序出现的步，步包含控制输出的动作，从一步到另一步的转换由转换条件控制。用 S7-Graph 表示复杂的顺序控制过程非常清晰，用于编程及故障诊断更为有效，它特别适合于生产制造过程。

1. 安装 S7-Graph 语言

S7-Graph 是可选的软件包，应先安装 STEP 7，后安装 S7-Graph。双击随书光盘的文件夹“\S7-Graph V53 SP7”中的文件“Setup. cmd”，开始安装 S7-Graph。在“Select the Language……”（选择安装语言）对话框，安装语言采用默认的美国英语，单击“OK”按钮确认。

单击“Welcome to the Setup……”（欢迎安装）对话框中的“Next”按钮，打开下一对话框。在“Readme File”对话框，可以用按钮选择是否阅读说明文件。

在“License Agreement”（许可证协议）对话框，应选中“I accept…”（我接受许可协议的条款）。在“Transfer License Keys”（传送许可证密钥）对话框，选中“No, Transfer License Keys later”（不，以后再传送许可证密钥）。

单击“Ready to Install the Program”（准备好安装软件）对话框中的“Install”按钮，开始安装软件。单击最后出现的“S7-Graph Setup is complete”（S7-Graph 安装完成）对话框中的“Finish”（结束）按钮，结束安装过程。

2. 顺序控制程序的结构

用 S7-Graph 编写的顺序控制程序以功能块（FB）的形式被主程序 OB1 调用。

一个顺序控制项目至少需要 3 个块：

1）一个调用 S7-Graph FB 的块，它可以是组织块（OB）、功能（FC）或功能块（FB）。

2）一个用来描述顺序控制系统各子任务（步）和相互关系（转换）的 S7-Graph FB，它由一个或多个顺序器（Sequencer）和可选的永久性指令组成。

3）一个指定给 S7-Graph FB 的背景数据块（DB），它包含了顺序控制系统的参数。

一个 S7-Graph FB 最多可以包含 250 步和 250 个转换。调用 S7-Graph FB 时，顺序器从第 1 步或从初始步开始启动。

3. 创建使用 S7-Graph 的功能块

用新建项目向导生成名为“运输带 GR”的项目（见随书光盘中的同名例程），CPU 为 CPU 315-2DP。选中 SIMATIC 管理器左边窗口的“块”，执行 SIMATIC 管理器的菜单命令“插入”→“S7 块”→“功能块”，在出现的“属性-功能块”对话框中，功能块默认的名称为 FB1，用下拉式列表设置“创建语言”为 GRAPH（即 S7-Graph）。

双击打开生成的 FB1，第一次打开 S7-Graph 编辑器时，选中出现的许可证对话框中的“S7-GRAPH”，“激活”按钮上的字符变为黑色，单击该按钮，激活期限为 14 天的试用许可证密钥。

4. S7-Graph 编辑器

打开 FB1 后，右边的程序区有自动生成的步 S1 和转换 T1（见图 5-40）。最左边的顺序器工具栏可以拖到程序区的任意位置水平放置。单击 ☒ 按钮，可以关闭左边的浏览窗口和下面的详细窗口。

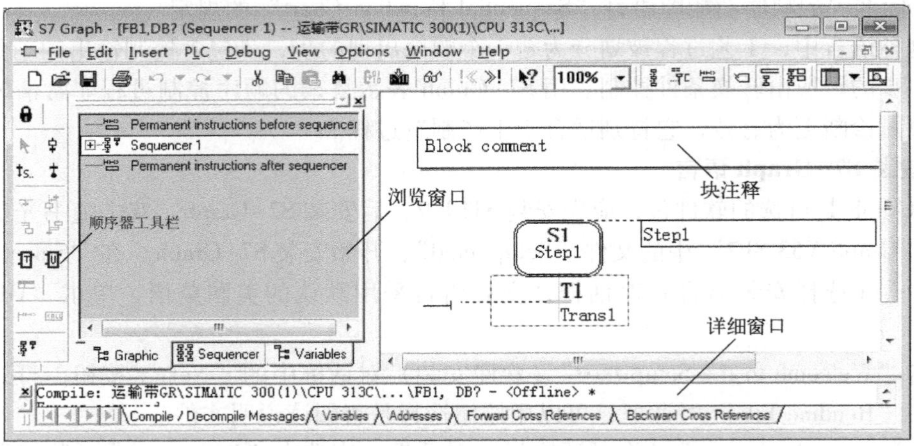

图 5-40　S7-Graph 的界面

浏览窗口中的“Graphic”（图形）选项卡的中间是顺序器（Sequencers），它的上面和下面是永久性指令（Permanent Instructions）。“Sequencers”选项卡用来浏览顺序器的总体结构，以及选择右边窗口显示哪一个顺序器。“Variables”（变量）选项卡中的变量是编程时可能用到的各种元素。可以在变量选项卡定义、编辑和修改变量。可以删除，但是不能编辑系统变量。

在保存和编译时，窗口下部将会出现“Details”（详细）窗口，可以获得程序编译时发现的错误和警告信息。该窗口中还有变量、符号地址和交叉参考表选项卡。

使用显示工具栏上的按钮（见图 5-41），可以选择显示方式为顺序器、单步方式和永久性指令，可以显示或隐藏注释、条件与动作、浏览窗口和详细窗口。按钮 ⊏ 用于切换符号地址显示和绝对地址显示。单击局部显示按钮 ⌑，可以将鼠标选中的区域放大。

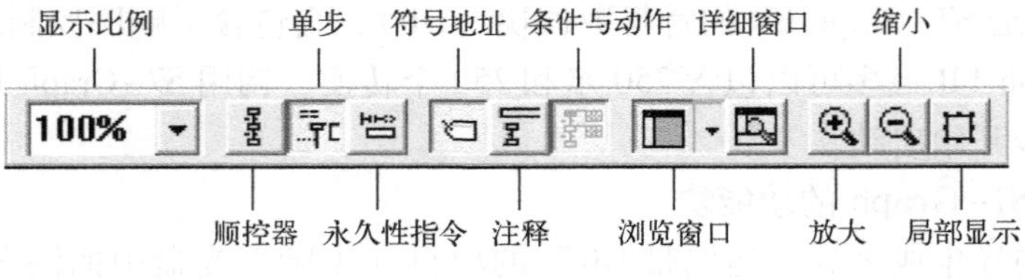

图 5-41　显示工具栏

单击顺序器工具栏上的“拖放/直接”按钮，可以在“拖放”模式（该按钮被按下）和“直接”模式之间切换。

在“直接”模式，如果希望在某一位置的下面插入新的元件，首先用鼠标选中该位置的元件，单击顺序器工具栏上希望插入的元件对应的按钮，该元件将直接出现在指定的位置。

在“拖放”模式，单击顺序器工具栏上的按钮，鼠标将会带着与被单击的按钮图形相似的光标移动。如果随鼠标移动的光标图形中有（禁止放置）符号，表示该元件不能放置在光标当前的位置。在允许放置该元件的区域，“禁止”标志消失，单击鼠标便可以放置一个拖动的元件。放置完同类元件后，在禁止放置的区域单击鼠标的右键，再单击左键，跟随鼠标移动的图形将会消失。

5.5.2 使用 S7-Graph 编程的例子

1. 系统简介

图 5-42 中的两条运输带顺序相连，为了避免运送的物料在 1 号运输带上堆积，按了起动按钮 I0.0，应先起动 1 号运输带，延时 6 s 后自动起动 2 号运输带。

停机的顺序与起动的顺序相反，即按了停止按钮 I0.1 后，先停 2 号运输带，5 s 后再停 1 号运输带。图 5-42 给出了输入输出信号的波形图和顺序功能图。控制 1 号运输带的 Q4.0 在步 M0.1 ~ M0.3 中都应为 1（见图 5-42 中间的图）。为了简化顺序功能图和梯形图，在步 M0.1 将 Q4.0 置位为 1（见图 5-42 右边的图），在初始步将 Q4.0 复位为 0。

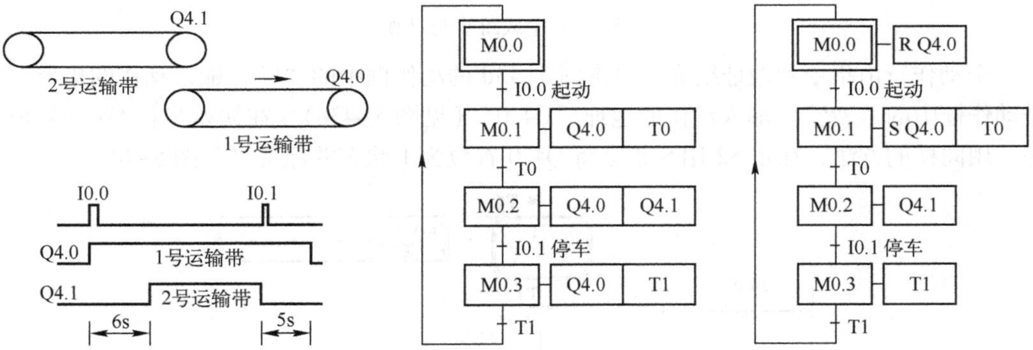

图 5-42 运输带控制系统示意图与顺序功能图

2. 生成步和转换

单击按钮，隐藏动作和转换条件，隐藏后只显示步和转换。选中图 5-43 中的转换 T1，它变为浅紫色，周围出现虚线框。单击 3 次顺序器工具栏上的按钮，在 T1 的下面生成步 S2 ~ S4 和转换 T2 ~ T4（见图 5-43a 中的顺序功能图），此时 T4 被自动选中。单击顺序器工具栏上的（Jump，跳转）按钮，在 T4 的下面出现一个箭头。在箭头旁边的文本框中输入 1，表示将从转换 T4 跳转到初始步 S1。按计算机的回车键，在步 S1 上面的有向连线上，自动出现一个水平的箭头（见图 5-43b），它的右边标有转换 T4，相当于生成了一条起于 T4、止于步 S1 的有向连线。至此步 S1 ~ S4 形成了一个闭环。

代表步的方框内有步的编号（例如 S2）和名称（例如 Step2），单击选中它们后，可以修改它们，不能用汉字作步和转换的名称。用同样的方法，可以修改转换的编号（例如 T2）和名称（例如 Trans2）。单击步的编号和名称之外的其他部分，表示步的方框整体变色，称为选中了该步。

3. 生成动作

单击显示工具栏上的按钮，显示被隐藏的动作和转换条件。用鼠标右键单击初始步 S1 右边的动作框，执行出现的快捷菜单中的命令“Insert New Element”（插入新元件）→“Action”（动作，见图 5-43c），插入一个空的动作行。

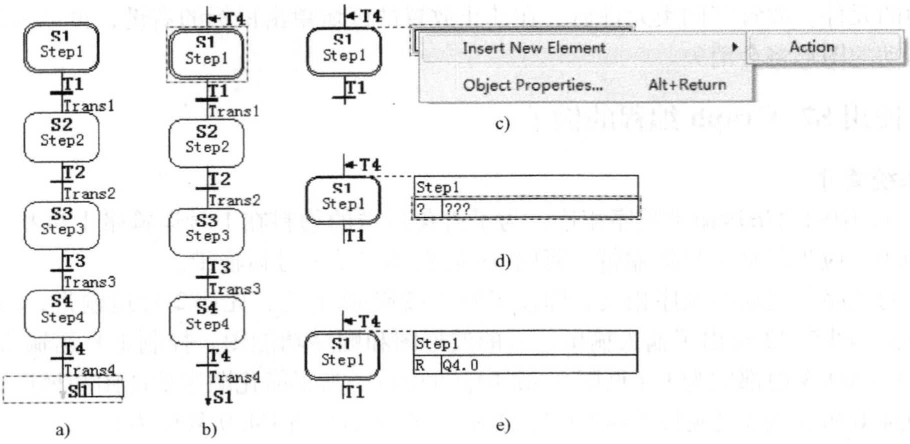

图 5-43 生成跳步与动作

一个动作行由指令和地址组成，单击图 5-43d 的动作框中的“?”，输入动作的指令“R”。单击动作框中的“???”，输入动作的地址“Q4.0”（见图 5-43e），在初始步将 Q4.0 复位为 0 状态。用同样的方法，在步 S2 用 S 指令将 Q4.0 置位为 1 状态并保持（见图 5-44）。

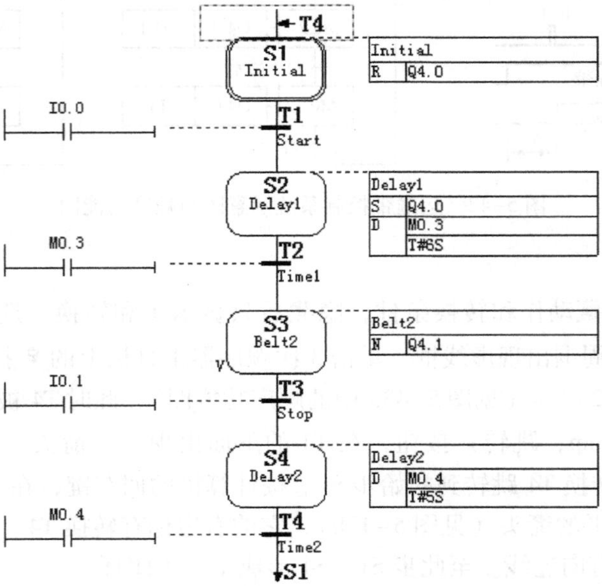

图 5-44 运输带控制的顺序功能图

在步 S2 的动作框中输入指令“D”，按回车键后指令框的右边自动出现两行，在上面一行输入地址 M0.3，下面一行输入“T#6S”（延时时间为 6s）。延时时间到时，M0.3 变为 1 状态，步 S2 之后的转换条件满足。用上述的方法，生成其余各步的动作。

步 S3 的动作的命令“N”表示 Q4.1 是非存储型动作，步 S3 为活动步时 Q4.1 为 1 状态，为不活动步时 Q4.1 为 0 状态。

4. S7-Graph 编辑器的参数设置

执行菜单命令“Options”（选项）→“Application Settings”（应用设置），打开应用设置对话框。用单选框选中“General”选项卡中的“Conditions in new block”区的“LAD”，新生成的块的转换条件默认的语言为梯形图。

S7-Graph 默认的转换条件的字符太小，用“Editor”（编辑器）选项卡中的 Font（字体）区的“Object type”（对象类型）选择框选中“LAD/FDB”（见图 5-45 左下角的图），单击“Select…”（选择）按钮，打开“Font”（字体）对话框（见图 5-45 右边的图），设置字体的大小为 14 点，字体为“常规”，单击“OK”按钮确认。

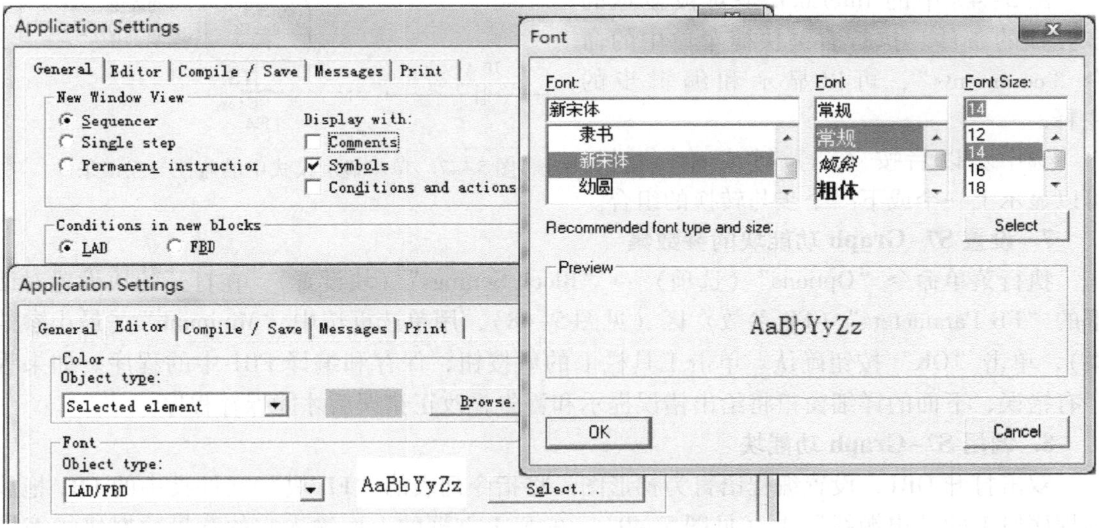

图 5-45　S7-Graph 编辑器的参数设置

5. 生成转换条件

转换条件可以用梯形图或功能块图来显示。转换条件工具栏在编辑器的最左边，第一次打开 S7-Graph 编辑器时，转换条件默认的语言是功能块图（FBD）。可以用“View”菜单中的命令切换为梯形图（LAD）。选中转换 T1 对应的转换条件（见图 5-46b），单击左边的转换条件工具栏上的 ⊣⊢ 按钮（见图 5-46a），T1 的转换条件出现一个常开触点（见图 5-46c）。单击触点上面红色的??.?，输入地址 I0.0（见图 5-46d）。用同样的方法生成其他转换条件。

转换条件可以是多个触点和比较器（对应于工具栏上的按钮 ）的串并联电路。比较器相当于一个触点。

6. 对监控功能编程

双击步 S3，切换到单步视图（见图 5-47）。选中 Supervision（监控）线圈，单击图 5-46a

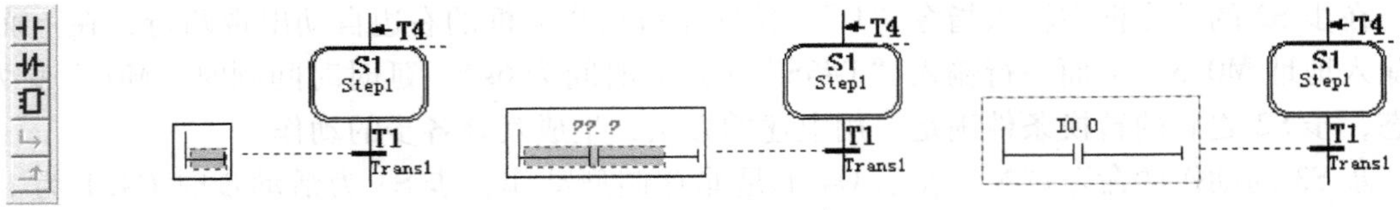

a) b) c) d)

图 5-46 生成转换条件

的工具栏上的比较器按钮，在比较器左边中间的引脚输入“S3. T”（步 S3 为活动步的时间），在下面的引脚输入时间预设值“T#2H”，设置的监视时间为 2 h（2 小时）。如果该步的执行时间超过 2 h，该步被认为出错，监控时出错的步用红色显示。选中比较器中间的比较符号“ >”后，可以修改它。

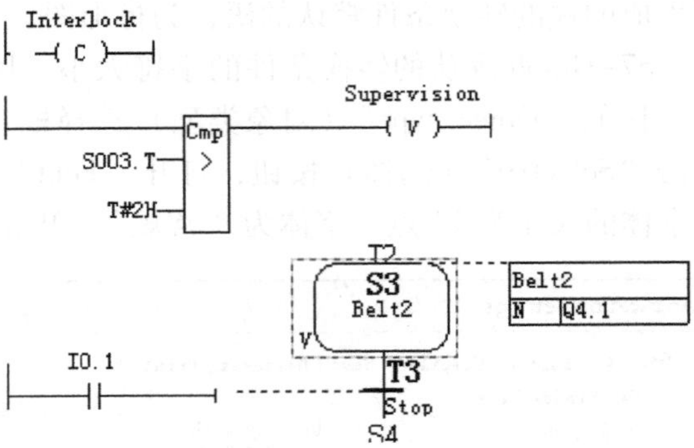

图 5-47 单步显示模式中的监控与互锁条件

图 5-47 中的 Interlock 是对被显示的步互锁的条件。执行右键快捷菜单中的命令“comments”，可以显示和编辑步的注释。

选中步以后按〈↑〉键或〈↓〉键，可以显示上一个或下一个步与转换的组合。

7. 设置 S7-Graph 功能块的参数集

执行菜单命令“Options”（选项）→“Block Settings”（块设置），在打开的块设置对话框的“FB Parameters”（FB 参数）区（见图 5-48），用单选框选中“Minimum”（最小参数集），单击“OK”按钮确认。单击工具栏上的按钮，保存和编译 FB1 中的程序。如果程序有错误，下面的详细窗口将给出错误提示和警告，改正错误后才能保存程序。

8. 调用 S7-Graph 功能块

双击打开 OB1，设置编程语言为梯形图。将指令列表的“FB 块”文件夹中的 FB1 拖放到程序段 1 的“电源线”上（见图 5-49）。在 FB1 方框的上面输入它的背景数据块的编号

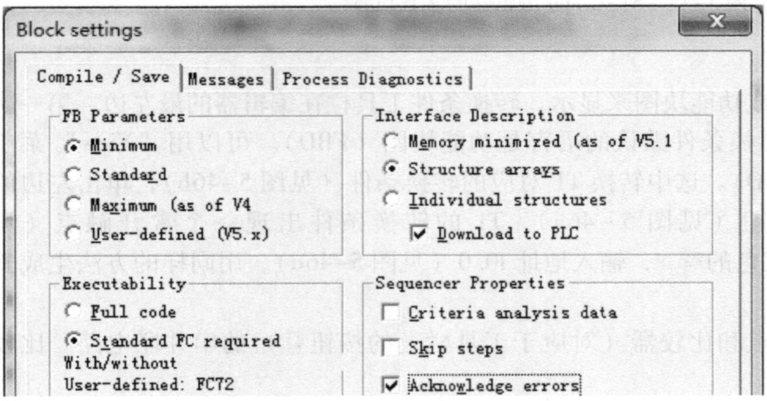

图 5-48 设置块的参数

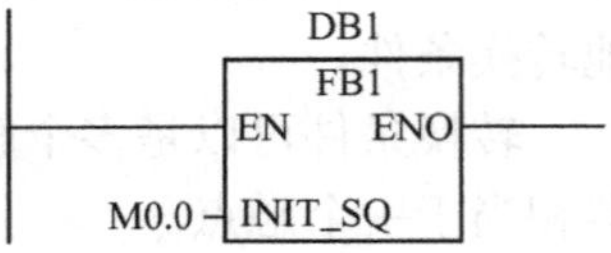

图 5-49 OB1 的程序

DB1，按回车键后出现的对话框询问“背景数据块 DB1 不存在，是否要生成它?”。单击“是”按钮确认。FB1 的形参 INIT_SQ 为 1 状态时，顺序器被初始化，仅初始步为活动步。

9. 仿真实验

打开 PLCSIM，创建 IB0 和 MB0 的视图对象。将所有的块下载到仿真 PLC，将仿真 PLC 切换到 RUN-P 模式。打开 FB1，单击工具栏上的按钮，起动程序状态监控功能（见图 5-50）。刚开始监控时只有初始步 S1 为绿色，表示它为活动步。该步的动作框上面的两个监控定时器开始定时。它们用来记录当前步被激活的时间，其中定时器 U 用来计没有干扰的时间。单击两次 PLCSIM 中 I0.0 对应的小方框，模拟按下和放开起动按钮。可以看到步 S1 变为白色，步 S2 变为绿色，表示由步 S1 转换到了步 S2。

步 S2 的动作方框上面的监控定时器的当前时间值达到预设值 6 s 时，M0.3 变为 1 状态，步 S2 下面的转换条件满足，将自动转换到步 S3。单击两次 I0.1 对应的小方框，模拟对停止按钮的操作，将会从步 S3 转换到步 S4，延时 5 s 后自动返回初始步。

各动作框右边的小方框显示该动作的 0、1 状态。只显示活动步后面的转换条件的能流的状态。单击两次 PLCSIM 中 M0.0 对应的小方框，给 OB1 中 FB1 的输入参数“INIT_SQ”提供一个脉冲。在脉冲的上升沿，顺序器被初始化，初始步 S1 变为活动步，其余各步为非活动步。

10. 生成选择序列

画复杂的顺序功能图时，为了突出重点，便于观察，可以单击显示工具栏上的按钮（见图 5-41），关闭动作和转换条件，只显示步和有向连线。

打开项目“运输带 GR”的 FB1，用右键单击左边的浏览窗口中的 Graphic 选项卡，执行出现的快捷菜单中的“Insert New Element”（插入新元件）→“Sequencer”命令，生成新的顺序器，开始时只有步 S5 和转换 T5 的组合体。用右键单击步 S5 没有字符的地方，执行出现的快捷菜单中的“Object Properties”（对象属性）命令，在出现的步属性对话框中，选中复选框“Initial Step”（初始步），将该步设置为用双线框表示的初始步。

在“直接”编辑模式，选中转换 T5，单击两次顺序器工具栏上的按钮，生成步 S6、S7 和转换 T6、T7。用鼠标左键选中初始步 S5，单击顺序器工具栏上的按钮，生成一个选择序列的分支，新生成的转换的编号为 T8（见图 5-51）。选中转换 T8，单击两次顺序器工具栏上的按钮，生成步 S8、S9 和转换 T9、T10。

生成选择序列、并行序列的合并时，将顺序器工具栏垂直放置在窗口的最左边（见图 5-40），在“拖放”模式选中转换 T10，单击顺序器工具栏上的选择序列合并按钮，用鼠标拖动 T10 下端出现的细线，与该按钮中图形相同的光标随鼠标一起移动。鼠标移动到另一条分支结束处的转换 T7 的下端时，表示禁止放置的图标消失。单击 T7，T10 和 T7 被连接到一起。

并行序列的画法与选择序列的画法基本上相同。

有关 S7-Graph 更多更详细的使用方法，请参阅作者编写的《S7-300/400 PLC 应用技术 第 4 版》。

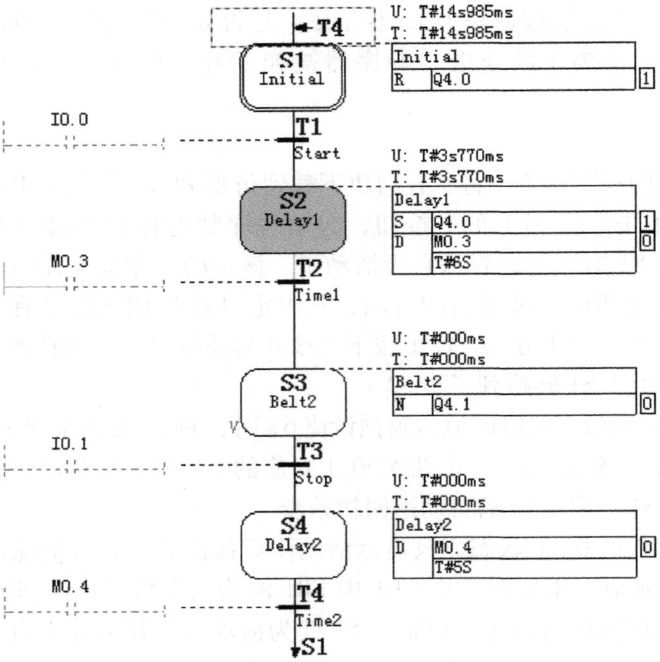

图 5-50　顺序功能图的程序状态

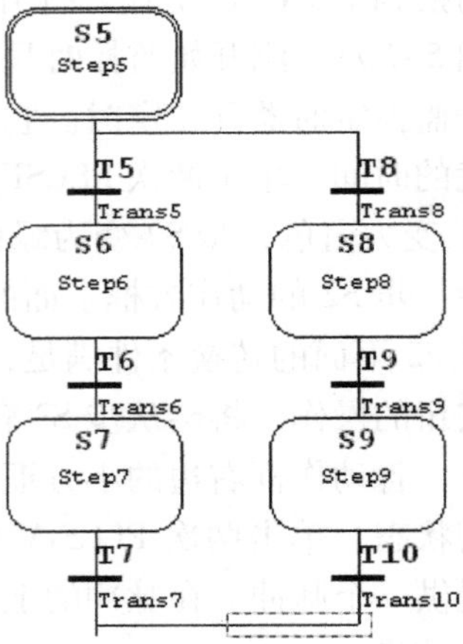

图 5-51　选择序列

5.6　习题

1. 简述划分步的原则。
2. 简述转换实现的条件和转换实现时应完成的操作。
3. 试设计满足图 5-52 所示波形的梯形图。
4. 试设计满足图 5-53 所示波形的梯形图。
5. 画出图 5-54 所示波形对应的顺序功能图。

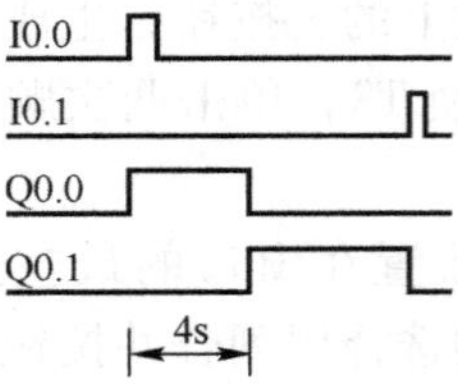

图 5-52　题 3 的图

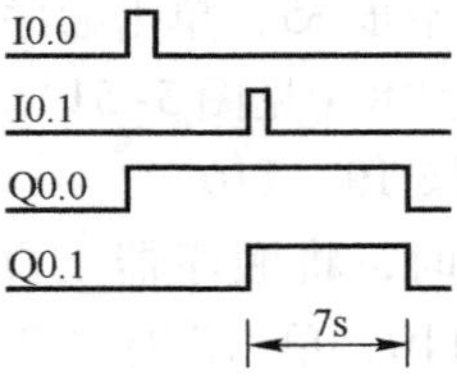

图 5-53　题 4 的图

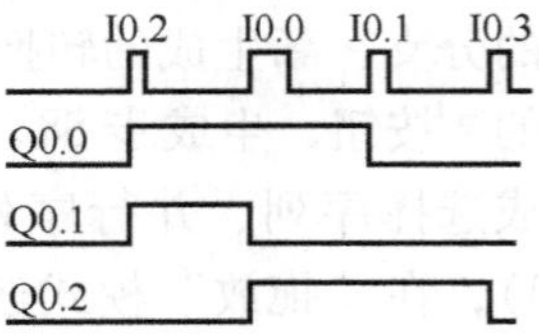

图 5-54　题 5 的图

6. 冲床的运动示意图如图 5-55 所示。初始状态时机械手在最左边，I0.4 为 1 状态；冲头在最上面，I0.3 为 1 状态；机械手松开，Q0.0 为 0 状态。按下起动按钮 I0.0，Q0.0 变为 1 状态，工件被夹紧并保持，2 s 后 Q0.1 变为 1 状态，机械手右行，直到碰到 I0.1，以后将顺序完成以下动作：冲头下行，冲头上行，机械手左行，机械手松开（Q0.0 被复位），延时 2 s 后，系统返回初始状态，各限位开关和定时器提供的信号是相应步之间的转换条件。

画出控制系统的顺序功能图。

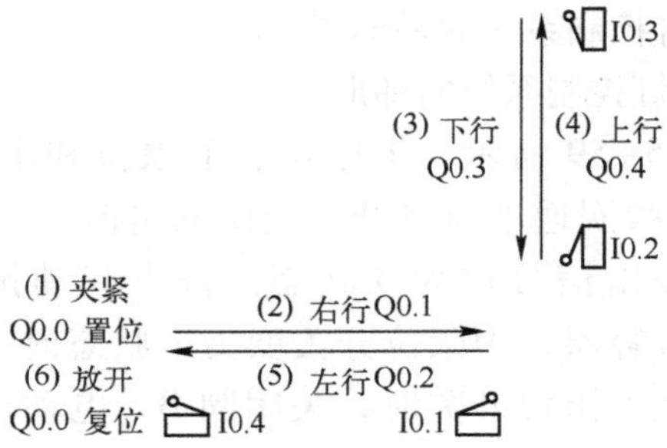

图 5-55　题 6 的图

7. 小车在初始状态时停在中间，限位开关 I0.0 为 1 状态，按下起动按钮 I0.3，小车按图 5-56 所示的顺序右行、左行和右行，右行碰到限位开关 I0.0 时，小车的制动器线圈 Q0.2 通电 10 s 后断电，最后返回初始状态。画出控制系统的顺序功能图。

8. 指出图 5-57 的顺序功能图中的错误。

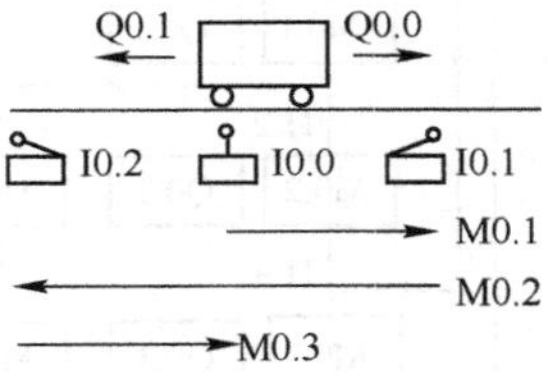

图 5-56　题 7 的图

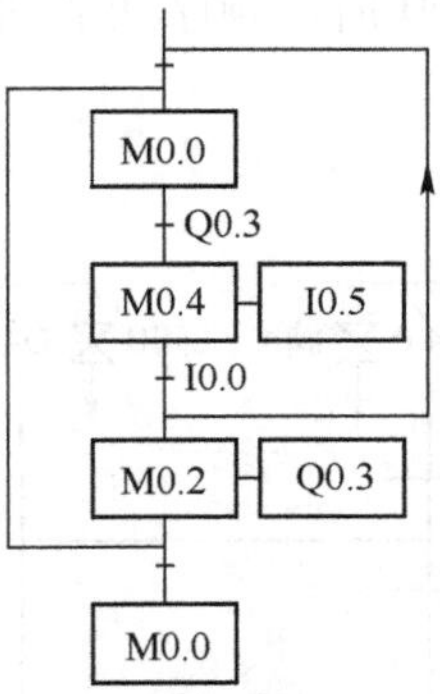

图 5-57　题 8 的图

9. 图 5-58 是交通灯一个周期的波形图，PLC 上电后交通灯将按顺序功能图所示的要求不断地循环工作，直到 PLC 断电为止。用单序列画出顺序功能图。用时钟存储器位实现绿灯的闪烁。

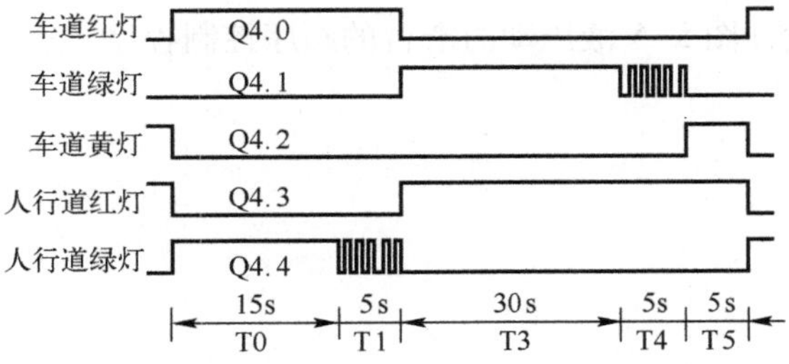

图 5-58　交通灯波形图

10. 用包含并行序列的顺序功能图来描述图 5-58 中的交通灯控制系统。

11. 设计出题 6 中冲床控制系统的梯形图。

12. 设计出题 7 中小车控制系统的梯形图。

13. 设计出题 9 中交通灯控制系统的梯形图。

14. 设计出题 10 中交通灯控制系统的梯形图。

15. 液体混合装置如图 5-59 所示，上限位、下限位和中限位液位传感器被液体淹没时为 1 状态，3 个电磁阀线圈通电时打开，线圈断电时关闭。开始时容器是空的，各阀门均关闭，各传感器的输出信号均为 0 状态。按下起动按钮后，将自动顺序运行。首先打开阀 A，液体 A 流入容器，中限位开关变为 1 状态时，关闭阀 A，打开阀 B，液体 B 流入容器。当液面到达上限位开关时，关闭阀 B，电动机 M 开始运行，搅动液体，60 s 后停止搅动，打开阀 C，放出混合液，当液面降至下限位开关之后再过 5 s，容器放空，关闭阀 C，打开阀 A，又开始下一周期的操作。按下停止按钮，在当前工作周期的操作结束后，才停止操作，返回初始状态。画出 PLC 的外部接线图和控制系统的顺序功能图，设计出梯形图程序。

16. 设计图 5-59 中液体混合装置的程序，要求设置手动、连续、单周期、单步 4 种工作方式。

17. 编写图 5-60 所示顺序功能图的梯形图程序。

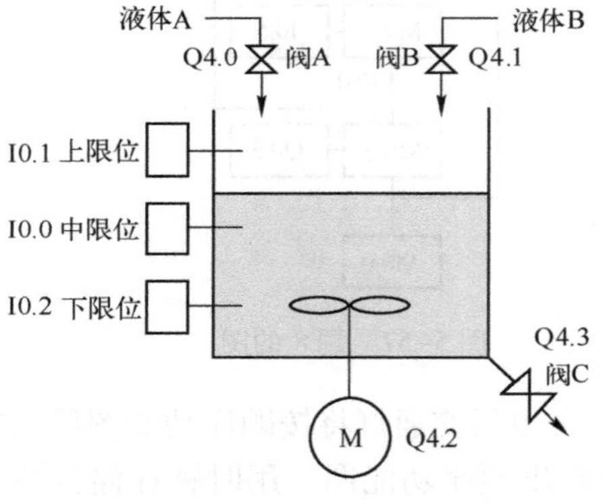

图 5-59　题 15 和题 16 的图

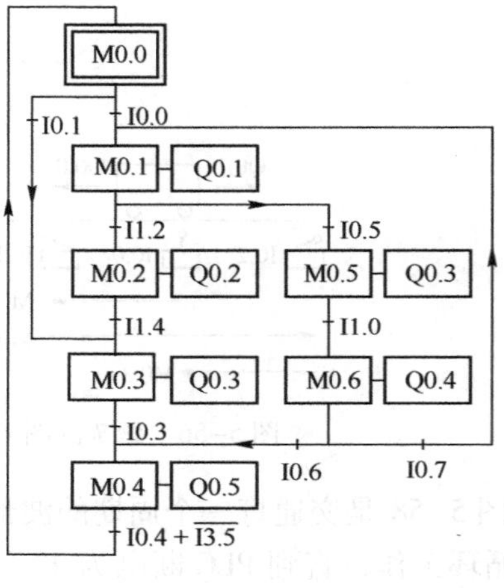

图 5-60　题 17 的图

18. 用 S7-Graph 设计图 5-5 液压动力滑台的顺序控制程序。

第 6 章　S7-300/400 的网络通信

6.1　网络通信基础

6.1.1　串行通信接口

1. 异步通信的字符信息格式

工业通信中广泛地使用串行数据通信，串行通信是以二进制的位（bit）为单位的数据传输方式，每次只传送一位，最少只需要两根线就可以连接多台设备，组成控制网络。

在串行通信中，接收方和发送方的额定传输速率虽然相同，双方实际的传输速率之间总是有一些微小的差别。如果不采取措施，在连续传送大量的信息时，将会因为积累误差造成发送和接收的数据错位，使接收方收到错误的信息。为了解决这一问题，需要使发送过程和接收过程同步。按同步方式的不同，串行通信分为异步通信和同步通信。

异步通信采用字符同步方式，其字符信息格式如图 6-1 所示，发送的字符由一个起始位、7 个或 8 个数据位、1 个奇偶校验位（可以没有）和停止位（1 位或 2 位）组成。通信双方需要对采用的信息格式和数据的传输速率作相同的约定。接收方检测到停止位和起始位之间的下降沿后，将它作为接收的起始点，在每一位的中点接收信息。由于一个字符信息格式包含的位数不多，即使发送方和接收方的收发频率略有不同，也不会因为两台设备之间的时钟周期的积累误差而导致信息的发送和接收错位。异步通信传送的附加非有效信息较多，传输效率较低，但是随着通信速率的提高，可以满足控制系统通信的要求，PLC 一般采用异步通信。

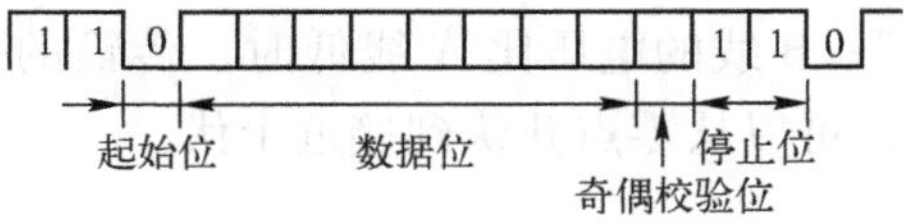

图 6-1　异步通信的字符信息格式

奇偶校验用来检测接收到的数据是否出错。如果指定的是偶校验，发送方发送的每一个字符的数据位和奇偶校验位中“1”的个数为偶数。如果数据位包含偶数个“1”，奇偶校验位将为 0；如果数据位包含奇数个“1”，奇偶校验位将为 1。

接收方对接收到的每一个字符的奇偶性进行校验，可以检验出传送过程中的错误。有的系统组态时允许设置为不进行奇偶校验，传输时没有校验位。

2. 单工通信与双工通信

单工通信方式只能沿单一方向传输数据，双工通信方式的信息可以沿两个方向传送，每一个站既可以发送数据，也可以接收数据。双工方式又分为全双工方式和半双工方式。

全双工方式数据的发送和接收分别用两组不同的数据线传送，通信的双方都能在同一时刻接收和发送信息（见图 6-2）。半双工方式用同一组线接收和发送数据，通信的双方在同一时刻只能发送数据或只能接收数据（见图 6-3）。通信方向的切换过程需要一定的延迟时间。

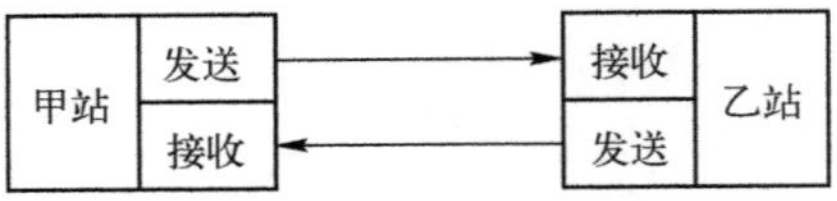

图 6-2　全双工方式

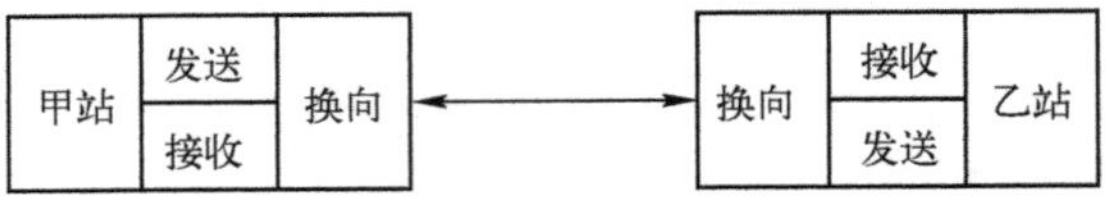

图 6-3　半双工方式

3. 传输速率

在串行通信中，传输速率的单位为 bit/s，即每秒传送的二进制位数。不同的串行通信网络的传输速率差别极大，有的只有数百 bit/s，高速串行通信网络的传输速率可达1 Gbit/s 或更高。

4. 串行通信接口标准

（1）RS-232C

RS-232C 是美国 EIC（电子工业联合会）在 1969 年公布的通信协议，曾经在计算机和控制设备通信中广泛使用。工业控制中 RS-232C 一般使用 9 针 D 型连接器。

当通信距离较近时，只需要接发送线、接收线和信号地线（见图 6-4），便可以实现全双工异步串行通信。RS-232C 的最大通信距离为 15 m，最高传输速率为 20 kbit/s，只能进行一对一的通信。RS-232C 使用单端驱动、单端接收电路（见图 6-5），是一种共地的传输方式，容易受到公共地线上的电位差和外部干扰信号的影响。RS-232C 有被 USB 取代的趋势。

（2）RS-422A

RS-422A 采用平衡驱动、差分接收电路（见图 6-6），利用两根导线之间的电位差传输信号。这两根导线称为 A 线和 B 线。一般规定 B 线的电压比 A 线高时，传输的是数字“1”；B 线的电压比 A 线低时，传输的是数字“0”。能够有效工作的差动电压范围十分宽广，可以从零点几伏到接近十伏。

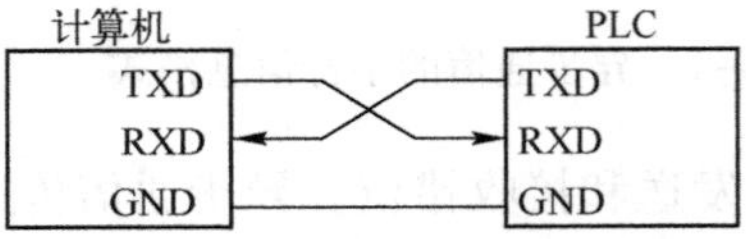

图 6-4　RS-232 的信号线连接

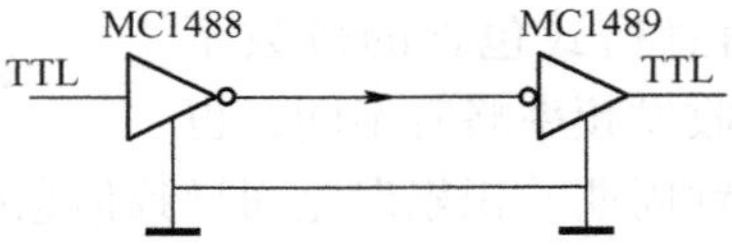

图 6-5　单端驱动单端接收

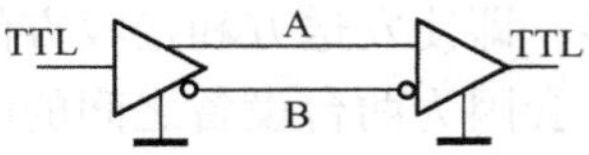

图 6-6　平衡驱动差分接收

平衡驱动器相当于两个单端驱动器，其输入信号相同，两个输出信号互为反相信号，图 6-6 中的小圆圈表示反相。两根导线相对于通信对象信号地的电位差称为共模电压，外部输入的干扰信号主要以共模方式出现。两根传输线上的共模干扰信号相同，因为接收器是差分输入，两根线上的共模信号互相抵消。只要接收器有足够的抗共模干扰能力，就能从干扰信号中识别出驱动器输出的有用信号，从而克服外部干扰的影响。

与 RS-232C 相比，RS-422A 的通信速率和传输距离都有很大的提高。在最大传输速率（10 Mbit/s）时，允许的最大通信距离为 12 m。传输速率为 100 kbit/s 时，最大通信距离为 1200 m，一台驱动器可以连接 10 台接收器。RS-422A 是全双工，用 4 根导线传送数据（见图 6-7），两对平衡差分信号线分别用于发送和接收。

（3）RS-485

RS-485 是 RS-422A 的变形，RS-485 为半双工，只有一对平衡差分信号线，不能同时发送和接收信号。使用 RS-485 通信接口和双绞线可以组成串行通信网络（见图 6-8），构成分布式系统，总线上最多可以有 32 个站。

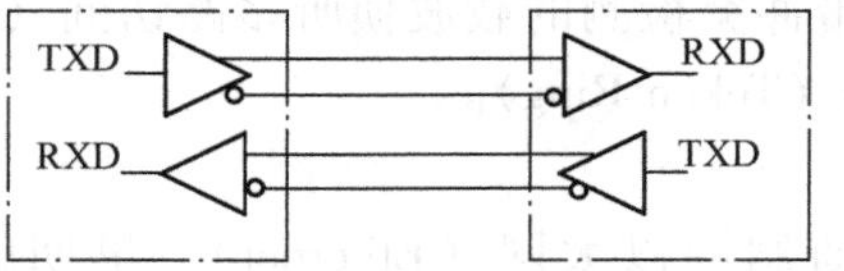

图 6-7　RS-422A 通信接线图

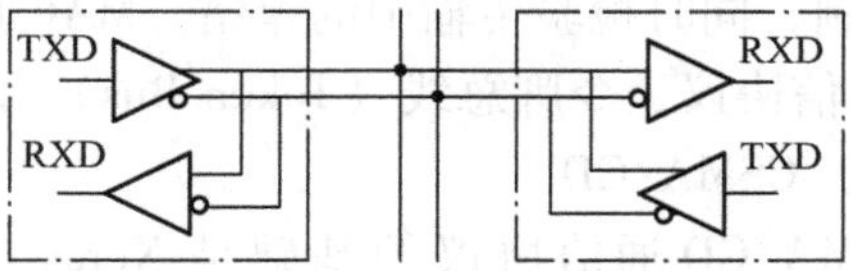

图 6-8　RS-485 网络

6.1.2　计算机通信的国际标准

1. 开放系统互连模型

国际标准化组织 ISO 提出了开放系统互连模型 OSI，作为通信网络国际标准化的参考模型，它详细描述了通信功能的 7 个层次（见图 6-9）。下面介绍各层的功能：

1）物理层的下面是物理媒体，例如双绞线、同轴电缆和光纤等。物理层为用户提供建立、保持和断开物理连接的功能，定义了传输媒体接口的机械、电气、功能和规程的特性。RS-232C、RS-422 和 RS-485 等就是物理层标准的例子。

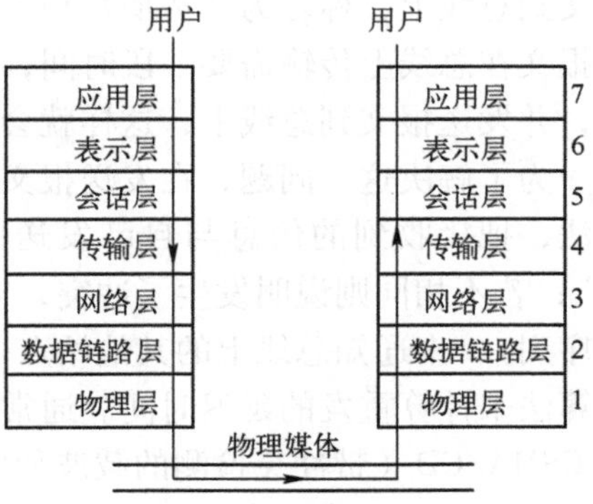

图 6-9　开放系统互连模型

2）数据链路层的数据以帧（Frame）为单位传送，每一帧包含一定数量的数据和必要的控制信息，例如同步信息、地址信息和流量控制信息。通过校验、确认和要求重发等方法实现差错控制。数据链路层负责在两个相邻节点间的链路上，实现差错控制、数据成帧和同步控制等。

3）网络层的主要功能是报文包的分段、报文包阻塞的处理和通信子网中路径的选择。

4）传输层的信息传送单位是报文（Message），它的主要功能是流量控制、差错控制、连接支持，传输层向上一层提供一个可靠的端到端（end-to-end）的数据传送服务。

5）会话层的功能是支持通信管理和实现最终用户应用进程之间的同步，按正确的顺序收发数据，进行各种对话。

6）表示层用于应用层信息内容的形式变换，例如数据加密/解密、信息压缩/解压和数据兼容，把应用层提供的信息变成能够共同理解的形式。

7）应用层作为 OSI 的最高层，为用户的应用服务提供信息交换，为应用接口提供操作标准。

2. IEEE 802 通信标准

IEEE（国际电工与电子工程师学会）的 IEEE 802 标准把 OSI 参考模型的数据链路层分解为逻辑链路控制层（LLC）和媒体访问控制层（MAC）。数据链路层是一条链路（Link）两端的两台设备进行通信时必须共同遵守的规则和约定。

媒体访问控制层（MAC）的主要功能是控制对传输媒体的访问，实现帧的寻址和识别，并检测传输媒体的异常情况。逻辑链路控制层（LLC）用于在节点间对帧的发送、接收信号进行控制，同时检验传输中的差错。MAC 层包括带冲突检测的载波侦听多路访问（CSMA/CD）通信协议、令牌总线（Token Bus）和令牌环（Token Ring）。

（1）CSMA/CD

CSMA/CD 通信协议的基础是 Xerox 等公司研制的以太网（Ethernet），早期的 IEEE 802.3 标准规定的传输速率为 10 Mbit/s，后来发布了 100 Mbit/s 的快速以太网 IEEE 802.3u，1000 Mbit/s 的千兆以太网 IEEE 802.3z，以及 10000 Mbit/s 的 IEEE 802ae。

CSMA/CD 各站共享一条广播式的传输总线，每个站都是平等的，采用竞争方式发送报文到传输线上，也就是说，任何一个站都可以随时发送广播报文，并被其他各站接收。当某个站识别到报文中的接收站名与本站的站名相同时，便将报文接收下来。由于没有专门的控制站，两个或多个站可能会因为同时发送报文而发生冲突，造成报文作废。

为了防止冲突，发送站在发送报文之前，先监听一下总线是否空闲，如果空闲，则发送报文到总线上，称之为“先听后讲”。但是这样做仍然有发生冲突的可能，因为从组织报文到报文在总线上传输需要一段时间，在这段时间内，另一个站通过监听也可能会认为总线空闲，并发送报文到总线上，这样就会因为两个站同时发送而产生冲突。

为了解决这一问题，在发送报文开始的一段时间，仍然监听总线，采用边发送边接收的方法，把接收到的信息与自己发送的信息相比较，若相同则继续发送，称之为“边听边讲”；若不相同则说明发生了冲突，立即停止发送报文，并发送一段简短的冲突标志（阻塞码序列），来通知总线上的其他站点。为了避免产生冲突的站同时重发它们的帧，采用专门的算法来计算重发的延迟时间。通常把这种“先听后讲”和“边听边讲”相结合的方法称为 CSMA/CD（带冲突检测的载波侦听多路访问技术），其控制策略是竞争发送、广播式传送、载体监听、冲突检测、冲突后退和再试发送。

以太网首先在个人计算机网络系统，例如办公自动化系统和管理信息系统（MIS）中得到了极为广泛的应用。在以太网发展的初期，通信速率较低。如果网络中的设备较多，信息交换比较频繁，可能会经常出现竞争和冲突，影响信息传输的实时性。随着以太网传输速率的提高（100～1000 Mbit/s）和采用了相应的措施，这一问题已经解决，大型工业控制系统最上层的网络几乎全部采用以太网，使用以太网很容易实现管理网络和控制网络的一体化。以太网已经越来越多地在控制网络的底层使用。

以太网仅仅是一个通信平台，它包括 ISO 的开放系统互联模型的 7 层模型中的底部两层，即物理层和数据链路层。即使增加上面两层的 TCP 和 IP，也不是可以互操作的通信协议。

（2）令牌总线

IEEE 802 标准的工厂媒体访问技术是令牌总线，其编号为 802.4。在令牌总线中，媒体访问控制是通过传递一种称为令牌的控制帧来实现的。按照逻辑顺序，令牌从一个装置传递到另一个装置，传递到最后一个装置后，再传递给第一个装置，如此周而复始，形成一个逻辑环。令牌有“空”和“忙”两个状态，令牌网开始运行时，由指定的站产生一个空令牌沿逻辑环传送。任何一个要发送信息的站都要等到令牌传给自己，判断为空令牌时才能发送信息。发送站首先把令牌置为“忙”，并写入要传送的信息、发送站名和接收站名，然后将载有信息的令牌送入环网传输。令牌沿环网循环一周后返回发送站时，如果信息已经被接收站复制，发送站将令牌置为“空”，送上环网继续传送，以供其他站使用。如果在传送过程中令牌丢失，则由监控站向网内注入一个新的令牌。

令牌传递式总线能在很重的负荷下提供实时同步操作，传输效率高，适于频繁、少量的数据传送，因此它最适合于需要进行实时通信的工业控制网络系统。

（3）令牌环

令牌环媒体访问方案是 IBM 公司开发的，它在 IEEE 802 标准中的编号为 802.5，有些类似于令牌总线。在令牌环上，最多只能有一个令牌绕环运动，不允许两个站同时发送数据。令牌环是一种集中控制式的环，环上必须有一个中心控制站负责检测和管理网络的工作状态。

（4）主从通信方式

主从通信方式是 PLC 常用的一种通信方式，它并不属于什么标准。主从通信网络只有一个主站，其他的站都是从站。在主从通信中，主站按事先设置好的轮询表的排列顺序对从站进行周期性的查询，并分配总线的使用权。主站依次向从站发送请求帧（轮询报文），该从站接收到后才能向主站返回响应帧。每个从站在轮询表中至少要出现一次，对实时性要求较高的从站可以在轮询表中出现几次，还可以用中断方式来处理紧急事件。

PROFIBUS-DP 的主站之间的通信为令牌方式，主站与从站之间为主从方式。

3. 现场总线

IEC（国际电工委员会）对现场总线（Fieldbus）的定义是“安装在制造和过程区域的现场装置与控制室内的自动控制装置之间的数字式、串行、多点通信的数据总线”。现场总线以开放的、独立的、全数字化的双向多变量通信取代 4 ~ 20 mA 现场模拟量信号。现场总线 I/O 集检测、数据处理和数据通信为一体，可以代替变送器、调节器、记录仪等模拟仪表，它不需要框架、机柜，可以直接安装在现场导轨槽上。现场总线 I/O 的接线极为简单，只需一根电缆，从主机开始，沿数据链从一个现场总线 I/O 连接到下一个现场总线 I/O。使用现场总线后，可以节约配线、安装、调试和维护等方面的费用，现场总线 I/O 与 PLC 可以组成高性能价格比的 DCS（集散控制系统）。

使用现场总线后，操作员可以在中央控制室实现远程监控，对现场设备进行参数调整，还可以通过现场设备的自诊断功能诊断故障和寻找故障点。

4. 现场总线的国际标准

由于历史的原因，现在有多种现场总线并存，IEC 的现场总线国际标准（IEC 61158）在 1999 年底获得通过，经过多方的争执和妥协，最后容纳了 8 种互不兼容的协议（类型 1 ~类型 8），2000 年又补充了两种类型。其中的类型 3（PROFIBUS）和类型 10（PROFINET）由西门子公司支持。

为了满足实时性应用的需要，各大公司和标准组织纷纷提出了各种提升工业以太网实时性的解决方案，从而产生了实时以太网。2007 年 7 月出版的 IEC 61158 第 4 版采纳了经过市场考验的 20 种现场总线，大约有一半属于实时以太网。

IEC 62026 是供低压开关设备与控制设备使用的控制器电气接口标准，于 2000 年 6 月通过。西门子公司支持其中的执行器传感器接口（Actuator Sensor Interface，AS-i）。

6.1.3 SIMATIC 通信网络与通信服务

1. 工厂自动化通信网络

大型的工厂自动化通信网络一般采用三级网络结构。

（1）现场设备层

现场设备层的主要功能是连接现场设备，例如分布式 I/O、传感器、驱动器、执行机构和开关设备等，完成现场设备控制及设备间的联锁控制。一般来说，现场设备层的传输数据量较小，要求的响应时间为 10～100 ms。主站（PLC、PC 或其他控制器）负责总线通信管理以及与从站的通信。总线上所有的设备生产工艺控制程序存储在主站中，并由主站执行。

西门子的 SIMATIC NET 网络系统（见图 6-10）的现场设备层主要使用 PROFIBUS-DP。并将执行器和传感器单独分为一层，使用 AS-i 网络。

以太网已经越来越多地在现场设备层的分布式 I/O 和驱动设备中使用。

图 6-10 SIMATIC NET

（2）车间监控层

车间监控层又称为单元层，用来完成车间主生产设备之间的连接，实现车间级设备的监控。车间级监控包括生产设备状态的在线监控、设备故障报警及维护等。通常还具有诸如生产统计、生产调度等车间级生产管理功能。车间级监控用 PROFIBUS 或工业以太网将 PLC、PC 和 HMI 连接到一起。这一级对数据传输速率要求不高，要求的响应时间为 100 ms～1 s，但是应能传送大量的信息。

（3）工厂管理层

车间管理网作为工厂主网的一个子网，通过交换机、网桥或路由器等连接到厂区主干网，将车间数据集成到工厂管理层。管理层处理的是对于整个系统的运行有重要作用的高级别的任务。除了保存过程值以外，还包括优化和分析过程等功能。工厂管理层通常采用符合 IEC 802.3 标准的以太网，即 TCP/IP 通信协议标准。

2. 西门子的自动化通信网络

S7-300/400 有很强的通信功能，CPU 模块都集成了 MPI（多点接口），有的 CPU 模块还集成了 PROFIBUS-DP、PROFINET 或点对点通信接口，此外还可以使用 PROFIBUS-DP、工业以太网、AS-i 和点对点通信处理器（CP）模块。通过 PROFINET、PROFIBUS-DP 或 AS-i 现场总线，CPU 与分布式 I/O 模块之间可以周期性地自动交换数据。在自动化系统之间，PLC 与计算机和 HMI（人机界面）之间，均可以交换数据。数据通信可以周期性地自动进行，或者基于事件驱动。

西门子的工业自动化通信网络见图 6-11。PROFINET 是基于工业以太网的现场总线，可以高速传送大量的数据。PROFIBUS 用于少量和中等数量数据的高速传送。AS-i 是底层的低成本网络。通用总线系统 KNX 用于楼宇自动控制。IWLAN 是工业无线局域网的缩写。各个网络之间用链接器或有路由器功能的 PLC 连接。

此外 MPI 是 SIMATIC 产品使用的内部通信协议，用于 PLC 之间、PLC 与 HMI（人机界面）和 PG/PC（编程设备/计算机）之间的通信，可以建立传送少量数据的低成本网络。

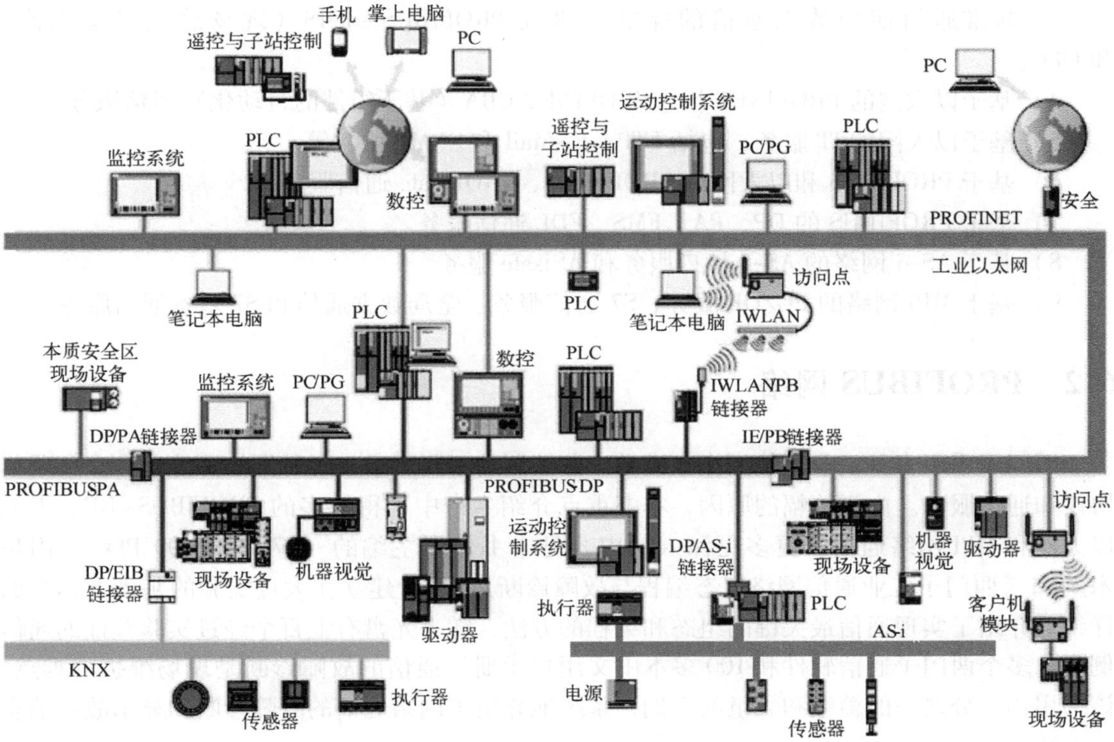

图 6-11　西门子的工业自动化通信网络

PPI（点对点接口）是用于 S7-200 和 S7-200 SMART 的通信协议。点对点（PtP）通信用于特殊协议的串行通信。

3. PG/OP 通信服务

PG/OP（编程设备/操作面板）通信服务是集成的通信功能，用于 SIMATIC PLC 与 SIMOTION（西门子运动控制系统）、编程软件（例如 STEP 7）和 HMI 设备之间的通信。工业以太网、PROFIBUS-DP 和 MPI 均支持 PG/OP 通信服务。

PG/OP 通信服务支持 S7 PLC 与各种 HMI 设备或编程设备（包括编程用的 PC）的通信。PG/OP 通信服务提供以下功能：

1）PG/PC 功能：下载、上传硬件组态和用户程序，在线监视 S7 站，进行测试和诊断。

2）OP 功能：HMI 设备和 PG/PC 读取或改写 S7 PLC 的变量，S7 PLC 在通信中是被动的，不用编写通信程序。

3）S7 路由属于 PG/OP 通信服务功能。通过 S7 路由功能，可以实现跨网络的编程设备通信。PG 可以在某个固定点访问所有在 S7 项目中组态的 S7 站点，下载用户程序和硬件组态，或者执行测试和诊断功能。

4. 其他通信服务

1）S7 通信是 S7 PLC 优化的通信功能。它用于 S7 PLC 之间、S7 PLC 和 PC 之间的通信。S7 通信服务可以用于 MPI、PROFIBUS-DP 和工业以太网。

2）S5 兼容通信包括 S7 PLC 之间的 PROFIBUS FDL 协议和工业以太网的 ISO 传输、ISO-on-TCP、UDP、TCP/IP 通信服务。

3）标准通信使用数据通信的标准化协议 PROFIBUS-FMS（现场总线报文规范）和 OPC。

4）基于以太网的 PROFINET IO、PROFINET CBA（基于组件的自动化）通信服务。

5）基于以太网的 IT 服务，包括 FTP、E-Mail 和 SNMP 服务等。

6）基于 PROFIBUS 和以太网的 PROFIdrive、PROFIsafe 通信服务。

7）基于 PROFIBUS 的 DP、PA、FMS、FDL 通信服务。

8）基于 AS-i 网络的 AS-i 接口服务和 ASIsafe 服务。

9）基于 MPI 网络的 PG/OP 服务、S7 通信服务、全局数据通信和 S7 基本通信服务。

6.2 PROFIBUS 网络

西门子采用多种工业通信网络来满足工业控制的不同要求，每种网络可能包含多种通信协议和通信服务。由于篇幅的原因，本书重点介绍生产中用得最多的 PROFIBUS-DP、工业以太网和 MPI 网络通信。更多更深入的内容见本书作者主编的《S7-300/400 PLC 应用技术》和《西门子工业通信网络组态编程与故障诊断》。后者建立在大量实验的基础上，全面详细地介绍了实现通信最关键的组态和编程的方法，随书光盘有上百个经过实验验证的通信例程、多个西门子通信软件和 100 多本中文用户手册。通信的故障诊断是现场维护的难点。该书用约三分之一的篇幅和大量的实例，系统地介绍了网络通信的故障诊断和显示故障消息的方法。

PROFIBUS 是目前国际上通用的现场总线标准之一，它以其独特的技术特点、严格的认证规范、开放的标准，获得了众多厂商的支持，已被纳入现场总线的国际标准 IEC 61158。

PROFIBUS-DP 最大的优点是使用简单方便，在大多数甚至绝大多数实际应用中，只需要对网络通信作简单的组态，不用编写任何通信程序，就可以实现 DP 网络的通信。用户对远程 I/O 的编程，与对集中式系统的编程基本上相同。上述优点是 PROFIBUS-DP 得到广泛应用的主要原因之一。

PROFIBUS 是不依赖生产厂家的、开放式的现场总线，各种各样的自动化设备均可以通过同样的接口交换信息。PROFIBUS 可以用于分布式 I/O 设备、传动装置、PLC 和基于 PC 的自动化系统。

PROFIBUS 技术是唯一可以满足两类通信应用（制造业和过程工业应用）的现场总线。

6.2.1 PROFIBUS 的物理层

PROFIBUS-DP 的传输速率为 9.6k ~ 12 Mbit/s。每个 DP 从站的输入数据和输出数据最大为 244 B。使用屏蔽双绞线电缆时最长通信距离为 9.6 km，使用光缆时最长 90 km，最多可以连接 127 个从站。

PROFIBUS 可以使用灵活的拓扑结构，支持线形、树形、环形结构以及冗余的通信模型。支持基于总线的驱动技术和总线安全通信技术。

1. DP/FMS 的 RS-485 传输

PROFIBUS-DP 和 PROFIBUS-FMS 使用相同的传输技术和统一的总线存取协议，可以在同一根电缆上同时运行。DP/FMS 符合 EIA RS-485 标准，采用价格便宜的屏蔽双绞线电缆，电磁兼容性（EMC）条件较好时也可以使用不带屏蔽的双绞线电缆。

图 6-12 中 A、B 线之间是 220 Ω 终端电阻，根据传输线理论，终端电阻可以吸收网络上的反射波，有效地增强信号强度。两端的终端电阻并联后的值应基本上等于传输线相对于通信频率的特性阻抗。390 Ω 的下拉电阻与数据基准电位 DGND 相连，上拉电阻与 DC 5V 电压的正端（VP）相连。在总线上没有站发送数据（即总线处于空闲状态）时，上拉电阻和下拉电阻用于确保 A、B 线之间有一个确定的空闲电位。

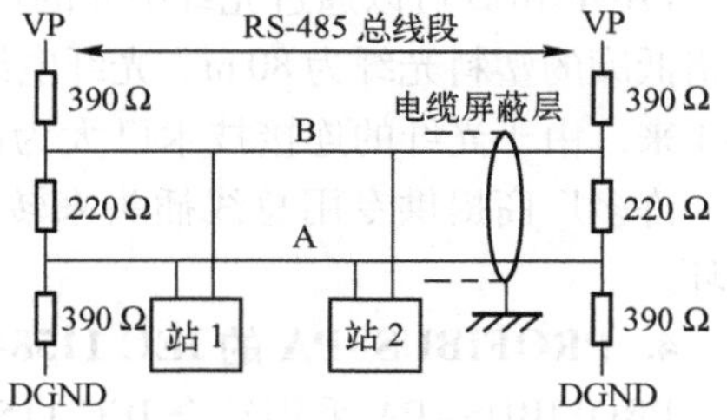

图 6-12　DP/FMS 总线段的结构

大多数 PROFIBUS 总线连接器都集成了终端电阻，连接器上的开关在 On 位置时终端电阻被连接到网络上，开关在 Off 位置时终端电阻从网络上断开。每个网段两端的站必须接入终端电阻，中间的站不能接入终端电阻。

传输速率从 9.6 kbit/s ~ 12 Mbit/s，所选的传输速率用于总线段上的所有设备。传输速率大于 1.5 Mbit/s 时，由于连接的站的电容性负载引起导线反射，必须使用附加有轴向电感的总线连接插头。PROFIBUS 的 1 个字符帧由 8 个数据位、1 个起始位、1 个停止位和 1 个奇偶校验位组成。

PROFIBUS 的站地址空间为 0 ~ 127，其中的 127 为广播用的地址，所以最多能连接 127 个站点。一个总线段最多 32 个站，超过了必须分段，段与段之间用中继器连接。中继器没有站地址，但是被计算在每段的最大站数中。

每个网段的电缆最大长度与传输速率的关系见表 6-1。

表 6-1　传输速率与总线长度的关系

传输速率/（kbit/s）	9.6 ~ 93.75	187.5	500	1500	3000 ~ 12000
A 型电缆长度/m	1200	1000	400	200	100
B 型电缆长度/m	1200	600	200	70	

2. D 型总线连接器

PROFIBUS 标准推荐总线站与总线的相互连接使用 9 针 D 型连接器。连接器的引脚分配如表 6-2 所示。在传输期间，A 线和 B 线对“地”（DGND）的电压波形相反。各报文之间的空闲（Idle）状态对应于二进制“1”信号。总线连接器上有一个进线孔（In）和一个出线孔（Out），分别连接至前一个站和后一个站。

表 6-2　D 型连接器的引脚分配

针脚号	信号名称	说　明	针脚号	信号名称	说　明
1	SHIELD	屏蔽或功能地	6	VP +	供电电压正端
2	24V -	24V 辅助电源输出的地	7	24V +	24V 辅助电源输出正端
3	RXD/TXD-P	接收/发送数据的正端，B 线	8	RXD/TXD-N	接收/发送数据的负端，A 线
4	CNTR-P	方向控制信号正端	9	CNTR-N	方向控制信号负端
5	DGND	数据基准电位（地）			

3. DP/FMS 的光纤电缆传输

PROFIBUS 可以通过光纤中光的传输来传送数据。单芯玻璃光纤的最大连接距离为 15 km，价格低廉的塑料光纤为 80 m。光纤电缆对电磁干扰不敏感，并能确保站与站之间的电气隔离。近年来，由于光纤的连接技术已大为简化，这种传输技术已经广泛地用于现场设备的数据通信。许多厂商提供专用总线插头来转换 RS-485 信号和光纤导体信号。可以使用冗余的双光纤环。

4. PROFIBUS-PA 的 IEC 1158-2 传输

PROFIBUS-PA 采用符合 IEC 1158-2 标准的传输技术，即曼彻斯特码编码与总线供电传输技术。这种技术确保本质安全，并通过总线直接给现场设备供电，能满足石油化学工业的要求。DP/PA 耦合器用于 PA 总线段与 DP 总线段的连接（见图 6-11）。

6.2.2 PROFIBUS 的通信服务

PROFIBUS 协议主要由 PROFIBUS-DP、PROFIBUS-PA 和 PROFIBUS-FMS 组成。

1. PROFIBUS-DP

DP 是 Decentralized Periphery（分布式外部设备）的缩写。PROFIBUS-DP（简称为 DP）主要用于制造业自动化系统中单元级和现场级通信，特别适合于 PLC 与现场级分布式 I/O 设备之间的通信。DP 是 PROFIBUS 中应用最广的通信方式。有的 S7-300/400 CPU 有集成的 DP 接口，S7-200/300/400 也可以通过通信处理器（CP）连接到 PROFIBUS-DP。

某些分布很广的系统，例如大型仓库、码头和自来水厂等，可以采用基于 PROFIBUS-DP 网络的分布式现场设备，例如 ET 200 和变频器。将它们放置在离传感器和执行机构较近的地方，可以减少大量的接线。PROFIBUS-DP 还用于连接编程计算机和 HMI。PROFIBUS-DP 的响应速度快，适合于在制造行业使用。

PROFIBUS-DP 采用混合的总线访问控制机制，包括主站之间的令牌传递方式和主站与从站之间的主-从方式。令牌实际上是一条特殊的报文，它在所有的主站上循环一周的时间是事先规定的。主站之间构成令牌逻辑环，当某个主站得到令牌报文后，该主站可以在一定时间内执行主站工作。在这段时间内，它可以依照主-从通信关系表与它所有的从站通信，也可以依照主-主通信关系表与所有的主站通信。令牌传递程序保证每个主站在一个确切规定的时间内得到总线访问权（即令牌）。

在总线初始化和起动阶段，主站媒体访问控制（MAC）通过辨认主站来建立令牌环。在总线运行期间，从令牌环中去掉有故障的主站，将新上电的主站加入到令牌环中。

PROFIBUS 媒体访问控制还要监视传输媒体和收发器是否有故障，检查站点地址是否出错（例如地址重复），以及令牌是否丢失或有多个令牌。

DP 主站按轮询表依次访问 DP 从站，主站与从站之间周期性地交换用户数据。DP 主站与 DP 从站之间的一个报文循环，由 DP 主站发出的请求帧（轮询报文）和由 DP 从站返回的应答帧（或称响应帧）组成。每个从站最多可以传送 224 B 的输入或输出。

DP 的功能经过扩展，一共有 DP-V0、DP-V1 和 DP-V2 这 3 个版本。DP-V1 简称为 DPV1，支持 DPV1 的 DP 从站称为标准从站。

2. PROFIBUS-PA

PA 是 Process Automation（过程自动化）的缩写。PROFIBUS-PA 用于 PLC 与过程自动

化的现场传感器和执行器的低速数据传输（见图 6-13），特别适合于过程工业使用。

PROFIBUS-PA 功能集成在起动执行器、电磁阀和测量变送器等现场设备中。传输速率为 31.25 kbit/s，可以采用总线型或树形结构。

PROFIBUS-PA 由于采用了 IEC 1158-2 标准，确保了本质安全和通过屏蔽双绞线电缆进行数据传输和供电，可以用于防爆区域的传感器和执行器与中央控制系统的通信。

PROFIBUS-PA 采用 PROFIBUS-DP 的基本功能来传送测量值和状态。并用扩展的 PROFIBUS-DP 功能来制定现场设备的参数和进行设备操作。PROFIBUS-PA 行规保证了不同厂商生产的现场设备的互换性和互操作性，已对所有通用的测量变送器和其他一些设备类型作了具体规定。使用 DP/PA 链接器（见图 6-13）可以将 PROFIBUS-PA 设备集成到 DP 网络中。

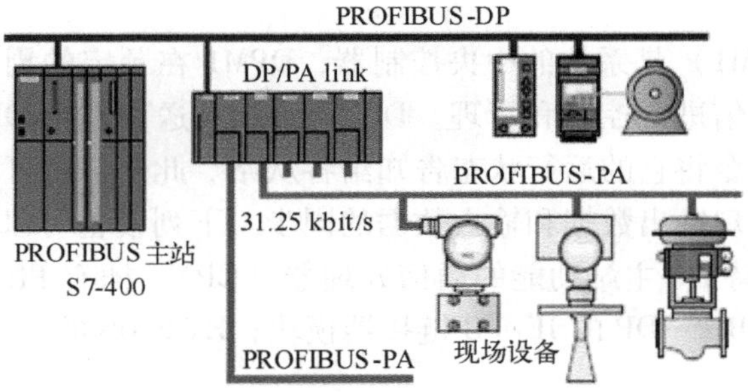

图 6-13　PROFIBUS-PA

与 PROFIBUS-DP 设备一样，PROFIBUS-PA 设备也是用制造商的 GSD 文件来描述。

3. PROFIBUS-FMS

FMS 是现场总线报文规范的英文缩写，用于系统级和车间级的不同供应商的控制器之间交换数据，它已基本上被以太网通信取代，现在很少使用。

4. PROFIdrive

PROFIdrive 用于将驱动设备（从简单的变频器到高级的动态伺服控制器）集成到自动控制系统中。PROFIdrive 定义了 6 个应用类别，还定义了访问驱动器参数和与制造商有关的配置文件的参数的机制。

5. PROFIsafe

PROFIsave 用于 PROFIBUS 和 PROFINET 面向安全设备的故障安全通信。可以用 PROFIsafe 很简单地实现安全的分布式解决方案。不需要对故障安全 I/O 进行额外的布线，在同一条物理总线上传输标准数据和故障安全数据。

PROFIsafe 是一种软件解决方案，在 CPU 的操作系统中以附加的 PROFIsafe 层的形式实现故障安全通信。PROFIsafe 考虑了数据的延迟、丢失、不正确的时序、地址和数据的损坏，采用了很多措施来保证故障安全数据传输的完整性。

6. PROFIBUS FDL

FDL 是 Fieldbus Data Link（现场总线数据链路）的缩写，通信伙伴可以是 S7、S5 系列 PLC 或 PC。FDL 服务由 PROFIBUS 协议的第 2 层提供，允许发送和接收最多 240 B 的数据块。只有 CP（通信处理器）才能提供 FDL 服务。

7. PROFIBUS 在冗余控制系统中的应用

可以将 PROFIBUS 用于冗余控制系统中。例如通过两个接口模块，将 ET 200 远程 I/O 连接到冗余自动化系统的两个 PROFIBUS 子网。PROFIBUS-PA 可以通过一个冗余 DP/PA 链接器和两个接口模块进行耦合。也可以通过 Y 形链接器在冗余 PROFIBUS 中操作非冗余设备。

6.2.3 PROFIBUS-DP 设备

PROFIBUS 网络的硬件由主站、从站、网络部件和网络组态与诊断工具组成。网络部件包括通信媒体（电缆），总线连接器、中继器、耦合器；以及用于连接串行通信、以太网、AS-i、EIB 等网络系统的网络链接器。PROFIBUS-DP 设备可以分为 3 种不同类型的站。

1. DP 主站与 DP 从站

（1）1 类 DP 主站

1 类 DP 主站（DPM1）是系统的中央控制器，DPM1 在预定的周期内与 DP 从站循环地交换信息，并对总线通信进行控制和管理。DPM1 可以发送参数给 DP 从站，读取从站的诊断信息，用全局控制命令将它的运行状态告知给各从站。此外，还可以将控制命令发送给个别从站或从站组，以实现输出数据和输入数据的同步。下列设备可以做 1 类 DP 主站：集成了 DP 接口的 PLC；支持 DP 主站功能的通信处理器（CP）；插有 PROFIBUS 网卡的 PC；连接工业以太网和 PROFIBUS-DP 的 IE/PB 链接器模块；ET 200S 的主站模块。

（2）2 类 DP 主站

2 类 DP 主站（DPM2）是 DP 网络中的编程、诊断和管理设备。PC 和操作员面板/触摸屏（OP/TP）可以作 2 类主站。DPM2 除了具有 1 类主站的功能外，在与 1 类 DP 主站进行数据通信的同时，可以读取 DP 从站的输入/输出数据和当前的组态数据。

（3）DP 从站

DP 从站是采集输入信息和发送输出信息的外围设备，只与它的 DP 主站交换用户数据，向主站报告本地诊断中断和过程中断。支持 DPV1 的 DP 从站称为“标准”从站。ET 200 和变频器是用得最多的标准 DP 从站。某些 CPU 集成的 DP 接口可以做 DP 智能从站。

（4）具有 PROFIBUS-DP 接口的其他现场设备

西门子的数控系统、现场仪表、变频器和直流传动装置都有 DP 接口或可选的 DP 接口卡，可以做 DP 从站。其他厂家带 DP 接口的输入/输出模块、传感器、执行器或其他智能设备，也可以做 DP 从站。

2. PROFIBUS 通信处理器

S7-300/400 的 DP 通信处理器（CP）用于将 SIMATIC PLC 连接到 DP 网络，可以提供 S7 通信、S5 兼容通信（FDL）和 PG/OP（编程器/操作员面板）通信，实现 SYNC/FREEZE（同步/冻结）和恒定总线周期功能。通信处理器可以扩展 PLC 的过程 I/O，还有很强的诊断功能。通过 S7 路由功能，可以实现不同网络之间的通信。

EM 277 是 S7-200 的 DP 从站模块，S7-300 的 CP 342-5、CP 343-5 和带光纤接口的 CP 342-5 FO 可以作 DP 主站或从站。S7-400 的 PROFIBUS 通信处理器有 CP 443-5 基本型、CP 443-5 扩展型和 IM 467。

3. RS-485 中继器

RS-485 中继器用于将 PROFIBUS 网络中的两段总线连在一起，以增加站点的数目。中继器用于信号传送和总线段之间的电气隔离，最高传输速率为 12 Mbit/s。

下列情况需要使用 RS-485 中继器：多于 32 个站点（包括中继器），或者超过了网段允许的最大长度（见表 6-2）。两个节点之间最多可以安装 9 个中继器。不需要对 RS-485 中继器组态，但是在计算总线参数时应考虑它。

4. DP/DP 耦合器

DP/DP 耦合器用于将两条 PROFIBUS 子网络连接在一起，在 DP 主站之间交换数据。这两个子网络在电气上是隔离的，它们可以有不同的传输速率。可以交换的最大输入、输出数据均为 244 B。DP/DP 耦合器用 STEP 7 来组态。

6.2.4 ET 200

西门子的 ET 200 是基于现场总线 PROFIBUS-DP 或 PROFINET 的分布式 I/O，可以分别与经过认证的非西门子公司生产的 PROFIBUS-DP 主站或 PROFINET IO 控制器协同运行。

在组态时，STEP 7 自动分配 ET 200 的输入/输出地址。DP 主站或 IO 控制器的 CPU 分别通过 DP 从站或 IO 设备的 I/O 模块的地址直接访问它们。使用不同的接口模块，ET 200SP、ET 200S、ET 200M、ET 200MP 和 ET 200pro 均可以分别接入 PROFIBUS-DP 和 PROFINET 网络。

1. 安装在控制柜内的 ET 200

（1）ET 200SP

ET 200SP（见图 6-14）可用于 S7-300/400 和 S7-1500，它的体积小，最多 64 个 I/O 模块，每个数字量模块最多 16 点，还有高速计数模块、定位模块、称重模块、通信模块、故障安全型模块和热插拔功能。系统集成了电源模块，AS-i 主站模块用于连接 AS-i 网络。

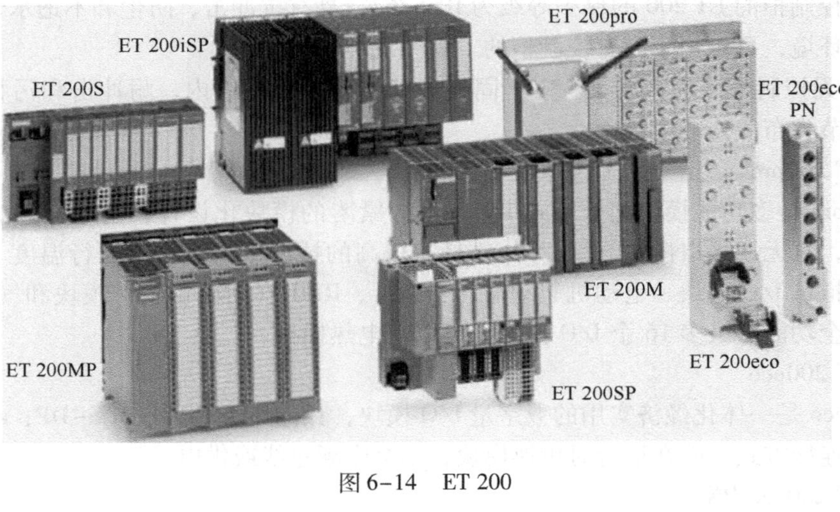

图 6-14　ET 200

（2）ET 200S

ET 200S 是模块化的分布式 I/O。PROFINET 接口模块集成了双端口交换机。IM 151-7 CPU 接口模块的功能与 CPU 314 相当，IM151-8 PN/DP CPU 接口模块的 PROFINET 接口有 3 个 RJ 45 端口。ET 200S 有数字量和模拟量 I/O 模块、技术功能模块、通信模块、最大 7.5 kW 的电动机起动器、最大 4.0 kW 的变频器和故障安全模块。每个站最多 63 个 I/O 模块，每个数字量模块最多8点。有热插拔功能和丰富的诊断功能，可以用于危险区域Zone 2。ET 200S COMPACT紧凑型模块有32点数字量I/O，可以扩展12个I/O模块。

（3）ET 200M

ET200M是多通道模块化的分布式I/O，使用S7-300的I/O模块。ET 200M可以提供与S7-400H系统相连的冗余接口模块和故障安全型I/O模块。ET 200M可以用于Zone 2的危险区域，传感器和执行器可以用于Zone 1。通过配置有源背板总线模块，ET 200M支持带电热插拔功能。接口模块IM153-1 DP和IM153-2 DP最多分别可以扩展8块和12块模块。

S7-400的I/O模块平均每点的价格比S7-300的高得多，使用S7-400的CPU和ET 200M来组成系统，可以使用价格便宜的S7-300的模块，使系统具有很高的性能价格比。

（4）ET 200MP

ET 200MP是多通道多功能的高性能分布式I/O，响应时间短，可用于S7-300/400和S7-1500。PROFIBUS接口模块支持12个I/O模块，PROFINET接口模块支持30个I/O模块。有数字量和模拟量I/O模块、电机起动器、安全技术模块、高速计数模块、位置检测模块和串行通信模块等，支持故障安全功能。最多可以增加两个电源模块，可以安装在危险区域Zone 2，采用标准化的诊断和显示。

（5）ET 200iSP

ET 200iSP是本质安全I/O系统，只能用于PROFIBUS-DP，适用于有爆炸危险的区域。模块化I/O可以直接安装在Zone 1，可以连接来自Zone 0的本质安全的传感器和执行器。

ET 200iSP可以扩展多种端子模块，有热插拔功能，最多可以插入32块电子模块。ET 200iSP有支持HART通信协议的模块，可以用于容错系统的冗余运行。

2. 不需要控制柜的ET 200

不需要控制柜的ET 200的保护等级为IP65/67，具有抗冲击、防尘和不透水性，能适应恶劣的工业环境，可以用于没有控制柜的I/O系统。

ET 200无控制柜系统安装在一个坚固的玻璃纤维加强塑壳内，耐冲击和污物。而且附加部件少，节省布线，响应快。

（1）ET 200pro

ET 200pro是多功能模块化分布式I/O，采用紧凑的模块化设计，易于安装。可选用多种连接模块，有无线接口模块。ET 200pro具有极高的抗震性能，最低运行温度-25℃。有数字量和模拟量I/O模块、电动机起动器、变频器、RFID（射频识别）模块和气动模块等，支持故障安全功能。最多16个I/O模块，可以带电热插拔。

（2）ET 200eco

ET 200eco是一体化经济实用的数字量I/O模块，只能用于PROFIBUS-DP，有故障安全模块和多种连接方式，能在运行时更换模块，不会中断总线或供电。

（3）ET 200eco PN

ET 200eco PN是用于PROFINET的经济型、节省空间的I/O模块，每个模块集成了两个端口的交换机。通过PROFINET的线性或星形拓扑，可以实现在工厂中的灵活分布。

开关量模块最多16点，还有模拟量模块、IO-Link主站模块和负载电源分配模块。工作温度范围可达-40~60℃，抗震能力强。

6.3 DP 主站与标准 DP 从站通信的组态

在实际系统中，主站与标准 DP 从站的通信用得最多。本节通过实例，介绍组态 DP 网络和组态标准 DP 从站的方法。

6.3.1 组态 PROFIBUS-DP 网络

用新建项目向导创建一个名为“ET200DP”的项目（见随书光盘中的同名例程）。CPU 为 CPU 315-2DP（见图 6-15）。为了防止从站出现故障和断电时造成 CPU 停机，生成和下载 OB82、OB86 和 OB122，其作用见 7.1.1 节。

图 6-15 SIMATIC 管理器

1. 组态硬件

选中 SIMATIC 管理器中的“SIMATIC 300 站点”，双击右边窗口中的“硬件”，打开硬件组态工具 HW Config（见图 6-16），可以看到自动生成的机架和 2 号槽的 CPU 模块。将电源模块、16 点 DI 模块和 16 点 DO 模块插入机架。DI、DO 模块的地址分别为 IW0 和 QW4。

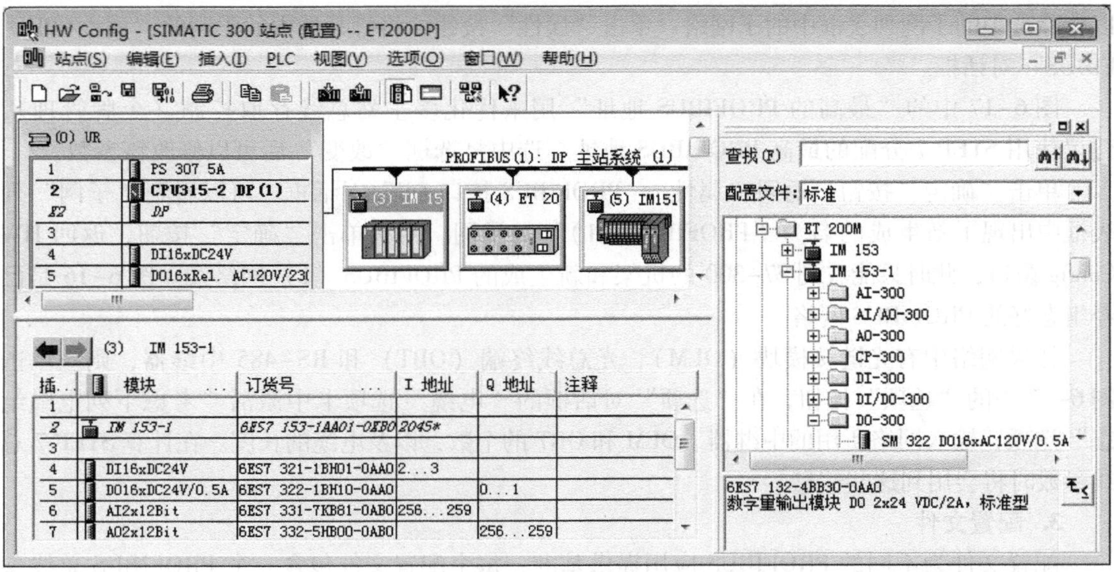

图 6-16 组态好的 PROFIBUS 网络

2. 生成 PROFIBUS 子网络

用鼠标双击机架中 CPU 315-2DP 下面“DP”所在的行（见图 6-16），在出现的“属性-DP”对话框的“工作模式”选项卡中，可以看到默认的工作模式为“DP 主站”。单击“常规”选项卡中的“属性”按钮（见图 6-17），在出现的“属性 - PROFIBUS 接口 DP”对话框中，可以设置 CPU 在 DP 网络中的站地址，默认的站地址为 2。

单击“新建”按钮，在出现的“属性-新建子网 PROFIBUS”对话框的“网络设置”选项卡中（见图 6-17 下面的图），采用系统默认的传输速率（1.5 Mbit/s）和默认的总线配置文件（DP）。传输速率和配置文件将用于整个 PROFIBUS 子网络。

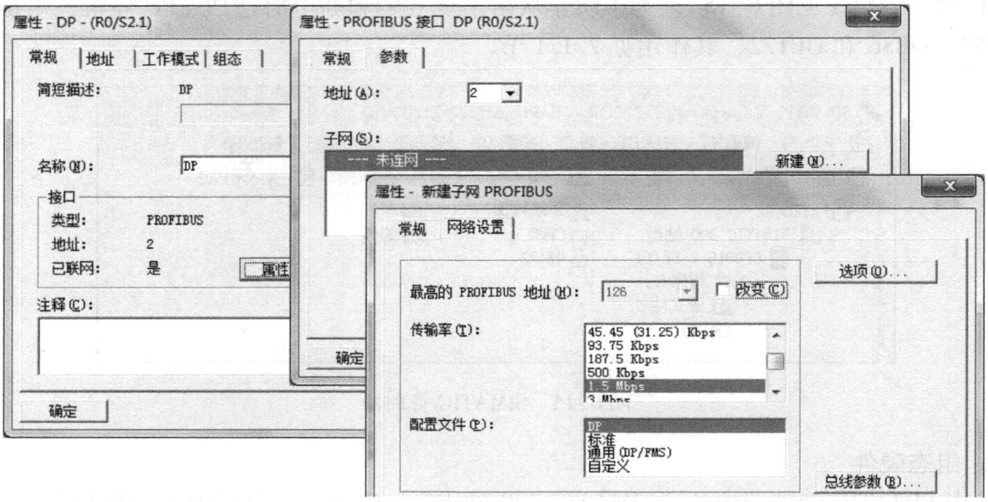

图 6-17　新建 DP 网络

单击“确定”按钮，返回“属性-PROFIBUS 接口 DP”对话框。单击“删除”按钮，可以删除选中的子网列表框中的子网络。单击“属性”按钮，将打开选中的子网的“属性-PROFIBUS”对话框。

图 6-17 中的“最高的 PROFIBUS 地址”用来优化多主站总线存取控制（令牌管理），建议使用 STEP 7 分配的最高 PROFIBUS 地址。选中复选框“改变”后可以修改该参数。

单击“确定”按钮，返回“属性 - PROFIBUS 接口 DP”对话框。可以看到“子网”列表框中出现了新生成的名为“PROFIBUS（1）”的子网。两次单击“确定”按钮，返回 HW Config 窗口，此时只能看到 S7-300 的机架和新生成的 PROFIBUS（1）网络线。图 6-16 是已经组态好的 PROFIBUS 网络。

如果网络中有光链接模块（OLM）、光总线终端（OBT）和 RS-485 中继器，则应单击图 6-17 中的“选项”按钮，在“选项”对话框的“电缆”选项卡中激活“考虑下列电缆组态”选项，输入网络所用的中继器、OLM 和 OBT 的个数，以及电缆的长度。在计算 STEP 7 总线参数时将会用到这些信息。

3. 配置文件

配置文件为不同的 PROFIBUS 应用提供基准，每个配置文件包含一个 PROFIBUS 总线参数集。这些参数由 STEP 7 计算和设置，并考虑到特殊的配置文件和传输速率。这些总线参数适用于整个总线和连接在该 PROFIBUS 子网络上的所有节点。

纯 PROFIBUS-DP 单主站系统，或包含 SIMATIC S7 装置的多主站系统选用“DP”配置文件。这些节点必须是 STEP 7 项目的组成部分，并且已经被组态。

网络中如果有其他 STEP 7 项目的节点或未在 STEP 7 中组态的节点，选用“标准”配置文件。其他两种配置文件很少使用。

6.3.2 主站与 ET 200 通信的组态

1. 组态 DP 从站 ET 200 M

ET200M 是模块式远程 I/O，打开硬件目录的文件夹“\PROFIBUS-DP \ ET 200M”，将其中的接口模块 IM 153-1 拖放到 PROFIBUS 网络线上，就生成了 ET 200M 从站。在出现的“属性 - PROFIBUS 接口 IM 153-1”对话框中，设置它的站地址为 3。用 IM 153-1 模块上的 DIP 开关设置的站地址应与 STEP 7 组态的站地址相同。

选中图 6-16 上面的组态窗口中的 3 号从站，下面的窗口是它的机架中的槽位，其中的 4 ~ 11 号槽最多可以插入 8 块 S7-300 系列的模块。打开硬件目录中的“IM 153-1”子文件夹，它里面的各子文件夹列出了可用的 S7-300 模块，其组态方法与普通的 S7-300 的相同。将 DI、DO、AI、AO 模块分别插入 4 ~ 7 号槽。自动分配的地址见图 6-16。

在 PROFIBUS 网络系统中，主站和非智能从站的 I/O 自动统一分配地址，即 DI、DO、AI、AO 模块的字节地址按组态的先后次序分类顺序排列。DI、DO 模块的起始地址从 0 号字节开始分配。S7-300 和 S7-400 作主站时，模拟量模块的起始地址分别从 256 号和 512 号字节开始分配。每个模拟量 I/O 点的地址占两个字节（或一个字）。

2. 组态 DP 从站 ET 200eco

打开图 6-16 右边硬件目录窗口的文件夹“\PROFIBUS DP\ET 200eco”，用鼠标将其中的“ET 200eco 8DI/8DO 2A”拖放到左边窗口的 PROFIBUS 网络线上。在自动打开的“属性-DP 从站”对话框中，设置该 DP 从站的站地址为 4，单击“确定”按钮，返回 HW Config。

选中该从站，在下面的窗口中，可以看到自动分配给它的输入、输出地址为 IB4 和 QB2。

3. 组态 ET 200S

打开硬件目录窗口的文件夹“\PROFIBUS-DP\ET 200S”，将其中的接口模块 IM 151-1 Standard 拖放到 PROFIBUS 网络线上，生成 ET 200S 从站，设置它的站地址为 5。选中生成的从站，打开硬件目录中的子文件夹“\IM 151-1 Standard\PM”，将其中的直流电源模块插入 1 号槽。将子文件夹“\IM 151-1 Standard\DI”中的 4 块“2DI DC24V ST”模块插入 2 ~ 5 号槽（见图 6-18）。可以看到各 DI 模块分别占用一个字节的地址（IB5 ~ IB8），但是每个模块只使用了一个字节中的 2 位，相邻 DI 模块的地址不是连续的。相邻的只有 4 点的 DI 模块或 DO 模块也有类似的问题。可以用下面的方法使地址连续。

按住计算机的〈Ctrl〉键，单击下面的 ET 200S 的“插槽”列的 2 ~ 5 号槽，同时选中它们之后，其背景色变为深蓝色（见图 6-18）。单击“数据包地址”（Pack Addresses，地址打包）按钮，可以看到 4 个 DI 模块的地址被自动调整为 I5. 0 ~ I5. 7，只占 1B 了。将子文件夹“\IM 151-1 Standard\DO”中的 2 块“4DO DC24V/0. 5A ST”模块插入 6 号槽和 7 号槽。用上述的方法将模块的地址打包，打包后的地址为 Q3. 0 ~ Q3. 7。

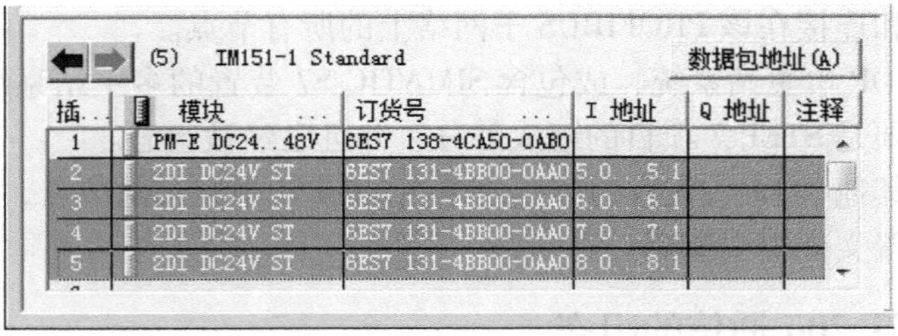

图 6-18　地址打包

组态任务完成后，单击工具栏上的按钮，编译并保存组态信息。可以在 HW Config 中用按钮下载组态信息，也可以在 SIMATIC 管理器中下载“块”文件夹中的系统数据。完成上述组态操作后，编程时就可以用组态时分配的地址，直接读写 DP 从站的信号模块。

4. 安装 GSD 文件

PROFIBUS-DP 是通用的国际标准，符合该标准的第三方设备可以作 DP 网络的主站或从站。第三方设备作主站时，用于组态的软件由第三方提供。第三方设备作从站时，需要在 STEP 7 的 HW Config 中安装 GSD 文件，才能在硬件目录窗口看到该从站和对它进行组态。

GSD（常规站说明）文件是可读的 ASCII 码文本文件，包括通用的和与设备有关的通信的技术规范。为了将不同厂家生产的 PROFIBUS 产品集成在一起，生产厂家必须以 GSD 文件的方式提供这些产品的功能参数，例如 I/O 点数、诊断信息、传输速率、时间监视等。

如果在硬件组态工具 HW Config 右边的硬件目录窗口中没有组态时需要的 DP 从站，应安装它的 GSD 文件。可以在制造商的网站下载 GSD 文件。

在 STEP 7 的 SIMATIC 管理器中，生成一个项目（见随书光盘中的例程“EM277”），CPU 模块的型号为 CPU 315-2DP。打开硬件组态工具（见图 6-19），生成一条 PROFIBUS-DP 网络，采用默认的网络参数和默认的站地址 2。

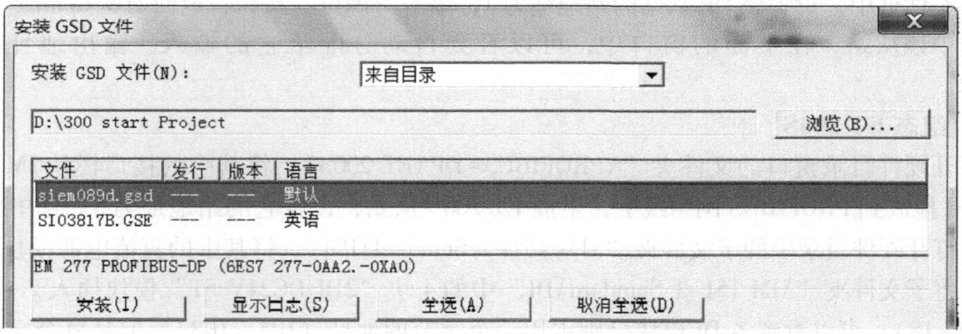

图 6-19　“安装 GSD 文件”对话框

EM 277 是 S7-200 的 PROFIBUS 从站模块，它的 GSD 文件“siem089d. gsd”在随书光盘的文件夹“\Project”中。

执行 HW Config 中的菜单命令“选项”→“安装 GSD 文件”，在出现的“安装 GSD 文件”对话框中（见图 6-19），用最上面的选择框选中 GSD 文件“来自目录”。单击“浏览”按钮，用出现的“浏览文件夹”对话框选中 GSD 文件所在的文件夹，单击“确定”按钮，该文件夹中的 GSD 文件 "siem089d. gsd" 等出现在列表框中。选中需要安装的 GSD 文件，单击"安装"按钮，开始安装。

用图 6-19 上面的选择框选中"来自 STEP 7 项目"，可以安装项目中包含的 GSD 文件。

安装 GSD 文件时，如果出现一个对话框，显示"目前尚无法更新。在一个或多个 STEP 7 应用程序中将至少有一个 GSD 文件或类型文件正在被引用。"单击"确定"按钮，不能安装 GSD 文件。

这是因为打开该项目时，有 DP 从站的 GSD 文件被引用。必须关闭所有包含 DP 从站的项目，只打开没有 DP 从站的项目，才能安装 GSD 文件。

5. 组态 EM 277 从站

导入 GSD 文件后，将设备列表的文件夹"\PROFIBUS DP\Additional Field Device\PLC \SIMATIC"中的"EM 277 PROFIBUS-DP"拖放到 DP 网络上。用鼠标选中生成的 EM 277 从站，打开设备列表中的"\EM 277 PROFIBUS-DP"子文件夹，将其中的"8 Byte Out/8 Byte In"拖放到下面窗口的表格中的 1 号槽。STEP 7 自动分配给 EM 277 的地址为 IB2 ~ IB9 和 QB6 ~ QB13。

双击网络上的 EM 277 从站，打开 DP 从站属性对话框。单击"常规"选项卡中的"PROFIBUS…"按钮，在打开的接口属性对话框中，设置 EM 277 的站地址为 3。用 EM 277 上的拨码开关设置的站地址应与 STEP 7 中设置的站地址相同。

在 DP 从站属性对话框的"分配参数"选项卡中，设置"设备专用参数"中的"I/O Offset in the V-memory"（V 存储区中的 I/O 偏移量）为 100，即用 S7-200 的 VB100 ~ VB115 与 S7-300 的 IB2 ~ IB9 和 QB6 ~ QB13 交换数据。运行时 S7-300 周期性地将 QB6 ~ QB13 中的数据写到 S7-200 的 VB100 ~ VB107；S7-300 通过 IB2 ~ IB9 周期性地读取 S7-200 的 VB108 ~ VB115 中的数据。组态结束后，应将组态信息下载到 S7-300 的 CPU 模块。

6.3.3 PLC 与变频器 DP 通信的组态与编程

1. 用 DP 总线监控 G120 变频器

西门子的 SINAMICS 系列驱动器包括低压、中压变频器和直流调速产品。所有的 SINAMICS 驱动器均基于相同的硬件平台和软件平台。

G120 是模块化通用的低压变频器，主要由功率模块和控制单元组成。控制单元 CU240B-2DP、CU240E-2DP、CU240E-2DP F 有集成的 DP 接口，支持基于 PROFIBUS-DP 的周期性过程数据交换和变频器参数访问。本节介绍 S7-300 通过 DP 通信，控制 G120 CU240E-2DP 的起停、调速以及读取变频器的状态和电动机的实际转速的方法。

DP 主站发送请求报文，变频器收到后处理请求，并将处理结果立即返回给主站。主站通过周期性过程数据交换，将控制字和主设定值字发送给变频器，变频器接收到后立即将状态字和实际转速返回给 DP 主站。

2. 组态主站和 PROFIBUS 网络

在 STEP 7 中用新建项目向导创建一个项目（见随书光盘中的例程 Convert），CPU 模块为 CPU 315-2DP。选中 SIMATIC 管理器的 300 站点，单击右边窗口的"硬件"图标，打开硬件组态工具（见图 6-20），将电源模块和信号模块插入机架。生成一条 PROFIBUS-DP 网络，CPU 315-2DP 为 DP 主站，站地址为 2。

3. 生成 G120 变频器从站

如果已经安装了 STEP 7 和西门子变频器的监控软件 STARTER，则无需安装 G120 的 GSD 文件。如果没有安装 STARTER，需要安装随书光盘的 Project 文件夹中 G120 的 GSD 文件 SI03817B. GSE，GSE 是英语的 GSD 文件的简称，SI817B_N. BMP 是从站的图形文件。

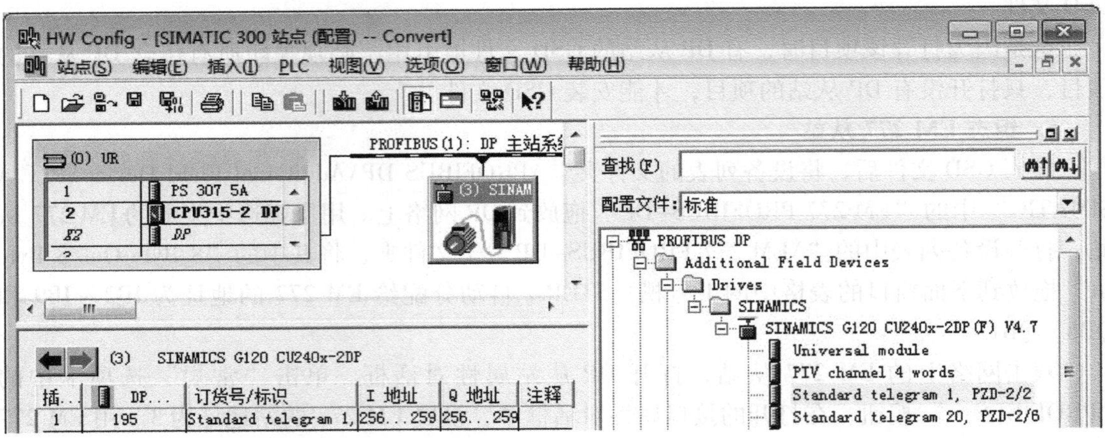

图 6-20　组态变频器从站

安装好 GSD 文件之后，双击打开硬件目录中的文件夹“\PROFIBUS DP\Additional Field Devices\Drives\SINAMICS”（见图 6-20），将其中的“SINAMICS G120 CU240x-2DP(F) V4.7”拖放到 DP 网络上。在自动打开的“属性-PROFIBUS 接口”对话框中，设置从站地址为 3。

4. 变频器的通信报文选择

“SINAMICS G120 CU240x-2DP(F) V4.7”文件夹列出了可以选用的报文。选中硬件组态窗口中的变频器，就像将模块插入 ET 200M 的插槽一样，将图 6-20 中的“Standard telegram 1，PZD-2/2”（标准报文 1）拖放到下面窗口的 1 号槽。可以看到自动分配给变频器的两个字的过程数据（PZD）输入地址和两个字的 PZD 输出地址。通信被启动时主站将控制字和转速设定值字发送给变频器，变频器接收到后立即返回状态字和滤波后的转速实际值字。标准报文 1 相当于西门子老系列变频器的报文 PPO 3。

除了标准报文 1，也可以采用标准报文 20（即图 6-20 中的 Standard telegram 20，PZD-2/6），它的两个 PZD 输出字是控制字和转速设定值字，6 个 PZD 输入字分别是状态字、滤波后的转速实际值、滤波后的电流实际值、当前转矩、当前有功功率和故障字。

5. 设置变频器与通信有关的参数

可以用变频器上的 DIP 开关来设置 PROFIBUS 地址，如果所有的 DIP 开关都被设置为 on 或 off 状态，用参数 P918 设置 PROFIBUS 地址，DIP 开关设置的其他地址优先。组态时设置的站地址应与用 DIP 开关设置的站地址相同。

将变频器的参数 P10 设为 1（快速调试），P0015 设为 6（执行接口宏程序 6），然后设置 P10 为 0。宏程序 6（PROFIBUS 控制，预留两项安全功能）自动设置的变频器参数见表 6-3。

表 6-3　宏程序 6 自动设置的变频器参数

参数号	参数值	说　明	参数号	参数值	说　明
P922	1	PLC 与变频器通讯采用标准报文 1	P2051[0]	r2089.0	变频器发送的第 1 个字为状态字
P1070[0]	r2050.1	变频器接收的第 2 个字为速度设定值	P2051[1]	r63.0	变频器发送的第 2 个字为转速实际值

参数 P2000（参考转速）设置的转速对应于第二个过程数据字 PZD2（转速设定值）的值 16#4000，参考转速一般设为 50 Hz 对应的浮点数格式的电机同步转速，P2000 的出厂设置为 1500.0 rpm。

【例 6-1】用 P2000 设置的参考转速为 1500.0 rpm。如果转速设定值为 750.0 rpm，试确定 PZD2（主设定值）的值。

$$PDZ2 = (750.0/1500.0) \times 16\#4000 = 16\#2000$$

6. 变频器的控制字与状态字

控制字 1 各位的意义见表 6-4，状态字 1 各位的意义见表 6-5。

表 6-4　过程数据中的控制字 1（标准报文 20 之外的其他报文）

位	意　义	位	意　义
0	上升沿时起动，为 0 时为 OFF1（斜坡下降停车）	8	未使用
1	OFF2，为 0 时惯性自由停车	9	未使用
2	OFF3，为 0 时快速停车	10	为 1 时由 PLC 控制
3	为 1 时逆变器脉冲使能，运行的必要条件	11	为 1 时换向（变频器的设定值取反）
4	为 1 时斜坡函数发生器使能	12	未使用
5	为 1 时斜坡函数发生器继续	13	为 1 时用电动电位器升速
6	为 1 时使能转速设定值	14	为 1 时用电动电位器降速
7	上升沿时确认故障	15	未使用

表 6-5　过程数据中的状态字 1（标准报文 20 之外的其他报文）

位	意　义	位	意　义
0	为 1 时开关接通就绪	8	为 0 时频率设定值与实际值之差过大
1	为 1 时运行准备就绪	9	为 1 时主站请求控制变频器
2	为 1 时正在运行	10	为 1 时达到比较转速
3	为 1 时变频器有故障	11	为 1 时达到转矩极限值
4	为 0 时自然停车（OFF2）已激活	12	为 1 时抱闸打开
5	为 0 时紧急停车（OFF3）已激活	13	为 0 时电动机过载报警
6	禁止合闸	14	为 1 时电动机正转
7	变频器报警	15	为 0 时变频器过载

7. 读写过程数据区的程序

双击图 6-20 下面窗口的 1 号槽，打开 DP 从站属性对话框。数据的单位为字，一致性为“总长度”（即图 6-28 中的“全部”）。因为是灰色的字和背景色，不能修改一致性属性。主站需要调用 SFC15 和 SFC14 发送和接收数据（见 6.4.3 节）。图 6-21 是 OB1 中的程序，LADDR（过程数据的输入/输出起始地址）为 W#16#100（即 256，见图 6-20）。在 M0.1 为 1 状态时调用 SFC15，将 MW30 和 MW32 中的控制字和转速设定值打包后发送；调用 SFC14，将接收到的状态字和转速实际值解包后保存到 MW34 和 MW36。

8. PLC 监控变频器的实验

PLC 与变频器的 DP 通信不能仿真，只能做硬件实验。设置好变频器的参数，将项目 Convert 的程序和组态数据下载到 CPU 315-2DP 后运行程序。用变量表监控十六进制格式的过程数据字 MW30 ~ MW36（见图 6-22）。

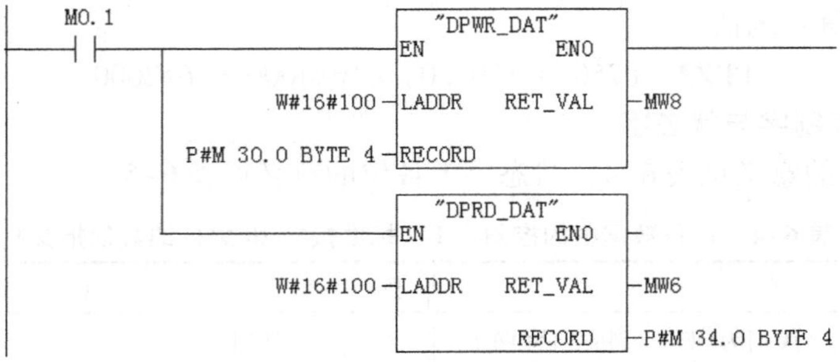

图 6-21　OB1 中的程序

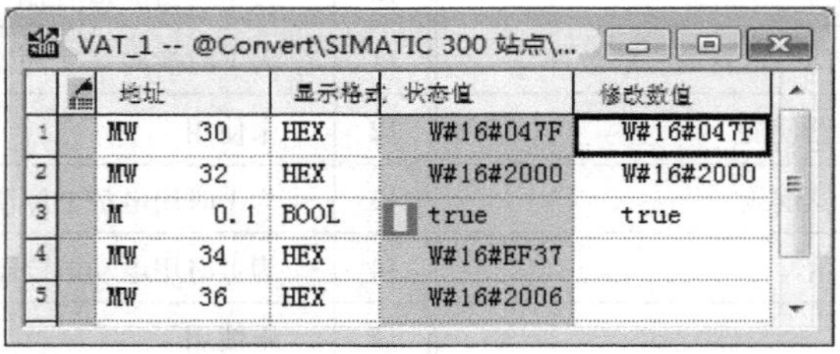

图 6-22　用变量表监控过程数据 PZD

（1）电动机起动

控制字的第 10 位必须为 1，表示变频器用 PLC 控制。对于 4 极电动机，设置参考转速 P2000 为 1500.0rpm。启动变量表的监控功能，将控制字 16#047E、转速设定值 16#2000（750.0rpm）和 1（true）分别写入 MW30、MW32 和 M0.1 的“修改数值”列。单击工具栏上的按钮，M0.1 变为 1 状态，设置的数据被写入 MW30 和 MW32，SFC15 将它们打包后发送给变频器，使变频器运行准备就绪。

然后将 16#047F 写入 MW30，变频器控制字的第 0 位由 0 变为 1，产生一个上升沿，变频器被起动，电动机转速上升后在 750 rpm 附近小幅度波动。

变频器接收到控制字和转速设定值后，马上向 PLC 发送状态字和转速实际值。CPU 接收到数据后，SFC14 将数据解包并保存到 MW34 和 MW36。

（2）电动机停机

将 16#047E 写入 MW30，控制字的第 0 位（OFF1）变为 0 状态，电动机按 P1121 设置的斜坡下降时间减速后停机。停机后的状态字为 16#EB31，转速为 0。

在变频器运行时，将16#047C写入MW30，控制字的第1位（OFF2）为0状态，电动机惯性自由停车。在变频器运行时，将16#047A写入MW30，控制字的第2位（OFF3）为0状态，电动机快速停车。

（3）调整电动机的转速和改变电动机的旋转方向

用变量表将新的转速设定值写入MW32，将会改变电动机的转速。先后将控制字16#047E和16#0C7F写入MW30，因为16#0C7F的第11位为1，所以电动机反向起动。

有故障时将控制字16#04FE（第7位为1）写入MW30，变频器故障被确认。

6.4 DP主站与智能从站通信的组态

6.4.1 通信的组态

可以将自动化任务划分为用多台PLC控制的若干个子任务，这些子任务分别用几台CPU独立地和有效地进行处理，这些CPU在DP网络中作DP主站和智能从站。

主站与智能从站之间的数据交换是由PLC的操作系统周期性自动完成的，不需要用户编程，但是用户必须对主站和智能从站之间的通信连接和用于数据交换的地址区组态。这种通信方式称为主/从（Master/Slave）通信方式。

主站和智能从站内部的地址是独立的，它们可能分别使用编号相同的I/O地址区。DP主站不是用智能从站的I/O地址直接访问它的物理I/O区，而是通过从站组态时指定的通信双方用于通信的I/O区来交换数据。这些I/O区不能占用分配给I/O模块的物理I/O地址区。

1. 组态DP主站和PROFIBUS网络

在STEP 7中用新建项目向导创建一个名为“智能从站”的项目（见随书光盘中的同名例程），CPU为CPU 412-2DP。选中SIMATIC管理器的400站点，单击右边窗口的“硬件”图标，打开硬件组态工具（见图6-23），将电源模块和信号模块插入机架。生成一条PROFIBUS-DP网络，CPU 412-2DP为DP主站，站地址为2。单击“确定”按钮返回HW Config。单击工具栏上的按钮，编译与保存组态信息。关闭HW Config，返回SIMATIC管理器。

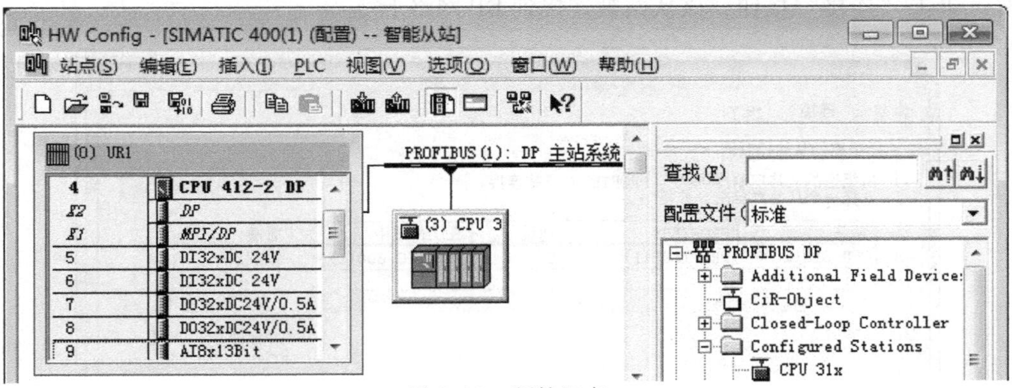

图6-23　硬件组态

2. 组态智能从站

用鼠标右键单击SIMATIC管理器左边窗口最上面的项目图标，执行出现的快捷菜单中的命令“插入新对象”→“SIMATIC 300 站点”。选中左边窗口中新出现的“SIMATIC 300(1)”（见图 6-24），双击右边窗口中的“硬件”图标，打开 HW Config。将硬件目录窗口的文件夹\SIMATIC 300\RACK-300 中的导轨（Rail）拖放到硬件组态窗口。

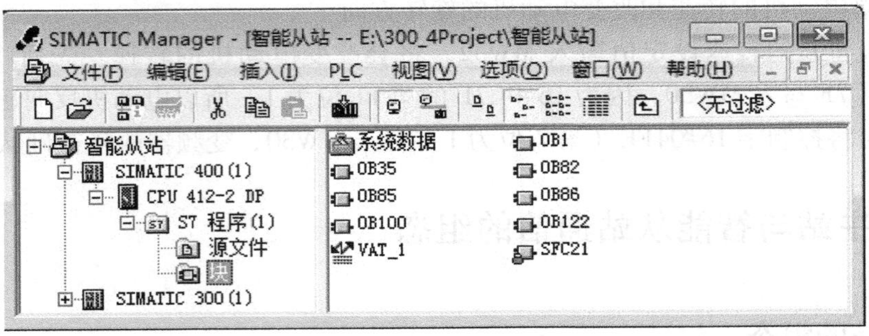

图 6-24　SIMATIC 管理器

将 CPU 313C-2DP 插入 2 号槽，DP 接口属性对话框的“参数”选项卡被自动打开。设置 PROFIBUS 站地址为 3，不要将它连接到 PROFIBUS(1)网络。单击“确定”按钮返回 HW Config，将 CPU 的 MPI 地址设置为 3。将电源模块和信号模块插入机架。

双击机架中 CPU 313C-2DP 下面的“DP”所在的行，打开 DP 属性对话框。在“工作模式”选项卡中，将该站设置为 DP 从站，单击“确定”按钮返回 HW Config。

不是所有的 CPU 都能作 DP 从站，具体的情况可以查阅有关的手册或产品样本。在 HW Config 的硬件目录窗口下面的小窗口中，可以看到对选中的硬件的简要介绍。

因为此时从站与主站的通信组态还没有结束，不能成功地编译 S7-300 的硬件组态信息。单击按钮，保存组态信息。最后关闭 HW Config。

选中 SIMATIC 管理器中的 S7-400 站，双击右边窗口的“硬件”图标，打开 HW Config。打开右边的硬件目录窗口中的“\PROFIBUS DP\Configured Stations”（已组态的站）文件夹（见图 6-23），将其中的“CPU 31x”拖放到屏幕左上方的 PROFIBUS 网络线上。“DP 从站属性”对话框的“连接”选项卡（见图 6-25）被自动打开，选中从站列表中的“CPU 313-2DP”，单击“连接”按钮，该从站被连接到 DP 网络上。

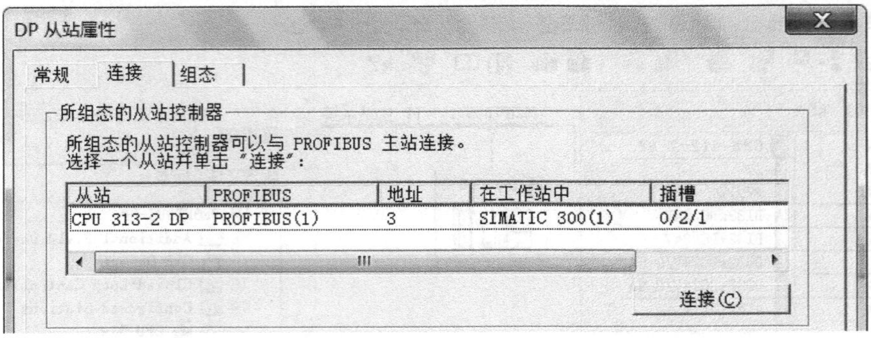

图 6-25　DP 从站属性对话框

最后单击“确定”按钮，关闭 DP 从站属性对话框，返回 HW Config。

3. 主站与智能从站主从通信的组态

用鼠标双击已经连接到 PROFIBUS 网络上的 DP 从站，打开 DP 从站属性对话框中的“组态”选项卡（见图 6-26 左上角的图），为主-从通信设置双方用于通信的输入/输出地址区。这些地址区实际上是用于通信的数据接收缓冲区和数据发送缓冲区。

单击图中的“编辑”按钮，可以编辑选中的行。单击“删除”按钮，将删除选中的行。

图 6-26 中的模式“MS”为主从，伙伴（主站）地址和本地（从站）地址是输入/输出地址区的起始地址，“长度”的单位可以选字节和字。数据的“一致性”的定义和实现的方法将在 6.4.3 节介绍。单击“新建”按钮，在出现的对话框中（见图 6-26 的大图）设置组态表第 1 行的参数。“组态”选项卡的第 1 行表示从站的通信伙伴（即主站）用 QB100 ~ QB119 发送数据给从站（本地）的 IB100 ~ IB119。第 2 行表示主站用 IB100 ~ IB119 接收从站的 QB100 ~ QB119 发送给它的数据。可以传送的最大数据长度为 32 B（与 CPU 的型号有关）。

组态第 2 行的通信参数时，将图 6-26 的大图中的 DP 伙伴（主站）的“地址类型”改为“输入”，本地（从站）的地址类型自动变为“输出”。其余的参数与图 6-26 的大图中的相同。

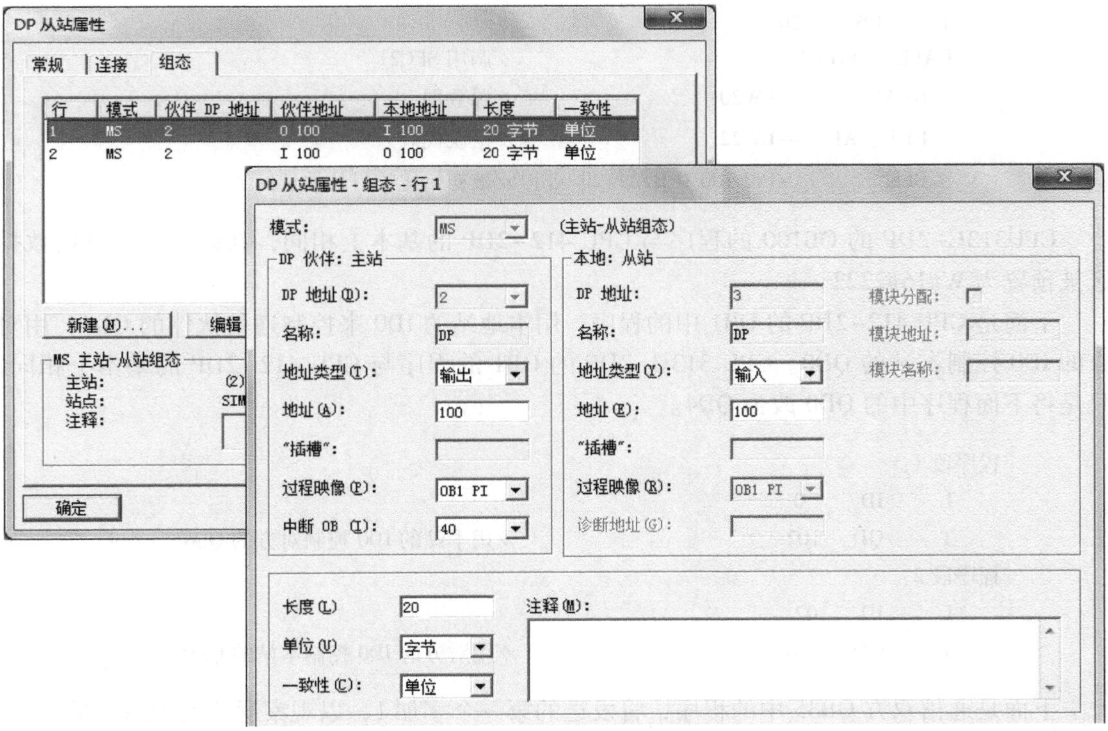

图 6-26 组态 DP 主从通信的输入/输出地址区

图 6-26 中组态的通信双方使用的输入/输出区的起始字节地址均为 IB100 和 QB100，并不要求一定要将它们的起始地址设置得相同。但是用于通信的数据区不能与主站和从站的信号模块实际占用的地址区重叠。

返回 HW Config 以后，单击工具栏上的按钮，编译与保存 400 站点的组态信息。

6.4.2 设计验证通信的程序

1. 初始化程序

本书的通信程序一般只是用来验证通信是否成功，没有什么工程意义。下面是 CPU 412-2DP 的 OB100 中的程序。

```
程序段 1:将保存发送数据的地址区 QW100 ~ QW118 全部预置为 16#1111
    L      W#16#1111
    T      LW      20                       //LW 是 OB100 的局部数据区中的字
    CALL   "FILL"                           //调用 SFC21
      BVAL        := LW20                   //源数据
      RET_VAL     := LW22                   //错误代码
      BLK         := P#Q 100.0 BYTE 20      //被初始化的目的地址区
程序段 2:将保存接收数据的地址区 IW100 ~ IW118 全部清零
    L      W#16#0
    T      LW      20
    CALL   "FILL"                           //调用 SFC21
      BVAL        := LW20                   //源数据
      RET_VAL     := LW22                   //错误代码
      BLK         := P#I 100.0 BYTE 20      //被初始化的目的地址区
```

CPU313C-2DP 的 OB100 的程序与 CPU 412-2DP 的基本上相同，其区别在于发送数据区被预置为 W#16#2222。

下面是 CPU 412-2DP 的 OB1 中的程序，用本地站的 ID0 来控制通信伙伴的 QD4，用对方的 ID0 控制本站的 QD0。CPU 313C-2DP 的 OB1 的程序与 CPU 412-2DP 的基本上相同，只是将下面程序中的 QD0 改为 QD4。

```
程序段 1:
    L      ID      0
    T      QD    102                        //用本站的 ID0 控制对方的 QD4
程序段 2:
    L      ID    102
    T      QD      0                        //用对方的 ID0 控制本站的 QD0
```

下面是通信双方 OB35 中的程序，将发送的第一个字加 1，以观察通信的动态效果。

```
程序段 1:每 100 ms 将 QW100 加 1
    L      QW    100
     +      1
    T      QW    100
```

在编写实际的用户程序时，应将需要发送的数据传送到组态时设置的本站的过程映像输出区（例如本例的 QB100 ~ QB119），将设置的本站过程映像输入区（例如本例的 IB100 ~ IB119）接收到的数据用于需要它们的程序中。

2. 通信过程的监控

下载结束后，用电缆连接两块 CPU 集成的 DP 接口，将 CPU 切换到 RUN 模式。用 MPI 或 DP 网络监控系统的运行。用鼠标右键单击 SIMATIC 管理器左边窗口中某个站的“块”图标，用出现的快捷菜单中的命令生成一个变量表，变量表默认的名称为 VAT_1。双击打开生成的变量表，在变量表中生成需要监控的变量的地址（见图 6-27）。

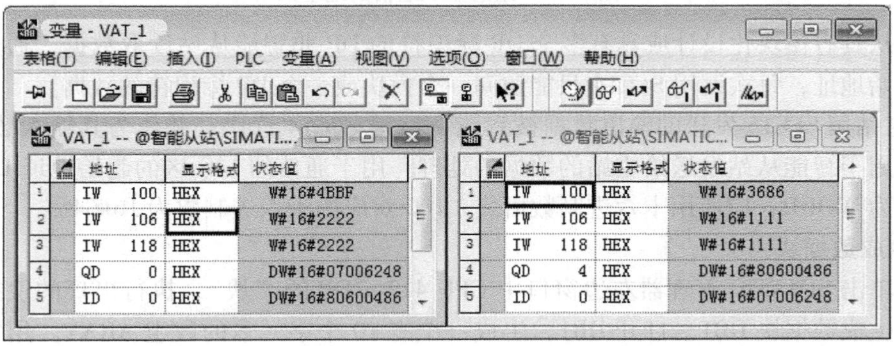

图 6-27　变量表

打开通信双方的变量表，执行“窗口”菜单中的“排列”→“垂直”命令，同时显示两个变量表。运行时选中某个站的变量表，单击工具栏上的按钮，使该变量表进入监控状态，“状态值”列显示的是 PLC 中变量的值。用同样的方法，使另一个变量表也进入监控状态。图 6-27 是运行时复制的变量表。由于双方动态变化的 QW100 被传送给对方的 IW100，可以看到双方的 IW100 的值在不断增大。用接在输入模块的输入端的小开关改变 ID0 的值，通信伙伴的 QD0 或 QD4 的值随之而变。

6.4.3　用 SFC14 和 SFC15 传输一致性数据

1. 数据的一致性

数据的一致性（Consistency）又称为连续性。通信块被执行、通信数据被传送的过程如果被一个更高优先级的 OB 块中断，将会使传送的数据不一致（不连续）。即被传输的数据一部分来自中断之前，一部分来自中断之后，因此这些数据是不连续的。

在通信中，有的从站用来实现复杂的控制功能，例如模拟量闭环控制或电气传动等。从站与主站之间需要同步传送比字节、字和双字更大的数据区，这样的数据称为一致性数据。需要绝对一致性传送的数据量越大，系统的中断反应时间越长。可以用系统功能 SFC14“DPRD_DAT”和 SFC15“DPWR_DAT”来传送要求具有一致性的数据。这两个 SFC 在实际程序中被广泛使用。

2. 组态硬件和主从通信的地址区

随书光盘中的例程“SFC14_15”的硬件和通信组态与前面的项目“智能从站”基本上相同，其区别在于参数“一致性”被组态为“全部”（见图 6-28），因此需要在用户程序中调用 SFC15“DPWR_DAT”，将数据“打包”后发送，调用 SFC14“DPRD_DAT”，将接收到的数据“解包”。这样 DP 主站指定的数据区被连续地传送到 DP 从站。SFC14、SFC15 的参数 RECORD 指定的地址区和长度应与组态的参数一致。

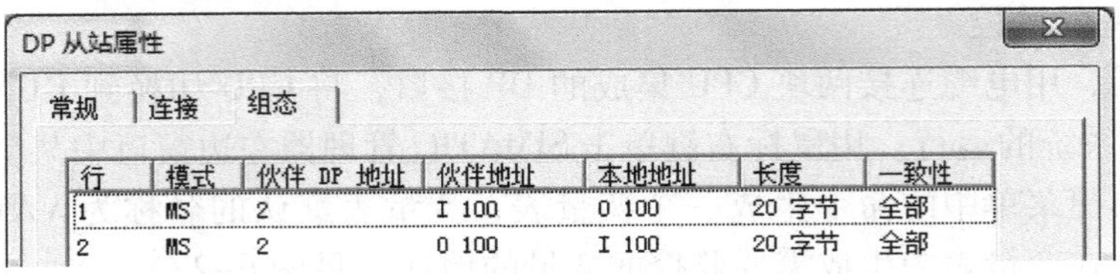

图 6-28　组态主从通信的地址区

如果从具有模块化设计或具有多个 DP 标识符的 DP 非智能从站读取数据，通过组态时指定的起始地址，每次调用 SFC14 只能访问一个模块或一个 DP 标识符的数据。

DP 主站用 SFC15 发送的输出数据被智能从站用 SFC14 读出，并作为其输入数据保存。反之也适用于智能从站发送给主站的数据的处理。用于通信的 I/Q 区的起始地址 LADDR 的数据类型为 WORD，应使用十六进制数格式。100 对应的十六进制数为 16#64。

3. 生成数据块

右键单击 SIMATIC 管理器左边窗口中 CPU 412-2DP 的“块”，执行出现的快捷菜单中的命令，生成数据块 DB1。打开 DB1，生成一个有 10 个字元素的数组 ARAY。用复制和修改名称的方法创建内部结构相同的 DB2。

4. OB1 的程序

在双方的主程序 OB1 中，调用 SFC15 “DPWR_DAT”，将 DB1 中的数据“打包”后发送。调用 SFC14 “DPRD_DAT”，将接收到的数据“解包”后存放到 DB2 中。

DP 主站和智能从站的 OB1 中的用户程序基本上相同，下面是主站 OB1 的程序：

```
程序段 1:解开 IB100 ~ IB119 接收到的数据包,并将数据存放在 DB2
    CALL  "DPRD _DAT"           //调用 SFC14
      LADDR     := W#16#64      //接收通信数据的过程映像输入区的起始地址为 IB100
      RET_VAL   := MW2          //错误代码
      RECORD    := DB2. ARAY    //存放接收的数据的目的数据区
程序段 2:将 DB1 的数据打包后通过 QB100 ~ QB119 发送出去
    CALL  "DPWR_DAT"            //调用 SFC15
      LADDR     := W#16#64      //发送数据的过程映像输出区的起始地址为 QB100
      RECORD    := DB1. ARAY    //存放要发送的数据的源数据区
      RET_VAL   := MW4          //错误代码
```

参数 RECORD 的数据类型为 ANY，如果指定 SFC14 的参数 RECORD 的实参为 P# DB2. DBX0. 0 BYTE 20，因为 DB2 中的数组 ARAY 的大小刚好为 20B，输入后会变为 DB2. ARAY，也可以直接输入 DB2. ARAY。

从站 OB1 中的程序与主站的基本上相同，图 6-29 给出了通信双方的信号关系图。

通信双方 OB100 的程序分别将 DB1 中要发送的数据初始化为 16#1111 和 16#2222，将保存接收数据的 DB2 清零。双方的 OB35 每 100 ms 将 DB1. DBW0 的值加 1，运行时它被传送给对方的 DB2. DBW0。将通信双方的程序块和组态信息下载到硬件 CPU，用 PROFIBUS 电缆

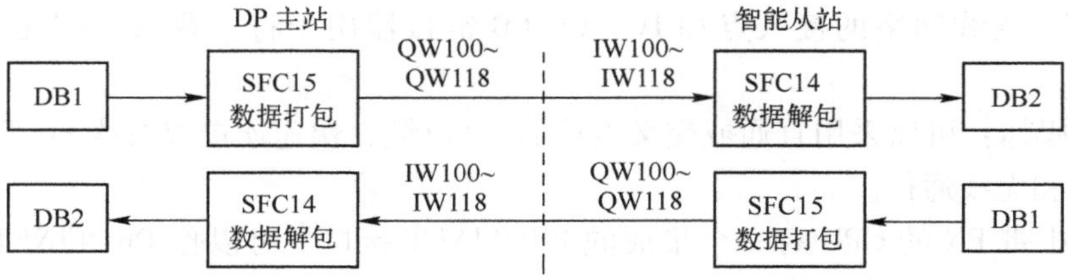

图 6-29　DP 主站与智能从站的数据传输示意图

连接主站和从站的 DP 接口，接通主站和从站的电源，将 CPU 切换到 RUN 模式。

用变量表监控双方接收到的 DB2 中的 DBW0、DBW2 和 DBW18，监控时可以看到双方的 DB2. DBW0 的值在不断增大。

6. 5　工业以太网概述

工业以太网（Industrial Ethernet，IE）是遵循国际标准 IEEE 802. 3 的开放式、多供应商、高性能的区域和单元网络。它已经广泛地应用于控制网络的最高层，并且越来越多地在控制网络的中间层和底层（现场设备层）使用。

西门子的工控产品已经全面地“以太网化”，S7-300/400 的各级 CPU 和新一代变频器 SINAMICS 的 G120 系列、S120 系列都有集成了 PROFINET 以太网接口的产品。新一代小型 PLC S7-1200、S7-200 SMART、大中型 PLC S7-1500、新一代人机界面精智系列、精简系列和精彩系列都有集成的以太网接口。分布式 I/O ET 200 SP、ET 200S、ET 200MP、ET 200M、ET 200Pro、ET 200eco PN 和 ET 200AL 都有 PROFINET 通信模块或集成的以太网通信接口。

1. SIMATIC 工业以太网的特点

1）10 M/100 M bit/s 自适应传输速率，最多 1024 个网络节点，网络最大范围为 150 km。

2）可以用于严酷的工业现场环境，用标准导轨安装，抗干扰能力强。

3）可以通过以太网将自动化系统连接到办公网络和国际互联网（Internet），实现全球性的远程通信。用户可以在办公室访问生产数据，实现管理-控制网络的一体化。不需要专用的软件，可以用 IE 浏览器访问控制终端的数据。

4）在交换式局域网中，用交换模块将一个网络分成若干个网段，可以实现在不同的网段中的并行通信。本地数据通信在本网段进行，只有指定的数据包可以超出本地网段的范围。如果使用全双工的交换机，两个节点之间可以同时收、发数据，数据传输速率增加到 200 Mbit/s，可以完全消除冲突。

5）冗余系统中如果出现子系统故障或网络断线，交换模块将通信切换到冗余的后备系统或后备网络，以保证系统的正常运行。工业以太网发生故障后，可以迅速发现故障，实现故障的定位和诊断。网络发生故障时（例如断线或交换机故障），网络的重构时间小于 0. 3 s。

2. 工业以太网的构成

典型的工业以太网由以下网络器件组成：

1）连接部件：包括 FC 快速连接插座、SCALANCE 交换机、电气链接模块（ELM）、电气交换模块（ESM）、光纤交换模块（OSM）、光纤电气转换模块（MC TP11）、中继器和

IE/PB 链接器。无线网络的接入点和 IWLAN/PB 链接器用于将工业以太网无线耦合到 DP 网络。

2）通信媒体：可以采用直通或交叉连接的 TP 电缆、快速连接双绞线 FC TP、工业双绞线 ITP、光纤和无线通信。

3）型号中带 PN 的 CPU 有一个集成的 PROFINET 接口，可以作 PROFINET IO 控制器，支持 S7 通信和开放式用户通信。

4）工业以太网通信处理器：CP 343－1 和 CP 443－1 的通信速率为 10 Mbit/s 或 100 Mbit/s。有的可以作 PROFINET IO 控制器或 IO 设备。CP343-1 Lean 是 CP343-1 的简化版。CP 343-1 Advanced-IT 与 CP 443-1 Advanced-IT 还有 IT（信息技术）功能。

5）PG/PC 的工业以太网通信处理器：CP 1612 A2 和 CP 1613 A2 使用 PCI 总线，CP 1623 和 CP 1628 使用 PCIe 总线。CP 1613 A2 和 CP 1623 可用于冗余系统。

对快速性和冗余控制有特殊要求的系统应使用西门子的交换机和网卡，反之可使用普通的交换机、路由器和普通的网卡。

工业以太网的网络结构、组网方法、网络元件的参数和选型见随书光盘“通信手册”文件夹中的“工业通讯产品目录 2011”。

3. IT 通信服务

SIMATIC 通信网络通过工业以太网将 IT（Information technology，信息技术）功能集成到控制系统。CP 443-1 Advanced-IT 和 CP 343-1 Advanced-IT 有 IT 通信服务功能，下面将它们称为有 IT 通信功能的 CP。

使用 FTP（文件传输协议）可实现 PLC 之间、PLC 与 PC 之间的高效文件传输。有 IT 功能的 CP 既可以作 FTP 服务器，也可以作 FTP 客户机。

有 IT 通信功能的 CP 通过 SMTP（简单邮件传输协议），可以在工业以太网上发送包含过程信息的电子邮件，发送邮件时可以带附件，但是不能接收电子邮件。

SNMP（简单网络管理协议）是以太网的一种开放的标准化网络管理协议。网络管理包括监视、控制和组态网络节点的所有功能。网络管理可以防止有 SNMP 功能的网络节点组成的网络发生故障，以确保网络的高质高效。

4. OPC 通信服务

OLE 是 Object Linking and Embedding（对象链接与嵌入）的缩写，是微软为 Windows 操作系统与应用程序之间的数据交换开发的技术。OPC（OLE for Process Control，用于过程控制的 OLE）是嵌入式过程控制标准，是用于服务器/客户机链接的开放的接口标准和技术规范。不同的供应商的硬件有不同的标准和协议，OPC 提供了工业环境中信息交换的统一标准的软件接口，这样数据用户不用为不同厂家的数据源开发驱动程序或服务程序。

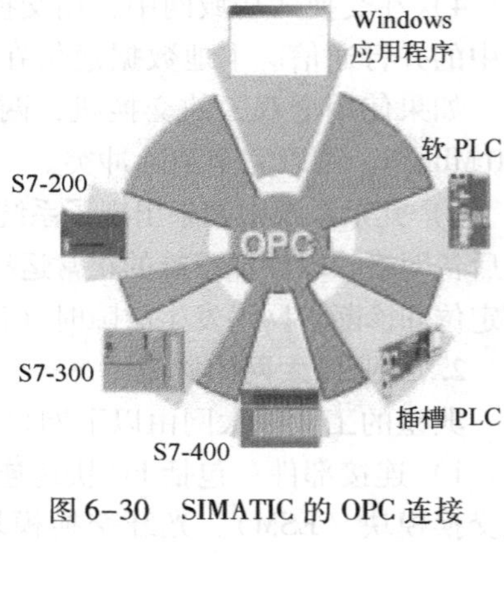

图 6-30　SIMATIC 的 OPC 连接

OPC 是一种开放式系统接口标准，用于在自动化和 PLC 应用、现场设备和基于 PC 的应用程序（例如 HMI 或办公室应用程序）之间，进行简单的标准化数据交换（见图 6-30）。通过 OPC，可以在 PC 上监控、调用和处理 PLC 的数据和事件。

服务器在通信过程中是被动的，它总是等待客户机发起数据访问。OPC 将数据源提供的数据以标准方式传输到客户机应用程序。

OPC 允许 Windows 应用程序访问过程数据，从而能够轻松地连接不同制造商生产的设备和应用程序。OPC 提供开放的、与供应商无关的接口，容易使用的客户机/服务器组态，在控制设备（例如 PLC）、现场设备和基于 PC 的应用程序之间提供标准化的数据交换。

OPC 服务器为连接 OPC 客户机应用程序提供接口。客户机应用程序执行对数据源（例如 PLC 中的存储器）的访问，多个 OPC 客户机可以同时访问同一个 OPC 服务器。

西门子的通信软件 SIMATIC NET 提供 OPC 服务器、用于组态和测试 OPC 连接的站组态编辑器和 OPC Scout。参考文献［2］详细地介绍了基于 MPI、PROFIBUS 和以太网的 OPC 服务器与 PLC 通信的组态方法，以及通过 OPC 实现组态软件与 S7-300 通信的方法。

6.6 基于以太网的 S5 兼容通信与开放式用户通信

1. S5 兼容通信

S5 兼容的通信服务包括 PROFIBUS 的 FDL 和以太网的 TCP/IP、ISO 传输、ISO-on-TCP、UDP，它们的组态和编程的方法基本上相同。TCP/IP、ISO 传输和 ISO-on-TCP 可以发送和接收 8 KB（8192 B）数据，UDP 可以发送和接收 2 KB（2048 B）数据。

S7-300/400 调用功能 FC5 AG_SEND 和 FC6 AG_RECV 来实现 S5 兼容的通信。

S5 兼容的通信协议是面向连接的协议，在进行数据交换之前，必须与通信伙伴建立连接。面向连接的协议具有较高的安全性。

连接是指两个通信伙伴之间为了执行通信服务建立的逻辑链路，而不是指两个站之间用物理媒体（例如电缆）实现的连接。连接相当于通信伙伴之间一条虚拟的“专线”，它们随时可以用这条“专线”进行通信。一条物理线路可以建立多个连接。

S5 兼容的连接属于需要组态的静态连接，用 STEP 7 集成的网络组态工具 NetPro 组态连接。连接要占用参与通信的模块（CPU、CP、FM）的连接资源。CPU 和 CP 同时可以使用的连接个数与它们的型号有关。

TCP/IP 是互联网的基础协议。IP（网际协议）主要通过 32 位的 IP 地址在整个网络中寻址。TCP（传输控制协议）用于在两个站点之间建立逻辑的（虚拟的）全双工连接。TCP 是基于连接的协议，在正式收发数据之前，双方必须建立可靠的连接。下面是通信过程的简单描述：A 站向 B 站发送连接请求数据包；B 站向 A 站发送同意连接和要求同步的数据包；A 站再发送一个数据包确认 B 站要求的同步。经过上述“对话”之后，A 站才向 B 站正式发送数据。对可靠性要求高的数据通信系统应使用 TCP 协议传输数据。

ISO 传输将数据分段，可以传送大量的数据，它保证数据传输和数据完整性的方法与 TCP/IP 服务基本上相同。

ISO-on-TCP 主要用于可靠的网际数据传输，符合 TCP/IP 标准，可以改变长度的数据传输是通过 RFC 1006 协议实现的。由于自动重发和附加的块校验机制（CRC 校验），传输的可靠性极高。

UDP 是用户数据报协议的英文简称，UDP 提供无需确认的简单的跨网络数据传输通信服务（数据报服务）。UDP 不检测数据传输的正确性，必需的可靠性措施由应用层提供，可以传输最大 2 KB 的连续数据块。UDP 适用于传送少量数据和对可靠性要求不高的场合。由于报文头短、没有传输应答和超时监控，UDP 比 TCP 更适合于对传输时间要求较高的应用。

使用 TCP、ISO-on-TCP 和 UDP 的通信必须设置 IP 地址，可以不设置 MAC 地址。ISO 传输必须设置 MAC 地址。

只有以太网 CP（例如例如 CP 443-1）才能用 NetPro 建立 S5 兼容的连接。CPU 集成的 PN 接口只能调用 "Communication Block" 库的 FB63～68，实现基于 TCP/IP、ISO-on-TCP 和 UDP 协议的开放式用户通信。

2. 硬件组态

下面以两台 S7-300 之间通过 CP 343-1 建立的 TCP 连接为例，介绍 S5 兼容通信的组态和编程的方法。

在 SIMATIC 管理器中，用新建项目向导创建一个名为 "IE_TCP" 的新项目（见随书光盘中的同名例程），CPU 为 CPU 315-2DP，其 DP 和 MPI 地址均为默认的 2 号站。

在 HW Config 中，将电源模块、信号模块和 CP 343-1 插入机架。插入 CP 343-1 时，在自动打开的以太网接口属性对话框的 "参数" 选项卡中，可以看到默认的 CP 的 IP 地址 192.168.0.1 和子网掩码 255.255.255.0（见图 6-31 的左图），采用默认的网关设置，不使用路由器，TCP/IP 通信不需要设置 MAC 地址。单击 "新建" 按钮，生成一条名为 "Ethernet(1)" 的以太网，选中它以后，CP 被连接到以太网上。单击 "确定" 按钮，返回 HW Config。

双击机架中的 CP 343-1，打开 CP 属性对话框，可以看到 CP 默认的 MPI 地址为 3（见图 6-31 的右图）。

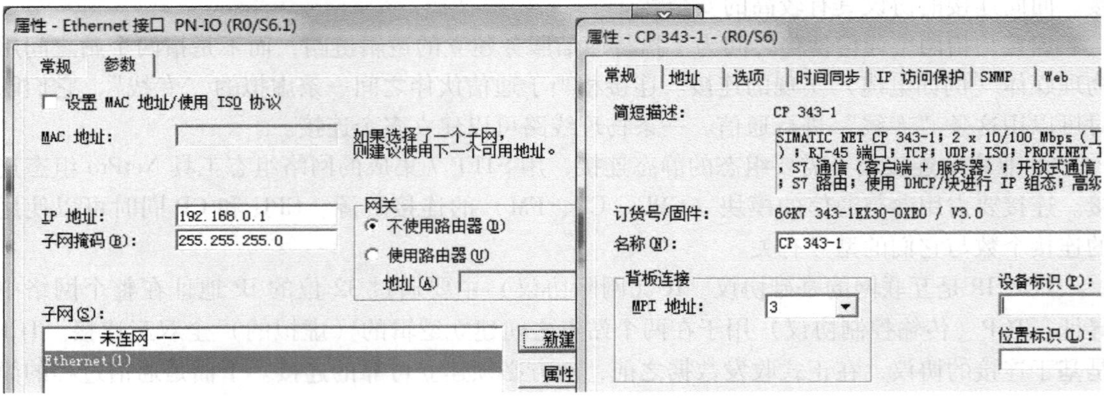

图 6-31　以太网接口属性对话框

在 SIMATIC 管理器中生成一个名为 "SIMATIC 300(1)" 的站点，在 HW Config 中，将电源模块、CPU 315-2DP 和信号模块插入机架。设置 CPU 的 DP 地址为 3，MPI 地址为 4。

插入 CP 343-1 时，在出现的以太网接口属性对话框中，选中前面生成的以太网 Ethernet(1)。采用默认的 IP 地址 192.168.0.2 和子网掩码 255.255.255.0，设置 CP 的 MPI 地址为 5。通信双方的 IP 地址必须在同一个网段内，即 IP 地址的前 3 个字节应为 192.168.0。如果 PC 用以太网下载和监控 PLC，PC 与 CPU 的 IP 地址也应在同一个网段内。

组态好硬件后，单击工具栏上的按钮，编译并保存硬件组态信息。

3. 组态连接

组态好两个 S7-300 站后，单击工具栏上的按钮，打开 NetPro 窗口，看到连接到以太网上的两个站（见图 6-32）。选中“SIMATIC 300”站点的 CPU 所在的小方框，下面的窗口出现连接表，双击连接表第一行的空白处，建立一个新连接。在弹出的“插入新连接”对话框中，设置“连接伙伴”为默认的 CPU 315-2DP，连接类型为“TCP 连接”。

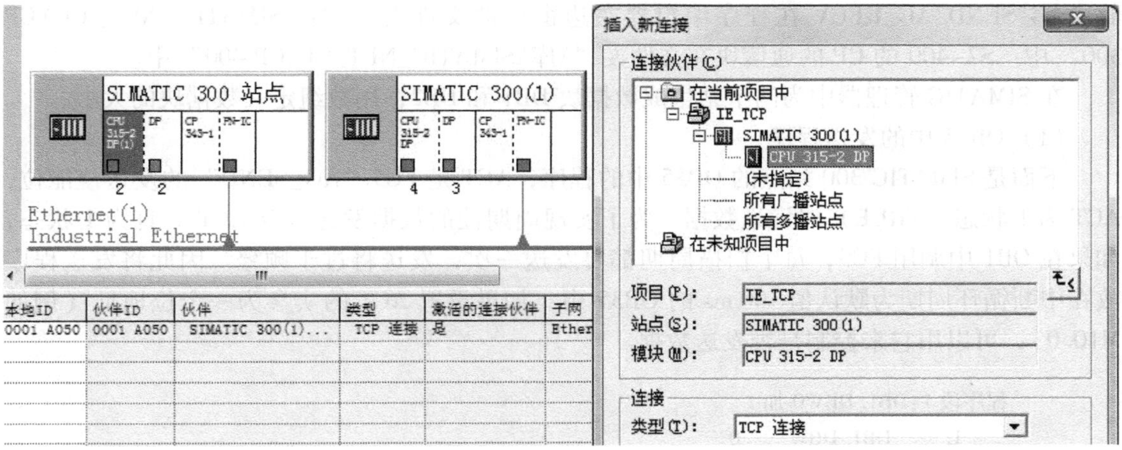

图 6-32　组态 TCP 连接

单击“确定”按钮，出现 TCP 连接属性对话框（见图 6-33）。在编程时要用到“块参数”区中的“标识号”（ID）和 LADDR（CP 的起始地址）。LADDR 与 CP 所在的插槽有关，该地址是分配给模块的起始地址。本项目的 CP 343-1 在 8 号槽，起始地址为 320（W#16#140）。

图 6-33 左图中的复选框“激活连接的建立”被自动选中，图 6-32 中连接表的“激活的连接伙伴”列显示“是”。在运行时，由本地站点（SIMATIC 300 站点）建立连接。

选中 NetPro 中“SIMATIC 300(1)”站点的 CPU 所在的小方框，因为是双向连接，下面的窗口出现自动生成的该站点一侧的连接表（见图 6-34），“激活的连接伙伴”列显示“否”，由通信伙伴建立连接。双击连接表中的“TCP 连接”，出现的该站点一侧的连接属性对话框与图 6-33 基本上相同，未选中复选框“激活连接的建立”。

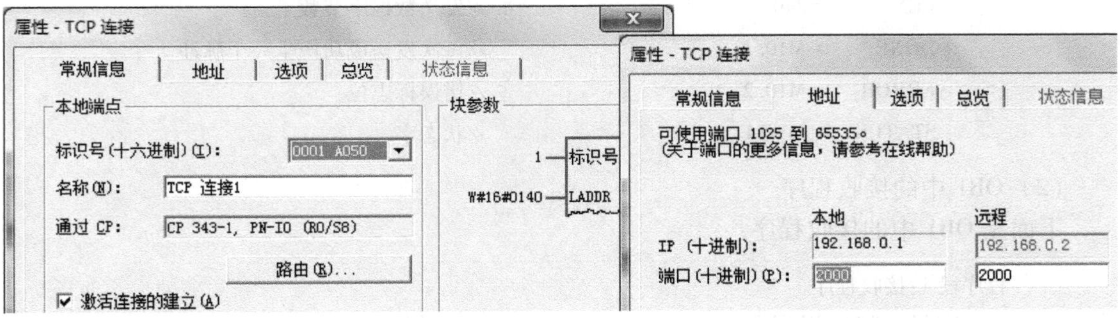

图 6-33　SIMATIC 300 站点一侧的 TCP 连接属性对话框

本地ID	伙伴ID	伙伴	类型	激活的连接伙伴	子网
0001 A050	0001 A050	SIMATIC 300 站点 / CPU315-2 DP(1)	TCP 连接	否	Ethernet(1) [IE]

图 6-34　SIMATIC 300(1)站点一侧的 TCP 连接表

组态好连接后，单击工具栏上的按钮，网络组态信息被编译和保存在 SIMATIC 管理器两个站的“块”文件夹的“系统数据”中。如果在 NetPro 中下载，应将双向通信双方的连接信息分别下载到各自的 CPU。

4. 设计验证通信的程序

S5 兼容通信的双方通过调用 AG_SEND/AG_RECV（FC5/FC6）实现数据的发送和接收。AG_SEND/AG_RECV 在程序编辑器左边窗口的文件夹“\库\SIMATIC_NET_CP\CP 300”中。S7-400 的 CP 的通信块在文件夹“\库\SIMATIC_NET_CP\CP 400”中。

在 SIMATIC 管理器中为两个站生成数据块 DB1 和 DB2，用数组定义数据块的大小。

（1）OB35 中的发送程序

下面是 SIMATIC 300 站点的 OB35 中的程序，ACT 是 FC5“AG_SEND”的发送使能位，ACT 为 1 状态（TRUE）时发送数据。为了实现周期性的数据发送，令 ACT 一直为 1 状态，如果在 OB1 中调用 FC5，每个扫描周期都要发送一次，发送将过于频繁。因此将发送程序放在中断循环周期为默认值 100 ms 的 OB35 中。如果设置 ACT 的实参为一个位地址（例如 M10.0），可以用它来控制是否发送数据。

```
程序段 1:DB1. DBW0 加 1
    L       DB1. DBW     0
    +       1
    T       DB1. DBW     0
程序段 2:发送程序
    L       ID      0
    T       DB1.  DBD     2                         //用本站的 ID0 控制通信伙伴的 QD4
    CALL    "AG_SEND"                               //调用 FC5
      ACT       := TRUE                             //发送使能位,为 1 时发送数据
      ID        := 1                                //组态时指定的连接 ID
      LADDR     := W#16#140                         //组态时指定的 CP 起始地址
      SEND      := P#DB1. DBX 0. 0 BYTE 240         //存放要发送的数据的地址区
      LEN       := 240                              //发送数据字节数
      DONE      := M10. 1                           //每次发送成功产生一个脉冲
      ERROR     := M10. 2                           //错误标志位
      STATUS    := MW14                             //状态字
```

（2）OB1 中的接收程序

下面是 OB1 中的接收程序：

```
程序段 1:接收程序
    CALL    "AG_RECV"                               //调用 FC6
      ID        := 1                                //组态时指定的连接 ID
      LADDR     := W#16#140                         //组态时指定的 CP 起始地址
      RECV      := P#DB2. DBX 0. 0 BYTE 240         //存放接收到的数据的地址区
      NDR       := M0. 1                            //每次接收完新数据产生一个脉冲
```

```
        ERROR    := M0.2                          //错误标志位
        STATUS   := MW2                           //状态字
        LEN      := MW4                           //实际接收的数据长度
      L     DB2.DBD    2
      T     QD     4                              //用通信伙伴的 ID0 控制本站的 QD4
```

两台 CPU 315-2DP 的发送程序和接收程序相同。

(3) 初始化程序

在初始化程序 OB100 中，用 SFC21 预置通信双方的 DB1 的数据发送区各个字的初值分别为 16#1111 和 16#2222，将 DB2 的数据接收区各个字清零。

5. 通信过程的监控

用 PROFIBUS 电缆将两块 CPU 315-2DP 和计算机的 CP 5613 的 MPI 接口连接到一起，将组态信息和程序分别下载到两台 PLC，运行时可以用 MPI 或以太网对通信过程进行监控。

将以太网 CP 模块和计算机的以太网接口连接到交换机，将 CPU 和 CP 模块的模式选择开关切换到 RUN 位置，CPU 和 CP 上的 RUN 指示灯亮。CP 上的 LINK LED 亮，表示已建立起连接；RX/TX LED 闪烁，表示 CP 正在发送或接收数据。

同时打开通信双方的变量表（见图 6-35），选中某个站的变量表后，单击工具栏上的 60' 按钮，变量表进入监控状态，“状态值”列显示的是 PLC 中变量的值。通信双方在 OB35 中将 DB1. DBW0 加 1，然后发送到对方的 DB2. DBW0。在变量表中可以看到双方接收到的 DB2. DBW0 在不断变化。DB2. DBW238 是数据接收区的最后一个字。

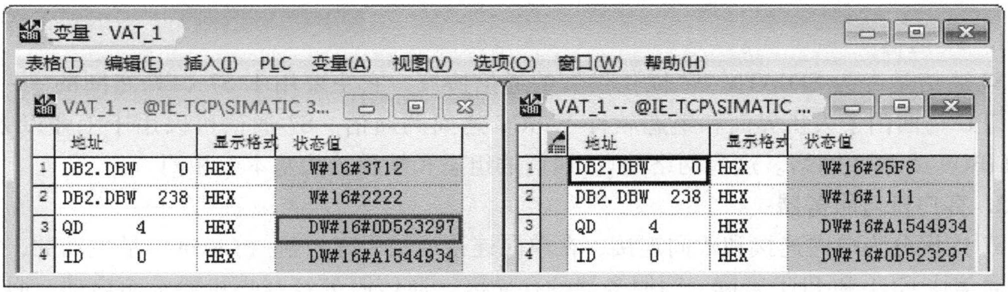

图 6-35 变量表

在通信程序中，双方的 ID0 通过 DB1. DBD2 发送给通信伙伴的 DB2. DBD2，用来控制通信伙伴的 QD4。在运行时用外接的小开关改变 ID0 的状态，可以看到通信伙伴的 QD4 的状态随之而变。

6. 其他 S5 兼容连接通信的组态与编程

ISO 传输连接、ISO-on-TCP 连接与 TCP 连接的组态和编程的方法基本上相同。它们都需要调用功能 FC5 “AG_SEND” 和 FC6 “AG_RECV” 来实现通信，通信的程序相同。

如果使用 ISO 传输连接，在组态以太网接口的属性时（见图 6-31），应选中复选框“设置 MAC 地址/使用 ISO 协议”。在“MAC 地址”输入框中，输入以太网接口的 MAC 地址。ISO 传输连接之外的其他连接不用设置 MAC 地址。

在组态连接时，选中其他三种 S5 兼容的连接。ISO 传输连接和 ISO-on-TCP 连接通信的组态结果和用户程序见随书光盘中的例程“IE_ISO”和“ISOonTCP”。

组态 UDP 连接时，可以指定通信伙伴为项目中已组态的 CPU，也可以选择通信伙伴为“未指定”“所有多播站点”和“所有广播站点”（见图6-32），实现“空闲的 UDP 连接”、多点传送和广播传送。组态和编程的详细例程见参考文献［2］。

7. 开放式用户通信简介

S7-300/400 有 PN 接口的 CPU 不支持本节的 S5 兼容的通信，但是支持开放式用户通信。参考文献［1］给出了 S7-300/400 与 S7-1200 的开放式用户通信的 3 个例程。

在开放式用户通信中，FB65“TCON”用于建立通信连接，FB66“TDISCON”用于断开连接。FB63“TSEND”和 FB64“TRCV”用于通过 TCP 和 ISO-on-TCP 协议发送和接收数据；FB67“TUSEND”和 FB68“TURCV”用于通过 UDP 协议发送和接收数据。

S7-1200/S7-1500 除了使用上述功能块实现开放式用户通信，还可以调用 TSEND_C 和 TRCV_C 指令，通过 TCP 和 ISO-on-TCP 协议发送和接收数据。这两条指令还有建立和断开连接的功能，使用它们以后不需要调用 TCON 和 TDISCON 指令。

博途是西门子的新软件平台。可以在 STEP 7 V5.5 中为 S7-300/400 的开放式通信编程，在博途中为 S7-1200 编程。也可以在博途中为 S7-300/400 和 S7-1200 编程，这样更为方便。

6.7 S7 通信的组态与编程

6.7.1 基于 DP 网络的单向 S7 通信

1. S7 通信

S7 通信是专为 SIMATIC S7 优化设计的通信协议，它主要用于 S7 CPU 之间的主-主通信、CPU 与西门子人机界面和组态软件 WinCC 之间的通信。S7 通信可以用于工业以太网、PROFIBUS 或 MPI 网络。这些网络的 S7 通信的组态和编程方法基本上相同。

2. 客户机与服务器

S7 连接分为单向连接和双向连接，在单向连接通信中客户机（Client）是主动的，需要调用通信块 GET 和 PUT 来读、写服务器的存储区。通信服务经客户机要求而启动。服务器（Server）是通信中的被动方，不需编写通信程序，通信功能由它的操作系统来执行。单向连接只需要客户机组态连接、下载组态信息和编写通信程序。

双向连接（在两端组态的连接）的通信双方都需要下载连接组态，一方调用发送块 U_SEND 或 B_SEND 来发送数据，另一方调用接收块 U_RCV 或 B_RCV 来接收数据。

用于 S7 通信的 SFB/FB 见表6-6。

表6-6 用于 S7 通信的 SFB/FB

编号		助记符	可传输字节数		描述
S7-400	S7-300		S7-400	S7-300	
SFB8	FB8	U_SEND	440 B	160 B	与接收方通信功能块（U_RCV）执行序列无关的快速的无需确认的数据交换，例如传送操作与维护消息，对方接收到的数据可能被新的数据覆盖
SFB9	FB9	U_RCV			

（续）

编号		助记符	可传输字节数		描述
S7-400	S7-300		S7-400	S7-300	
SFB12	FB12	B_SEND	64 KB	32 KB	将数据块安全地传输到通信伙伴，直到通信伙伴的接收功能块（B_RCV）接收完数据，数据传输才结束
SFB13	FB13	B_RCV			
SFB14	FB14	GET	400 B	160 B	程序控制读取远方 CPU 的变量，通信伙伴不需要编写通信程序
SFB15	FB15	PUT			程序控制改写远方 CPU 的变量，通信伙伴不需要编写通信程序

S7-400 调用 SFB 进行 S7 通信（见表 6-6），S7-300 的 CPU 31x-2PN/DP 调用\Standard Library\Communication Blocks 库里的 FB 进行 S7 通信。使用 CP 模块的 CPU 31x 调用\SIMATIC_NET_CP\CP 300库里的 FB 进行 S7 通信。

有 S7-300 集成的 DP、MPI 通信接口参与时，只能进行单向 S7 通信，S7-300 集成的 DP、MPI 通信接口在通信中只能作服务器。S7-400 CPU 集成的 DP、MPI、以太网接口和 S7-300 CPU 集成的以太网接口在单向 S7 通信中既可以作服务器，也可以作客户机。它们之间还可以进行双向 S7 通信。

网络组态工具 NetPro 有很强的防止出错的功能，它会禁止建立那些选用的硬件不支持的通信连接组态。PLCSIM V5.4 SP3 及更高的版本支持对 S7 通信的仿真。

3. 组态硬件

在 STEP 7 中创建一个名为“S7_DP”的项目（见随书光盘的同名例程），CPU 为 CPU 412-2DP。打开硬件组态工具 HW Config，将电源模块和信号模块插入机架。

双击机架中 CPU 412-2DP 下面“DP”所在的行，打开 DP 属性对话框，新建一条 PROFIBUS 网络，传输速率为默认的 1.5 Mbit/s，配置文件为“标准”（主从通信时配置文件为“DP”）。CPU 集成的 DP 接口和 MPI 接口默认的地址均为 2，默认的工作模式为 DP 主站。单击工具栏上的按钮，编译并保存组态信息。

在 SIMATIC 管理器中生成一个 S7-300 站。在 HW Config 中，将 CPU 313C-2DP 插入机架，在自动打开的“属性-PROFIBUS 接口”对话框的“参数”选项卡中，设置站地址为 3，选中“子网”列表中的“PROFIBUS(1)”，将 CPU 313C-2DP 连接到 DP 网络上，默认的工作方式为 DP 主站。在 CPU 属性对话框的“常规”选项卡中，设置 MPI 地址为 3。将电源模块和信号模块插入机架。组态好硬件后，单击工具栏上的按钮，编译并保存组态信息。

4. 组态 S7 连接

单击 SIMATIC 管理器工具栏上的按钮，打开网络组态工具 NetPro，可以看到两个站已经连接到 DP 网络上。选中 CPU 412-2DP 所在的小方框，在 NetPro 下面的窗口出现连接表（见图 6-36）。双击连接表的第 1 行，在出现的“插入新连接”对话框中（见图 6-37 的左图），系统默认的通信伙伴为同一项目中的 CPU 313C-2DP，默认的连接类型为 S7 连接。

单击“确定”按钮，确认默认的设置，出现 S7 连接属性对话框。因为 S7-300 集成的 DP 接口不支持双向 S7 通信，“本地连接端点”区中的“在一端配置”复选框被自动选中，并且不能更改，因此默认的连接方式为单向连接。在调用通信 SFB 时，将会使用“块参数”区的“本地 ID”（本地标识符）的值。因为是单向连接，连接表中没有通信伙伴的 ID（标识符)，选中图6-36中CPU 313C-2DP所在的小方框，下面的连接表中没有连接信息。在单向S7连接中，仅需将网络组态信息下载到S7通信的客户机（CPU 412-2DP）。

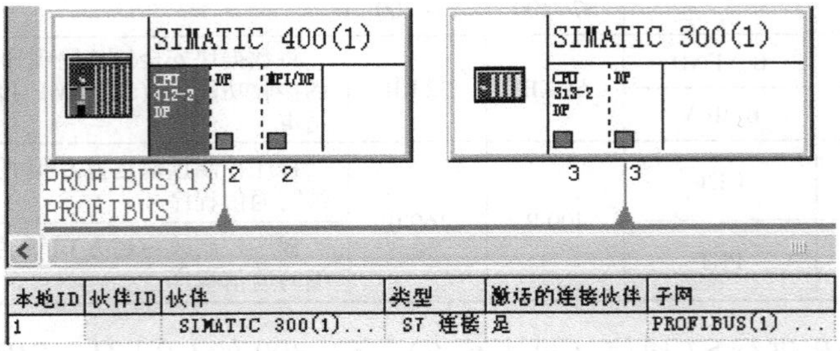

图6-36　网络与连接组态

图6-37中的复选框“建立主动连接”被自动选中，连接表的“激活的连接伙伴”列显示“是”。在运行时，由本地站点SIMATIC 400建立连接。

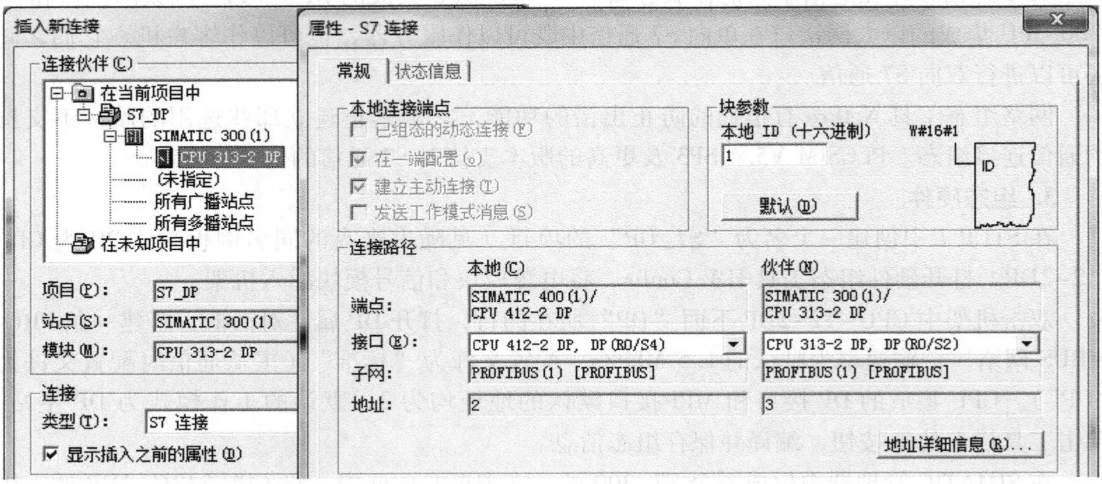

图6-37　“插入新连接”对话框与S7连接属性对话框

组态好连接后，单击工具栏上的按钮，编译并保存网络组态信息。

5. S7通信编程

为两台CPU生成数据块DB1和DB2，分别在数据块中创建一个有20个字节元素的数组ARAY。CPU 412-2DP作为客户机，在它的OB1中调用单向通信功能块GET和PUT，读、写服务器的存储区。CPU 313C-2DP作为服务器，不需要调用通信功能块。

在通信请求信号REQ的上升沿时激活SFB GET、PUT的数据传输。为了实现周期性的数据传输，用时钟存储器位提供的时钟脉冲作REQ信号。组态时双击HW Config的机架中的CPU 412-2DP，在出现的CPU属性对话框的“周期/时钟存储器”选项卡中，设置时钟存储器字节为MB8。MB8的第1位M8.1的周期为200ms（0状态和1状态各100 ms）。下面是CPU 412-2DP的OB1中的程序，程序段1中的两条指令使M10.0和M8.1的相位相反，它们的上升沿互差100 ms。它们分别用来做SFB GET和PUT的通信请求信号REQ的实参。

SFB GET/PUT最多可以读、写4个数据区，本例程只读、写了两个数据区。

程序段 1:时钟脉冲信号反相

```
ANM      8.1
=M       10.0
```

程序段 2: 读取通信伙伴的数据

```
CALL   "GET" , DB14                  //调用 SFB 14
  REQ      := M8.1                   //上升沿时激活数据传输,每 200ms 读取一次
  ID       := W#16#1                 //S7 连接号
  NDR      := M0.1                   //每次读取完成产生一个脉冲
  ERROR    := M0.2                   //错误标志,出错时为 1
  STATUS   := MW2                    //状态字,为 0 时表示没有警告和错误
  ADDR_1   := P#DB1. ARAY            //要读取的通信伙伴的 1 号地址区
  ADDR_2   := P#M 40.0 BYTE 20       //要读取的通信伙伴的 2 号地址区
  ADDR_3   :=
  ADDR_4   :=
  RD_1     := P#DB2.  ARAY           //本站存放读取到的数据的 1 号地址区
  RD_2     := P#M 20.0 BYTE 20       //本站存放读取到的数据的 2 号地址区
  RD_3     :=
  RD_4     :=
```

程序段 3:向通信伙伴的数据区写入数据

```
CALL   "PUT" , DB15                  //调用 SFB15
  REQ      := M10.0                  //上升沿时激活数据交换,每 200 ms 写一次
  ID       := W#16#1                 //S7 连接号
  DONE     := M10.1                  //每次写操作完成产生一个脉冲
  ERROR    := M10.2                  //错误标志,出错时为 1
  STATUS   := MW12                   //状态字,为 0 时表示没有警告和错误
  ADDR_1   := P#DB2.  ARAY           //要写入数据的通信伙伴的 1 号地址区
  ADDR_2   := P#M 20.0 BYTE 20       //要写入数据的通信伙伴的 2 号地址区
  ADDR_3   :=
  ADDR_4   :=
  SD_1     := P#DB1.  ARAY           //存放本站要发送的数据的 1 号地址区
  SD_2     := P#M 40.0 BYTE 20       //存放本站要发送的数据的 2 号地址区
  SD_3     :=
  SD_4     :=
```

SFB 的在线帮助给出了 STATUS 中的警告或错误代码的意义。在 CPU 412-2DP 的 OB35 中，每 100 ms 将要发送的第一个字 DB1. DBW0 加 1。在 CPU 412-2DP 的初始化程序 OB100 中调用 SFC21，将数据发送区 DB1 和 MB40 ~ MB59 中的各个字分别预置为 16#4001 和 16#4002，将 DB2 和 MB20 ~ MB39 中的数据接收区的各个字清零。

CPU313C-2DP 和 CPU 412-2DP 的 OB100 中的程序基本上相同，其区别在于前者将数

据发送区 DB1 和 MB40～MB59 中的各个字分别预置为 16#3001 和 16#3002。CPU 313C-2DP 的 OB1 中没有通信程序，其 OB35 每 100 ms 将 DB1. DBW0 加 2。

6. 通信的仿真实验

图 6-38 是该项目组态和编程结束后的 SIMATIC 管理器。单击工具栏上的按钮，打开 PLCSIM，出现名为 S7-PLCSIM1 的窗口（见图 6-39 的左图），可以将它视为一台仿真 PLC。

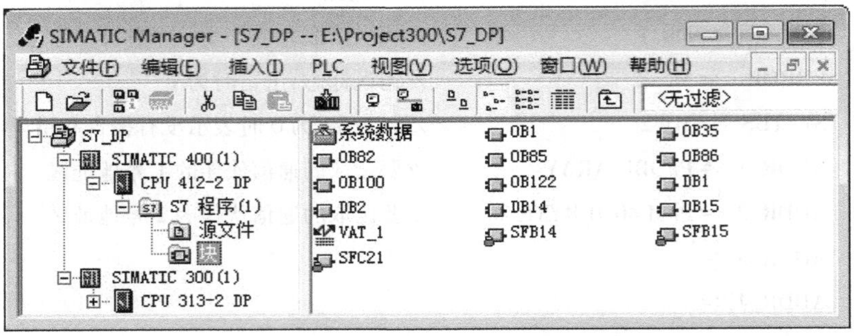

图 6-38　SIMATIC 管理器

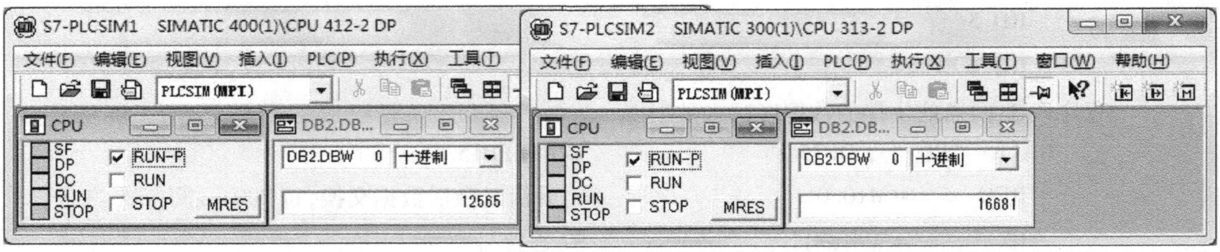

图 6-39　用 PLCSIM 仿真两台 PLC

选中 SIMATIC 管理器左边窗口 CPU 412-2DP 的“块”，单击工具栏上的按钮，下载“块”文件夹中的系统数据和用户程序。下载后 S7-PLCSIM1 的标题栏出现了下载的 PLC 站点的名称 SIMATIC 400(1)和 CPU 的型号 CPU 412-2DP。生成一个视图对象，将它的地址改为 DB2. DBW0。

单击 PLCSIM 工具栏上的按钮，生成一个名为 S7-PLCSIM2 的新的仿真 PLC（见图 6-39 的右图）。选中 SIMATIC 管理器左边窗口 CPU 313C-2DP 的“块”，单击工具栏上的按钮，下载“块”文件夹中的系统数据和用户程序。下载后 S7-PLCSIM2 的标题栏出现了下载的 PLC 站点的名称 SIMATIC 300(1)和 CPU 的型号 CPU 313C-2DP。生成一个视图对象，将它的地址改为 DB2. DBW0。

在时钟脉冲 M8. 1 的上升沿，CPU 412-2DP 每 200ms 读取一次 CPU 313C-2DP 的数据；在时钟脉冲 M10. 0 的上升沿，每 200ms 将数据写入 CPU 313C-2DP 的数据区。运行时通信双方的 OB35 使 DB1. DBW0 的值不断增大，然后发送给对方的 DB2. DBW0。下载后将两台仿真 PLC 切换到 RUN-P 模式，可以看到双方接收到的第一个字 DB2. DBW0 的值在不断增大。

为两个站点分别生成一个变量表，用它们监控接收到的两个数据区的第一个字和最后一个字。同时打开两个变量表，调节它们的位置和大小，保证能同时看到其中的全部变量。启动两个变量表进入监控状态，可以看到双方 DB2 中接收到的数据与对方 DB1 中的值相同。

6.7.2 基于以太网的双向 S7 通信

1. 硬件组态

S7 通信可以用于工业以太网、PROFIBUS-DP 或 MPI 网络，这些网络的 S7 通信的组态和编程的方法基本上相同。

使用 SFB BSEND/BRCV，可以进行快速的、可靠的数据传送。通信的双方都需要调用 SFB BSEND/BRCV 来发送数据和接收数据。

在 STEP 7 中创建一个名为“S7_IE”的项目（见随书光盘中的同名例程），生成一个 S7-300 的站点，设置其名称为 SIMATIC 300(1)。打开硬件组态工具 HW Config，双击硬件目录中的导轨（Rail），生成一个机架，将电源模块、CPU 315-2PN/DP 插入机架。在自动打开的以太网接口属性对话框的“参数”选项卡中，采用默认的 IP 地址 192.168.0.1 和子网掩码 255.255.255.0。网关默认的设置是不使用路由器。单击“新建”按钮，生成以太网 Ethernet（1）。双击机架中 CPU 内的 MPI/DP 行，打开 MPI/DP 属性对话框，采用默认的协议（MPI）和默认的站地址 2。将信号模块插入机架。单击“确定”按钮，返回 HW Config。单击工具栏上的按钮，编译并保存组态信息。

在 SIMATIC 管理器中生成另一个 S7-300 站点，设置其站点的名称为 SIMATIC 300(2)（见图 6-40）。选中它以后双击“硬件”图标，打开 HW Config，生成机架，将电源模块、CPU 315-2PN/DP 和信号模块插入机架。在自动打开的 CP 属性对话框中，将 IP 地址设置为 192.168.0.2，子网掩码为默认的 255.255.255.0，将它连接到以太网上。单击“确定”按钮，返回 HW Config。双击机架中 CPU 内的 MPI/DP 行，打开 MPI/DP 属性对话框，设置 MPI 地址为 3。组态好硬件后，单击工具栏上的按钮，编译并保存硬件组态信息。

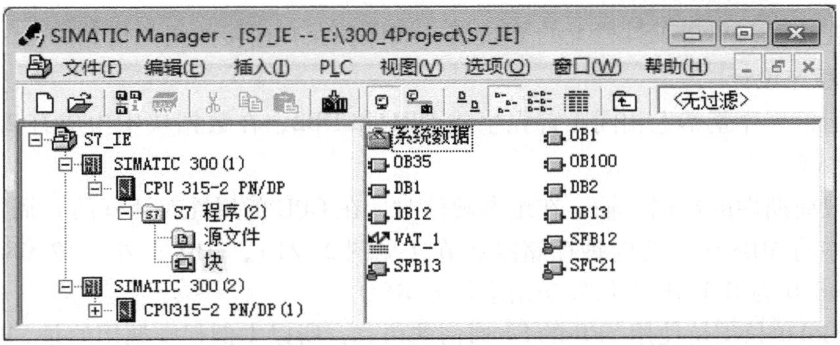

图 6-40 SIMATIC 管理器

2. 组态 S7 连接

组态好两个 S7-300 站后，单击工具栏上的按钮，打开网络组态工具 NetPro，看到连接到以太网上的两个站（见图 6-41）。单击选中站点 SIMATIC 300(1)的 CPU 所在的小方框，在下面的窗口出现连接表，双击连接表第一行的空白处，建立一个新连接。

在出现的“插入新连接”对话框中，采用系统默认的通信伙伴（站点 SIMATIC 300(2)的 CPU 315-2PN/DP），以及连接类型选择框中默认的 S7 连接。

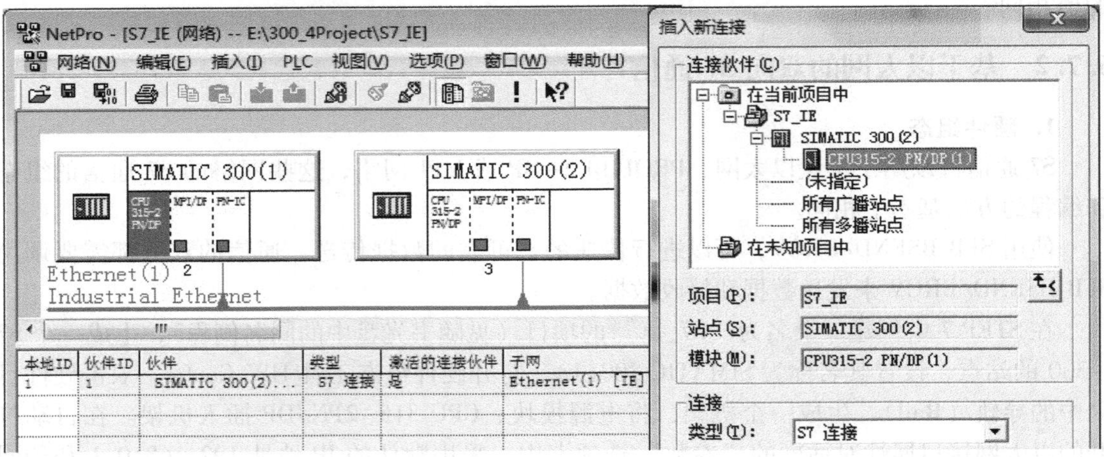

图 6-41　网络与连接组态

单击“确定”按钮，出现 S7 连接属性对话框（见图 6-42 的左图）。在“本地连接端点”区，复选框“在一端配置”被禁止选中（该复选框为灰色），因此该连接是双向连接，在图 6-41 的连接表中，生成了相同的“本地 ID”和“伙伴 ID”。因为两个站互为通信伙伴，它们在连接表中的连接 ID 相同。单击“地址详细信息”按钮，可以查看地址的详细信息。

图 6-42 左图中的复选框“建立主动的连接”被自动选中，图 6-41 中连接表的“激活的连接伙伴”列显示“是”。在运行时，由本地站点（SIMATIC 300(1)）建立连接。

选中 NetPro 中站点 SIMATIC 300(2)的 CPU 所在的小方框，下面的窗口是自动生成的该站点一侧的连接表（见图 6-43）。双击连接表中的“S7 连接”，出现该站点一侧的连接属性对话框（见图 6-42 中的右图）。

组态好连接后，单击工具栏上的按钮，编译和保存连接的组态信息。

3. 通信程序设计

双方的通信程序基本上相同，首先生成 DB1 和 DB2，在数据块中生成有 200 个字节元素的数组 ARAY。

为了实现周期性的数据传输，在组态硬件时，在 CPU 的属性对话框的“周期/时钟存储器”选项卡中将 MB8 组态为时钟存储器字节（见图 2-21），MB8 的第 0 位 M8.0 的周期为 100 ms。用 M8.0 为 BSEND 提供发送请求信号 REQ。

因为 PLCSIM 只支持使用 SFB 的 S7 通信的仿真，所以本例程中调用的是 SFB12/SFB13。对于硬件 CPU 31x-2PN/DP，应调用库文件夹“\库\Standard Library\Communication Blocks”中的 FB12/FB13。

打开程序编辑器左边的指令列表窗口中的文件夹“\库\Standard Library\System Function Blocks”，将其中的 SFB12“BSEND”和 SFB13“BRCV”指令拖放到程序区。

SFB BSEND/BRCV 的输入参数 ID 为连接的标识符，R_ID 用于区分同一连接中不同的数据包传送。同一个数据包的发送方与接收方的 R_ ID 应相同。站点 SIMATIC 300(1)发送

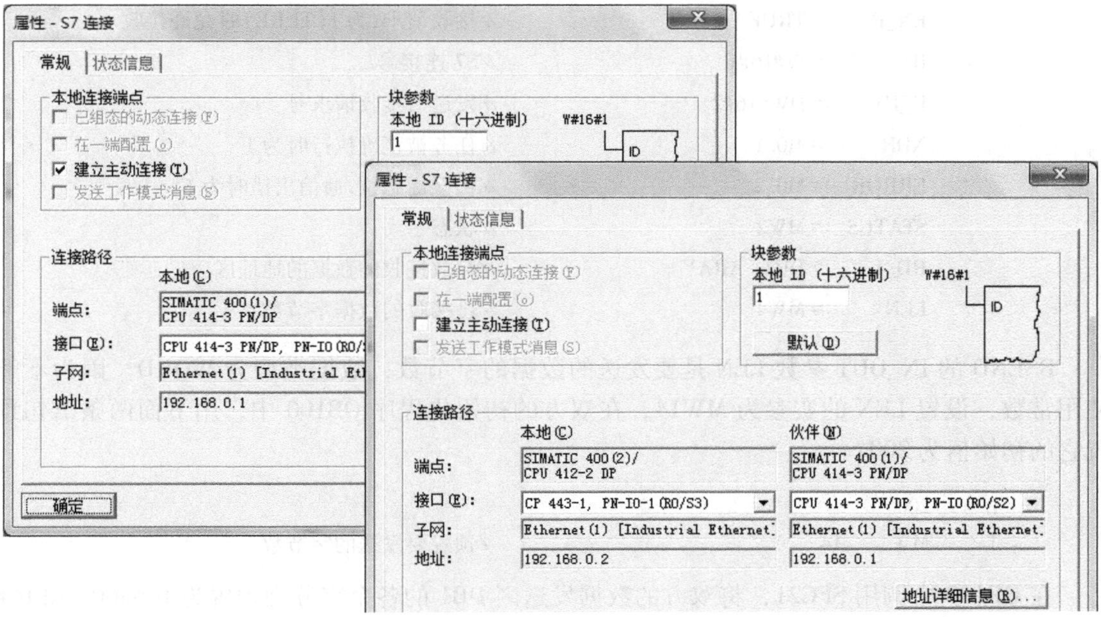

图 6-42　通信双方的 S7 连接属性对话框

本地ID	伙伴ID	伙伴	类型	激活的连接伙伴	子网
1	1	SIMATIC 300(1) / CPU 315-2 PN/DP	S7 连接	否	Ethernet(1) [IE]

图 6-43　站点 SIMATIC 300(2)一侧的 S7 连接表

和接收的数据包的 R_ID 分别为 1 和 2（见图 6-44），站点 SIMATIC 300(2)发送和接收的数据包的 R_ID 分别为 2 和 1。下面是站点 SIMATIC 300(1)的 OB1 中的程序。站点 SIMATIC 300(2)的 OB1 中的程序除了 R_ID 以外，其他参数的实参均相同。

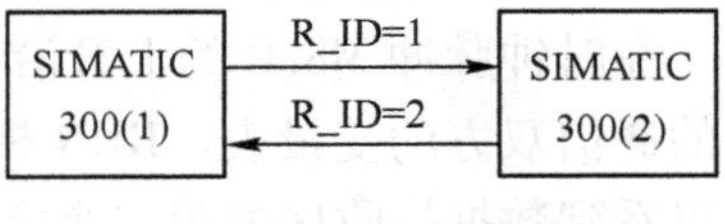

图 6-44　数据包传送示意图

```
程序段 1：发送数据
    CALL   "BSEND" , DB12              //调用 SFB12
      REQ      := M8.0                 //上升沿时激活数据交换,周期为 100 ms
      R        := M10.1                //上升沿时中断正在进行的数据交换
      ID       := W#16#1               //S7 连接号
      R_ID     := DW#16#1              //发送与接收请求号
      DONE     := M10.2                //任务被正确执行时为 1
      ERROR    := M10.3                //错误标志位,为 1 时出错
      STATUS   := MW12                 //状态字
      SD_1     := DB1.ARAY             //存放要发送的数据的地址区
      LEN      := MW14                 //要发送的数据字节数
程序段 2：接收数据
    CALL   "BRCV" , DB13               //调用 SFB13
```

```
EN_R    := TRUE              //接收请求,为1(TURE)时允许接收
ID      := W#16#1            //S7 连接号
R_ID    := DW#16#2           //发送与接收请求号
NDR     := M0.1              //任务被正确执行时为1
ERROR   := M0.2              //错误标志位,通信出错时为1
STATUS  := MW2               //状态字
RD_1    := DB2. ARAY         //存放接收的数据的地址区
LEN     := MW4               //已接收的数据字节数
```

BSEND 的 IN_OUT 参数 LEN 是要发送的数据的字节数，数据类型为 WORD。因为不能使用常数，设置 LEN 的实参为 MW14，在双方的初始化程序 OB100 中，用下面两条语句预置它的初始值为 200：

```
L    200
T    MW    14                //预置要发送的字节数
```

在 OB100 中调用 SFC21，将双方的数据发送区 DB1 的各个字分别预置为 16#3001 和 16#3002，将 DB2 中的数据接收区的各个字清零。通信双方的 OB35 中的程序每 100 ms 将发送的第一个字 DB1. DBW0 加 1。

4. 通信的仿真实验

用 6.7.1 节所述的方法，打开 PLCSIM，生成两个仿真 PLC，其中各生成一个视图对象，将它的地址改为 DB2. DBW0。分别将两个站的系统数据和程序块下载到各自的仿真 PLC。将两台仿真 PLC 切换到 RUN-P 模式。

在时钟脉冲 M8.0 的上升沿，通信双方每 100ms 发送 200B 数据。图 6-45 是在运行时复制的通信双方的变量表。RUN 模式时可以看到双方接收到的 DB2. DBW0 在不断地变化，还可以看到数据接收区的第二个字 DBW2 和最后一个字 DBW198 的值与发送方预置的相同。

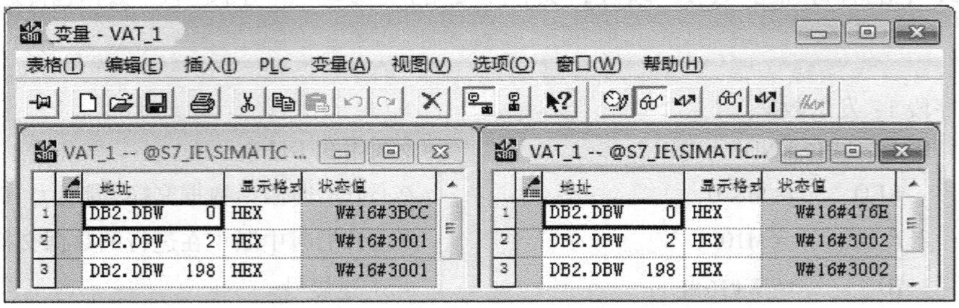

图 6-45　两台 CPU 的变量表

6.8　PROFINET 通信的组态

6.8.1　PROFINET 概述

1. PROFINET 简介

PROFINET 是基于工业以太网的开放的现场总线（IEC 61158 中的类型 10）。使用

PROFINET，可以将分布式 I/O 设备直接连接到工业以太网。PROFINET 可以用于对实时性要求更高的自动化解决方案，例如运动控制。PROFINET 通过工业以太网，可以实现从公司管理层到现场层的直接的、透明的访问，PROFINET 融合了自动化世界和 IT 世界。

可以很容易地从现有的 PROFIBUS 方案过渡到 PROFINET 解决方案，很好地整合已有的系统。通过代理服务器（例如 IE/PB 链接器），PROFINET 可以透明地集成现有的 PROFIBUS 设备，保护对现有系统的投资，实现现场总线系统的无缝集成。

使用 PROFINET IO，现场设备可以直接连接到以太网，与 PLC 进行高速数据交换。PROFIBUS 各种丰富的设备诊断功能同样也适用于 PROFINET。

使用故障安全通信的标准行规 PROFIsafe，PROFINET 用一个网络就可以同时满足标准应用和故障安全方面的应用。PROFINET 支持驱动器配置行规 PROFIdrive，后者为电气驱动装置定义了设备特性和访问驱动器数据的方法，用来实现 PROFINET 上的多驱动器运动控制通信。

2. PROFINET 在实时控制中的应用

PROFINET 使用以太网和 TCP/UDP/IP 协议作为通信基础，TCP/UDP/IP 是 IT 领域通信协议事实上的标准。TCP/UDP/IP 提供了以太网设备通过本地和分布式网络的透明通道中进行数据交换的基础。对快速性没有严格要求的数据使用 TCP/IP 协议，响应时间在 100ms 数量级，可以满足工厂控制级的应用。

PROFINET 的实时（Real-Time，RT）通信功能适用于对信号传输时间有严格要求的场合，例如用于传感器和执行器的数据传输。通过 PROFINET，分布式现场设备可以直接连接到工业以太网，与 PLC 等设备通信。其响应时间比 PROFIBUS-DP 等现场总线相同或更短，典型的更新循环时间为 1～10 ms，完全能满足现场级的要求。PROFINET 的实时性可以用标准组件来实现。

PROFINET 的同步实时（Isochronous Real-Time，IRT）功能用于高性能的同步运动控制。IRT 提供了等时执行周期，以确保信息始终以相等的时间间隔进行传输。IRT 的响应时间为 0.25～1 ms，波动小于 1 μs。IRT 通信需要特殊的交换机（例如 SCALANCE X-200 IRT）的支持，等时同步数据传输的实现基于硬件。

PROFINET 的通信循环被分为两个部分，即时间确定性部分和开放性部分，循环的实时报文在时间确定性通道中传输，而 TCP/IP 报文则在开放性通道中传输。

PROFINET 能同时用一条工业以太网电缆满足三个自动化领域的需求，包括 IT 集成化领域、实时（RT）自动化领域和同步实时（IRT）运动控制领域，它们不会相互影响。

使用铜质电缆最多 126 个节点，网络最长 5 km。使用光纤多于 1000 个节点，网络最长 150 km。无线网络最多 8 个节点，每个网段最长 1000 m。

3. PROFINET IO 系统

PROFINET IO 系统由 IO 控制器和 IO 设备组成，它们相当于 DP 主站和 DP 从站。

PROFINET IO 与 PROFIBUS 都使用 STEP 7 组态，它们的属性都用 GSD 文件描述。

表 6-7 给出了 PROFINET IO 与 PROFIBUS-DP 术语的比较。

表 6-7　PROFINET IO 与 PROFIBUS-DP 术语的比较

特　性	PROFINET IO	PROFIBUS-DP
子网名称	以太网	PROFIBUS

（续）

特　性	PROFINET IO	PROFIBUS-DP
子系统名称	IO 系统	DP 主站系统
主站设备名称	IO 控制器	DP 主站
从站设备名称	IO 设备	DP 从站
硬件目录	PROFINET IO	PROFIBUS DP
编号	设备编号	PROFIBUS 地址（与站编号对应）
操作参数与诊断地址	在插槽 0 的接口模块的对象属性中列出	在站的对象属性中列出

4. PROFINET IO 控制器

1）CPU 315-2PN/DP 等带 PROFINET 接口的 CPU 用于处理过程信号，以及直接将现场设备连接到工业以太网。

2）新型号的 CP 343-1、CP 343-1 Advanced-IT 和 CP 443-1、CP 443-1 Advanced-IT 用于将 S7-300 和 S7-400 连接到 PROFINET。

3）IE/PB LINK PN IO（见图 6-46）是将现有的 PROFIBUS 设备透明地连接到 PROFINET 的代理设备。就像访问 IO 设备一样，I/O 控制器可以通过代理设备来访问 DP 从站。

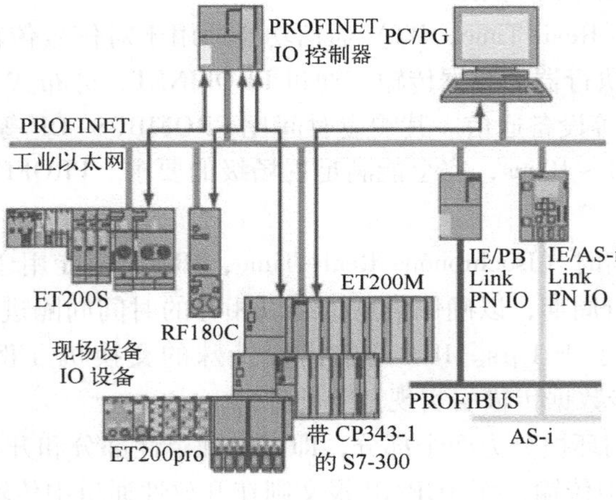

图 6-46　PROFINET

4）IWLAN/PB LINK PN IO 是通过无线方式将 PROFIBUS 设备透明地连接到 PROFINET 的代理设备。

5）IE/AS-i Link 是将 AS-i 设备连接到 PROFINET 的代理设备。

6）SOFT PN IO 作为 IO PLC，是在编程器或 PC 上运行的通信软件。

5. PROFINET IO 设备

ET 200SP、ET 200S、ET 200MP、ET 200M、ET 200Pro、ET 200eco PN、ET 200AL 均有 PN 接口模块，或集成的 PN 接口，它们可以作 PROFINET IO 设备。

6.8.2　PROFINET 通信组态

1. 组态 PROFINET IO 控制器

用新建项目向导创建一个名为“PROFINET”的项目（见随书光盘中的同名例程），

CPU 为 CPU 314-2PN/DP。打开硬件组态工具 HW Config（见图 6-47），将电源模块和信号模块插入主机架。

双击机架中 CPU 内的 PN-IO，单击打开的 PN-IO 属性对话框的“属性”按钮，在打开的以太网接口属性对话框的“参数”选项卡（见图 6-48 的左图）中，单击“新建”按钮，生成一条名为“Ethernet（1）”的以太网，单击“确定”按钮，返回“参数”选项卡，CPU 被连接到该网络上。采用默认的 IP 地址 192.168.0.1 和默认的子网掩码 255.255.255.0，单击“确定”按钮，返回 HW Config。执行“插入”菜单中的命令，生成 PROFINET IO 系统（100）。

2. 组态 ET 200S PN

打开 HW Config 右边的硬件目录窗口中的文件夹“\PROFINET IO\I/O\ET 200S”，将其中订货号为 IM 151-3AA23-0AB0 的接口模块 IM 151-3PN ST V7.0 拖放到以太网上（见图 6-47）。IM 151-3PN 需要配 MMC 卡。

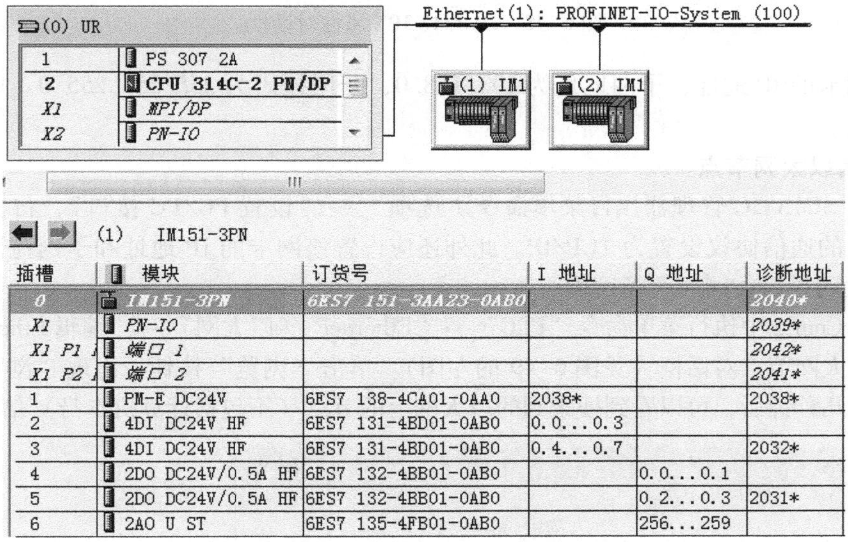

插槽	模块	订货号	I 地址	Q 地址	诊断地址
0	IM151-3PN	6ES7 151-3AA23-0AB0			2040*
X1	PN-IO				2039*
X1 P1	端口 1				2042*
X1 P2	端口 2				2041*
1	PM-E DC24V	6ES7 138-4CA01-0AA0	2038*		2038*
2	4DI DC24V HF	6ES7 131-4BD01-0AB0	0.0...0.3		
3	4DI DC24V HF	6ES7 131-4BD01-0AB0	0.4...0.7		2032*
4	2DO DC24V/0.5A HF	6ES7 132-4BB01-0AB0		0.0...0.1	
5	2DO DC24V/0.5A HF	6ES7 132-4BB01-0AB0		0.2...0.3	2031*
6	2AO U ST	6ES7 135-4FB01-0AB0		256...259	

图 6-47　硬件组态与网络组态

双击刚生成的站，单击打开的 IM 151-3PN 属性对话框中的“以太网”按钮（见图 6-49 的左图），在出现的 Ethernet 接口属性对话框中（见图 6-48 的右图），设置 IP 地址为 192.168.0.2。单击“确定”按钮，返回 IM 151-3PN 属性对话框。可以修改对话框中的设备名称，在分配设备名称时将会用到它。STEP 7 按照组态的先后次序，自动分配以太网上各个 IO 设备的设备号。

返回 HW Config 后，打开硬件目录中的子文件夹“IM 151-3PN ST V7.0”，将其中的电源模块（PM）、数字量输入（DI）、数字量输出（DO）模块和模拟量输出（AO）模块拖放到下面的插槽中。在组态时可以看出，主机架、以太网和 DP 网络中各个站点的输入、输出模块的地址是自动统一分配的，没有重叠区，CPU 用 I/O 地址直接访问各个站的 I/O 模块。

用同样的方法组态另一个 ET 200S PN 站点，其 IP 地址为 192.168.0.3，设备号为 2，设备名称为 IM151-3PN2。各模块的型号与图 6-47 中的基本上相同，第 6 槽是型号为 2AO I ST 的电流输出的 AO 模块。

组态结束后，单击工具栏上的按钮，编译与保存组态信息。用 2.8.3 节介绍的方法设

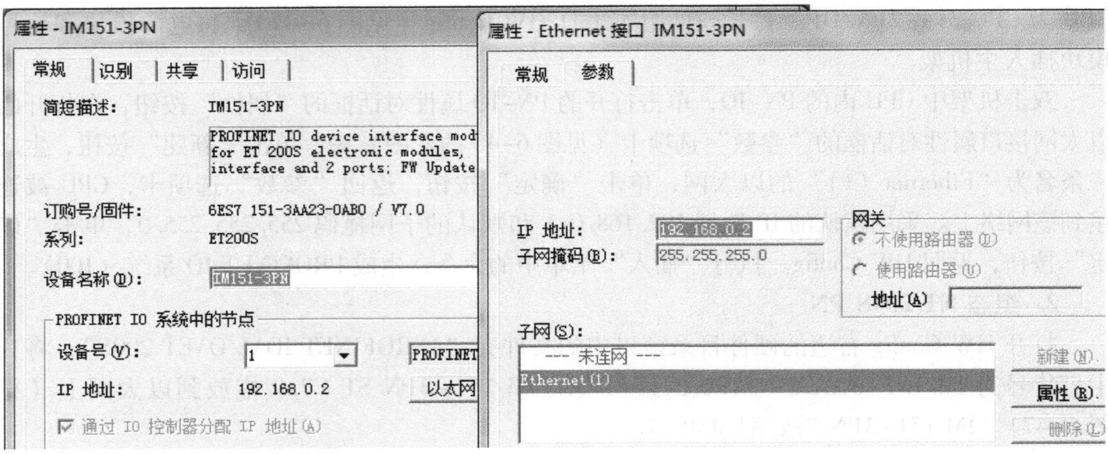

图 6-48　IM 151-3PN 属性对话框

置计算机网卡的 IP 地址，子网地址为 192. 168. 0，子网掩码为 255. 255. 255. 0。用以太网下载组态信息。

3. 编辑以太网节点

首先在 SIMATIC 管理器执行菜单命令“选项”→“设置 PG/PC 接口”，将实际使用的计算机网卡的通信协议设置为 TCP/IP。此外还应设置该网卡的 IP 地址和子网掩码，使它和 CPU 的以太网接口在同一个子网内。

在 HW Config 中执行菜单命令“PLC”→“Ethernet”（以太网）→“编辑 Ethernet 节点”，打开编辑以太网节点对话框（见图 6-49 的左图）。单击“浏览”按钮，出现“浏览网络”对话框。等待几秒钟后，可以看到搜索到的以太网上的节点（不包括计算机本身）信息。

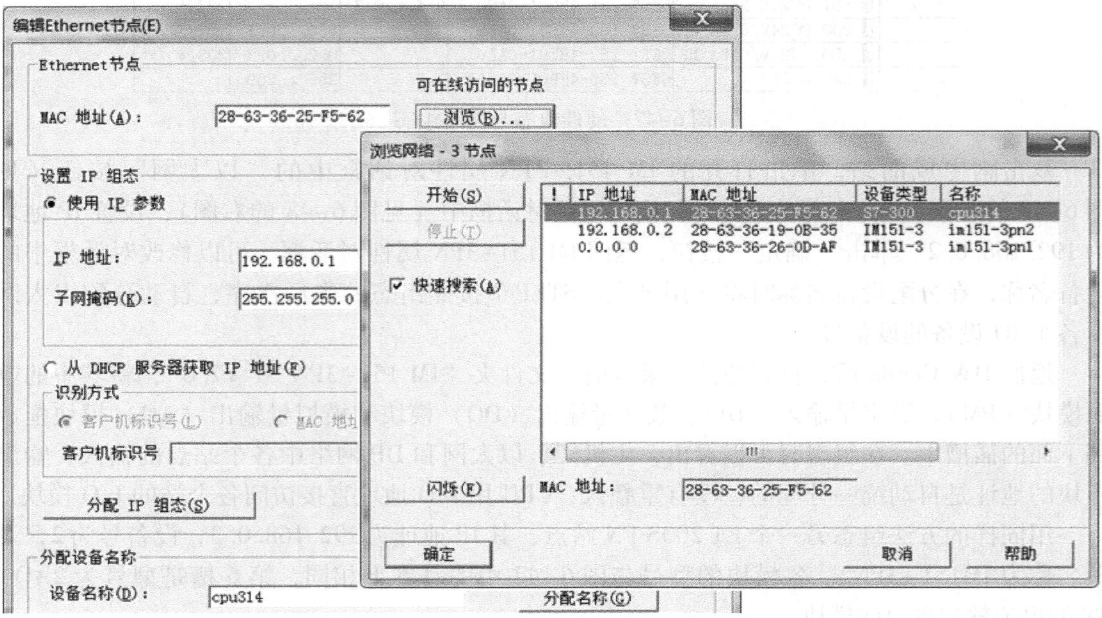

图 6-49　编辑以太网节点对话框

出厂时带 PN 接口的 CPU 的 IP 地址为 0.0.0.0，“浏览网络”对话框里显示出 PLC 的 MAC 地址。选中 PLC 以后，单击“确定”按钮，返回“编辑以太网节点”对话框。输入要设置的 PLC 的 IP 地址和子网掩码，单击“分配 IP 组态”按钮，出现的对话框显示“参数已成功传送”。关闭以太网节点对话框，可以通过分配的 IP 地址和以太网下载硬件组态和程序。

4. 分配 IO 设备的名称

在 PROFINET 通信中，各 IO 设备是用设备名称来识别的，因此在组态时应为每个设备分配好设备名称，并将组态信息下载到 CPU。

在 HW Config 中执行菜单命令“PLC”→“Ethernet”（以太网）→“分配设备名称”，打开“分配设备名称”对话框（见图 6-50）。

对话框上面的“设备名称”选择框给出了 STEP 7 中已组态和编译的设备名称。在“可用的设备”列表中，列出了 STEP 7 搜索到的以太网子网上所有可用的 IO 设备，包括在线获得的各设备的 IP 地址、MAC 地址、设备类型和原有的设备名称（如果有的话）。

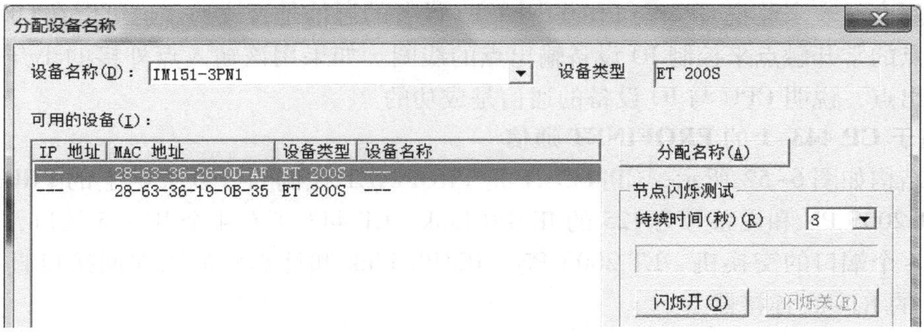

图 6-50 “分配设备名称”对话框

下面是分配设备名称的操作步骤：

1）用“设备名称”选择框选中硬件组态中设置的某个设备名称。

2）选中“可用的设备”列表中搜索的某个需要分配名称的 IO 设备。

3）单击“分配名称”按钮，“设备名称”选择框指定的设备名称被分配给“可用的设备”列表选中的 IO 设备。新分配的设备名称显示在“可用的设备”列表的“设备名称”列中。

如果不能确认“可用的设备”列表中的 MAC 地址对应的硬件 IO 设备，选中该列表中的某个设备，单击“闪烁开”按钮，被选中的 IM 151-3PN 上绿色的 Link LED 闪烁，可以将闪烁持续的时间设置在 3～60 s 之间。闪烁时“持续时间”下面的进度条显示已闪烁的时间。单击“闪烁关”按钮，将会提前停止闪烁。

5. 验证设备名称

分配完设备名称后，执行菜单命令“PLC”→“Ethernet”→“验证设备名称”，在出现的对话框中（见图 6-51），分配的设备名称如果与组态的名称符合，状态列显示绿色的“√”；如果不符合，显示红色的“×”。单击“分配名称”按钮，将打开“分配设备名称”对话框。

6. 程序设计

与 PROFIBUS-DP 通信相同，为了保证网络控制系统的正常运行，需要为 S7-300 生成

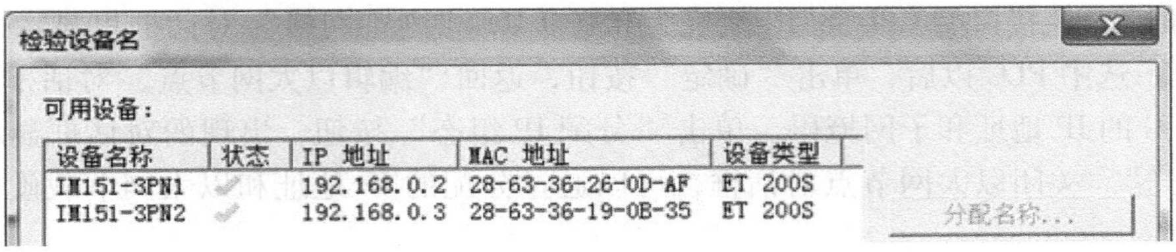

图 6-51 “验证设备名”对话框

OB82、OB86 和 OB122，S7-400 还需要生成 OB85。如果在硬件组态时组态了硬件中断，需要生成 OB40。如果 CPU 或 IO 设备有带电插入/拔出模块的功能，还需要生成插入/删除模块中断组织块 OB83。本例程生成了 OB40、OB82、OB83、OB86 和 OB122。

7. 验证 PROFINET 通信

上述操作全部成功完成后，将程序和组态信息下载到 CPU。系统断电后再上电时，IM 151-3PN 的 BF LED 闪烁，PM、DI、DO、AO 模块的 SF LED 亮。几秒后 CPU 的 BF2 LED 闪烁，SF LED 亮。最后所有设备的红色故障 LED 熄灭，绿色的 RUN LED 亮。

可以用变量表来监视 CPU 与 PROFINET IO 设备的通信是否成功。也可以在 OB1 中用 IO 设备输入点的常开触点来控制 IO 设备输出点的线圈。如果用该输入点外接的小开关能控制对应的输出点，说明 CPU 与 IO 设备的通信是成功的。

8. 基于 CP 443-1 的 PROFINET 通信

网络结构如图 6-52 所示，CP 443-1 是 PROFINET 控制器，以太网上的 PROFINET IO 设备为 ET 200S PN 和设备号为 125 的 IE/PB Link。CP 443-1 有 4 个 RJ-45 接口，相当于自带一个有 4 个端口的交换机。ET 200S PN、IE/PB Link 和计算机的以太网接口直接连接到 CP 443-1 的 RJ-45 连接器上。

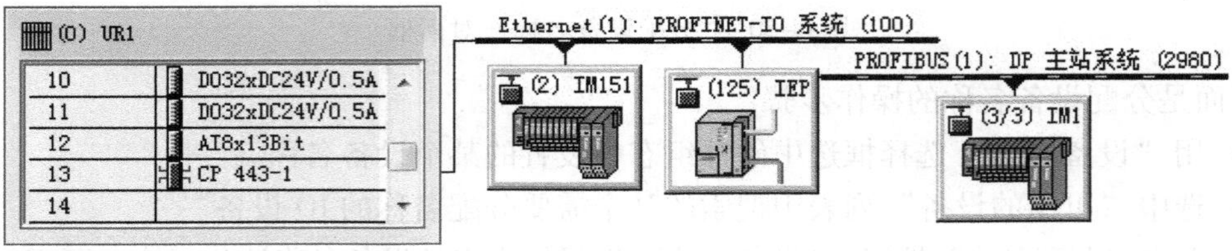

图 6-52 硬件组态与网络组态

组态时可以看出，主机架、以太网上的 IO 设备和 DP 网络上各从站的 I/O 模块的地址是自动统一分配的，没有重叠区。就像 CPU 集成的 PROFINET 接口一样，CPU 通过 CP 443-1，用 I/O 地址直接访问各远程站的 I/O 模块。

硬件和网络的组态、分配设备名称和验证通信是否实现的方法与前面介绍的相同。

6.9 其他网络通信与通信服务

6.9.1 MPI 网络通信

1. MPI 网络

MPI 是多点接口（Multi Point Interface）的缩写，每个 S7-300/400 CPU 的第一个通信接口都集成了 MPI 通信协议。MPI 的物理层是 RS-485，最大传输速率为 12 Mbit/s，默认的传输速率为 187.5 kbit/s。PLC 通过 MPI 能同时连接运行 STEP 7 的编程器/计算机（PG/PC）、人机界面（HMI）和 S7 PLC。两个站点之间没有其他站点时，MPI 站点到中继器的最大距离为 50 m，中继器之间的最大距离为 1000 m。最多可以加 10 个中继器。如果在两个中继器之间有 MPI 站点，每个中继器只能扩展 50 m。MPI 网络最多可以连接 125 个站点。编程设备、人机界面和 CPU 的默认地址分别为 0、1、2。

位于网络终端的站点，应将其总线连接器上的终端电阻开关扳到 On 位置，网络中间的站点应将开关扳到 Off 位置。

2. MPI 的通信服务

MPI 网络可以提供下列通信功能：

1）PG/OP（编程器/操作面板）通信功能。

2）小数据量的全局数据（简称为 GD）通信，不需要编程。

3）最多 76B 的小数据量 S7 基本通信。

4）内置的、经济的 S7 通信。

3. 全局数据通信

通过全局数据（Global Data，GD）通信，同一个 MPI 子网中最多 15 台 S7-300/400 之间可以周期性地相互交换少量的数据。

全局数据通信使用 CPU 集成的 MPI 接口，不需要增加硬件成本和编程，只需要组态。有 S7-300 参与时每个全局数据包仅 22B。全局数据通信采用广播方式来传输数据，数据被接收后不返回确认信息，不能保证通信数据的完整性和准确性。全局数据通信实际上用得很少。

可以采用事件驱动的全局数据通信，只是在事件发生时才调用 SFC 来发送数据。

4. S7 基本通信

PG（编程器）通信和 S7 基本通信不需要对连接组态，这种连接称为动态连接。S7 基本通信服务通过使用系统功能（SFC）和不需组态的 S7 连接进行数据交换，只能用于同一个 MPI 子网内的通信，最多可以发送 76B 数据。

不用在组态时为 S7 基本通信建立连接，在用户程序调用 SFC65 ~ SFC68 时自动地建立起动态连接。通过设置 SFC 的参数来指定通信伙伴的地址和触发通信的信号，并决定完成数据传输后该连接是继续保持或终止。可以先后访问的通信伙伴的数量不受可用连接资源的限制。CPU 进入 STOP 模式时，所有已建立的连接被终止。

S7 基本通信分为单向通信和双向通信。双向通信的双方需要分别调用 X_SEND（SFC65）、XRCV（SFC66）来发送和接收数据（见随书光盘中的例程“MPI_UC_1”和参考文献［1］）。单向通信的双方分别称为客户机（Client）和服务器（Server）。客户机调用 X_GET（SFC67）和 X_PUT（SFC68）来读、写服务器的数据区（见随书光盘中的例程“MPI_UC_2”和参考文献［1］）。在通信过程中，服务器是被动的，不需要编写通信程序，通信功能由它的操作系统执行。

5. S7-200 与 S7-300/400 的 S7 基本通信

S7-300/400 CPU 可以用 X_GET 和 X_PUT 来读写 S7-200 CPU 中的数据。S7-200 在 S7 基本通信中只能作服务器，不需要对 S7-200 组态和编程。基于 MPI 网络的 S7-200 与 S7-300 的 S7 基本通信的组态和编程方法见参考文献［2］。

6. S7-300/400 之间基于 MPI 的 S7 通信

S7 通信可以用于 PROFIBUS-DP、MPI 和工业以太网，这 3 种网络的 S7 通信的组态和编程的方法基本上相同。

在 CPU 集成的通信接口组成的 MPI 网络的 S7 通信中，S7-300 和 S7-400 之间只能建立单向的 S7 连接，S7-300 CPU 只能作服务器。只有在 S7-400 之间，才能通过集成的 MPI 接口进行 S7 双向数据通信。

基于 MPI 网络的 S7 通信的组态和编程的详细情况见参考文献[2]。

6.9.2 AS-i 网络通信

1. AS-i 的数据传输方式

AS-i 是执行器传感器接口（Actuator Sensor Interface）的缩写，它是用于现场自动化设备的双向数据通信网络，位于工厂自动化网络的最底层，是自动化技术中一种最简单、成本最低的解决方案。AS-i 已被列入 IEC 62026 和国家标准。AS-i 特别适合于连接需要传送开关量信号的传感器和执行器，也可以传送模拟量数据。

AS-i 是单主站主从式网络，每个网段只能有一个主站（见图 6-53）。AS-i 通信处理器（CP）作为主站，控制现场的通信过程。主站是网络通信的中心，负责网络的初始化，以及设置从站的地址和参数等。

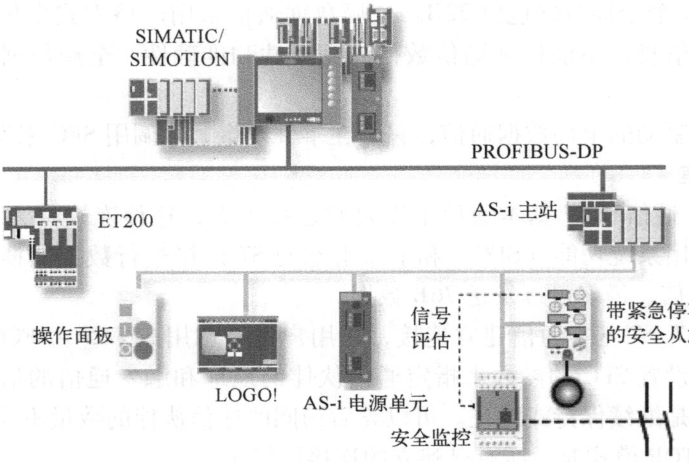

图 6-53　AS-i 网络

AS-i 总线采用轮循方式传送数据，AS-i 主站严格按照精确的时间间隔轮流询问每一个从站，询问后等待从站的响应。主站循环读取输入数据并向从站发送输出数据，控制程序访问分布式 I/O 设备的方式与访问集中式 I/O 设备的方式相同。AS-i 通过自动重复发送数据和采用附加校验的方法，来提高数据的完整性和准确性。可以非循环地交换参数和诊断数据。

AS-i 使用电流调制的传输技术，以保证通信的高可靠性。主站如果检测到传输错误或从站的故障，将会发送报文给 PLC，提醒用户进行处理。

2. 网络结构

AS-i 网络可以使用总线型、树型和星形拓扑。AS-i 网络由铜质电缆、中继器、AS-i 供电装置、AS-i 从站等组成。AS-i 从站可以是集成有 AS-i 接口的传感器/执行器或 AS-i 模块。

带一个中继器和扩展插件的最大扩展距离为600 m。传输媒体可以是屏蔽的或非屏蔽的两芯电缆，支持总线供电，即两根电缆同时作信号线和电源线。

3. AS-i 的寻址模式

1）V2.0 的标准寻址模式最多可以连接31 个从站，每一个标准 AS-i 从站可以接收4 位数据或发送4 位数据。地址0 仅供产品出厂时使用，在网络中应改用别的地址。

2）在 V2.1 的扩展寻址模式中，地址相同的两个从站分别作为 A 从站和 B 从站，可寻址的从站增加到62 个。每个从站最多4 点输入和3 点输出。

3）V3.0 扩展的寻址模式最多可以寻址62 个从站，每个从站最多8DI/8DO。

4. AS-i 主站模块与从站模块

CP 243-2 是 S7-200 的 AS-i 主站模块，CP 343-2 与 CP 343-2P 是用于 S7-300 和 ET 200M 的 AS-i 主站模块，DP/AS-i 链接器用来连接 DP 网络和 AS-i 网络。

IP65/67 防护等级的 AS-i 从站模块可以直接安装在环境恶劣的工业现场。AS-i 从站模块包括数字量、模拟量、气动模块、特殊功能模块、软起动器和电动机起动器。

5. ASIsafe

ASIsafe 是 AS-i 与安全有关的版本。ASIsafe 的标准数据和与安全有关的数据在同一条总线上传输。ASIsafe 允许将面向安全的组件（例如急停开关、防护门开关和安全光幕等）直接集成到 AS-i 网络中。故障安全传感器提供的信号由安全监视器进行处理，在出现故障时将设备切换到安全状态。

6.9.3 点对点通信与工业无线局域网

1. 点对点通信的通信接口

点对点（Point to Point）通信简称为 PtP 通信，用于 S7-300/400 和带有串行通信接口的设备（例如计算机、打印机、条形码阅读器、机器人控制系统、扫描仪等）之间传输数据。

CPU 313C-2PtP 和 CPU 314C-2PtP 有一个集成的 RS-422/485 串行通信接口，可以建立起经济而方便的点对点连接。其他 CPU 的点对点通信需要使用 CP 340、CP 341、CP 440 和 CP 441 通信处理器模块。可选的通信接口有 RS-232C、RS-422A/RS-485 和 20 mA（TTY），后者很少使用。

2. 点对点通信的通信协议

点对点通信主要用来与带串行通信接口的非西门子设备通信。S7-300/400 的点对点通信可以使用的通信协议主要有 ASCII driver、3964(R)和 RK512。

国内极少有人使用3964（R）和 RK512 协议，ASCII driver 用得较多，往往使用厂家定义的非标准的通信协议。通过安装相应的软件和插在 CP 模块上的硬件加密狗，CP 341 和 CP 441 可以使用 Modbus RTU 主站协议和 Modbus RTU 从站协议。

订货号为6ES7 138-4DF01-0AB0 的 ET 200S 串口模块 ET 200S 1SI 支持 ASCII 和3964(R)协议，订货号为6ES7 138-4DF11-0AB0 的 ET 200S 串口模块支持 MODBUS 和 USS 协议，它们均支持 RS-232C、RS-422 或 RS-485 接口，它们的价格仅为 S7-300 同类模块的几分之一。

3. 工业无线局域网的特点

工业无线局域网（IWLAN）产品 SCALANCE W 基于 IEEE 802.11 标准。无线通信以空间电磁波的形式传输信息，是有线解决方案的有力补充，SCALANCE W 系列具有 IP 65 防护等级，PROFINET IO 支持工业无线局域网的无线通信。无线模块还提供 IT 功能，包括使用 SNMP 基于 Web 进行管理、发送电子邮件或短信。

4. 工业无线局域网的网络结构

在 WLAN 中，接入点（Access point）的作用类似于交换机。每个接入点都与其单元中的所有常规节点（即所谓的“客户机”）进行通信，不管它们是固定的还是移动的。另一方面，接入点通过电缆或通过另一个独立的无线网络保持相互之间的连接，因此可以超越无线单元的限制进行通信。

W780 模块是各个无线单元的网络交换机，以及工业以太网和 WLAN 网络之间的传输媒体的接入点。符合 IEEE 802.11 标准的 WLAN 称为无线以太网。

将数据通过两个单独的射频无线网卡和两个不同的通道进行传输，便可以实现冗余。

6.10 习题

1. 异步通信为什么需要设置起始位和停止位？
2. 什么是偶校验？
3. 什么是半双工通信方式？
4. 简述主从通信方式防止各站争用通信线采取的控制策略。
5. 简述以太网防止各站争用总线采取的控制策略。
6. 简述令牌总线防止各站争用总线采取的控制策略。
7. PROFIBUS-DP 采用什么样的混合总线访问控制机制？
8. 使用 ET 200M 有什么好处？
9. PROFIBUS 有哪 3 种通信服务？
10. STEP 7 怎样分配 DP 网络中的 I/O 地址？
11. GSD 文件有什么作用？怎样安装 GSD 文件？
12. 简述组态智能从站的过程。
13. 怎样实现 DP 主站与智能从站之间的一致性数据传输？
14. G120 变频器使用标准报文 1 的 DP 通信中，PLC 发送和接收的过程数据字分别用来干什么？
15. 简述使用标准报文 1 的 G120 变频器 DP 通信的组态和编程的方法。
16. 简述客户机和服务器在 S7 单向信中的作用。
17. S7 通信可以用于哪些网络？怎样实现 S7 通信？
18. 哪些 CPU 集成的通信接口可以作 S7 单向通信的客户机？
19. 简述实现两台 PLC 之间的 S7 通信的仿真过程。
20. 基于以太网的 S5 兼容通信服务哪些必须设置 MAC 地址？哪些必须设置 IP 地址？
21. 哪些设备可以作 PROFINET IO 控制器？哪些设备可以作 PROFINET IO 设备？
22. S7-300/400 CPU 集成的 MPI 接口有哪些通信功能？
23. S7 基本通信可以用于什么网络和什么 CPU？它有什么特点？
24. AS-i 网络有什么特点？

第7章　网络控制系统的故障诊断

现代网络控制系统的站点越来越多，网络越来越复杂，对网络控制系统的故障诊断的要求越来越高。S7-300/400 提供了多种多样的故障诊断和故障显示的方法，供用户检查和定位网络控制系统的故障。本章将介绍一些简单实用的网络故障诊断方法。故障诊断更多的内容见作者编写的《西门子工业通信网络组态编程与故障诊断》。

7.1　使用 STEP 7 诊断故障

7.1.1　与网络通信有关的中断组织块

CPU 在识别到一个故障或编程错误时，将会调用对应的中断组织块（OB），应在这些 OB 中编写程序对故障进行处理。下面介绍与通信故障有关的几个主要的中断组织块。

1. 诊断中断组织块 OB82

具有诊断中断功能并启用了诊断中断的模块检测出其诊断状态发生变化时，将向 CPU 发送一个诊断中断请求。出现故障或有组件要求维护（事件进入状态），故障消失或没有组件需要维护（事件退出状态），操作系统将会分别调用一次 OB82。

模块通过产生诊断中断来报告事件，例如信号模块导线断开、I/O 通道的短路或过载、模拟量模块的电源故障等。OB82 的启动信息（20B 局部变量）提供故障模块的起始地址和故障模块的诊断数据。

PROFINET 模块有一种处于“完好”和“故障”之间的临界状态，称为“维护”，利用该状态用户可以发现故障的苗头，及时维护现场设备。出现需要维护的事件时，CPU 将会调用 OB82，并将需要维护的事件写入 CPU 的诊断缓冲区。此时在 STEP 7 的诊断视图中，可以看到故障模块的左边有一把绿色或黄色的扳手，分别表示需要维护和急需维护。

2. 优先级错误组织块 OB85

以下情况将会触发优先级错误中断：

1）产生了一个中断事件，但是没有将对应的 OB 块（不包括 OB80～OB83 和 OB86）下载到 CPU。

2）操作系统访问模块时出错。

3）由于通信或组态的原因，模块不存在或有故障，更新过程映像表时出现 I/O 访问错误。出现故障的 DP 从站的输入/输出值装入 S7 CPU 的过程映像表时，就可能出现上述情况。访问出错的输入字节被复位和保持为“0”，直到故障消失。

在硬件组态时双击机架中的 CPU，打开 CPU 属性对话框。可以用“周期/时钟存储器”选项卡中的选择框设置 I/O 访问错误时调用 OB85 的 3 种方式（见图 7-1）。

S7-300 CPU 默认的选项是“无 OB85 调用”，在发生 I/O 访问错误时不调用 OB85，也

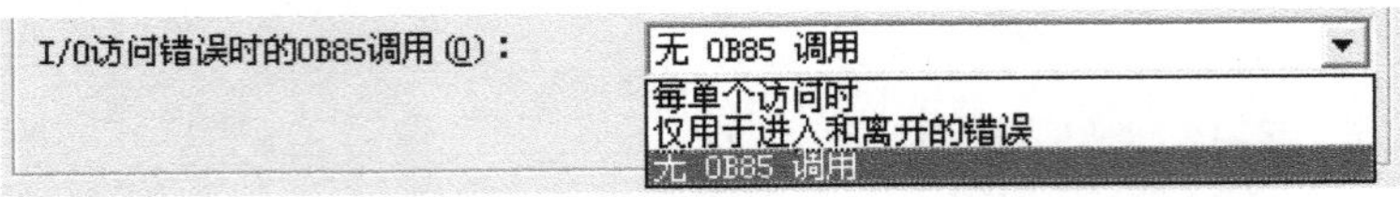

图 7-1　设置调用 OB85 的方式

不会在诊断缓冲区中生成条目。如果 S7-300 采用默认的设置，不用生成和下载 OB85。

S7-400 CPU 默认的选项是“每单个访问时”，在满足条件时，每个扫描周期都要调用一次 OB85 和在诊断缓冲区生成一个条目，这样会使扫描周期增大，诊断缓冲区也被调用 OB85 的事件迅速充满。如果选用“仅用于进入和离开的错误”，只是在错误刚发生和刚消失时分别调用一次 OB85。

3. 机架故障组织块 OB86

如果扩展机架、DP 主站系统或分布式 I/O（DP 从站或 PROFINET IO 设备）出现掉电、总线导线断开、I/O 系统故障，或者某些其他原因引起的故障，操作系统将会调用 OB86。此外用 SFC12 激活或取消激活 DP 从站/PROFINET IO 设备，操作系统也会调用 OB86。

故障出现和故障消失时操作系统将分别调用一次 OB86。

4. I/O 访问错误组织块 OB122

S7-300/400 的外设输入区/外设输出区（PI/PQ 区）用于直接读写 I/O 模块。CPU 如果用 PI/PQ 区的地址访问有故障的 I/O 模块、不存在的或有故障的 DP 从站（例如断电的从站），CPU 的操作系统将在每个扫描周期调用一次 OB122。

5. 故障处理中断组织块的作用

出现硬件和网络故障时，如果没有生成和下载对应的组织块，CPU 将切换到 STOP 模式，以保证设备和生产过程的安全。

在设备运行过程中，由于通信网络的接插件接触不好，或者因为外部强干扰源的干扰，可能会出现通信短暂的中断，但是很快又会自动恢复正常，这种故障俗称为“闪断”。为了在出现闪断时 CPU 和整个 PROFIBUS 主站系统不停机，S7-400 应生成和下载 OB82、OB85、OB86、OB122；OB85 如果采用默认的调用方式，S7-300 应生成和下载 OB82、OB86 和 OB122。采取了上述措施后，即使没有在这些 OB 中编写任何程序，出现上述故障时，CPU 也不会进入 STOP 模式。

如果将没有编写任何程序的故障处理组织块下载到 CPU，虽然不会因为发生通信故障（包括偶尔出现的“闪断”）而停机，但是这种处理方法并不可取。如果系统出现了不能自动恢复的故障，用上述方法使系统仍然继续运行，可能导致系统处于某种危险的状态，造成现场人员的伤害或者设备的损坏。并且操作人员不易察觉到这些危险状态，它们会被忽视。

为了解决这一问题，在处理故障的组织块中，应编写记录、处理和显示故障的程序，例如记录中断（即故障）持续的时间、出现的次数和出现的日期时间，分析和保存 OB 的局部变量，在 OB 中调用读取诊断数据的 SFC13 等。以便在出现故障时，能迅速地查明故障的原因和采取相应的措施。

通过中断组织块的局部变量提供的信息，可以获得故障的原因、出现故障的模块地址、模块的类型（输入模块或输出模块）、是故障出现还是故障消失等信息。CPU 的模块信息对话框中的诊断缓冲区保留着 CPU 请求调用组织块的信息。

除此之外，也可以采用本章介绍的故障诊断的其他方法。

6. 用仿真软件模拟产生 DP 从站的故障

可以通过仿真实验，来学习诊断 PROFIBUS-DP 网络故障的方法。

生成一个名为“DP 诊断”的项目（见随书光盘中的同名例程），其硬件结构与项目“ET200DP”相同（见图 6-16），DP 主站为 CPU 315-2DP，3~5 号 DP 从站分别为 ET 200M、ET 200eco 和 ET 200S。单击工具栏上的按钮，对组态信息进行编译。打开 PLCSIM，下载系统数据和 OB1。将仿真 PLC 切换到 RUN-P 模式。

执行 PLCSIM 的菜单命令“执行”→“触发错误 OB”→“机架故障（OB86）”，打开“机架故障 OB（86）”对话框（见图 7-2 的右图）。在“DP 故障”选项卡，组态的 3~5 号 DP 从站为绿色。单击 3 号从站（ET 200M）对应的小方框，方框内出现“X”。用单选框选中“站故障”，单击“应用”按钮。3 号站对应的小方框中的“X”消失，小方框变为红色，表示 3 号站出现故障。

单击“确定”按钮，将执行与单击“应用”按钮同样的操作，同时关闭对话框。

出现 DP 从站故障时，CPU 视图对象上的红色 SF（系统故障）LED 亮，DP（总线故障）LED 闪烁。CPU 请求调用 OB86，如果没有生成和下载 OB86，CPU 自动切换到 STOP 模式，RUN LED 熄灭，STOP LED 亮。在做硬件实验时，如果关闭 DP 从站的电源，或者拔掉从站的通信电缆连接器，可以观察到相同的现象。

选中有故障的红色的 3 号站，小方框内出现“X”（见图 7-2）。用单选框选中“站恢复”，单击“应用”按钮。3 号站对应的小方框中的“X”消失，小方框变为绿色，3 号站故障消失。

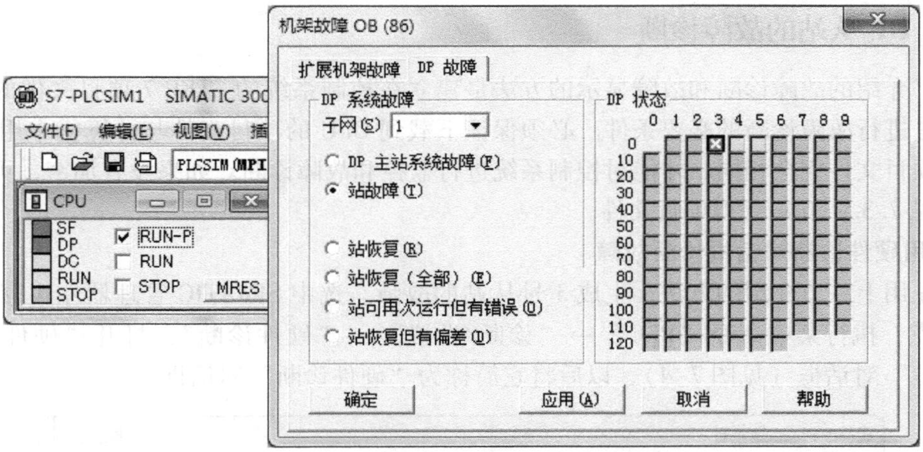

图 7-2 用 PLCSIM 模拟产生 DP 从站的故障

生成一个空的 OB86，下载到 CPU。出现 DP 从站故障时，CPU 不会切换到 STOP 模式。故障消失后，CPU 视图对象中的 SF 和 DP LED 熄灭。

用单选框选中图 7-2 中的“DP 主站系统故障”，模拟 DP 网络的故障。单击“应用”按钮，网络上所有的站对应的小方框同时变为红色。用单选框选中“站恢复（全部）”，单击“应用”按钮，网络上所有的站对应的小方框同时变为绿色，网络故障消失。

在 OB86 中编写下面的程序，每次调用 OB86 时将 MW14 加 1。

程序段1:MW14 加 1

```
L     MW    14
+     1
T     MW    14
```

生成 OB82、OB85 和 OB122，在这些 OB 里编写类似的程序，分别将 MW10、MW12 和 MW16 加 1。

7. 用变量表监视调用故障处理中断组织块的次数

在 SIMATIC 管理器中生成一个变量表 VAT_1，用 MW10～MW16 分别监视 CPU 调用 OB82、OB85、OB86 和 OB122 的次数（见图 7-3）。将程序下载到仿真 PLC，打开变量表，单击工具栏上的按钮，启动监控功能。可以看到在某个从站出现故障和故障消失时，MW14 的值均加 1，表示 CPU 分别调用了一次 OB86。

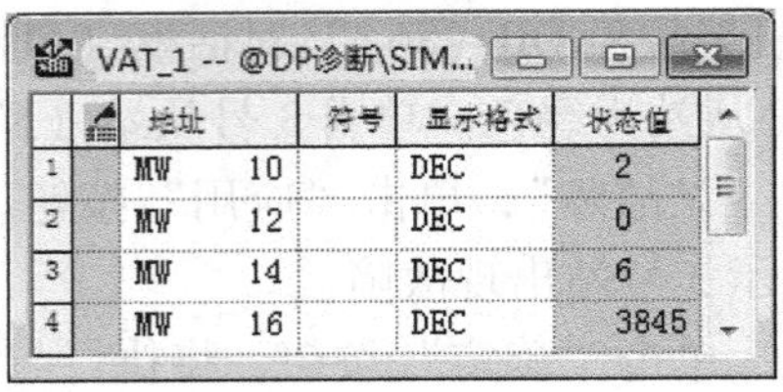

图 7-3　监控中断次数的变量表

在 CPU 的属性对话框中改变 I/O 访问错误时调用 OB85 的方式（见图 7-1），将修改后的组态信息下载到 CPU。仿真实验表明，在 DP 从站出现故障时，可以分别用图 7-1 中的 3 种方式调用 OB85。

在 OB1 中输入用 PI、PQ 地址访问3 号从站的指令，例如“L PIW2”，然后下载到 CPU。3 号从站出现故障时，可以看到每个扫描周期都要调用一次 OB122，变量表中 MW16 的值不断地增大。

7.1.2　DP 从站的故障诊断

本书介绍的故障诊断和故障显示的方法是建立在控制系统的 STEP 7 项目文件的基础上的，它是进行故障诊断的必要条件。必须保证下载到 CPU 的项目文件与计算机中用 STEP 7 打开的项目文件完全相同，才能对控制系统进行监控和故障诊断。如果没有加密，可以通过上传（见 7.3.2 节）获得项目文件。

1. 用硬件诊断对话框诊断故障

首先用上一节介绍的方法，生成 3 号从站的故障。选中 SIMATIC 管理器左边窗口的 S7-300 站点，执行菜单命令“PLC”→“诊断/设置”→“硬件诊断”，打开“硬件诊断 - 快速查看”对话框（见图 7-4），以后将它简称为“硬件诊断”对话框。

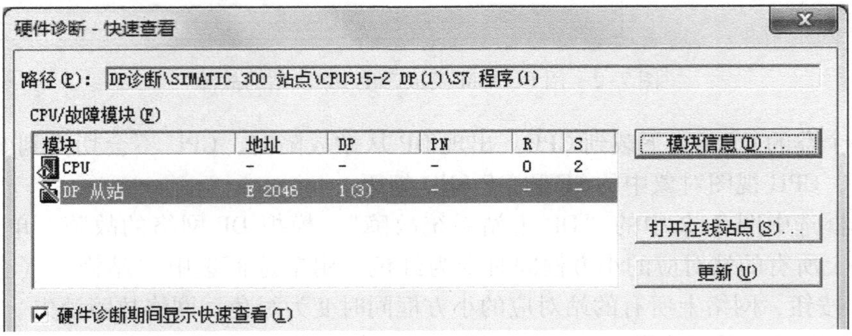

图 7-4　硬件诊断对话框

“CPU/故障模块”列表给出了在线连接的 CPU 和有故障的 DP 从站的诊断符号和参数，例如模块的类型，机架号（R）和插槽号（S）。DP 列中的“1（3）”表示有故障的是编号为 1 的 PROFIBUS 主站系统中的 3 号从站。PN 列提供 PROFINET IO 系统的编号和设备号。E2046（即 I2046）是 3 号从站的诊断地址，可以在 3 号从站的属性对话框中找到它。

单击“帮助”按钮，或按计算机的〈F1〉键，打开硬件诊断对话框的在线帮助。单击其中绿色的“诊断符号”，再双击“CPU 的更多状态”和“DP 从站的更多状态”，可以查看 CPU 和 DP 从站的诊断符号的意义。

图 7-4 的 CPU 上的符号表示它处于 RUN 模式。DP 从站上的红色斜线表示“缺少 DP 从站或实际安装的 DP 从站类型与组态的 DP 从站类型不一致”，一般是因为与 DP 从站的通信中断造成的。双击硬件诊断对话框中的 DP 从站，打开 3 号从站（ET 200M）的接口模块 IM 153-1 的模块信息对话框（见图 7-5），可以看到 DP 从站更多的故障信息。

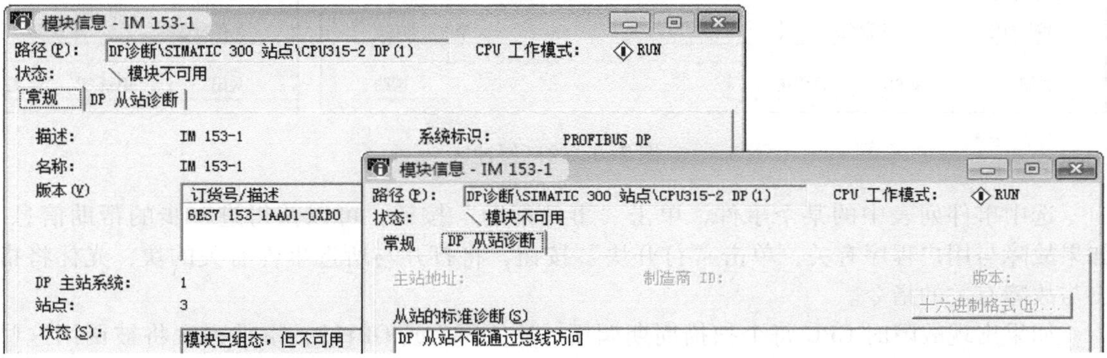

图 7-5　ET 200M 接口模块的模块信息

2. 用 CPU 的诊断缓冲区诊断故障

CPU 的诊断缓冲区提供了准确详细的故障诊断信息。双击图 7-4 中的 CPU，打开 CPU 的模块信息对话框（见图 7-6）。在 SIMATIC 管理器中，选中要诊断的站点，执行菜单命令“PLC”→“诊断/设置”→“模块信息”，也可以打开 CPU 的模块信息对话框。

查看“诊断缓冲区”选项卡中的事件列表和选中的事件的详细信息，可以找到有关的故障信息，和使 CPU 进入 STOP 模式的原因。事件按照它们发生的先后次序储存在事件列表中。1 号事件是最后出现的最新的事件。CPU 进入 STOP 模式时，诊断缓冲区的内容仍然保留不变。

每条事件均有日期和时间信息。为了便于分析故障，应定期校准 CPU 的实时时钟。图 7-6的“事件”列表中的 6 号事件“分布式 I/O：站故障”表示出现了 DP 从站故障。

选中事件列表中的 6 号事件，下面的“关于事件的详细资料”窗口显示出该事件的详细信息。图 7-6 右边的小图是 6 号事件“关于事件的详细信息”的下半部分。“进入的事件”是指事件刚发生。

选中事件列表中的 5 号事件“分布式 I/O：站返回”，故障的详细信息与 6 号事件的基本上相同。最后一行是“外部错误，离开的事件”（事件消失）。

4 号事件表示出现了主站系统故障。主站系统的故障恢复时，CPU 对每个从站分别调用一次 OB86，对应于图 7-6 中的的 1 ~ 3 号事件“分布式 I/O：站返回”。

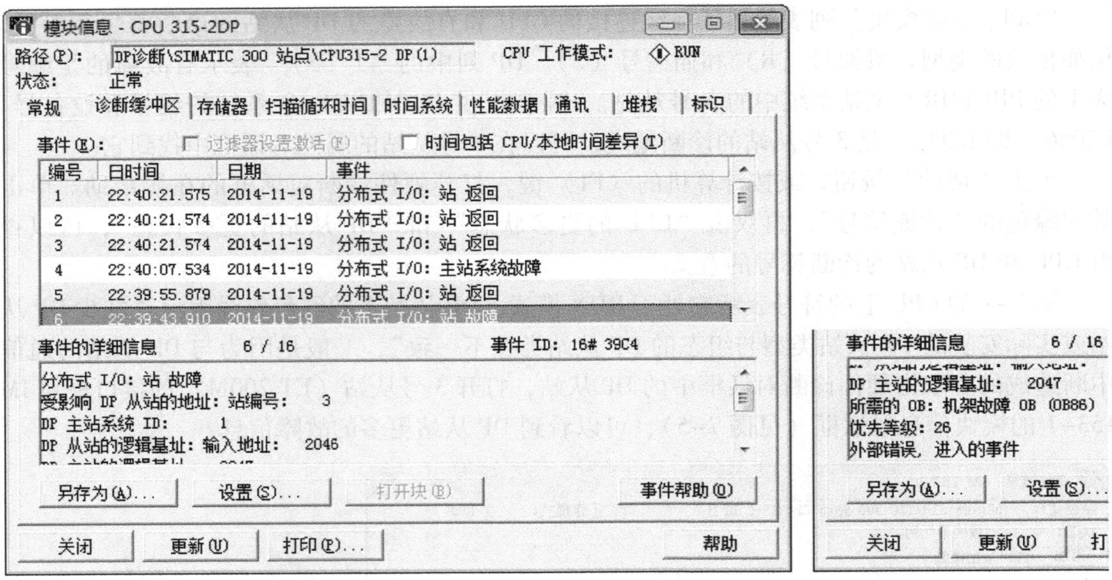

图 7-6　诊断缓冲区

选中事件列表中的某个事件，单击“事件帮助”按钮，可以获得进一步的帮助信息。如果故障与用户程序有关，单击“打开块”按钮，将打开与所选事件有关的块，光标将指出与故障有关的指令。

如果出现故障时 CPU 每个扫描周期调用一次 OB85 或 OB122，事件列表将被调用这些 OB 的事件充满，看不到调用 OB86 的事件。

单击图 7-6 中的“另存为”按钮，当时的诊断缓冲区中各事件的详细信息被保存为一个文本文件，用户可以用电子邮件将它发送给设备的生产厂家。

在模块信息窗口各选项卡的上面有附加的信息，例如 CPU 的工作模式和模块的状态。切换模块信息对话框的选项卡时，从模块中读取数据。但是显示某一选项卡时其内容不再刷新。单击“更新”按钮，可以在不改变选项卡的情况下从模块读取新的数据。

使用 STEP 7 诊断故障的方法简便易行，可以迅速地获取准确、详细的诊断信息，CPU 模块信息的诊断缓冲区提供了错误的文本信息，例如出错的 DP 站地址、出错的模块的地址和故障的详细信息。应将这种诊断方法作为故障诊断的首选。但是为此需要使用安装了 STEP 7 的计算机，建立与 PLC 的通信连接，并且有下载到 CPU 中的项目文件。此外还要求使用者掌握用 STEP 7 进行故障诊断的操作方法。

7.1.3　DP 从站中信号模块的故障诊断

具有诊断功能的分布式 I/O 模块通过产生诊断中断来报告事件。产生诊断中断时，CPU 将调用诊断中断组织块 OB82。

1. 组态信号模块的诊断功能

打开上一节的项目“DP 诊断”，DP 主站为 CPU 315-2DP，3 号 DP 从站为 ET 200M（图 6-16），它的 AI、AO 模块均有诊断功能。

选中 3 号从站 ET 200M，双击 7 号槽的 2AO 模块，在它的属性对话框的“输出”选项卡中（见图 7-7），设置 0 号通道输出 4～20 mA 的电流，1 号通道输出 0～10V 的电压。启用模块的诊断中断功能和两个通道的“组诊断”功能。

AO 模块的通道被组态为电流输出时，它的输出电阻很大，外部输出回路可以短路，如果开路则出现故障。AO 模块的通道被组态为电压输出时，它的输出电阻很小，外部输出回路可以开路，如果对地短路则出现故障。

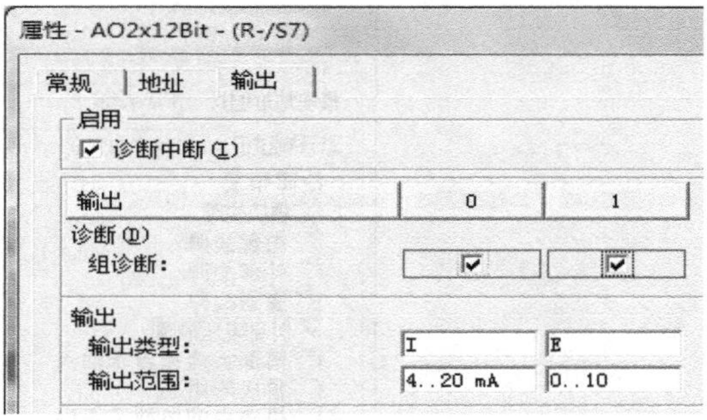

图 7-7　组态 AO 模块的诊断功能

按下计算机的〈F1〉键，在出现的在线帮助中，单击绿色的“诊断”，可以查看“组诊断”的帮助信息。由帮助信息可知，组诊断可以检测组态和参数分配错误、电压输出时对地短路、电流输出时断线和丢失负载电压 L+的故障。出现诊断事件时，CPU 将会调用诊断中断组织块 OB82，同时相应的信息会保存到 CPU 模块信息的诊断缓冲区。

双击 ET 200M 第 6 槽的 2AI 模块，在它的属性对话框的“输入”选项卡中设置测量范围为 4～20 mA 的电流，启用模块的诊断中断功能、组诊断功能和断线检查功能。单击工具栏上的按钮，对组态信息进行编译。

2. 编写 OB82 的程序

生成数据块 DB82，在 DB82 中生成有 5 个双字元素的数组 ARAY。下面是 OB82 中的程序，程序段 1 将 MW10 加 1，用 MW10 来计调用 OB82 的次数。程序段 2 调用 SFC20“BLKMOV”，将 OB82 的局部变量保存到数组 DB82. ARAY 中。

```
程序段 1:MW10 加 1
     L      MW          10
     +      1
     T      MW          10
程序段 2:保存 OB82 的局部变量
       CALL             "BLKMOV"
         SRCBLK         :=P#L 0.0 BYTE 20
         RET_VAL        :=MW50
         DSTBLK         :=DB82.ARAY
```

打开 PLCSIM，将系统数据和程序下载到仿真 PLC，将后者切换到 RUN-P 模式。执行 PLCSIM 的菜单命令“执行”→“触发错误 OB”→“诊断中断（OB82）”，打开“诊断中断 OB（82）”对话框（见图 7-8）。

在“模块地址”文本框输入 AO 模块的起始地址 PQW256，用复选框选中“外部电压故障”，单击“应用”按钮，模拟 AO 模块出现故障。

CPU 视图对象上的红色 SF（系统故障）LED 亮，因为与 DP 从站的通信正常，DP（总线故障）LED 未亮。CPU 自动调用 OB82，如果没有生成和下载 OB82，CPU 将自动切换到 STOP 模式，RUN LED 熄灭，STOP LED 亮。

单击图 7-8 中的复选框“外部电压故障”，其中的“√”消失。单击“应用”按钮，

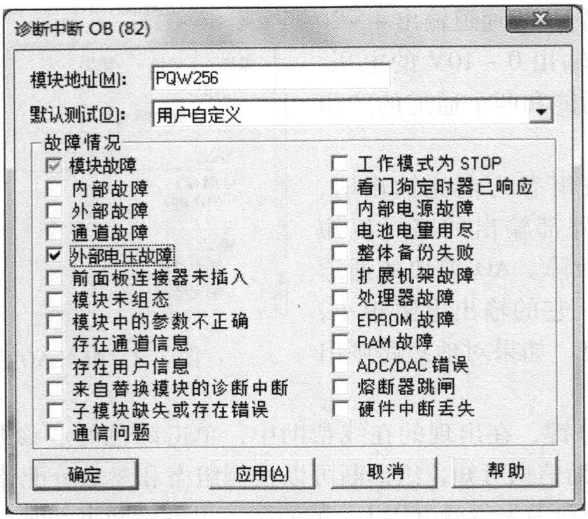

图 7-8　用 PLCSIM 模拟产生 AO 模块的诊断故障

模拟 AO 模块的诊断故障消失。如果已经下载了 OB82，诊断故障消失时 CPU 视图对象上的 SF LED 熄灭，CPU 又调用一次 OB82。

3. 用硬件诊断对话框诊断故障

AO 模块有诊断故障时，选中 SIMATIC 管理器左边窗口的 SIMATIC 300 站点，执行菜单命令“PLC”→“诊断/设置”→“硬件诊断”，打开硬件诊断对话框（见图 7-9），“CPU/故障模块”列表中的 3 号从站上有故障符号（红色的指示灯）。

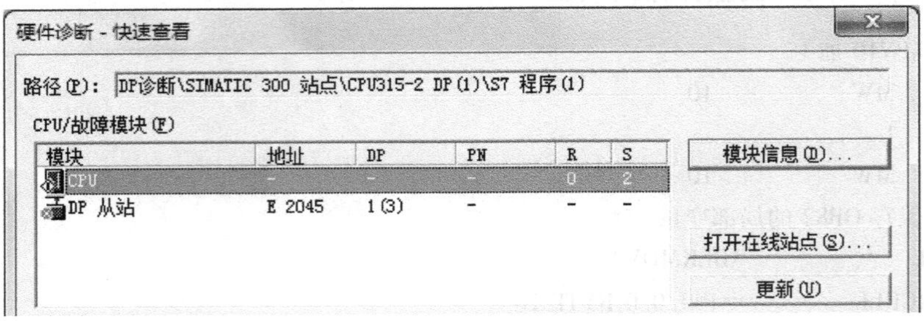

图 7-9　硬件诊断对话框

选中有故障的 DP 从站，单击“模块信息”按钮，打开 3 号从站的接口模块 IM 153-1 的模块信息对话框（见图 7-10），可以看到 3 号从站的诊断信息。

4. 用 CPU 的诊断缓冲区诊断故障

AO 模块有诊断故障时，双击硬件诊断对话框中的 CPU，打开 CPU 的模块信息对话框。图 7-11 的事件列表中的 2 号事件为“模块 问题或必要维护”，右边的小图是 2 号事件的详细信息的下半部分，模块的故障是“没有外部辅助电源”。

事件列表中的 1 号事件“模块 确定”是故障消失的信息。故障的详细信息与 2 号事件的基本上相同，最后一行是“外部错误，离开的事件”。

打开变量表（见图 7-3），单击工具栏上的按钮，启动监控功能。可以看到在 AO 模

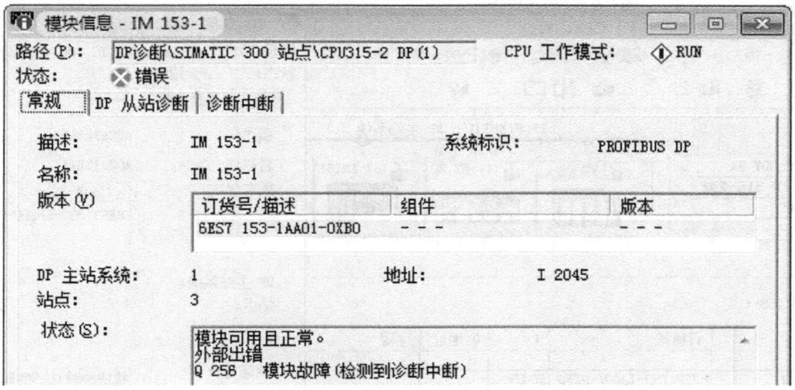

图 7-10 IM 153-1 的模块信息

块的故障出现和故障消失时，MW10 的值均加 1，表明 CPU 分别调用了一次 OB82。

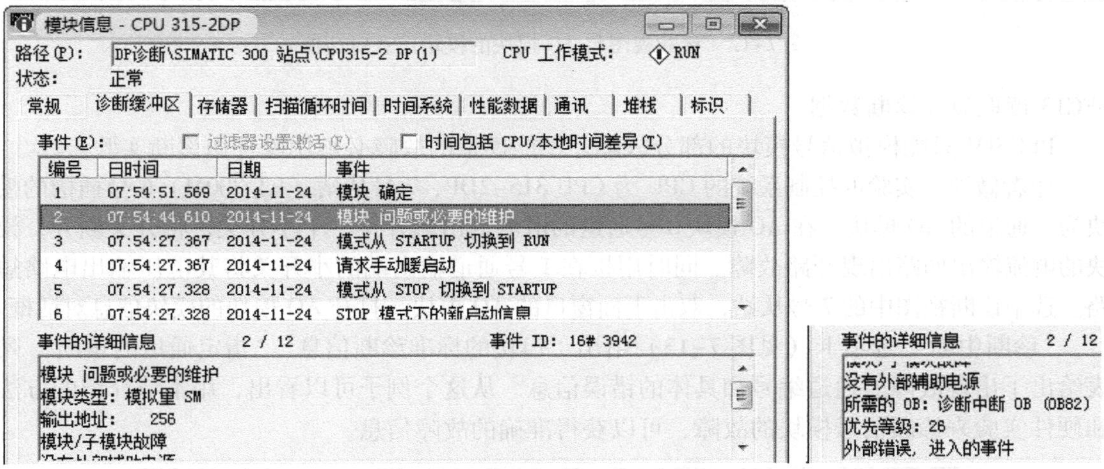

图 7-11 诊断缓冲区

5. 用诊断视图诊断故障模块

使用诊断视图可以获取 3 号从站的 AO 模块的具体故障。诊断视图实际上就是在线的硬件组态窗口。单击硬件诊断对话框中的"打开在线站点"按钮（见图 7-9），打开诊断视图（见图 7-12）。打开离线的 HW Config，单击工具栏上的在线/离线切换按钮，也能打开诊断视图。

诊断视图显示整个 300 站点在线的情况，可以读取每个模块的在线状态。用这种方法可以得到那些没有故障因而没有在硬件诊断对话框中显示的模块的在线信息。

图 7-12 中的 3 号从站 ET 200M 和该从站 7 号槽的 AO 模块上均有故障符号（红色的指示灯）。双击 AO 模块，打开它的模块信息对话框（见图 7-12 的右图），可以查看该模块的详细故障信息。

6. AO 模块故障诊断的硬件实验

OB82 的局部变量不能提供信号模块所有的诊断信息，例如不能提供 AO 模块的输出电路开路和对地短路故障的信息。为此需要在诊断视图中查看 AO 模块的模块信息，或者用

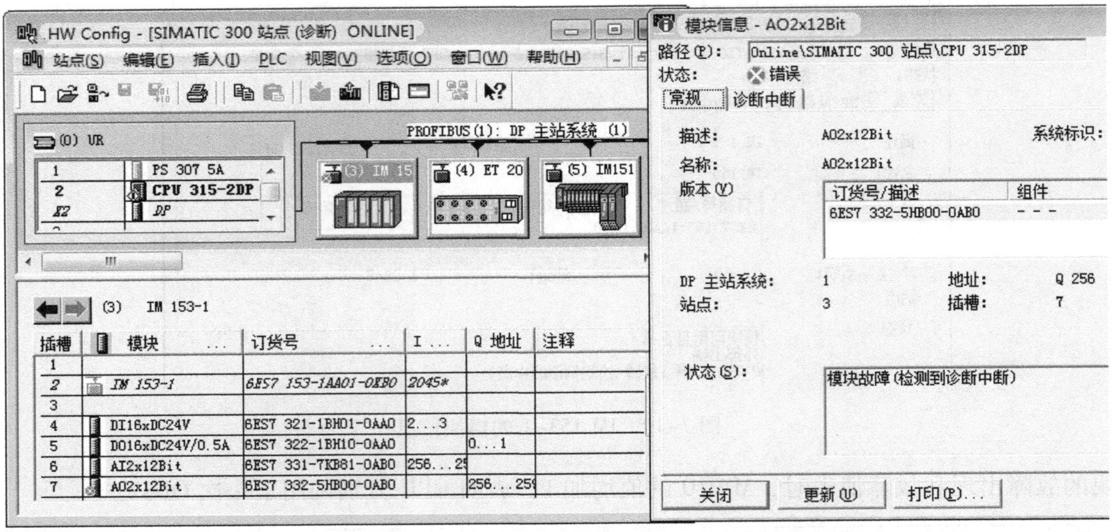

图 7-12　诊断视图与 AO 模块的模块信息对话框

SFC13 读取故障诊断数据。

PLCSIM 只能模拟信号模块的部分故障，不能模拟的故障必须用硬件做诊断实验。

作者做硬件实验的控制系统的 CPU 为 CPU 315-2DP，7 号从站（ET 200M）6 号插槽的模块为 2 通道的 AO 模块。在 AO 模块 0 号通道的电流输出端外接一个小开关，将开关断开，模块的电流输出回路出现开路故障。同时用接在 1 号通道输出端的小开关将其电压输出电路短路。选中诊断视图中的 7 号从站，双击下面窗口的 AO 模块，打开 AO 模块的模块信息对话框。

"诊断中断"选项卡（见图 7-13）给出了模块的标准诊断信息。"指定通道的诊断"列表给出了出现故障的通道编号和具体的错误信息。从这个例子可以看出，用本节介绍的方法和硬件实验来诊断信号模块的故障，可以获得准确的故障信息。

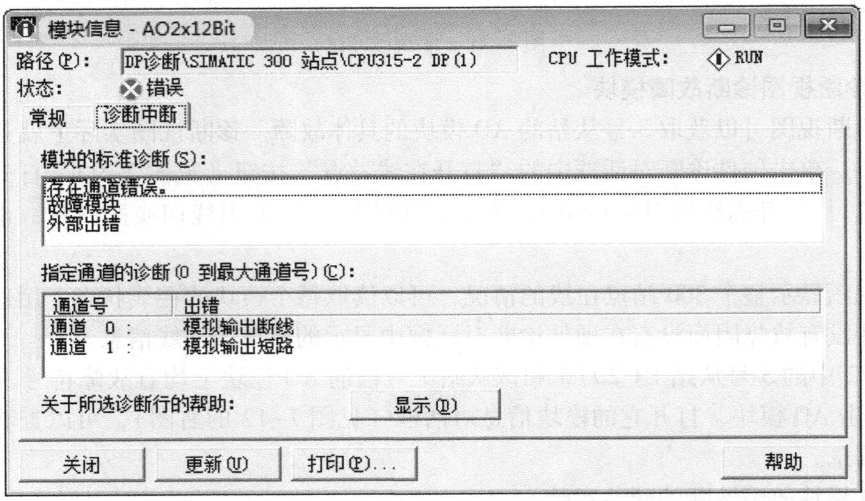

图 7-13　AO 模块的模块信息对话框

7.1.4 PROFINET IO 设备的故障诊断

1. 硬件结构与程序设计

PROFINET 与 DP 网络的故障诊断方法基本上相同。但是不能用 PLCSIM 来模拟 PROFINET 网络的故障，只能做硬件实验。

打开 6.8.2 节中的项目“PROFINET”，设置电源模块、DI、DO、AO 模块的诊断参数（见图 7-14～图 7-17），此外还启用了电流输出的 AO 模块诊断断路故障的功能。出现上述诊断故障时，CPU 将会调用 OB82。

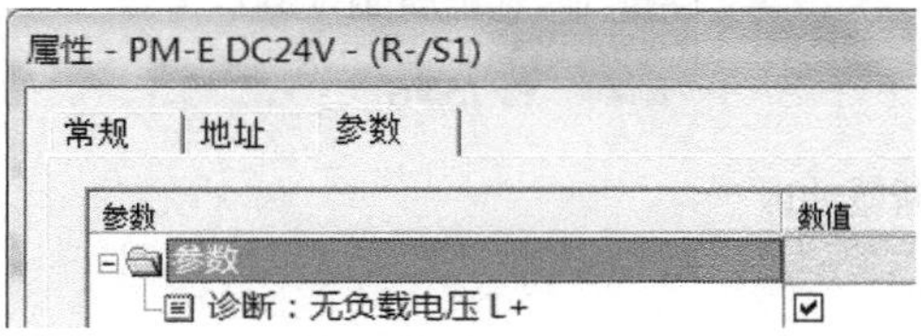

图 7-14　设置电源模块的参数

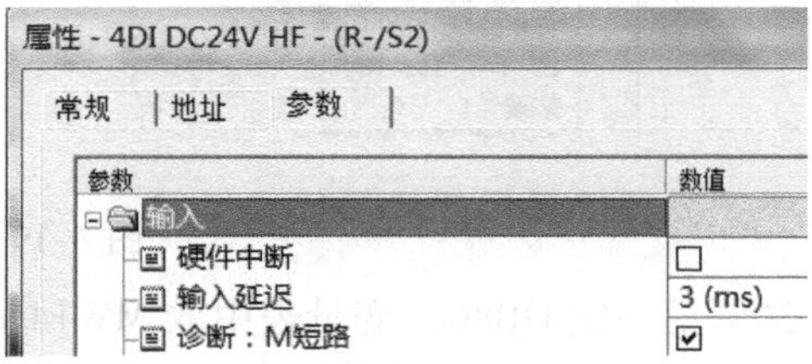

图 7-15　设置 DI 模块的参数

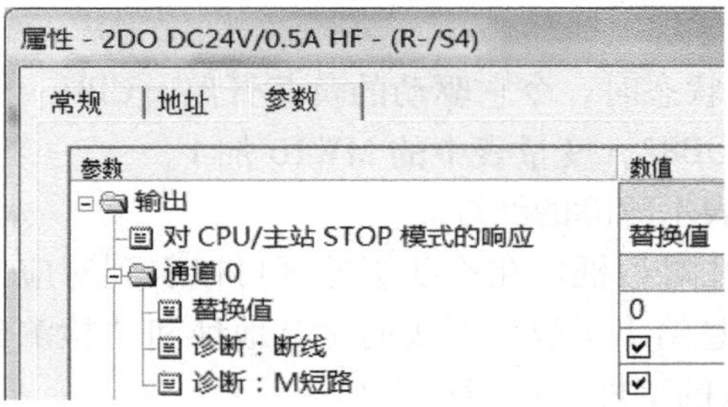

图 7-16　设置 DO 模块的参数

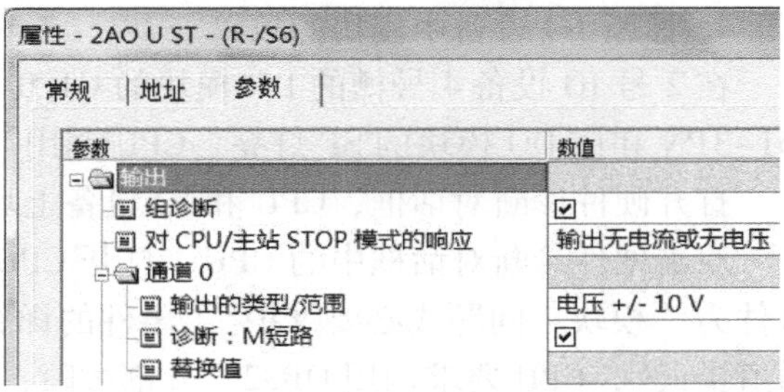

图 7-17　设置电压输出的 AO 模块的参数

2. 程序设计

与 PROFIBUS-DP 通信相同，为了保证网络控制系统的正常运行，生成 OB82、OB86 和 OB122。因为 ET 200S PN 有带电插入/拔出模块的功能，还需要生成插入/删除模块中断组织块 OB83。在它们中间编程，分别将 MW10～MW16 加 1，并保存 OB82、OB83 和 OB86 前 20B 的局部变量。

3. 诊断 IO 设备的故障

系统正常运行时拔掉 2 号 IO 设备的以太网电缆，CPU 和 IM 151-3PN 上的 SF 灯亮，CPU 的 BF2 灯闪烁。CPU 调用一次 OB86，变量表中的 MW14 加 1。

在 SIMATIC 管理器执行菜单命令“PLC”→“诊断/设置”→“硬件诊断”，打开硬件诊断对话框（见图 7-18），PN 列的“100（2）”表示有故障的 IO 设备的 PROFINET IO 系统的编号为 100，IO 设备号为 2。E2037（即 I2037）是 2 号 IO 设备的诊断地址。IO 设备上的红色斜线表示通信中断。

双击图中的 CPU，打开 CPU 的模块信息。在诊断缓冲区可以看到对应的事件为“PROFINET IO：站故障”，图 7-19 中右边的小图是 1 号事件的详细信息的下半部分。

插上 2 号 IO 设备的以太网电缆，CPU 和 IM 151-3PN 上的 SF 灯和 CPU 的 BF2 灯熄灭。

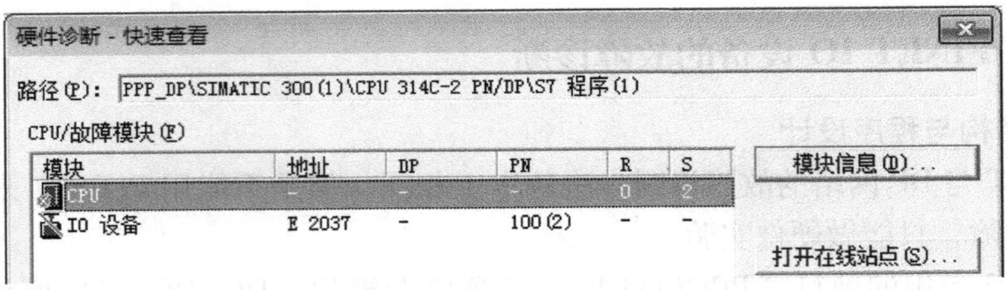

图 7-18　硬件诊断对话框

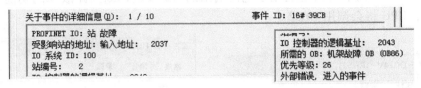

图 7-19　诊断缓冲区

CPU 又调用一次 OB86，变量表中的 MW14 加 1。

选中诊断缓冲区事件列表中对应的事件“PROFINET IO：站返回”，故障的详细信息与站故障事件的基本上相同。最后一行是“外部错误，离开的事件”（事件消失）。

4. 诊断 IO 设备中模块的故障

在 2 号 IO 设备 4 号槽的 DO 模块的 Q1.0 为 1 状态时，令它驱动的负载开路，CPU、IM 151-3PN 和该 DO 模块的 SF 灯亮。CPU 调用一次 OB82，变量表中的 MW10 加 1。

打开硬件诊断对话框，CPU 和 IO 设备上均有表示故障的红灯。

双击硬件诊断对话框中的 CPU，打开 CPU 属性对话框。在诊断缓冲区可以看到对应的事件为“模块：问题或必要维护”，事件的详细信息给出了故障模块的字节地址和“检测到通道错误”，CPU 要求调用 OB82，外部故障，进入的事件（故障产生）。

双击硬件诊断对话框中的 IO 设备，打开 IM 151-3PN 的模块信息对话框，在“IO 设备诊断”选项卡的“指定通道诊断”区（见图 7-20），给出了 4 号插槽 0 号通道断线的故障信息。

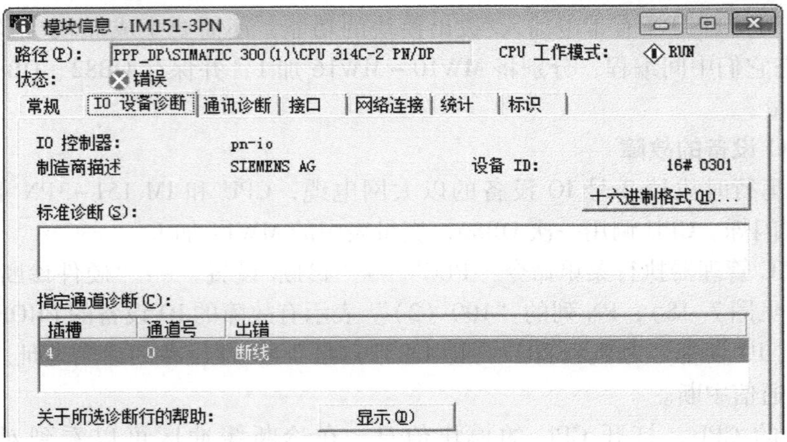

图 7-20　IM 151-3PN 的模块信息对话框

单击硬件诊断对话框的“打开在线站点”按钮（见图 7-18），打开诊断视图，双击其中有红色指示灯的 2 号 IO 设备的 4 号槽，打开 DO 模块的模块信息，在“IO 设备诊断”选项卡，也能看到与图 7-20 相同的 4 号插槽 0 号通道断线的故障信息。

接通 4 号插槽 0 号通道被断开的负载，CPU、IM 151-3PN 和故障 DO 模块上的 SF 灯熄灭，CPU 又调用一次 OB82，变量表中的 MW10 加 1。

本例程中 IO 设备下述的模块故障也会产生诊断故障，CPU 调用 OB82：DO 模块的输出端对 M 点短路、电源模块的负载电压丢失、DI 模块的 DC 24V 传感器电源对 M 点短路、电压输出的 AO 模块对 M 点短路和电流输出的 AO 模块负载断路。这些故障与上述 DO 模块负载断路的诊断方法完全相同。做电压输出的 AO 模块对 M 点的短路实验时，应给该通道输出一个较大的值，保证有一定的输出电压。

图 7-21 是 6 号槽电压输出的 AO 模块对 M 点短路的故障信息，图 7-22 是 1 号槽的电源模块的故障信息（前连接器丢失，传感器或负载电压丢失）。

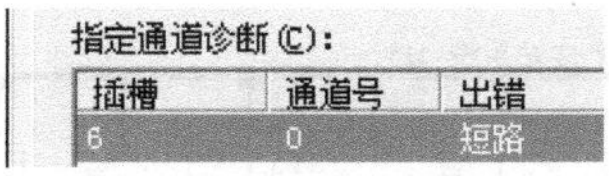

图 7-21　AO 模块的模块信息对话框

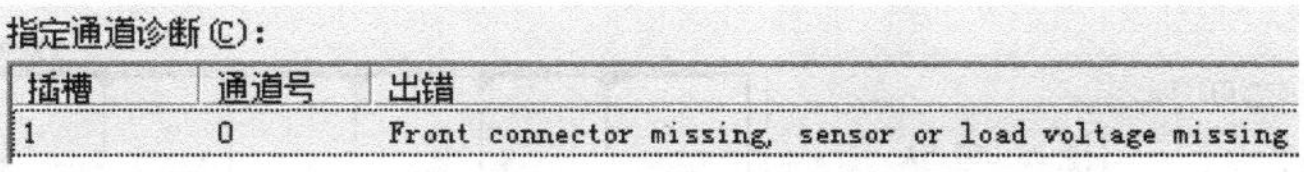

图 7-22　电源模块的模块信息对话框

5. 模块的拔出与插入

S7-300 只有 31x PN/DP CPU 具有插入/删除中断功能，且仅适用于 PROFINET IO 组件。

拔出 1 号 IO 设备 4 号槽的 2DO 模块，CPU 和 IM 151-3PN 的 SF 灯亮。CPU 调用一次 OB83，变量表中的 MW12 加 1。

打开硬件诊断对话框，CPU 和 IO 设备上均有表示故障的红灯。双击图中的 IO 设备，打开 IM 151-3PN 的模块信息对话框，“常规”选项卡的“状态”为“失败”。在“IO 设备诊断”选项卡，“标准诊断”给出了 4 号插槽模块丢失的信息（见图 7-23）。单击“显示”按钮（见图 7-20），显示出标准诊断的帮助对话框。双击诊断视图中 1 号 IO 设备 4 号槽的 2DO 模块，打开它的模块信息，也能看到 4 号插槽模块丢失的标准诊断信息。

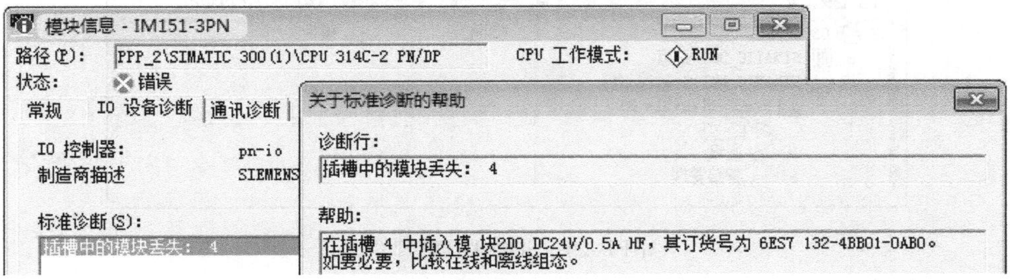

图 7-23　标准诊断的帮助信息

双击硬件诊断对话框中的 CPU，打开 CPU 模块信息。诊断缓冲区中对应的事件为“PROFINET IO 已拆除/无法寻址”，事件的详细信息给出了故障模块的有关信息，CPU 要求调用 OB83，外部故障，进入的事件（故障产生）。

插入 1 号 IO 设备 4 号槽的 2DO 模块，CPU 和 IM 151-3PN 的 SF 灯熄灭。CPU 又调用一次 OB83，变量表中的 MW12 加 1。诊断缓冲区中的事件为“PROFINET IO 模块/子模块已插入，模块类型正确”。事件的详细信息显示“外部故障，离开的事件”（故障消失）。

如果新的 PROFINET IO 模块的类型与被替换的类型不一致，可以在拔出的模块的模块信息和诊断缓冲区中看到故障信息。可以在 OB83 中编写程序，根据 OB83 的局部变量，在 WinCC 或 HMI 中显示插入的模块的地址和 IO 设备号，以方便用户排除故障。

7.2 故障的自动诊断和自动显示

7.2.1 自动显示有故障的 DP 从站

1. 硬件组态与人机界面的组态

生成项目“DP_OB86”（见随书光盘中的同名例程），CPU 为 CPU 315-2DP。在 HW Config 中生成 DP 网络，在网络上生成 12 个 8DI/8DO 的 ET 200eco 从站（见图 7-24），站地址分别为 3 ~ 14。

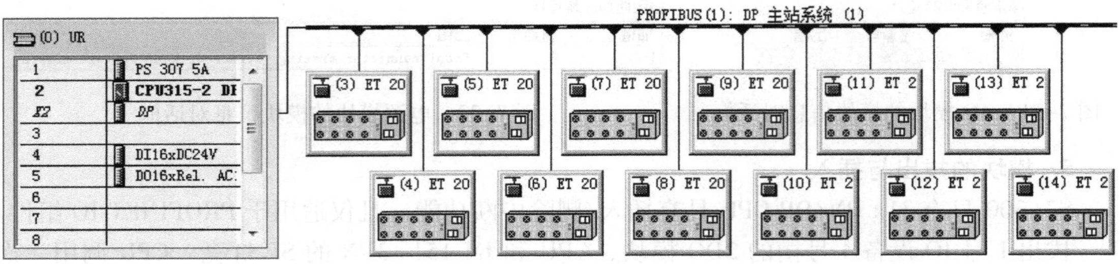

图 7-24　硬件组态

安装好 STEP 7 后，再安装西门子人机界面的组态软件 WinCC flexible 2008 SP4。在 SIMATIC管理器中生成一个 HMI（人机界面）站点（见图 7-25）。

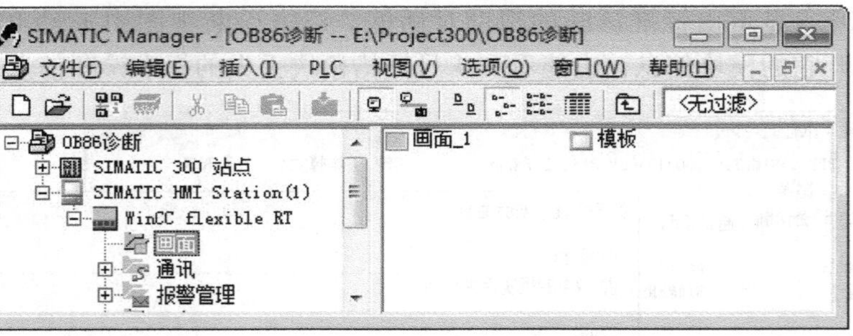

图 7-25　SIMATIC 管理器

单击 SIMATIC 管理器工具栏上的按钮，打开网络组态工具 NetPro。将 CPU 和 HMI 站点连接到 MPI 网络上（见图 7-26），设置它们的站地址分别为 2 和 1。

选中 HMI 站点中的“画面”，双击右边窗口中的“画面_1”（见图 7-25），打开 WinCC flexible 的项目，设置 HMI 的型号为 TP 177B 6” color PN/DP。

在画面_1 生成 12 个指示灯（见图 7-27），分别用 PLC 的 M10.3 ~ M11.6 来控制 3 号 ~ 14 号 DP 从站的指示灯。某个从站有故障出现时，对应的存储器位变为 1 状态，对应的指示灯点亮；故障消失时，对应的存储器位变为 0 状态，对应的指示灯熄灭。图 7-27 显示 5 号站和 13 号站有故障。

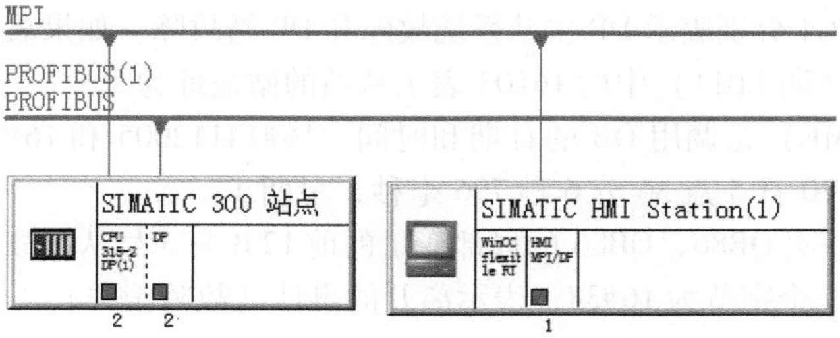

图 7-26　网络组态

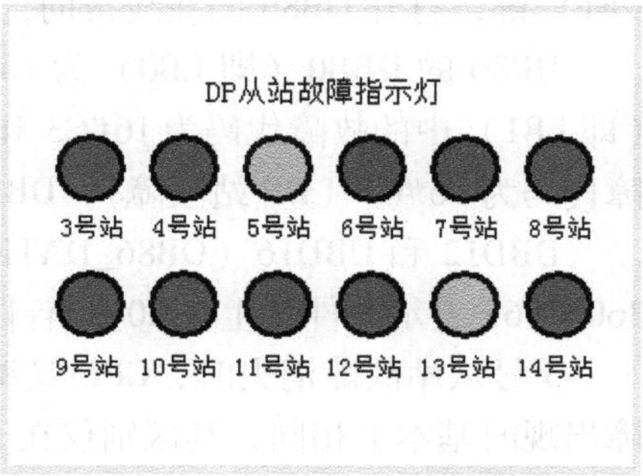

图 7-27　显示从站状态的画面

双击 WinCC flexible 左边项目视图的“通讯”文件夹中的“连接”，打开连接表（见图 7-28），单击“激活的”列右边隐藏的按钮，将该列的参数由“关”变为“开”，即激活 HMI 与 PLC 的通信连接。

图 7-28　激活连接

2. 保存 OB86 的局部变量

出现 DP 站故障时，CPU 将会自动调用 OB86。在 OB86 中用 MW14 记录 CPU 调用 OB86 的次数。OB86 的 20B 局部变量有丰富的故障信息。生成数据块 DB 86，在 DB 86 中生成有 5 个双字元素的数组 ARAY。在 OB86 中调用 SFC20 “BLKMOV”，将 20B 局部变量保存到数组 ARAY 中。下面是 OB86 中的程序。

```
程序段 1:MW14 加 1
    L      MW14
    +      1
    T      MW14
程序段 2:保存 OB86 的局部变量
    CALL   "BLKMOV"                 //调用 SFC20
       SRCBLK     := P#L 0.0 BYTE 20
       RET_VAL    := MW54
       DSTBLK     := DB86. ARAY
```

在 3 号从站有故障时，打开 DB86。单击工具栏上的按钮，启动监控功能。图 7-29 是 DB86 保存的 OB86 的 20B 局部变量。

地址	名称	类型	初始值	实际值
0.0	ARAY[1]	DWORD	DW#16#0	DW#16#39C41A56
4.0	ARAY[2]	DWORD	DW#16#0	DW#16#C05407FF
8.0	ARAY[3]	DWORD	DW#16#0	DW#16#07FE0103
12.0	ARAY[4]	DWORD	DW#16#0	DW#16#14112005
16.0	ARAY[5]	DWORD	DW#16#0	DW#16#36067965

图 7-29　OB86 的局部数据

3. OB86的局部变量分析

选中 SIMATIC 管理器中的 OB86，按计算机的〈F1〉键，打开 OB86 的在线帮助，可以查阅到图 7-29 中 OB86 局部变量的意义。

DB86 的 DBB0（即 LB0）为 16#39 表示故障已出现，为 16#38 表示故障已消失。DBB1（即 LB1）中的故障代码为 16#C3 和 16#C4 分别表示 DP 主站系统故障和 DP 站故障。如果故障代码为 16#C4（DP 站故障），DBB11（即 LB11）中的 16#03 表示从站的站地址为 3。

DBD12 和 DBD16（OB86_DATE_TIME）是调用 OB 的日期和时间。16#14112005 和 16#36067965 表示事件发生在 2014 年 11 月 20 日 5 点 36 分 6 秒 796 毫秒，星期 4。

3 号从站故障消失时，CPU 又调用一次 OB86，OB86 的局部变量的前 12 B 与 3 号从站故障出现时基本上相同，其区别仅在于第一个字节为 16#38，表示离开的事件（故障消失）。

4. PLC 的编程

根据上述的 OB86 局部变量的意义，编写出下面的程序。M10. 3 ~ M11. 6 分别用来控制 3 号 ~12 号从站的指示灯。

```
      L     W#16#39C3
      L     LW        0
      ==I
      JCN   m001                 //不是主站系统故障出现则跳转
      L     W#16#F87F
      T     MW        10         //点亮 3 ~ 14 号从站的指示灯
m001: L     W#16#39C4
      L     LW        0
      ==I
      JCN   m002                 //不是从站故障出现则跳转
      L     LB        11         //故障从站编号送累加器 1
      L     P#10.0               //起始地址指针值送累加器 1
      +D
      T     LD        20         //故障从站地址指针值送 LD20
      S     M [LD 20]            //点亮故障从站对应的指示灯
m002: L     W#16#38C4
      L     LW        0
      ==I
      JCN   m003                 //不是从站故障消失则跳转
      L     LB        11         //故障从站编号送累加器 1
      L     P#10.0               //起始地址指针值送累加器 1
      +D
      T     LD        20         //故障从站地址指针值送 LD20
      R     M [LD 20]            //熄灭故障从站对应的指示灯
m003: NOP   0
```

5. 仿真实验

打开仿真软件 S7-PLCSIM，用 MPI 接口将用户程序和系统数据下载到仿真 PLC，将

CPU 切换到 RUN-P 模式。单击 WinCC flexible 工具栏上的按钮，启动 WinCC flexible 的运行系统，出现模拟的 HMI 画面（见图 7-27）。

用 7.1.2 节介绍的方法，触发某个从站的故障或使从站故障消失，可以看到 HMI 画面上对应的指示灯点亮或熄灭。触发 DP 主站系统故障，HMI 画面上所有的指示灯点亮。令 DP 主站系统故障消失，HMI 画面上所有的指示灯熄灭。

用类似的方法设计出项目“PN_OB86”（见随书光盘中的同名例程），它用 HMI 画面上的指示灯自动显示出有故障的 PROFINET IO 设备。

7.2.2 用报告系统错误功能诊断和显示硬件故障

为了实现各种硬件故障的自动诊断和自动显示，需要在 OB82、OB86 中调用系统功能 SFC13，读取 DP 从站和模块的诊断数据。用户程序通过分析诊断数据，得出故障诊断的结论。然后调用系统功能 SFC17，用报警消息将故障诊断的结论发送给西门子的人机界面或上位机组态软件 WinCC 显示出来。

SFC13 读取的是很“原始”的数据，DP 从站和 PROFINET IO 设备的用户手册给出了诊断数据的具体意义，分析诊断数据的编程工作量非常大。

1. 报告系统错误功能

STEP 7 的“报告系统错误”功能只需要进行简单的组态，几乎可以全部采用默认的参数，就能自动生成用于诊断故障和发送报警消息的 OB、FB、FC 和 DB，以及各机架、从站和模块对应的报警消息，故障的消息文本被自动传送到西门子 HMI（人机界面）或 WinCC 的项目中。运行时如果出现故障，CPU 将对应的消息编号发送到 HMI 设备或 WinCC，它们用报警消息显示故障信息。

这种诊断方法的组态过程非常简单，诊断和显示用的逻辑块、数据块和调用诊断功能块的程序都是自动生成的。运行时读取诊断数据、分析诊断数据和将报警消息发送到 HMI 或 WinCC 都是自动完成的。因此这是一种相当理想、极为实用的故障自动诊断和自动显示的方法。

2. 组态 PROFIBUS 网络和人机界面站点

用 STEP 7 的“新建项目向导”创建一个名为 ReptErDP 的项目（见随书光盘中的同名例程）。其硬件结构与项目“DP 诊断”相同，CPU 为 CPU 315-2DP，3～5 号 DP 从站分别为 ET 200M、ET 200eco 和 ET 200S。仅有自动生成的未编写任何程序的 OB1。

在 SIMATIC 管理器中生成一个 HMI 站点，设置 HMI 的型号为 TP 177B 6″ color PN/DP。

单击 STEP 7 工具栏上的按钮，打开网络组态工具 NetPro。将 CPU 和 HMI 站点连接到 MPI 网络上，它们的站地址分别为 2 和 1（见图 7-26）。

3. 组态报告系统错误功能

选中硬件组态工具 HW Config 中的 CPU，执行菜单命令“选项”→“报告系统错误”。在打开的“报告系统错误”对话框中，“常规”选项卡给出了要生成的诊断用的 FB、FC 和 DB，在“OB 组态”选项卡，按照默认的设置，自动生成选中的 OB，在 OB1、OB82 和 OB86 中，自动生成调用报告系统错误的 FB49 的程序。

除了不要选中“消息”选项卡的复选框“优化消息创建”，可以基本上采用默认的参数，单击“报告系统错误”对话框中的“生成”按钮，自动地生成大量的块（见图 7-30）。

FB49 调用 SFC13 来读取 DP 从站的诊断数据和系统数据，调用 SFC17 来发送报警消息。在 OB1、OB82 和 OB86 中，自动生成下面调用符号名为“SFM_FB”的 FB49 的指令。

```
CALL  "SFM_FB" , "SFM_DB"
```

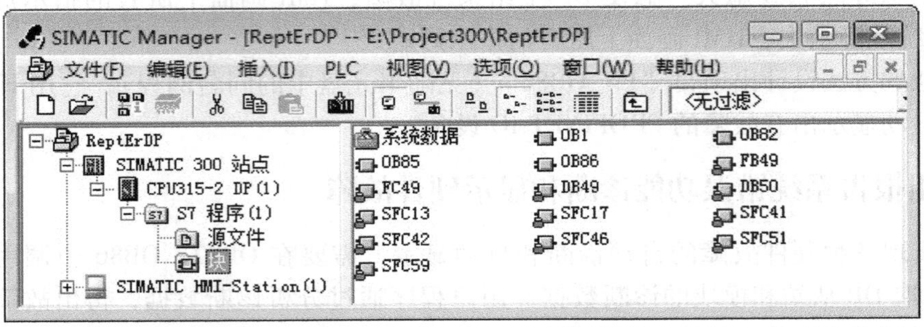

图 7-30 SIMATIC 管理器

用鼠标右键单击 FB49 的背景数据块 DB49，执行快捷菜单命令“特殊的对象属性”→“消息”，打开“消息组态”对话框，可以看到 STEP 7 自动生成的大量的类型为 ALARM_S 的报警消息。

4. 组态人机界面

打开 SIMATIC 管理器左边窗口的 HMI 站点，选中其中的“画面”，双击右边窗口中的“画面_1”，打开 WinCC flexible（见图 7-31）。

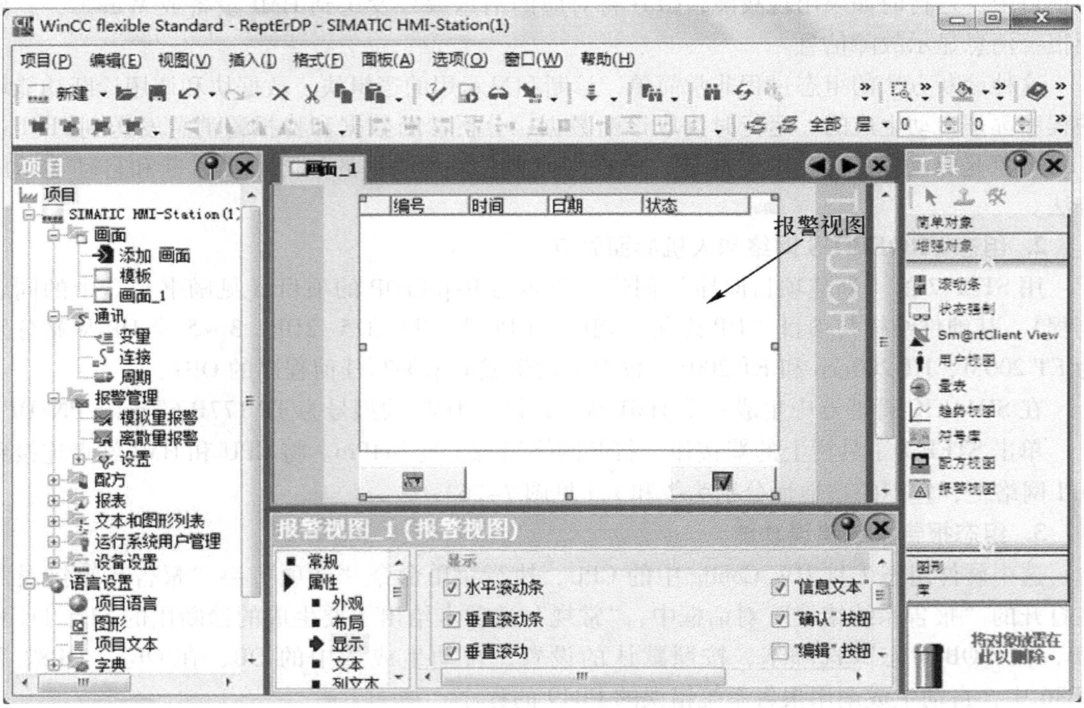

图 7-31 WinCC flexible 的界面

双击 WinCC flexible 左边窗口“通讯”文件夹中的“连接”，打开连接表（见图 7-28），将“激活的”列的参数由“关”变为“开”，即激活 HMI 与 PLC 的通信连接。

双击图 7-31 左边窗口“\报警管理\设置”文件夹中的“报警设置”，选中“报警设置”视图中的“S7 诊断报警”复选框（见图 7-32）。因为组态报告系统错误时消息的显示等级为 0，单击“报警程序”表第一行“ALARM_S”列右边的按钮，仅选中 0 号显示类，单击按钮确认，在“ALARM_S”列将出现“0”。

将图 7-31 右边的工具箱的“增强对象”中的“报警视图”拖放到中间的画面上，用鼠标调节它的位置和大小。选中报警视图，下面是它的属性视图（见图 7-33）。选中左边窗口的“常规”类别，用单选框选中“报警事件”，用复选框选中“报警类别”中的“S7 报警”。

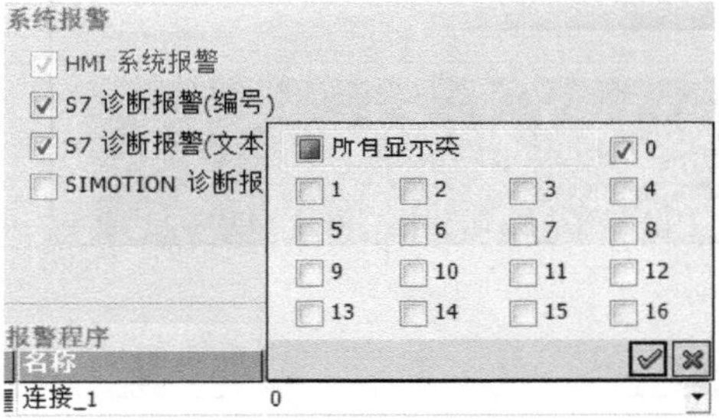

图 7-32　设置报警

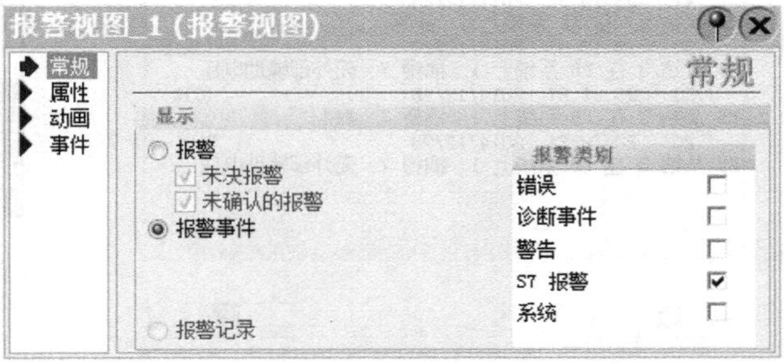

图 7-33　报警视图的属性视图

此外，还需要组态报警视图的表格和表头的背景色、字体的大小和报警视图中的按钮等属性。选中属性视图左边窗口的“属性”类别中的“列”子类别，在右边窗口选中“状态”复选框，监控时显示“状态”列。

5. 仿真实验

打开仿真软件 S7-PLCSIM，将用户程序和系统数据下载到仿真 PLC，将 CPU 切换到 RUN-P 模式。单击 WinCC flexible 工具栏上的按钮，启动 WinCC flexible 的运行系统，出现模拟的 HMI 画面（见图 7-34）。

用 PLCSIM 的菜单命令打开 OB82 的仿真对话框（见图 7-8）。在“模块地址”文本框中输入 3 号从站的 2AO 模块的起始地址 PQW256。用复选框选中“外部电压故障”，单击“应用”按钮，HMI 的画面出现第一条消息，即图 7-34 最下面的消息。“状态”列的“C”表示进入的事件。

单击面板右边的“确认”按钮，出现以“###...”结束的确认消息。“状态”列的“（C）A”表示故障被确认。用 OB82 的仿真对话框使故障消失，画面上又出现一次“无外部辅助电压”消息。“状态”列的“（CA）D”表示被确认的故障消失。

用 PLCSIM 的菜单命令打开 OB86 的仿真对话框（见图 7-2），模拟 5 号从站出现故障，HMI 画面上出现从下到上的第 4 条消息，显示 5 号从站有故障。用 OB86 的仿真对话框使故障消失，画面上出现最上面的 5 号从站故障结束的消息。“状态”列的“（C）D”表示未确认的故障消失。

单击最下面的消息，可以看到该消息的详细信息。包括从站的接口模块的型号，出现故障的 I/O 模块的型号，和该模块的起始地址。单击右边的“确认”按钮，显示的消息缩为两行，可以看到条数更多的消息。

6. PLC 硬件实验

PLCSIM 不能模拟 AO 模块输出电路断线和短路的故障。下面的实验用 WinCC flexible 的运行系统来模拟 HMI，硬件 PLC 通过 MPI 或 DP 网络与 WinCC flexible 的运行系统通信。

将组态信息和用户程序下载到硬件 CPU 315-2DP，用电缆连接 CPU 和从站的 DP 接口，CPU 和 DP 从站进入 RUN 模式后，断开 7 号从站（ET 200M）6 号槽的 2AO 模块 0 号通道的电流输出电路。在 HMI 的仿真画面上出现“模拟输出断线”的报警消息。断开 5 号从站的电源，画面上出现 5 号从站故障的报警消息（见图 7-35）。

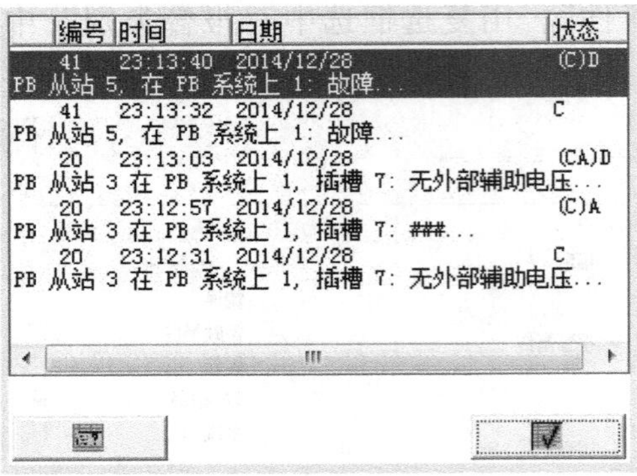

图 7-34 仿真 PLC 产生的报警消息

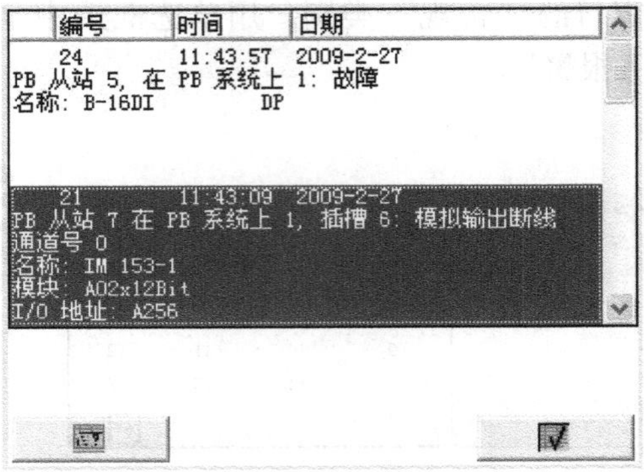

图 7-35 硬件 PLC 实验的报警消息

也可以用 WinCC 的报警控件来显示报告系统错误功能的报警消息，具体的方法见参考文献[2]。

7. 用报告系统错误功能诊断和显示以太网故障

STEP 7 的项目为“ReptErPN”（见随书光盘中的同名例程），其硬件与项目“PROFINET”的相同。选中 HW Config 中的 CPU，执行菜单命令“选项”→“报告系统错误”。在打开的“报告系统错误”对话框的“消息”选项卡中，不要选中复选框“优化消息创建”。除此之外，均采用默认的参数。单击对话框中的“生成”按钮，自动生成用于故障诊断的 OB、FB、FC 和 DB。在 OB1、OB82、OB83 和 OB86 中自动生成调用报告系统错误的 FB49 的指令。

在 SIMATIC 管理器中生成一个 HMI 站点，设置 HMI 的型号为 TP 177B 6″ color PN/DP。单击 STEP 7 工具栏上的按钮，打开网络组态工具 NetPro。设置 HMI 的 MPI 地址为 1，将 CPU 和 HMI 站点连接到 MPI 网上（见图 7-26）。

打开 SIMATIC 管理器左边窗口的 HMI 站点，选中其中的“画面”，双击右边窗口中的“画面_1”，打开 WinCC flexible。

双击项目视图中的“连接”，打开“连接”视图（见图 7-28），将“激活的”列的参数由“关”变为“开”。用连接表下面的“接口”选择框建立 CPU 和 HMI 的 MPI 连接。报警设置和画面上的报警视图的组态方法与前述的相同。用 PG/PC 接口对话框为使用的接口分配的参数为“PC Adapter. MPI. 1”。用 USB 编程电缆连接计算机的 USB 接口和 CPU 的 MPI 接口。

拔掉 2 号 IO 设备的以太网电缆，画面上出现图 7-36 最下面的报警消息，“状态”列的“C”表示故障出现。单击面板右边的“确认”按钮，出现倒数第 2 条消息，其中的“(C)

A”表示故障被确认。插上 2 号 IO 设备的以太网电缆，倒数第 3 条消息中的“(CA)D”表示被确认的故障消失。图 7-37 上面的消息表示 2 号 IO 设备 6 号槽 AO 模块的通道 1 断线。下面的消息表示 1 号 IO 设备 2 号槽的 DI 模块通道 0 的 DC 24V 传感器电源对 M 点短路。

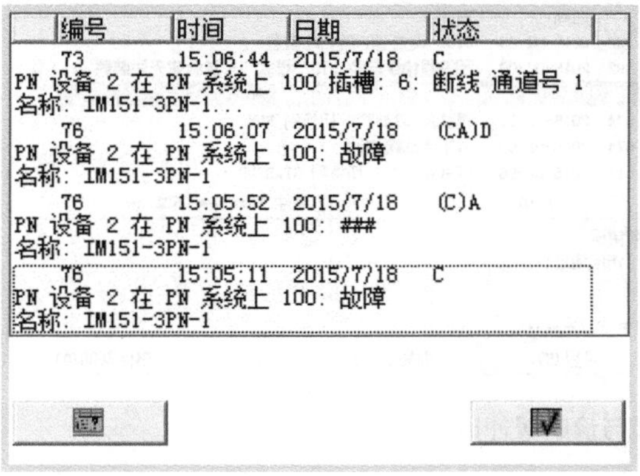

图 7-36　报警消息

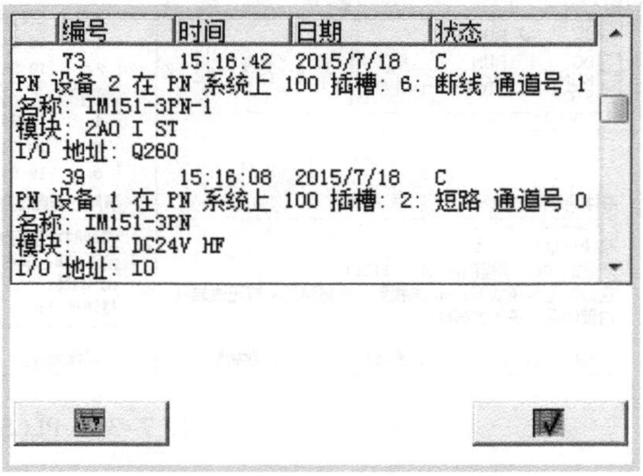

图 7-37　报警消息

7.3　故障诊断的其他问题

7.3.1　编程错误的诊断

1. 程序结构

出现编程错误时，CPU 的操作系统将调用 OB121。用新建项目向导生成一个名为“OB121”的项目，可选任意型号的 CPU。生成数据块 DB1，DB1 中只有自动生成的一个整数（INT）占位符变量，DB1 的长度为 2B。

生成 FC1，在 FC1 中输入下面的程序，该程序中有一个编程错误，第一条指令访问的地址超出了 DB1 的地址范围。

```
L    DB1.DBW    4
T    MW         10
```

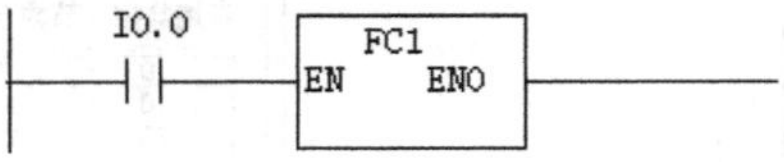

图 7-38　OB1 的程序

在 OB1 中用 I0.0 调用 FC1（见图 7-38）。

2. 仿真实验

打开 PLCSIM，将用户程序下载到 CPU，将仿真 PLC 切换到 RUN-P 模式。

在 PLCSIM 中生成 IB0 的视图对象。单击 I0.0 对应的小方框，将 I0.0 置为 1 状态，OB1 调用 FC1。由于 FC1 中的编程错误，CPU 视图对象上的 SF LED 亮。CPU 要求调用 OB121，因为没有生成和下载 OB121，CPU 自动切换到 STOP 模式。RUN LED 熄灭，STOP LED 亮。

在 SIMATIC 管理器中执行菜单命令“PLC”→“诊断/设置”→“模块信息”，打开模块信息对话框（见图 7-39）。

选中“诊断缓冲区”选项卡的 3 号事件“读取时发生区域长度错误”，下面的窗口是事件的详细信息：读访问全局数据块的 DBW4，错误出现的块为 FC1，要求调用处理编程错误

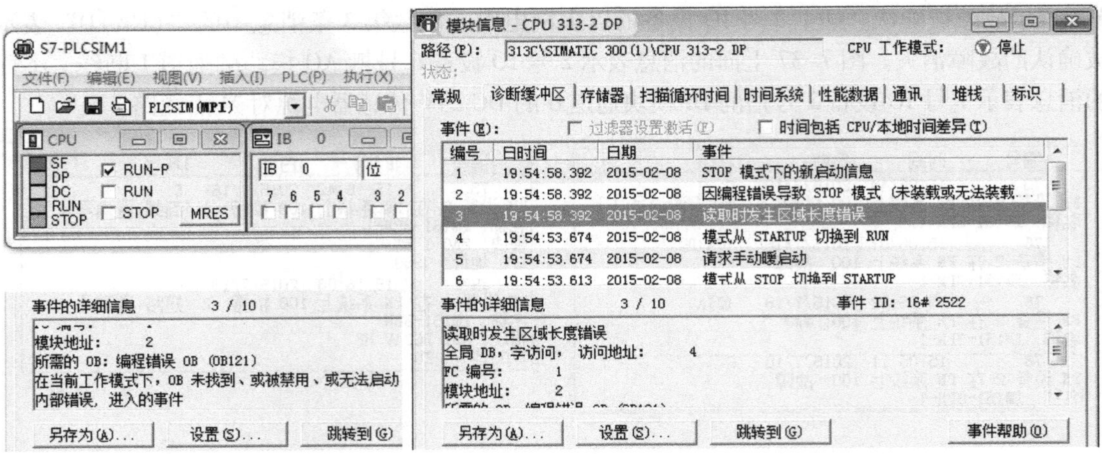

图 7-39 PLCSIM 与诊断缓冲区

的 OB121，但是没有找到 OB121。图 7-39 左下角的小图是 3 号事件详细信息的下半部分。事件 2 显示“因编程错误导致 STOP 模式（未装载或无法装载 OB）”。

单击对话框中的“跳转到”按钮，将会打开出错的 FC1，显示出错的程序段，光标在出错的指令上。打开“模块信息”对话框的“堆栈”选项卡（见图 7-40），B 堆栈（块堆栈）中是与编程错误有关的块 OB1 和 FC1，由此可以看到出错时用户程序的调用路径。

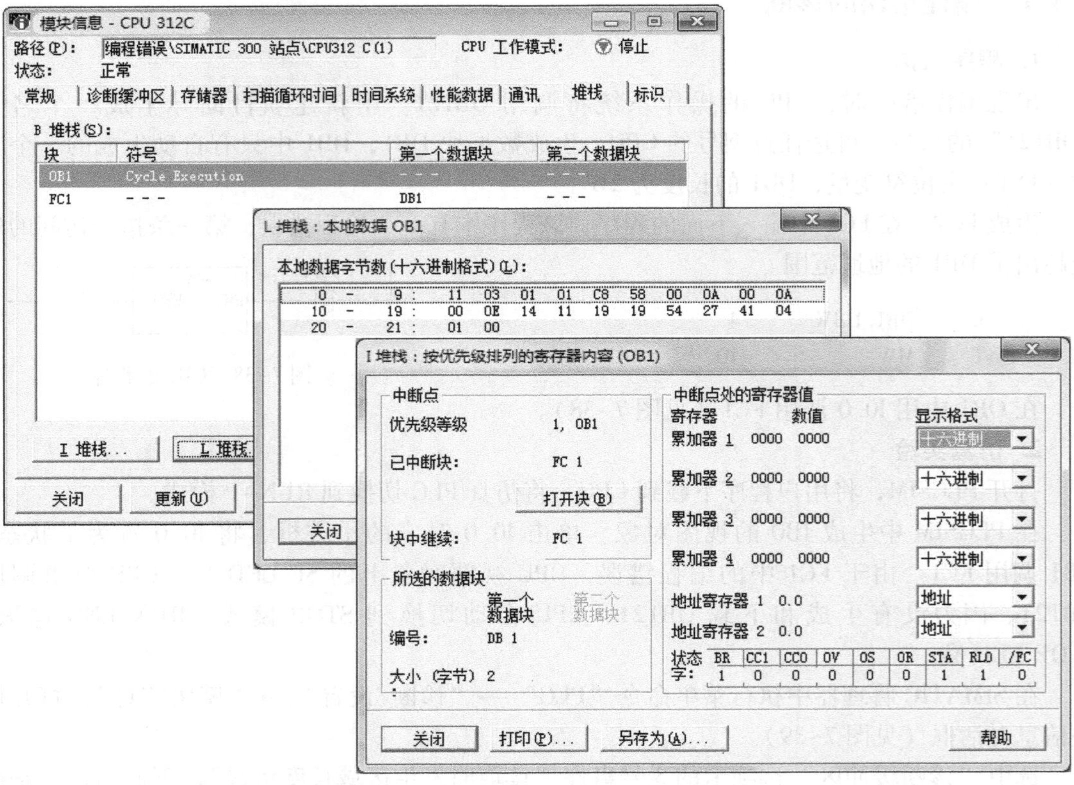

图 7-40 模块信息中的堆栈

选中 OB1，单击该选项卡的“L 堆栈”按钮，可以看到事件发生时 OB1 的局部数据。

单击“堆栈”选项卡的“I 堆栈”按钮，打开中断堆栈，可以看到程序执行被中断时累加器、地址寄存器和状态字的内容，当时打开的数据块为 DB1，其大小为 2B。在“中断点”区可以看到 FC1 的执行被中断。单击“帮助”按钮，可以得到有关的帮助信息。

返回 SIMATIC 管理器，生成 OB121（可以是一个空的块），下载到 CPU 后切换到 RUN-P 模式。令 I0.0 为 1 状态，调用 FC1 时出现编程错误，SF LED 亮，但是 CPU 不会进入 STOP 模式。

编程错误一般出现在程序的编写和调试阶段。编程错误引起停机，有利于查找错误。建议在程序运行时不要下载 OB121，以免程序带病运行。

7.3.2 项目的上传

STEP 7 的项目文件是控制系统的监控、调试、故障诊断和改进的基础。如果下载到 CPU 的项目文件没有加密，建立起 CPU 与 STEP 7 的通信连接后，可以将项目文件上传到计算机，用 STEP 7 的空项目将硬件、网络的组态信息和用户程序保存起来。下面用仿真软件来模拟项目文件上传的操作，硬件 PLC 上传项目文件的操作基本上相同。

1. 上传单主站项目的仿真实验

首先打开随书光盘中的项目“ET200DP”，然后打开 PLCSIM。将组态信息和用户程序下载到仿真 PLC，执行菜单命令“文件”→“新建”，在 STEP 7 中生成一个空的项目。

执行菜单命令“PLC”→“将站点上传到 PG”，单击出现的“选择节点地址”对话框中的“显示”按钮，将会显示 MPI 网络中可访问的站点，其中的模块型号是仿真 PLC 的型号。同时“显示”按钮上的字符变为“更新”（见图 7-41）。单击“确定”按钮，出现“上传给 PG”对话框，开始上传站点的系统数据和用户程序的块。上传的站点信息保存在打开的项目中。打开上传的 300 站点，可以看到“块”文件夹中的系统数据和下载的用户程序块。打开硬件组态工具 HW Config，可以看到机架中的模块、DP 网络和网络上的 DP 从站。

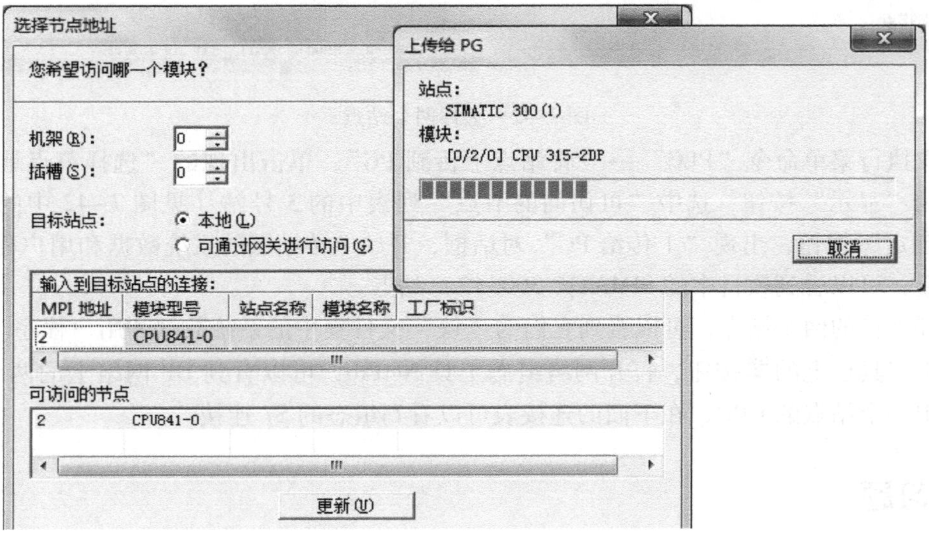

图 7-41　上传站点

上传的项目文件没有符号表和用户程序中的注释，这是因为下载的时候没有下载它们。这样的程序的可读性很差，但是可以用于故障诊断。

2. 上传多主站项目的仿真实验

首先打开随书光盘中的项目“S7_IE”，该项目有两个站点，两个 CPU 均为 CPU 315-2PN/DO。打开 PLCSIM，出现名为 S7-PLCSIM1 的窗口。

选中 SIMATIC 管理器左边窗口的 SIMATIC 300（1）站点的“块”文件夹，单击工具栏上的按钮，下载系统数据和用户程序。

单击 PLCSIM 工具栏上的按钮，生成一个名为 S7-PLCSIM2 的新的仿真 PLC。选中 SIMATIC 管理器左边窗口的 SIMATIC 300（2）站点的“块”文件夹，单击工具栏上的按钮，将该站点的系统数据和用户程序下载到 S7-PLCSIM2。

执行菜单命令“文件”→“新建”，在 STEP 7 中生成一个空的项目。

执行菜单命令“PLC”→“将站点上传到 PG”，单击出现的“选择节点地址”对话框中的“显示”按钮，“可访问的节点”列表中显示出两个可访问的站点（见图 7-42 的左图）。选中其中的 SIMATIC 300（1）站点（MPI 网络中的 2 号站），单击“确定”按钮，出现“上传给 PG”对话框，开始上传站点的系统数据和用户程序。上传结束后，可以看到 SIMATIC 管理器中的 SIMATIC 300（1）站点。

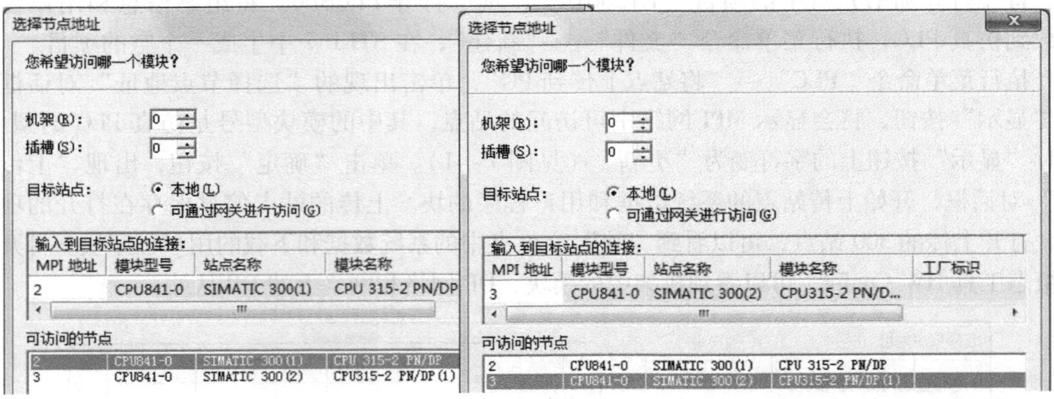

图 7-42 上传两个站点

再次执行菜单命令“PLC”→“将站点上传到 PG”，单击出现的“选择节点地址”对话框中的“显示”按钮，选中“可访问的节点”列表中的 3 号站（见图 7-42 中的右图）。单击“确定”按钮，出现“上传给 PG”对话框，开始上传站点的系统数据和用户程序。上传结束后，可以看到项目中的 SIMATIC 300（2）站点。

打开上传的两个站点，可以看到它们的“块”文件夹中的系统数据和用户程序。

单击工具栏上的按钮，打开网络组态工具 NetPro，可以看到 DP 网络上的两个站点。选中其中一个站点的 CPU，在下面的连接表可以看到组态的 S7 连接。

7.4 习题

1. 为了防止出现网络故障时 CPU 进入 STOP 模式，S7-300 和 S7-400 分别需要生成和下载哪些组织块？

2. OB82 和 OB86 的作用是什么？CPU 在什么时候调用它们？
3. OB83 的作用是什么？
4. CPU 在什么情况下用什么方式调用 OB122？
5. 怎样用 STEP 7 诊断有故障的 DP 从站？
6. 怎样用 STEP 7 诊断 DP 从站中有故障的模块？
7. 怎样打开 CPU 的模块信息对话框？
8. 怎样获取 OB、SFB 和 SFC 的在线帮助信息？
9. 怎样仿真 DP 从站故障？
10. 怎样仿真诊断中断故障？
11. 试分析图 7-43 中 OB82 的局部变量的意义。
12. 试分析图 7-44 中 OB86 的局部变量的意义。

地址	名称	类型	初始值	实际值
0.0	ARY[0]	DWORD	DW#16#0	DW#16#39421A52
4.0	ARY[1]	DWORD	DW#16#0	DW#16#C55407FD
8.0	ARY[2]	DWORD	DW#16#0	DW#16#05230000

图 7-43　OB 82 的局部变量

地址	名称	类型	初始值	实际值
0.0	ARY[0]	DWORD	DW#16#0	DW#16#39C41A56
4.0	ARY[1]	DWORD	DW#16#0	DW#16#C05407FF
8.0	ARY[2]	DWORD	DW#16#0	DW#16#07FE0106

图 7-44　OB 86 的局部变量

13. 用报告系统错误功能诊断故障有什么优点？
14. 怎样生成报告系统错误的诊断块和诊断程序？
15. 怎样诊断编程错误？
16. 怎样上传项目文件？

第 8 章　S7-300/400 在模拟量闭环控制中的应用

8.1　模拟量闭环控制与 PID 控制器

8.1.1　模拟量闭环控制系统的组成

1. 模拟量闭环控制系统

在工业生产中，一般用闭环控制方式来控制温度、压力、流量这一类连续变化的模拟量，使用得最多的是 PID 控制。典型的 PLC 模拟量闭环控制系统如图 8-1 所示，点划线中的部分是用 PLC 实现的。

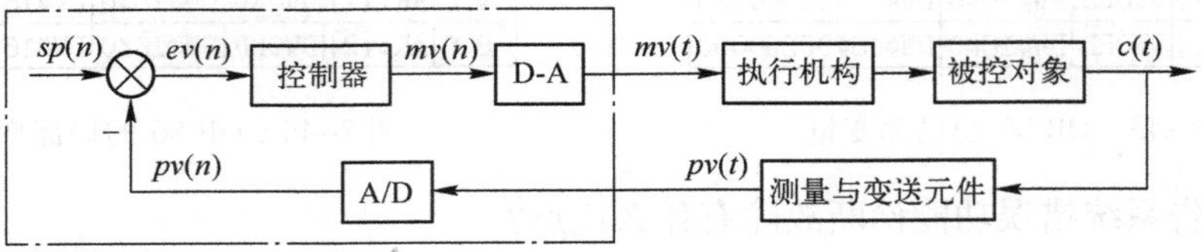

图 8-1　PLC 模拟量闭环控制系统方框图

在模拟量闭环控制系统中，被控量 $c(t)$ 是连续变化的模拟量，大多数执行机构（例如电动调节阀和变频器等）要求 PLC 输出模拟量信号 $mv(t)$，而 PLC 的 CPU 只能处理数字量。

以加热炉温度闭环控制系统为例，用热电偶检测被控量 $c(t)$（温度），温度变送器将热电偶输出的微弱电压信号转换为标准量程的直流电流或直流电压 $pv(t)$，例如 4～20 mA 和 0～10 V的信号，PLC 用模拟量输入模块（AI 模块）中的 A-D 转换器，将它们转换为与温度成比例的多位二进制数过程变量 $pv(n)$。$pv(n)$ 又称为反馈值，CPU 将它与温度设定值 $sp(n)$ 比较，误差 $ev(n) = sp(n) - pv(n)$。

PID 控制器以误差 $ev(n)$ 为输入量，进行 PID 控制运算。模拟量输出模块（AO 模块）的 D-A 转换器将 PID 控制器的数字输出值 $mv(n)$ 转换为直流电压或直流电流 $mv(t)$，用它来控制电动调节阀的开度。用电动调节阀控制加热用的天然气流量，实现对温度 $c(t)$ 的闭环控制。

CPU 以固定的时间间隔周期性地执行 PID 功能块，其间隔时间称为采样时间 T_S。各数字值括号中的 n 表示该变量是第 n 次采样计算时的数字值。

闭环负反馈控制可以使控制系统的反馈值 $pv(n)$ 等于或跟随设定值 $sp(n)$。以炉温控制系统为例，假设被控量温度值 $c(t)$ 低于给定的温度值，反馈值 $pv(n)$ 小于设定值 $sp(n)$，误差 $ev(n)$ 为正，控制器的输出量 $mv(t)$ 将增大，使执行机构（电动调节阀）的开度增大，进入加热炉的天然气流量增加，加热炉的温度升高，最终使实际温度接近或等于设定值。

天然气压力的波动、常温的工件进入加热炉，这些因素称为扰动量，它们会破坏炉温的稳定，有的扰动量很难检测和补偿。闭环控制具有自动减小和消除误差的功能，可以有效地抑制闭环中各种扰动对被控量的影响，使反馈值 $pv(n)$ 趋近于设定值 $sp(n)$。

闭环控制系统的结构简单，容易实现自动控制，因此在各个领域得到了广泛的应用。

2. 变送器的选择

变送器用于将传感器提供的电量或非电量转换为标准量程的直流电流信号或直流电压信号，例如 DC 0～10 V 和 4～20 mA 的信号。变送器分为电流输出型和电压输出型，电压输出型变送器具有恒压源的性质，PLC 的 AI 模块的电压输入端的输入阻抗很高，例如 100 kΩ～10 MΩ。如果变送器距离 PLC 较远，线路间的分布电容和分布电感产生的干扰信号电流在模块的输入阻抗上将会产生较高的干扰电压。例如 1 μA 干扰电流在 10 MΩ 输入阻抗上产生的干扰电压信号为 10 V，所以远程传送模拟量电压信号时抗干扰能力很差。

电流输出具有恒流源的性质，恒流源的内阻很大。PLC 的 AI 模块输入电流时，输入阻抗较低（例如 250 Ω）。线路上的干扰信号在模块的输入阻抗上产生的干扰电压很低，所以模拟量电流信号适于远程传送。电流传送比电压传送的传送距离远得多，S7-300/400 的 AI 模块使用屏蔽电缆信号线时，允许的最大距离为 200 m。

变送器分为二线制和四线制两种，四线制变送器有两根信号线和两根电源线。二线制变送器只有两根外部接线（见图 8-2），它们既是电源线，也是信号线，输出 4～20 mA 的信号电流，DC 24V 电源串接在回路中，有的二线制变送器通过隔离式安全栅供电。通过调试，在被检测信号量程的下限时输出电流为 4 mA，被检测信号满量程时输出电流为 20 mA。二线制变送器的接线少，信号可以远传，在工业中得到了广泛的应用。

3. 闭环控制的主要性能指标

由于给定输入信号或扰动输入信号的变化，系统的输出量达到稳态值之前的过程称为过渡过程或动态过程。系统的动态性能常用被控量的阶跃响应曲线（见图 8-3）的参数来描述。阶跃输入信号在 $t=0$ 之前为 0，$t>0$ 时为某一恒定值。

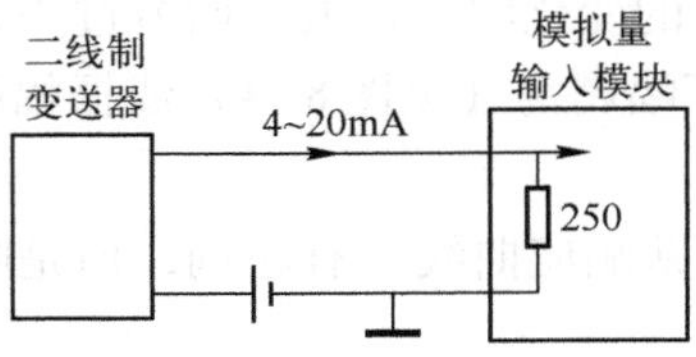

图 8-2　二线制变送器

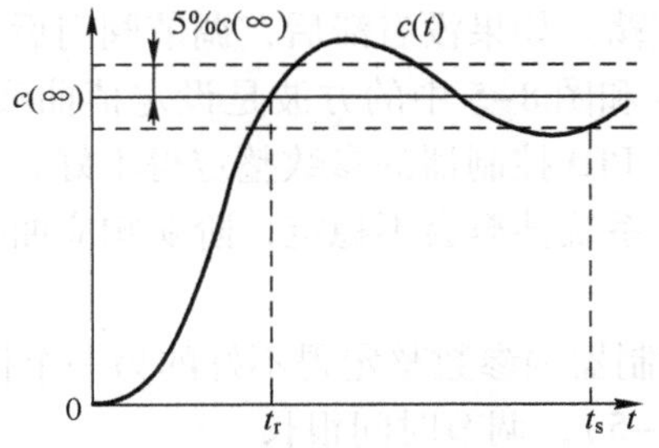

图 8-3　被控量的阶跃响应曲线

被控量 $c(t)$ 从 0 开始上升，第一次达到稳态值的时间 t_r 称为上升时间，上升时间反映了系统在响应初期的快速性。

一个系统要正常工作，阶跃响应曲线应该是收敛的，最终能趋近于某一个稳态值 $c(\infty)$。阶跃响应曲线进入并停留在稳态值 $c(\infty)$ 上下 ±5%（或 2%）的误差带内的时间 t_s 称为调节时间，到达调节时间表示过渡过程已基本结束。

设动态过程中输出量的最大值为 $c_{\max}(t)$，如果它大于输出量的稳态值 $c(\infty)$，定义超调量为

$$\sigma\% = \frac{c_{\max}(t) - c(\infty)}{c(\infty)} \times 100\%$$

超调量反映了系统的相对稳定性，它越小动态稳定性越好，一般希望超调量小于10%。

系统的稳态误差是指响应曲线进入稳态后，输出量的期望值与实际值之差，它反映了系统的稳态精度。

4. 闭环控制反馈极性的确定

闭环控制必须保证系统是负反馈（误差 = 设定值 - 反馈值），而不是正反馈（误差 = 设定值 + 反馈值）。如果系统接成了正反馈，将会失控，被控量会往单一方向增大或减小，给系统的安全带来极大的威胁。

闭环控制系统的反馈极性与很多因素有关，例如因为接线改变了变送器输出电流或输出电压的极性，或者改变了绝对式位置传感器的安装方向，都会改变反馈的极性。

可以用下述方法来判断反馈的极性：在调试时断开AO模块与执行机构之间的连线，在开环状态下运行PID控制程序。如果控制器中有积分环节，因为反馈被断开了，不能消除误差，AO模块的输出电压或电流会向一个方向变化。这时如果假设接上执行机构，能减小误差，则为负反馈，反之为正反馈。

以温度控制系统为例，假设开环运行时设定值大于反馈值，若AO模块的输出值不断增大，如果形成闭环，将使电动调节阀的开度增大，闭环后温度反馈值将会增大，使误差减小，由此可以判定系统是负反馈。

5. 闭环控制带来的问题

使用闭环控制后，并不能保证得到良好的动静态性能，这主要是系统中的滞后因素造成的，闭环中的滞后因素主要来自于被控对象。

以调节洗澡水的温度为例，我们用皮肤检测水的温度，人的大脑是闭环控制器。假设水温偏低，往热水增大的方向调节阀门后，因为从阀门到水流到人身上有一段距离，需要经过一定的时间延迟，才能感觉到水温的变化。如果调节阀门的角度太大，将会造成水温忽高忽低，来回震荡。如果没有滞后，调节阀门后马上就能感觉到水温的变化，那就很好调节了。

图8-4和图8-5中的方波是设定值曲线，$pv(t)$是过程变量，$mv(t)$是PID控制器的输出量。如果PID控制器的参数整定得不好，使$mv(t)$的变化幅度过大，调节过头，将会使超调量过大，系统甚至会不稳定，阶跃响应曲线出现等幅震荡（见图8-4）或振幅越来越大的发散震荡。

PID控制器的参数整定得不好的另一个极端是阶跃响应曲线没有超调，但是响应过于迟缓（见图8-5），调节时间很长。

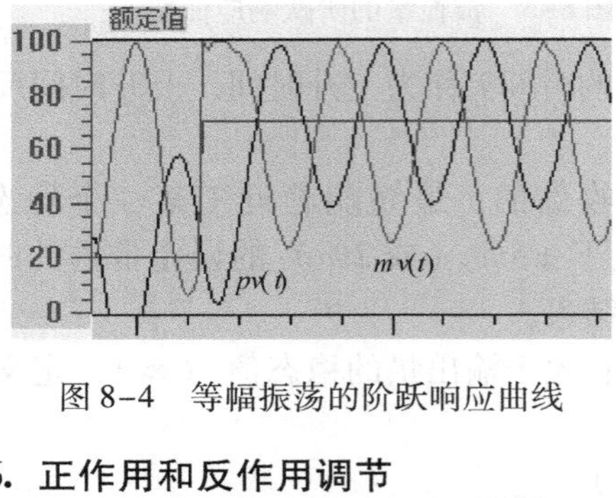

图8-4　等幅振荡的阶跃响应曲线

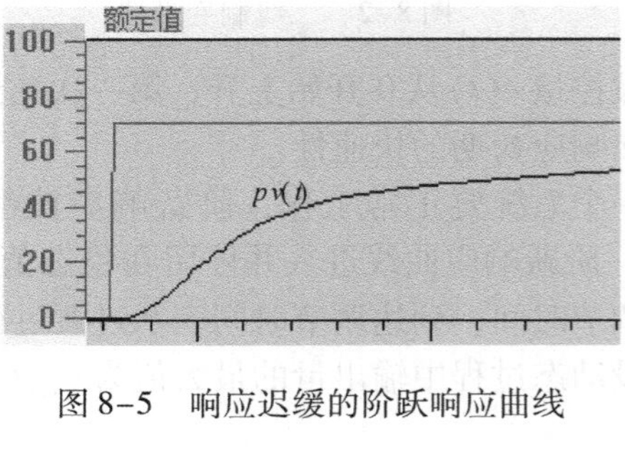

图8-5　响应迟缓的阶跃响应曲线

6. 正作用和反作用调节

PID的正作用和反作用是指PID的输出量与被控量之间的关系。在开环状态下，PID控制器输出量控制的执行机构的输出增加使被控量增大的是正作用；使被控量减小的是反作用。以加热炉温度控制系统为例，其执行机构的输出（调节阀的开度）增大，使被控对象的温度升高，这就是一个典型的正作用。制冷则恰恰相反，PID 输出值控制的压缩机的输出功率增加，使被控对象的温度降低，这就是反作用。

将 PID 回路的比例增益 K_P设为负数，就可以实现 PID 反作用调节。

8.1.2 PID 控制器的数字化

1. PID 控制器在连续控制系统中的表达式

PID 是比例、积分、微分的缩写，PID 控制器是应用最广的闭环控制器。模拟量 PID 控制器的输出表达式为

$$mv(t) = K_P\left[ev(t) + \frac{1}{T_I}\int ev(t)\,\mathrm{d}t + T_D\frac{\mathrm{d}ev(t)}{\mathrm{d}t}\right] + M \tag{8-1}$$

式中控制器的输入量（误差信号）为

$$ev(t) = sp(t) - pv(t)$$

$sp(t)$为设定值，$pv(t)$为过程变量（反馈值）；$mv(t)$是控制器的输出信号，K_P为比例系数（FB41 称为增益），T_I和 T_D分别是积分时间和微分时间，M 是积分部分的初始值。

式（8-1）中等号右边的前 3 项分别是比例、积分、微分部分，它们分别与误差 $ev(t)$、误差的积分和误差的一阶导数成正比。如果取其中的一项或两项，可以组成 P、PI 或 PD 调节器。一般采用 PI 控制方式，控制对象的惯性滞后较大时，应采用 PID 控制方式。

控制器输出量中的比例、积分、微分部分都有明确的物理意义。

2. 对比例控制作用的理解

PID 的控制原理可以用人对炉温的手动控制来理解。假设用热电偶检测炉温，用数字式仪表显示温度值。在人工控制过程中，操作人员用眼睛读取炉温，并与炉温的设定值比较，得到温度的误差值。用手操作电位器，调节加热的电流，使炉温保持在设定值附近。有经验的操作人员通过手动操作可以得到很好的控制效果。

操作人员知道使炉温稳定在设定值时电位器的大致位置（我们将它称为位置 L），并根据当时的温度误差值调整电位器的转角。炉温小于设定值时，误差为正，在位置 L 的基础上顺时针增大电位器的转角，以增大加热的电流；炉温大于设定值时，误差为负，在位置 L 的基础上反时针减小电位器的转角，以减小加热的电流。令调节后的电位器转角与位置 L 的差值与误差绝对值成正比，误差绝对值越大，调节的角度越大。上述控制策略就是比例控制，即 PID 控制器输出中的比例部分与误差成正比，比例系数（增益）为式（8-1）中的 K_P。

闭环中存在着各种各样的延迟作用。例如调节电位器转角后，到温度上升到新的转角对应的稳态值有较大的延迟。温度的检测、模拟量转换为数字值和 PID 的周期性计算都有延迟。由于延迟因素的存在，调节电位器转角后不能马上看到调节的效果，因此闭环控制系统调节困难的主要原因是系统中的延迟作用。

如果增益太小，即调节后电位器转角与位置 L 的差值太小，调节的力度不够，将使温度的变化缓慢，调节时间过长。如果增益过大，即调节后电位器转角与位置 L 的差值过大，调节力度太强，造成调节过头，可能使温度忽高忽低，来回震荡。

与具有较大滞后的积分控制作用相比，比例控制作用与误差同步，在误差出现时，比例控制能立即起作用，使被控制量朝着误差减小的方向变化。

如果闭环系统没有积分作用（即系统为自动控制理论中的 0 型系统），由理论分析可知，单纯的比例控制有稳态误差，稳态误差与增益成反比。

图 8-6 和图 8-7 中的方波是比例控制的给定曲线，图 8-6 的系统增益小，超调量小，震荡次数少，但是稳态误差大。增益增大几倍后，启动时被控量的上升速度加快（见图 8-7），稳态误差减小，但是超调量增大，振荡次数增加，调节时间加长，动态性能变坏。增益过大甚至会使闭环系统不稳定。因此单纯的比例控制很难兼顾动态性能和稳态性能。

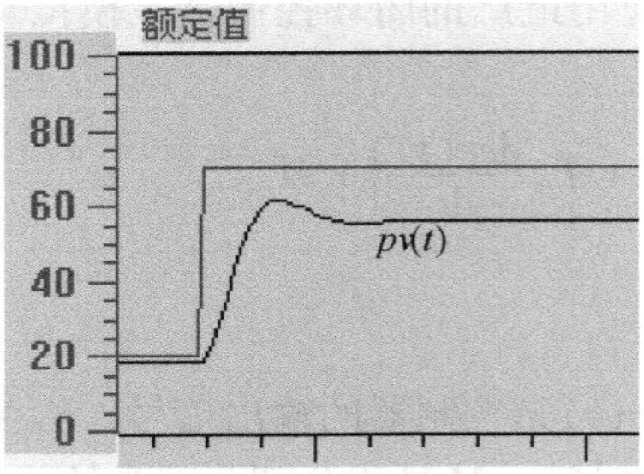

图 8-6 比例控制的阶跃响应曲线

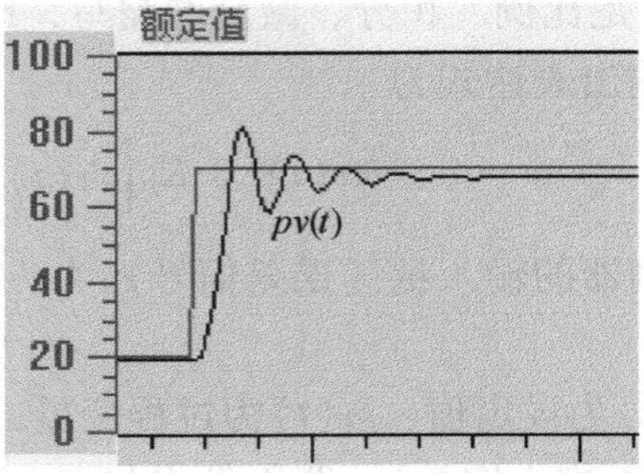

图 8-7 比例控制的阶跃响应曲线

3. 对积分控制作用的理解

（1）积分的几何意义与近似计算

PID 程序是周期性执行的，执行 PID 程序的时间间隔为采样时间 T_S。第 n 次 PID 运算时的时间为 $T_S n$，因为 PID 程序运行时 T_S 为常数，将 $t = T_S n$ 时 PID 控制器的输入量 $ev(T_S n)$ 简写为 $ev(n)$，输出量 $mv(T_S n)$ 简写为 $mv(n)$。

式（8-1）中的积分 $\int ev(t)\mathrm{d}t$ 对应于图 8-8 中误差曲线 $ev(t)$ 与坐标轴包围的面积（图中的灰色部分）。我们只能使用连续的误差曲线上间隔时间为 T_S 的一些离散的点的值来计算积分，因此不可能计算出准确的积分值，只能对积分作近似计算。

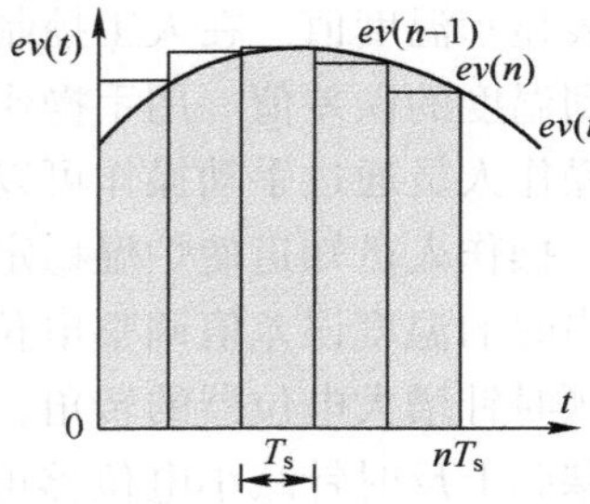

图 8-8 积分的近似运算

一般用 8-8 图中的矩形面积之和来近似计算精确积分。每块矩形的面积为 $ev(jT_S)T_S$。为了书写方便，将 $ev(jT_S)$ 简写为 $ev(j)$，各块矩形的总面积为 $T_S\sum_{j=1}^{n} ev(j)$。当 T_S 较小时，积分的误差不大。可以理解为每次 PID 运算时，积分运算是在原来的积分值的基础上，增加一个与当前的误差值成正比的微小部分（对应于新增加的矩形面积）。在图 8-9 中 A 点和 B 点、C 点和 D 点之间，设定值大于反馈值，误差为正，积分项增大。在 B 点和 C 点之间，反馈值大于设定值，误差为负，积分项减小。

（2）积分控制的作用

在上述的温度控制系统中，积分控制相当于根据当时的误差值，周期性地微调电位器的角度。温度低于设定值时误差为正，积分项增大一点点，使加热电流增加；反之积分项减小一点点。只要误差不为零，控制器的输出就会因为积分作用而不断变化。积分这种微调的“大方向”是正确的，因此积分项有减小误差的作用。只要误差不为零，积分项就会向减小误差的方向变化。在误差很小的时候，比例部分和微分部分的作用几乎可以忽略不计，但是积分项仍然不断变化，用“水滴石穿”的力量，使误差趋近于零。

在系统处于稳定状态时，误差恒为零，比例部分和微分部分均为零，积分部分不再变化，并且刚好等于稳态时需要的控制器的输出值，对应于上述温度控制系统中电位器转角的位置 L。因此积分部分的作用是消除稳态误差，提高控制精度，积分作用一般是必需的。在纯比例控制的基础上增加积分控制（即 PI 控制），被控量最终等于设定值（见图 8-10），稳态误差被消除。

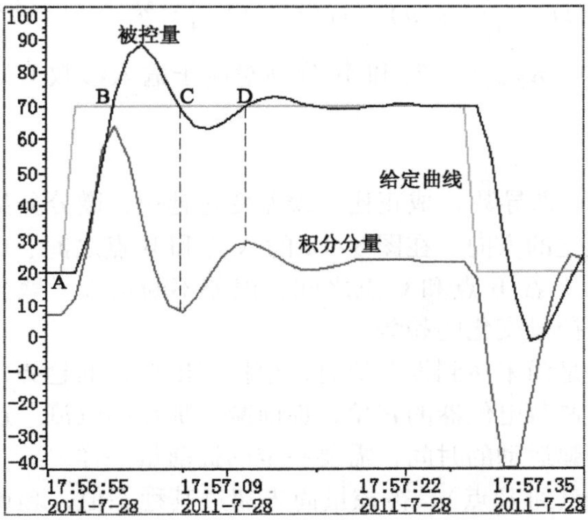

图 8-9　PID 控制器输出中的积分分量

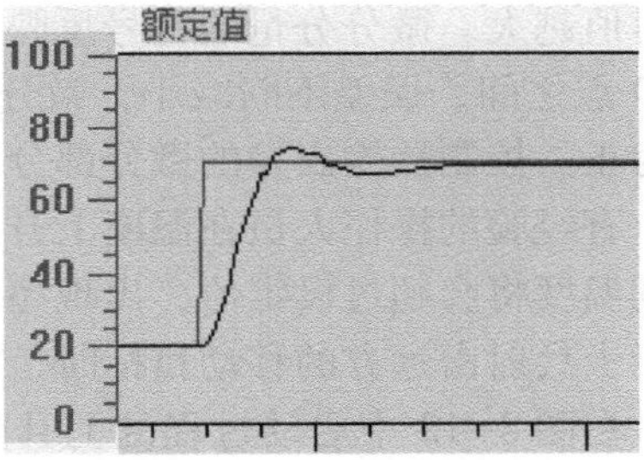

图 8-10　PI 控制器的阶跃响应曲线

（3）积分控制的缺点

积分项与当前误差值和过去的历次误差值的累加值成正比，因此积分作用具有严重的滞后特性，对系统的稳定性不利。如果积分时间设置得不好，其负面作用很难通过积分作用迅速地修正。如果积分作用太强，相当于每次微调电位器的角度值过大。其累积的作用与增益过大相同，会使系统的动态性能变差，超调量增大，甚至使系统不稳定。积分作用太弱，则消除误差的速度太慢。

（4）积分控制的应用

PID 的比例部分没有延迟，只要误差一出现，比例部分就会立即起作用。具有滞后特性的积分作用很少单独使用，它一般与比例控制和微分控制联合使用，组成 PI 或 PID 控制器。

PI 和 PID 控制器既克服了单纯的比例调节有稳态误差的缺点，又避免了单纯的积分调节响应慢、动态性能不好的缺点，因此被广泛使用。如果控制器有积分作用（例如采用 PI 或 PID 控制），积分能消除阶跃输入的稳态误差，这时可以将增益调得小一些。

（5）积分部分的调试

因为积分时间 T_I 在式（8-1）的积分项的分母中，T_I 越小，积分项变化的速度越快，积分作用越强。综上所述，积分作用太强（即 T_I 太小），系统的稳定性变差，超调量增大。积分作用太弱（即 T_I 太大），系统消除稳态误差的速度太慢，T_I 的值应取得适中。

4. 对微分控制作用的理解

（1）微分的几何意义与近似计算

在误差曲线 $ev(t)$ 上作一条切线（见图 8-11），该切线与 x 轴正方向的夹角 α 的正切值 $\tan\alpha$ 即为该点处误差的一阶导数 $dev(t)/dt$。PID 控制器输出表达式（8-1）中的导数用下式来近似：

$$\frac{dev(t)}{dt} \approx \frac{\Delta ev(t)}{\Delta t} = \frac{ev(n) - ev(n-1)}{T_S}$$

式中，$ev(n-1)$（见图 8-11）是第 $n-1$ 次采样时的误差值。将积分和导数的近似表达式代入式（8-1），第 n 次采样时控制器的输出为

$$mv(n) = K_P\left\{ev(n) + \frac{T_S}{T_I}\sum_{j=1}^{n} ev(j) + \frac{T_D}{T_S}[ev(n) - ev(n-1)]\right\} + M \qquad (8-2)$$

在 FB41 “CONT_C”（连续控制器）中，K_P、T_I、T_D 和 M 分别对应于输入参数 GAIN、TI、TD 和积分初始值 I_ITLVAL。

（2）微分部分的物理意义

PID 输出的微分分量与误差的变化速率（即导数）成正比，误差变化越快，微分分量的绝对值越大。微分分量的符号反映了误差变化的方向。在图 8-12 的 A 点和 B 点之间、C 点和 D 点之间，误差不断减小，微分分量为负；在 B 点和 C 点之间，误差不断增大，微分分量为正。控制器输出量的微分部分反映了被控量变化的趋势。

有经验的操作人员在温度上升过快，但是尚未达到设定值时，根据温度变化的趋势，预感到温度将会超过设定值，出现超调。于是调节电位器的转角，提前减小加热的电流。这相当于士兵射击远方的移动目标时，考虑到子弹运动的时间，需要一定的提前量一样。

在图 8-12 中启动过程的上升阶段（A 点到 E 点），被控量尚未超过其稳态值，超调还没有出现。但是因为被控量不断增大，误差 $e(t)$ 不断减小，误差的导数和控制器输出量的微分分量为负，使控制器的输出量减小，相当于减小了温度控制系统的加热功率，提前给出了制动作用，以阻止温度上升过快，所以可以减小超调量。因此微分控制具有超前和预测的

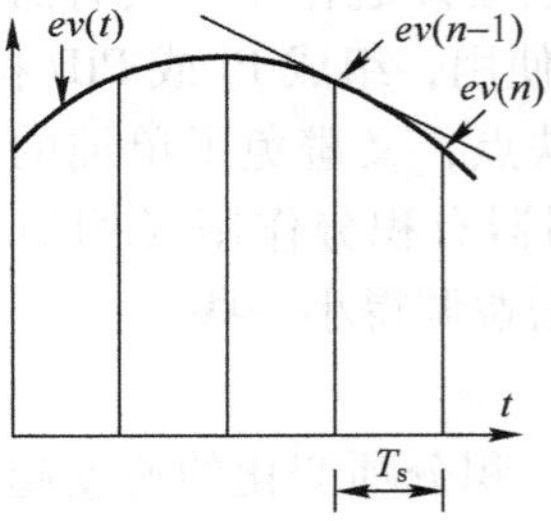

图 8-11　微分的近似计算

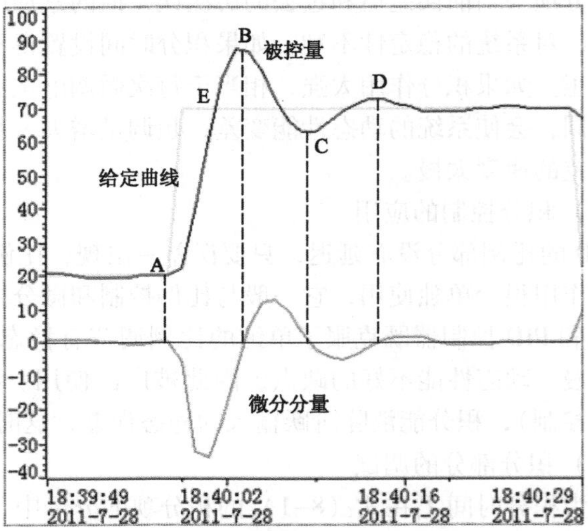

图 8-12　PID 控制器输出中的微分分量

特性，在温度尚未超过稳态值之前，根据被控量变化的趋势，微分作用就能提前采取措施，以减小超调量。在图 8-12 的 E 点和 B 点之间，被控量继续增大，控制器输出量的微分分量仍然为负，继续起制动作用，以减小超调量。

闭环控制系统的振荡甚至不稳定的根本原因在于有较大的滞后因素，因为微分分量能预测误差变化的趋势，微分控制的超前作用可以抵消滞后因素的影响。适当的微分控制作用可以使超调量减小，调节时间缩短，增加系统的稳定性。对于有较大惯性或滞后的被控对象，控制器输出量变化后，要经过较长的时间才能引起反馈值的变化。如果 PI 控制器的控制效果不理想，可以考虑在控制器中增加微分作用，以改善闭环系统的动态特性。

（3）微分部分的调试

微分时间 T_D与微分作用的强弱成正比，T_D越大，微分作用越强。微分作用的本质是阻碍被控量的变化，如果微分作用太强（T_D太大），对误差的变化压抑过度，将会使响应曲线变化迟缓，超调量反而可能增大（见图 8-22）。此外微分部分过强会使系统抑制干扰噪声的能力降低。综上所述，微分控制作用的强度应适当，太弱则作用不大，过强则有负面作用。如果将微分时间设置为 0，微分部分将不起作用。

（4）不完全微分 PID

微分作用的引入可以改善系统的动态性能，其缺点是对干扰噪声敏感，使系统抑制干扰的能力降低。为此在微分部分增加一阶惯性滤波环节，以平缓 PID 控制器输出中微分部分的剧烈变化。这种 PID 称为不完全微分 PID。

设惯性滤波环节的时间常数为 T_f，不完全微分 PID 的传递函数为

$$\frac{MV(s)}{EV(s)} = K_P\left(1 + \frac{1}{T_I s} + \frac{T_D s}{T_f s + 1}\right) \tag{8-3}$$

在 FB41 中，T_f 对应于微分操作的延迟时间 TM_LAG。闭环仿真发现，如果采用了不完全微分 PID，当 T_D和 T_f 太大时，将会使响应曲线变得很怪异，甚至会出现“毛刺”。

5. 怎样实现 PID 控制

S7-300 的 FM 355 和 S7-400 的 FM 455 是智能化的 4 路和 16 路通用闭环控制模块，它们集成了闭环控制需要的 I/O 点和软件，FM 455 提供了 PID 算法和自优化温度控制算法。

PID 控制模块的价格较高，因此一般使用普通的信号模块和 PID 控制功能块（FB）来实现 PID 控制。所有型号的 CPU 都可以使用 PID 控制功能块 FB41 ~ FB43，和用于温度闭环控制的 FB58 和 FB59，它们在程序编辑器左边窗口的文件夹“\库\Standard Library(标准库)\PID Controller(PID 控制器)”中。FB41 ~ FB43 除了 PID 控制器功能以外，还可以处理设定值和过程反馈值，以及对控制器的输出值进行后期处理。计算所需的数据保存在指定的背景数据块中。

FB41“CONT_C”（连续控制器）输出的数字值一般用 AO 模块转换为连续的模拟量。

FB43（脉冲发生器）与 FB41 组合，可以产生脉冲宽度调制的开关量输出信号，来控制比例执行机构，例如可以用于加热和冷却控制。FB42“CONT_S”用于步进控制，其特点是可以直接用它的两点开关量输出信号控制电动阀门，从而省去了电动调节阀内部的位置闭环控制器和位置传感器。FB42 和 FB43 的应用实例见参考文献［1］。

实际控制中 FB41 用得最多，FB43 用得较少，FB42 用得很少。CPU 31xC 还可以使用集成在 CPU 中与 FB41 ~ FB43 兼容的 SFB41 ~ SFB43。

FB58（连续温度控制）和 FB59（温度步进控制）有参数自整定功能，FB41 和 FB42 则

需要安装软件 PID Self Tuner 来实现在线的参数自整定。

8.2 连续 PID 控制器 FB41

8.2.1 设定值与过程变量的处理

FB41 的参数很多，建议结合它的框图（见图 8-13）来理解这些参数。

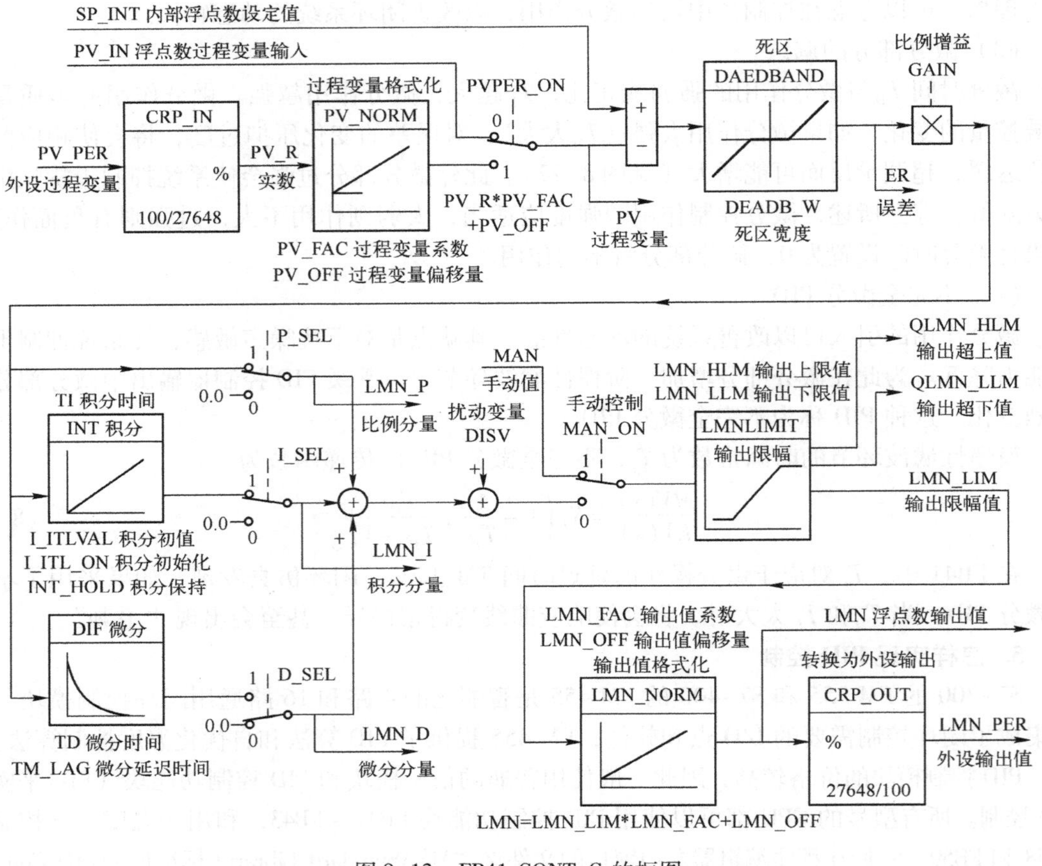

图 8-13 FB41 CONT_C 的框图

1. 设定值的输入

在 FB41 内部，PID 控制器的设定值 SP_INT、过程变量输入 PV_IN 和输出值 LMN 都是浮点数格式的百分数。可以用两种方式输入过程变量（即反馈值）。

1）BOOL 输入参数 PVPER_ON（外部设备过程变量 ON）为 0 状态时，用 PV_IN（过程变量输入）输入以百分数为单位的浮点数格式的过程变量。

2）PVPER_ON 为 1 状态时，用 PV_PER 输入外部设备（I/O 格式）的过程变量，即用 AI 模块输出的数字值作为 PID 控制的过程变量。

2. 外部设备过程变量转换为浮点数

图 8-13 中的 CRP_IN 方框将 0～27648 或 ±27648（对应于模拟量输入的满量程）的外

部设备过程变量 PV_PER，转换为 0～100% 或 ±100% 的浮点数格式的百分数，CPR_IN 方框的输出 PV_R 用下式计算：

$$PV\_R = PV\_PER \times 100 / 27648 (\%)$$

3. 外部设备过程变量的格式化

PV_NORM（外设变量格式化）方框用下面的公式将 CRP_IN 方框的输出 PV_R 格式化：

$$PV\_NORM 的输出 = PV\_R \times PV\_FAC + PV\_OFF$$

式中，PV_FAC 为过程变量的系数，默认值为 1.0；PV_OFF 为过程变量的偏移量，默认值为 0.0。PV_FAC 和 PV_OFF 用来调节外设输入过程变量的范围。它们采用默认值时，PV_NORM 方框的输入、输出值相等。输出参数 PV（过程变量）供调试时使用。

8.2.2 PID 控制算法与输出值的处理

1. 误差的计算与死区特性

SP_INT（内部设定值）是以百分数为单位的浮点数设定值。用 SP_INT 减去浮点数格式的过程变量 PV（即反馈值，见图 8-13），得到误差值。

在控制系统中，某些执行机构如果频繁动作，将会导致小幅振荡，造成严重的机械磨损。从控制要求来说，很多系统又允许被控量在一定范围内存在误差。死区环节能防止执行机构的频繁动作。当死区环节的输入量（即误差）的绝对值小于输入参数死区宽度 DEADB_W 时，死区环节的输出量（即 PID 控制器的输入量）为 0，这时 PID 控制器的输出分量中，比例部分和微分部分为 0，积分部分保持不变，因此 PID 控制器的输出值保持不变，控制器不起调节作用，系统处于开环状态。当误差的绝对值超过 DEADB_W 时，死区环节的输入、输出为线性关系，为正常的 PID 控制。如果令 DEADB_W 为 0，死区被关闭。

图 8-13 中的误差 ER(error) 为 FB41 输出的中间变量。

2. 设置控制器的结构

FB41 采用位置式 PID 算法，PID 控制器的比例运算、积分运算和微分运算 3 部分并联，P_SEL、I_SEL 和 D_SEL 为 1 状态时分别启用比例、积分和微分作用，反之则禁止对应的控制作用。因此可以将控制器组态为 P、PI、PD 和 PID 控制器。很少使用单独的 I 控制器或 D 控制器，默认的控制方式为 PI 控制。

LNM_P、LNM_I 和 LNM_D 分别是 PID 控制器输出量中的比例分量、积分分量和微分分量，它们供调试时使用。

图 8-13 中的 GAIN 为比例增益，对应于式(8-1)中的 K_P。TI 和 TD 分别为积分时间和微分时间，对应于式(8-1)中的 T_I 和 T_D。

输入参数 TM_LAG 为微分操作的延迟时间，SFB41 的帮助文件建议将 TM_LAG 设置为 TD/5，这样可以减少一个需要整定的参数。

引入扰动量 DISV（Disturbance）可以实现前馈控制，DISV 的默认值为 0.0。

3. 积分器的初始值

FB41 有一个初始化程序，在输入参数 COM_RST（完全重新起动）为 1 状态时该程序被执行。在初始化过程中，如果 BOOL 输入参数 I_ITL_ON（积分作用初始化）为 1 状态，将输入参数 I_ITLVAL 作为积分器的初始值，所有其他输出都被设置为其默认值。

INT_HOLD 为 1 时积分操作保持不变，积分输出被冻结，一般不冻结积分输出。

4. 手动模式

BOOL 变量 MAN_ON 为 1 状态时为手动模式，为 0 状态时为自动模式。在手动模式，控制器的输出值被手动输入值 MAN 代替。

5. 输出量限幅

LMNLIMIT（输出量限幅）方框用于将控制器的输出量限幅。

LMNLIMIT 的输入量超出控制器输出量的上限值 LMN_HLM 时，BOOL 输出 QLMN_HLM（输出超出上限）为 1 状态；小于下限值 LMN_LLM 时，BOOL 输出 QLMN_LLM（输出超出下限）为 1 状态。LMN_HLM 和 LMN_LLM 的默认值分别为 100.0% 和 0.0%。

6. 输出量的格式化处理

LMN_NORM（输出量格式化）方框用下述公式来将限幅后的输出量 LMN_LIM 格式化：

$$LMN = LMN\_LIM \times LMN\_FAC + LMN\_OFF$$

式中，LMN 是格式化后浮点数格式的控制器输出值（手册称为操作值）；LMN_FAC 为输出值系数，默认值为 1.0；LMN_OFF 为输出值偏移量，默认值为 0.0。LMN_FAC 和 LMN_OFF 用来调节控制器输出值的范围。它们采用默认值时，LMN_NORM 方框的输入、输出值相等。

7. 输出值转换为外部设备（I/O）格式

为了将 PID 控制器的输出值送给 AO 模块，通过“CPR_OUT”方框，将 LMN（0～100% 或 ±100% 的浮点数格式的百分数）转换为外部设备（I/O）格式的变量 LMN_PER（0～27648 或 ±27648 的整数）。转换公式为

$$LMN\_PER = LMN \times 27648/100$$

8.3 PID 控制器的示例程序

8.3.1 闭环控制系统的组成

各种 PLC 都有用于 PID 控制的指令、子程序或功能块，调用它们来编写 PID 控制程序并不困难。PID 控制的难点不是编写或阅读控制程序，而是整定控制器的参数。如果使用 PID 控制，需要整定的主要参数有比例增益 GAIN、积分时间 TI、微分时间 TD 和采样时间 CYCLE。如果使用 PI 控制器，也有 3 个主要的参数需要整定。如果参数整定得不好，即使程序设计没有问题，系统的动、静态性能也达不到要求，甚至会使系统不能稳定运行。

为了学习整定 PID 控制器参数的方法，必须做闭环实验，开环运行 PID 程序没有任何意义。如果用实际的闭环控制系统来学习调试 PID 控制器参数的方法，可能有一定的风险。

随书光盘中的例程“PID 控制”用功能块 FB100 模拟实际的执行机构和被控对象，不需要任何硬件，就可以用 PLCSIM 对闭环控制系统仿真。可以用 STEP 7 集成的 PID 参数赋值工具，显示 PID 控制器的方波给定曲线和被控量的阶跃响应曲线，观察闭环控制的效果。还可以用 PID 参数赋值工具修改 PID 控制器的参数，通过观察 PID 控制器的参数与系统性能之间的关系，来学习整定 PID 控制器参数的方法。

1. 闭环仿真系统的结构

随书光盘中的例程“PID 控制”中的闭环控制系统，由 PID 连续控制器 FB41“CONT_C”和用来模拟被控对象的功能块 FB100“过程对象”组成（见图 8-14）。DISV 是系统的

扰动量，其默认值为0.0。

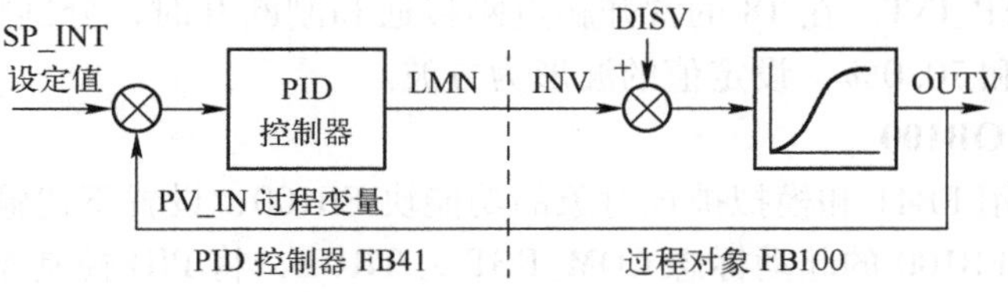

图 8-14 闭环仿真系统的结构

FB100 用来模拟 3 阶惯性环节，其比例增益为 GAIN，3 个串联的惯性环节的时间常数分别为 TM_LAG1 ~ TM_LAG3。将某一时间常数设置为 0，可以减少惯性环节的个数。

2. 示例程序的结构

例程“PID 控制”的主体程序是 OB100 和 OB35，刚进入 RUN 模式时，CPU 调用一次 OB100，在 HW Config 中将 OB35 的时间间隔（即 PID 控制的采样时间 T_S）设置为 200ms，程序运行时每隔 200ms 自动调用一次 OB35。

在 OB100 中调用 FB41 和模拟被控对象的 FB100，对 PID 控制器和被控对象的参数初始化。在 OB35 中调用 FB41 和 FB100，实现 PID 控制和被控对象的功能。各逻辑块和数据块的符号名见图 8-15。

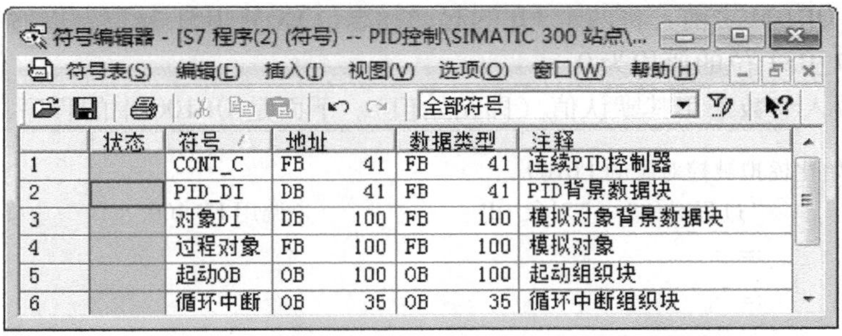

	状态	符号	地址		数据类型		注释
1		CONT_C	FB	41	FB	41	连续PID控制器
2		PID_DI	DB	41	FB	41	PID背景数据块
3		对象DI	DB	100	FB	100	模拟对象背景数据块
4		过程对象	FB	100	FB	100	模拟对象
5		起动OB	OB	100	OB	100	起动组织块
6		循环中断	OB	35	OB	35	循环中断组织块

图 8-15 符号表

8.3.2 程序设计

1. 在 OB1 中产生方波给定信号

在 OB1 中，用 T8 和 T9 组成振荡电路（见图 8-16），T8 的常开触点的接通和断开的时

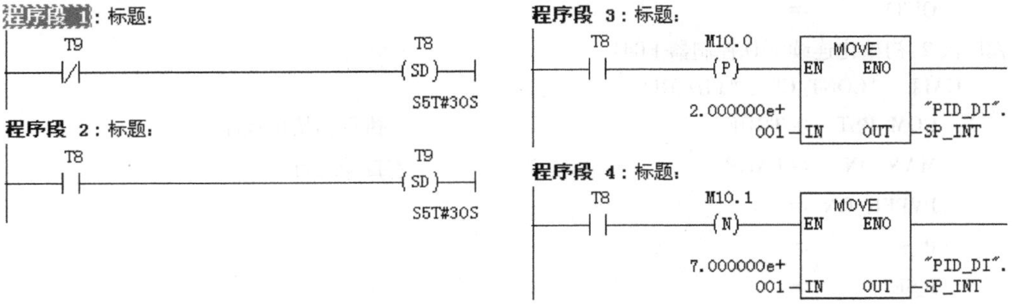

图 8-16 OB1 中的梯形图

间均为 30s。"PID_DI". SP_INT 是 FB41 的背景数据块 PID_DI 中存放的以百分数为单位的控制器浮点数设定值 SP_INT。在 T8 的常开触点刚接通和刚断开时，分别将设定值 SP_INT 修改为浮点数 20.0% 和 70.0%，设定值的波形为方波。

2. 起动组织块 OB100

在 OB100 中调用 FB41 和模拟被控对象的功能块 FB100，设置下述输入参数的初始值。

1）令 FB41 和 FB100 的起动标志 COM_RST 为 TRUE，将 PID 控制器和被控对象的内部参数初始化为默认值。

2）设置 FB41 和 FB100 的采样时间 CYCLE 为 200 ms，它们的采样时间一般与 OB35 的循环执行周期相同，也可以是 OB35 周期的若干倍。

3）设置被控对象的增益和时间常数的值。因为输入参数 TM_LAG3（惯性环节的时间常数）为 0，实际上模拟的被控对象只有两个惯性环节。被控对象的传递函数为 $3/[(5s+1)(2s+1)]$。

4）设置 PID 控制器的参数 GAIN、TI 和 TD 的初始值。假设 AO 模块为双极性输出，设置控制器输出下限值为 −100.0%，上限值为默认的 100.0%。

5）FB41 默认的设置为 PI 控制器，将参数 D_SEL 设置为 1（TRUE），该控制器为 PID 控制器。设置微分操作的延迟时间 TM_LAG 为 0 ms，微分部分未使用惯性滤波环节。

6）设置 MAN_ON 为 FALSE，控制器工作在自动方式。

7）在退出 OB100 之前，将两个 FB 的起动标志位 COM_RST 复位，以后在执行 FB41 和 FB100 时，COM_RST 位的值均为 0。

未设置的输入参数采用其默认值（即初始值）。下面是 OB100 中的程序：

```
程序段 1:初始化模拟被控对象的 FB100
    CALL        "过程对象" ,"对象 DI"          //调用 FB 100
      INV       :=
      DISV      :=
      GAIN      :=3.000000e+000               //被控对象的增益
      TM_LAG1   :=T#5S                        //1 号惯性环节的时间常数
      TM_LAG2   :=T#2S                        //2 号惯性环节的时间常数
      TM_LAG3   :=T#0MS                       //3 号惯性环节的时间常数
      COM_RST   :=TRUE                        //启动标志设置为 1 状态
      CYCLE     :=T#200MS                     //采样时间
      OUTV      :=
程序段 2:初始化连续 PID 控制器 FB41
    CALL  "CONT_C" ,"PID_DI"
      COM_RST   :=TRUE                        //执行初始化程序
      MAN_ON    :=FALSE                       //自动运行
      PVPER_ON  :=
      P_SEL     :=
      I_SEL     :=
      INT_HOLD  :=
```

```
I_ITL_ON    :=
D_SEL       := TRUE                        //启用微分操作,采用 PID 控制方式
CYCLE       := T#200MS                     //采样时间
SP_INT      :=
PV_IN       :=
PV_PER      :=
MAN         :=
GAIN        := 2.000000e+000               //增益初始值
TI          := T#4S                        //积分时间初始值
TD          := T#200MS                     //微分时间初始值
TM_LAG      := T#0MS                       //微分部分未使用惯性滤波
DEADB_W     :=
LMN_HLM     :=
LMN_LLM     := -1.000000e+002              //控制器输出的下限值
PV_FAC      :=
PV_OFF      :=
LMN_FAC     :=
LMN_OFF     :=
I_ITLVAL    :=
DISV        :=
LMN         :=
LMN_PER     :=
QLMN_HLM    :=
QLMN_LLM    :=
LMN_P       :=
LMN_I       :=
LMN_D       :=
PV          :=
ER          :=
```

程序段 3:复位启动标志

```
CLR
=        "PID_DI".COM_RST
=        "对象 DI".COM_RST
```

程序段 4:令 PID 设定值的初值为 70%

```
L        7.000000e+001
T        "PID_DI".SP_INT
```

3. 循环中断组织块 OB35

为了保证 PID 运算的采样时间的精度，在循环中断组织块 OB35 中调用 FB41 和 FB100。

在 OB35 中使用在 OB100 中设置的 FB41 和 FB100 的参数初始值，直到用 PID 参数赋值工具修改了其中的某些参数。在 OB100 和 OB35 中未设置的 FB41 和 FB100 的输入、输出参数，将使用它们的默认值。在 FB41 和 FB100 的局部变量表或 FB41 的在线帮助中，可以看到各输入、输入参数的默认值。

FB41 的背景数据块 DB41 的符号名为“PID_DI”，FB100 的背景数据块 DB100 的符号名为“对象 DI”。将 PID 控制器的输出参数值"PID_DI". LMN 送给 FB100 的输入参数 INV，将 FB100 的输出参数值"对象 DI". OUTV 送给 PID 控制器的过程变量输入 PV_IN，FB41 和 FB100 组成了图 8-14 所示的闭环。因为是用软件对被控对象仿真，不涉及 AI 模块和 AO 模块，闭环中的变量均为浮点数。

因为是自动方式（MAN_ON 为 FALSE），不用设置手动输入值 MAN。

输入端的选择开关 PVPER_ON 为默认值 FALSE，采用浮点数格式的过程变量。过程变量不是来自外部设备（AI 模块），不用设置外设过程变量 PV_PER。因为 PID 的输出不是送给 AO 模块，不用设置 I/O 格式的控制器输出 LMN_PER。

在实际的语句表程序中，如果要给功能块的某个输入、输出参数添加注释，必须设置该变量的实参。下面是循环中断组织块 OB35 的程序。

```
程序段 1：调用被控对象仿真程序 FB100
    CALL  "过程对象" ,"过程对象 DI"
      INV       :="PID_DI". LMN    //PID 控制器的浮点数输出值作为被控对象的输入变量
      DISV      :=                 //扰动量,初始值为 0.0
      GAIN      :=                 //增益,初始值为 3.0
      TM_LAG1   :=                 //时间常数 1,初始值为 5s
      TM_LAG2   :=                 //时间常数 2,初始值为 2s
      TM_LAG3   :=                 //时间常数 3,初始值为 0s
      COM_RST   :=                 //启动标志,在 OB100 被复位
      CYCLE     :=                 //采样时间,初始值为 T#200MS
      OUTV      :=                 //被控对象的输出,作为 PID 控制器的反馈值
程序段 2：调用连续 PID 控制器 FB41
    CALL  "CONT_C" ,"PID_DI"
      COM_RST   :=                 //启动标志,在 OB100 被复位
      MAN_ON    :=                 //初始化为 FALSE,自动运行
      PVPER_ON  :=                 //采用默认值 FALSE,使用浮点数过程值
      P_SEL     :=                 //采用默认值 TRUE,启用比例(P)操作
      I_SEL     :=                 //采用默认值 TRUE,启用积分(I)操作
      INT_HOLD  :=                 //采用默认值 FALSE,不冻结积分输出
      I_ITL_ON  :=                 //采用默认值 FALSE,未设积分器的初值
      D_SEL     :=                 //在 OB100 被初始化为 TRUE,启用微分操作
      CYCLE     :=                 //采样时间,在 OB100 被设置为 T#200MS
      SP_INT    :=                 //在 OB1 中修改此设定值
```

```
PV_IN      :="对象 DI". OUTV   //FB100 的浮点数格式输出值作为 PID 的过程变量输入
PV_PER     :=                  //外部设备输入的 I/O 格式的过程变量值,未用
MAN        :=                  //操作员接口输入的手动值,未用
GAIN       :=                  //增益,初始值为 2.0,可用 PID 控制参数赋值工具修改
TI         :=                  //积分时间,初始值为 4s,可用 PID 控制参数赋值工具修改
TD         :=                  //微分时间,初始值为 0.2s,可用 PID 控制参数赋值工具修改
TM_LAG     :=                  //微分部分的延迟时间,被初始化为 0s
DEADB_W    :=                  //死区宽度,采用默认值 0.0(无死区)
LMN_HLM    :=                  //控制器输出上限值,采用默认值 100.0
LMN_LLM    :=                  //控制器输出下限值,在 OB100 被初始化为 -100.0
PV_FAC     :=                  //外设过程变量格式化的系数,采用默认值 1.0
PV_OFF     :=                  //外设过程变量格式化的偏移量,采用默认值 0.0
LMN_FAC    :=                  //控制器输出量格式化的系数,采用默认值 1.0
LMN_OFF    :=                  //控制器输出量格式化的偏移量,采用默认值 0.0
I_ITLVAL   :=                  //积分操作的初始值,未用
DISV       :=                  //扰动输入变量,采用默认值 0.0
LMN        :=                  //控制器浮点数输出值,被送给被控对象的输入变量 INV
LMN_PER    :=                  //I/O 格式的控制器输出值,未用
QLMN_HLM   :=                  //控制器输出值超过上限
QLMN_LLM   :=                  //控制器输出值小于下限
LMN_P      :=                  //控制器输出值中的比例分量,可用于调试
LMN_I      :=                  //控制器输出值中的积分分量,可用于调试
LMN_D      :=                  //控制器输出值中的微分分量,可用于调试
PV         :=                  //格式化的过程变量,可用于调试
ER         :=                  //死区处理后的误差,可用于调试
```

4. 仿真系统的程序与实际的 PID 程序的区别

对于工程实际应用，在例程“PID 控制”的基础上，PID 控制程序应作下列改动。

1）删除 OB100 和 OB35 中调用 FB100（过程对象）的指令，以及 OB1 中产生方波给定信号的程序。

2）实际的 PID 控制程序一般使用来自 AI 模块的过程变量 PV_PER，后者应设为实际使用的 AI 模块的通道地址。用来选择输入参数的 PVPER_ON 应设置为 TRUE（使用外设变量），不用设置浮点数过程变量输入 PV_IN 的实参。

3）不用设置浮点数输出 LMN 的实参，LMN_PER（外设输出值）设为实际使用的 AO 模块的通道地址。

4）如果系统需要自动/手动两种工作模式的切换，FB41 的参数 MAN_ON 应设置为切换自动/手动的 BOOL 变量。手动时该变量为 1 状态，参数 MAN 应为用于输入手动值的地址。

8.4 PID 控制器的参数整定方法与仿真实验

8.4.1 PID 控制器的参数整定方法

1. 采样时间的确定

PID 控制程序是周期性执行的，执行的周期称为采样时间 T_S。采样时间越小，采样值越能反映模拟量的变化情况。但是 T_S太小会增加 CPU 的运算工作量，所以 T_S也不宜过小。

确定采样时间时，应保证在被控量迅速变化的区段（例如幅度变化较大的衰减振荡过程），能有足够多的采样点数，假设将各采样点的过程变量 $pv(n)$连接起来，应能基本上复现模拟量过程变量 $pv(t)$曲线，以保证不会因为采样点过稀而丢失被采集的模拟量中的重要信息。

表 8-1 给出了过程控制中采样时间的经验数据，表中的数据仅供参考。以温度控制为例，一个很小的恒温箱的热惯性比一个几十立方米的加热炉的小得多，它们的采样时间显然也应该有很大的差别。实际的采样时间需要经过现场调试后确定。

表 8-1　采样时间的经验数据

被控制量	流　量	压　力	温　度	液　位	成　份
采样时间/s	1～5	3～10	15～20	6～8	15～20

2. PID 参数的整定方法

PID 控制器输出的比例、积分、微分部分都有明确的物理意义。可以根据控制器的参数与系统动态性能和静态性能之间的定性关系，用实验的方法来整定控制器的参数。在整定过程中最重要的问题是在系统性能不能令人满意时，知道应该调节哪一个参数，该参数应该增大还是减小。有经验的调试人员一般可以较快地得到较为满意的调试结果。可以按以下规则来整定 PID 控制器的参数：

1）为了减少需要整定的参数，可以首先采用 PI 控制器。给系统输入一个阶跃给定信号，观察过程变量 $pv(t)$的波形，由此获得系统性能的信息，例如超调量和调节时间。

2）如果阶跃响应的超调量太大（见图 8-19），经过多次振荡才能进入稳态或者根本不稳定，应增大积分时间 T_I或（和）减小控制器的增益 K_P。

如果阶跃响应没有超调量，但是被控量上升过于缓慢（见图 8-5），过渡过程时间太长，应按相反的方向调整上述参数。

3）如果消除误差的速度较慢，可以适当减小积分时间，增强积分作用。

4）反复调节增益和积分时间，如果超调量仍然较大，可以加入微分分量，即采用 PID 控制。微分时间 T_D从 0 逐渐增大，反复调节 K_P、T_I和 T_D，直到满足要求。需要注意的是在调节增益 K_P的值时，同时会影响到积分分量和微分分量的值，而不是仅仅影响到比例分量。

5）如果响应曲线第一次到达稳态值的上升时间较长（见图 8-24），应适当增大增益 K_P。如果因此使超调量增大，可以通过增大积分时间和调节微分时间来补偿。

总之，PID 参数的整定是一个综合的、各参数相互影响的过程，实际调试过程中的多次尝试是非常重要的，也是必需的。

3. 怎样确定 PID 控制器的初始参数

如果调试人员熟悉被控对象，或者有类似的控制系统的资料可供参考，PID 控制器的初始参数比较容易确定。反之，控制器的初始参数的确定是相当困难的，随意确定的初始参数值可能比最后调试好的参数值相差数十倍甚至数百倍。

作者建议采用下面的方法来确定 PI 控制器的初始参数值。为了保证系统的安全，避免在首次投入运行时出现系统不稳定或超调量过大的异常情况，在第一次试运行时设置比较保守的参数，即增益不要太大，积分时间不要太小。此外还应制订被控量响应曲线上升过快、可能出现较大超调量的紧急处理预案，例如迅速关闭系统或者立即切换到手动方式。试运行后根据响应曲线的波形，可以获得系统性能的信息，例如超调量和调节时间。根据上述调整 PID 控制器参数的规则，来修改控制器的参数。

8.4.2 PID 控制器参数整定的仿真实验

首先打开随书光盘中的项目“PID 控制”，然后打开 PLCSIM。将所有的块下载到仿真 PLC，将仿真 PLC 切换到 RUN-P 模式。

单击 Windows 7 左下角的“开始”按钮，执行菜单命令“开始”→“所有程序”→“Siemens Automation”→“SIMATIC”→“STEP 7”→“PID Control Parameter Assignment”（PID 控制参数赋值），打开“PID 控制”视图（见图 8-17）。单击工具栏上的按钮，用单选框选中“打开”对话框中的“在线”。

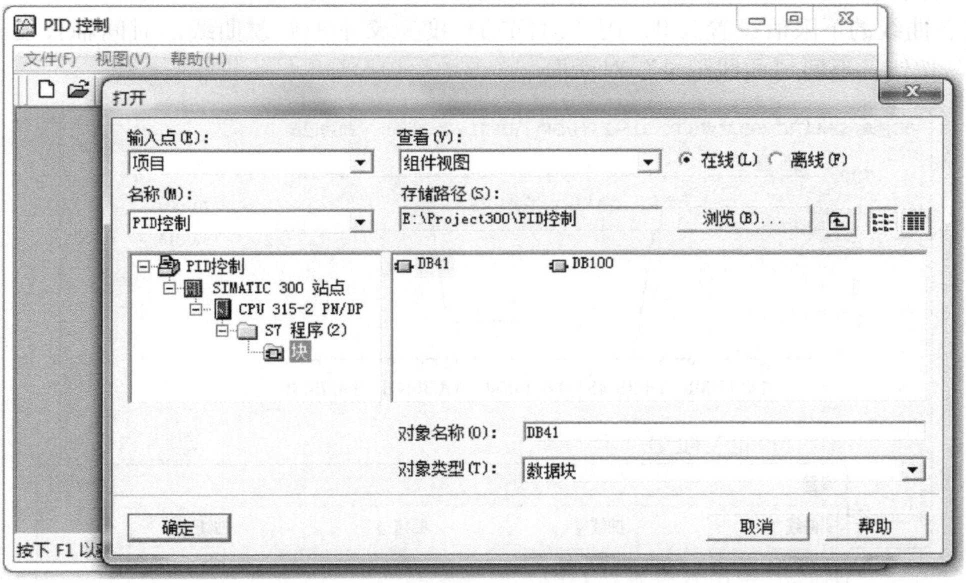

图 8-17 打开 DB41

单击“浏览”按钮，打开已下载到仿真 PLC 的项目“PID 控制”，选中该项目中 FB41 的背景数据块 DB41。单击“确定”按钮，出现图 8-18 所示的参数赋值对话框，其中的 PID 控制器的参数是在程序中设置的。可以在程序运行时用这个对话框来修改 PID 控制器的参数。

单击工具栏上的曲线记录按钮，打开“曲线记录”对话框（见图 8-19 上面的图），此时还没有图中的曲线。

单击“设置”按钮，打开“设置”对话框（见图 8-19 下面的图）。将曲线 3 由“操纵变量”（PID 控制器的输出变量）改为“无”，只显示额定值（即设定值）和实际值（即被

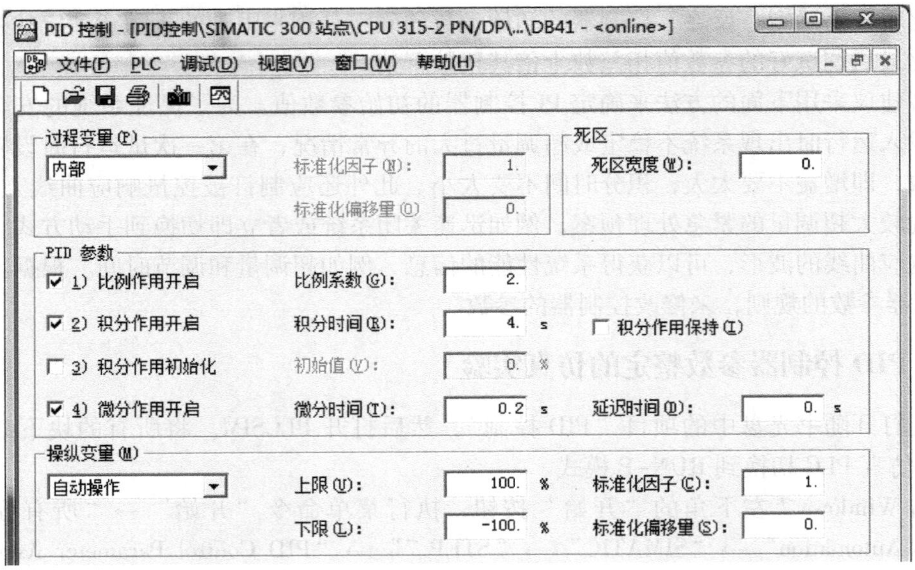

图 8-18　PID 控制参数赋值对话框

控量）的曲线。可以用“改变颜色”按钮设置各曲线的颜色，用“Y 轴限制”下面的文本框，将各曲线的下限值设置为 0，用“时间轴长度”文本框修改曲线的时间轴长度。单击“确定”按钮，返回“曲线记录”对话框。

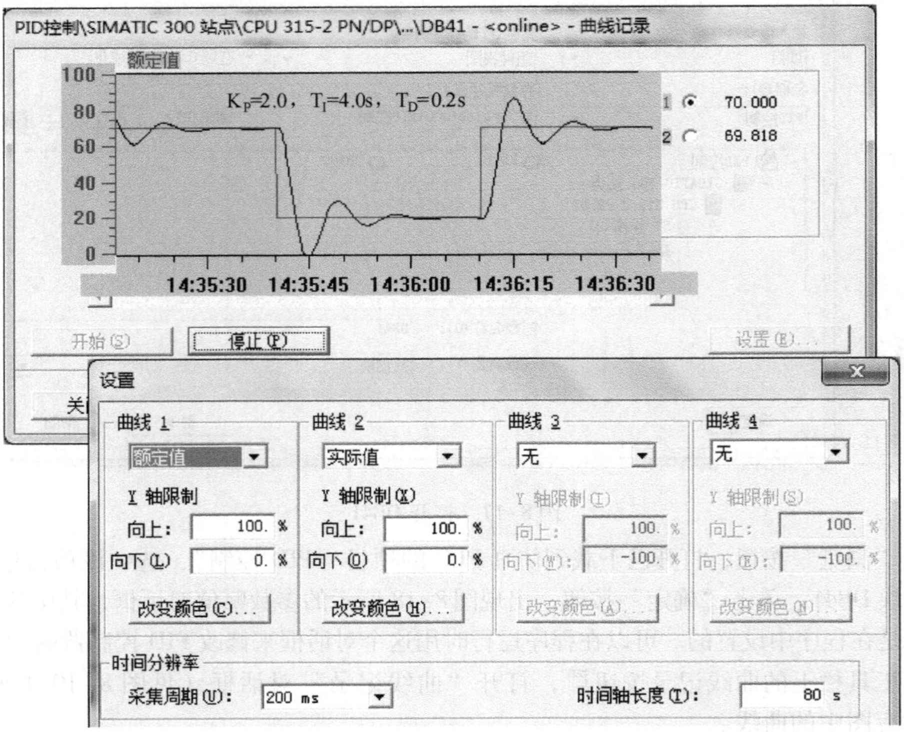

图 8-19　“曲线记录”对话框与曲线记录参数设置对话框

可以用曲线记录对话框右边的单选框设置 Y 轴显示哪一条曲线的坐标值。单击“开始”按钮，开始显示设置的变量的曲线。图中的方波是设定值（即额定值）曲线，由于 OB1 中程序的作用，方波设定值在 20% ~70% 之间阶跃变化，深色曲线是被控量（即实际值）曲线。单击“停止”按钮，停止动态刷新实时曲线。图中的 K_P 等参数值是作者添加的。

图 8-19 中的被控量曲线的超调量过大，有多次震荡。用图 8-18 中的参数赋值对话框将积分时间由 4s 改为 8 s，单击工具栏上的下载按钮，将修改后的参数下载到仿真 PLC。与图 8-19 中积分时间为 4 s 的曲线相比，增大积分时间（减弱积分作用）后，图 8-20 中被控量曲线的超调量和震荡次数明显减小。

将图 8-20 中的积分时间还原为 4 s，微分时间由 0.2 s 增大为 1 s。与图 8-19 中的曲线相比，适当增大微分时间后，图 8-21 中响应曲线的超调量和震荡次数明显减小。

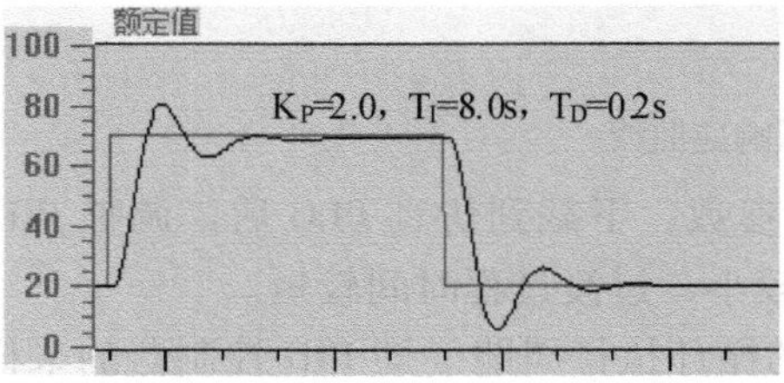

图 8-20　PID 控制阶跃响应曲线

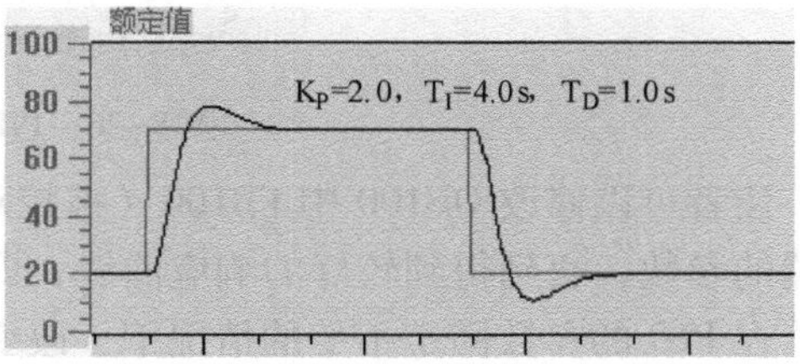

图 8-21　PID 控制阶跃响应曲线

微分时间也不是越大越好，保持图 8-21 中的增益和积分时间不变，微分时间增大到 8s 时（见图 8-22），与图 8-21 相比，超调量反而增大，曲线也变得很迟缓。由此可见微分时间需要恰到好处，才能发挥它的正面作用。

图 8-23 和图 8-24 的微分时间均为 0（即采用 PI 控制），积分时间均为 6 s，比例增益分别为 3.0 和 0.7。减小增益后，同时减弱了比例作用和积分作用。可以看出，减小增益能显著降低超调量和减小振荡次数，但是第一次到达稳态值的上升时间明显增大。

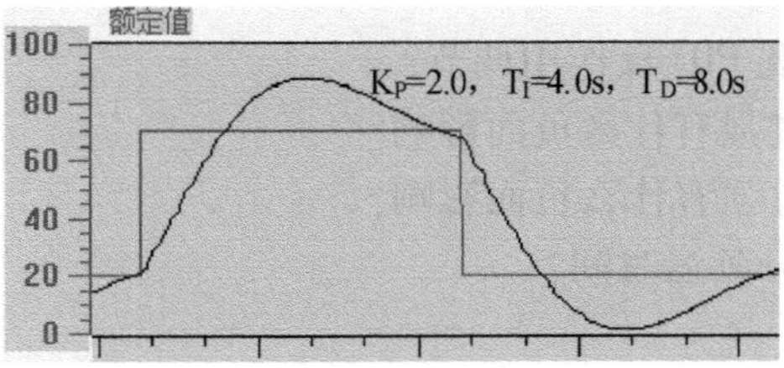

图 8-22　PID 控制阶跃响应曲线

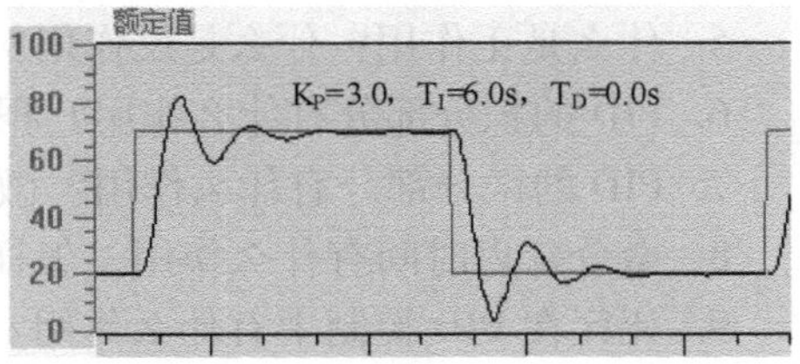

图 8-23　PI 控制阶跃响应曲线

将增益增大到 2.0，减小了上升时间，但是超调量增大到 16%。将积分时间增大到 20 s，超调量明显减小（见图 8-25）。但是因为积分作用太弱，消除误差的速度太慢。为了加快消除误差的速度，将积分时间减小到 6 s，超调量为 14%。为了减小超调量，引入了微分作用。反复调节微分时间，1s 时效果较好，超调量很小（见图 8-26），上升时间和消除误差的速度也比较理想。

从上面的例子可以看出，为了兼顾超调量、上升时间和消除误差的速度这些指标，有时需要多次反复地调节控制器的 3 个参数，直到最终获得较好的控制效果。

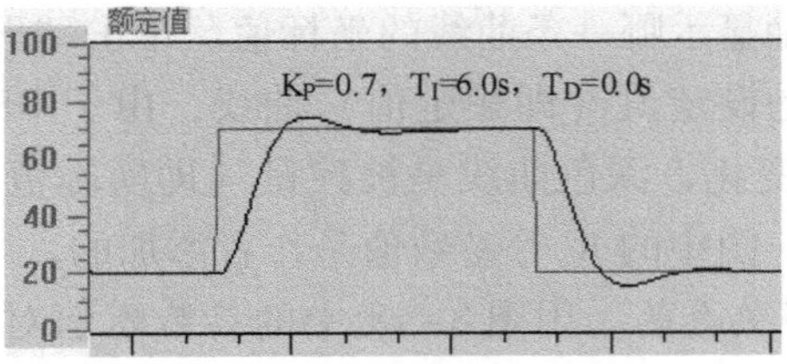

图 8-24　PI 控制阶跃响应曲线

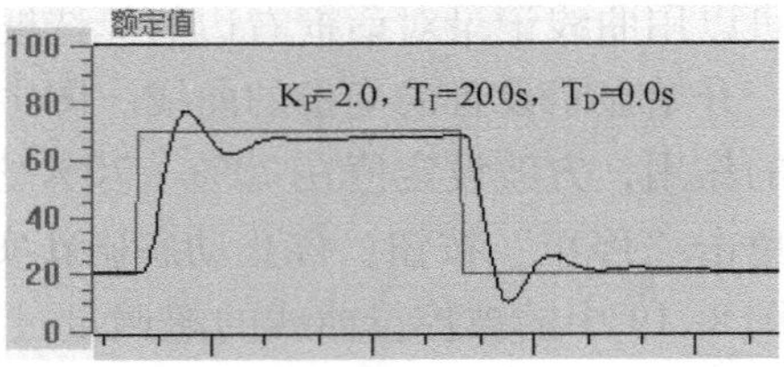

图 8-25　PI 控制阶跃响应曲线

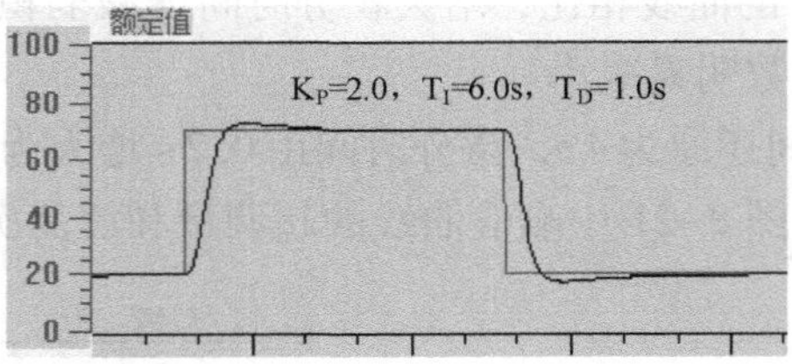

图 8-26　PID 控制阶跃响应曲线

读者可以修改 OB100 中 FB100（被控对象）的参数，下载到仿真 PLC 后，调整 PID 控制器的参数，直到得到较好的响应曲线，即超调量较小，过渡过程时间较短。

在 PID 的参数固定不变的情况下，改变 OB35 的循环执行周期（即 PID 控制器的采样时间）和 FB41、FB100 中的参数 CYCLE（三者应相同），观察采样时间对系统性能的影响，可以了解整定采样时间的方法。

8.5　习题

1. 简述闭环控制的工作原理。
2. 为什么在模拟信号远传时应使用电流信号，而不是电压信号？
3. 怎样判别闭环控制中反馈的极性？
4. 超调量反映了系统的什么特性？
5. 什么是正作用？什么是反作用？怎样实现 PID 反作用调节？
6. PID 的积分部分有什么作用？积分作用过强有什么负面影响？
7. PID 的微分部分有什么作用？微分作用过强有什么负面影响？
8. 微分延迟时间有什么作用，怎样设置微分延迟时间？
9. 死区在 PID 控制中有什么作用？
10. 简述使用 FB41 实现 PID 控制的程序结构。
11. 增大增益对系统的动态性能有什么影响？
12. 增大积分时间对系统的性能有什么影响？
13. 超调量大应怎样调节 PID 控制器的参数？
14. 被控量阶跃响应曲线上升过于缓慢，应调节哪些参数，怎样调节？
15. 上升时间过长应调节什么参数，怎样调节？
16. 消除误差的速度太慢，应怎样调节 PID 控制器的参数？
17. 怎样确定 PID 控制的采样时间？
18. 怎样确定 PID 控制器参数的初始值？

附　录

附录 A　实验指导书

A.1　编程软件与仿真软件应用实验

1. 实验目的

通过实验熟悉编程软件 STEP 7 和仿真软件 PLCSIM 的使用方法，初步掌握硬件组态、写入、编辑和监控 S7-300/400 用户程序的方法。

2. 实验装置

安装了 STEP 7 和 PLCSIM 的计算机 1 台。如果没有专门说明，本书的实验基本上采用软件仿真的方法。如果有硬件实验条件，可将仿真实验改为硬件实验。本书的配套光盘有部分实验使用的例程。

3. 实验内容

1）用新建项目向导创建一个项目，项目名称为“电机控制”。对硬件进行组态，CPU 的型号为 CPU 312C，电源模块为 PS 307 5A，在 4 ~ 7 号槽分别放置 16 点 DI、16 点 DO、8 点 AI 和 2 点 AO 模块。观察系统自动分配的 I/O 地址。

2）在 OB1 输入图 3-5 中的电动机正反转控制的梯形图程序，用“视图”菜单中的命令切换程序使用的编程语言，调节梯形图的显示比例和语句表中字符的大小。

3）生成图 3-6 中的符号表，为程序中的变量定义符号，在梯形图和语句表中打开和关闭符号显示，打开和关闭符号信息。

4）用仿真软件模拟电动机正转、反转、正常停机和过载停机的操作（见 3.1.3 节）。

5）起动程序状态功能，用梯形图监视程序的运行情况，重复上述的操作。

6）生成和显示交叉参考表。

A.2　硬件组态实验

1. 实验目的

通过实验进一步熟悉 S7-300 的硬件组态方法。

2. 实验内容

1）在 STEP 7 中生成一个项目，创建一个 S7-300 站，在机架中插入电源模块、CPU 模块（CPU 314C-2DP）和各种信号模块，观察 STEP 7 自动分配信号模块地址的规律。

2）组态多机架的 S7-300 系统，添加机架、信号模块和接口模块。

3）为 CPU 模块设置以下参数：时钟存储器字节为 MB20，T0 ~ T9 有保持功能，循环中断 OB35 的周期为 1 s。

在 SIMATIC 管理器中将语言改为英语，修改成功后改回到中文。

4）用在线帮助功能查找时钟存储器字节中周期为 1 s 的位。下载组态信息后，在运行时用 PLCSIM 观察该位的状态变化。

5）设置 CPU 314C-2DP 集成的数字量输入 I125.0 在上升沿产生中断，I125.1 在下降沿产生中断，I126.0 ~ I126.3 的输入延迟时间为 15 ms。

6）设置 CPU 314C-2DP 集成的模拟量输入通道 PIW754 的量程为 0 ~ 10 V，PIW756 的量程为 4 ~ 20 mA，干扰抑制频率均为 50 Hz，关闭其他输入通道。

7）设置 CPU 314C-2DP 集成的模拟量输出通道 PQW752 的量程为 ±20 mA，PQW754 的量程为 ±10 V。

8）按下列要求组态订货号为 6ES7 322-8BF00-0AB0 的 DO 模块（DO8xDC24V/0.5 A）：启用诊断功能，组态仅第 0 和第 1 位有断线诊断功能，仅最第 4 和第 5 位有无负载电压诊断功能，CPU 进入 STOP 后，仅第 3 和第 5 位输出为 1 状态，其余各输出位为 0 状态。

9）根据实验室使用的具体硬件，组态计算机与硬件 PLC 通信的参数，将程序和系统数据下载到 PLC。

A.3 位逻辑指令应用实验

1. 实验目的

通过实验，了解位逻辑指令的功能和使用的方法。

2. 实验内容

（1）梯形图和语句表之间的相互转换

打开随书光盘中的例程“位逻辑指令”，将程序下载到 CPU。用“视图”中的命令在梯形图和语句表之间转换，观察梯形图和语句表程序之间的关系。

（2）RLO 边沿检测指令

扳动 I0.5 和 I0.6 对应的小开关，接通和断开它们的触点组成的串联电路（见图 3-39），观察在 RLO 上升沿检测元件能流输入的上升沿，是否有一个扫描周期的能流流过检测元件。可能需要多次接通和断开上述串联电路，才能看到流过检测元件和线圈的短暂的能流。

用同样的方法，扳动 I1.0 和 I1.1 对应的小开关，接通和断开它们的触点组成的并联电路（见图 3-39 和程序段 11），观察在 RLO 下降沿检测元件能流输入的下降沿，是否有一个扫描周期的能流流过检测元件。

（3）置位、复位指令

用程序状态监视 Q5.3（见图 3-39 和程序段 10、12），用 M0.1 和 M0.3 产生的脉冲分别将 Q5.3 置位和复位，观察置位和复位的效果，是否有保持功能。

（4）SR 和 RS 触发器指令

扳动 I1.4 ~ I1.7 对应的小开关，检查图 3-44（见程序段 15、16）中的 SR 和 RS 触发器指令的基本功能，特别注意置位输入和复位输入同时为 ON 时触发器的输出位的状态。

（5）能流取反指令

扳动图 3-45 中 I0.6 和 I0.4 对应的小开关，接通和断开它们的触点组成的串联电路（见程序段 17），观察能流取反触点左边和右边能流的状态是否相反。

（6）故障显示电路的实验

用 I0.0 产生一个持续时间很短的故障（见图 3-50），观察指示灯 Q6.0 是否闪烁。按下复位按钮 I0.1 后，观察故障锁存信号 M1.3 是否被复位，指示灯是否熄灭。

用 I0.0 产生一个持续时间很长的故障，观察指示灯 Q6.0 是否闪烁。按下复位按钮 I0.1 后，观察 M1.3 是否被复位，指示灯是否变为常亮。故障消失时观察指示灯是否熄灭。

A.4 定时器计数器应用实验

1. 实验目的

熟悉各种定时器和计数器的基本功能和监控方法，了解定时器、计 数器应用电路。

2. 实验内容

1）打开随书光盘中的例程“定时器 1”，用 PLCSIM 运行程序，启动程序状态监控。根据 3.5.1 节中各种 S5 定时器的波形图，提供定时器的输入信号，通过观察定时器的状态位 Q 和剩余时间值的变化，了解各种 S5 定时器的功能。

2）用 PLCSIM 调试例程“定时器 1”中的卫生间冲水控制程序和运输带控制程序。

3）打开随书光盘中的例程“定时器 2”，用 PLCSIM 运行程序，了解各种定时器线圈指令的功能。

4）打开随书光盘中的例程“计数器”，用 PLCSIM 运行程序，了解各种计数器的功能。

5）生成一个新的项目，将例 3-4 中的长延时程序输入 OB1，将 T11 和 T12 的预设值改为 5 s，C0 的预设值改为 3，用 PLCSIM 运行程序，监视 T11、T12 的剩余时间值和 C0 的当前计数值，观察总的定时时间是否等于理论值。

6）清除 OB1 中的程序，将满足第 3 章第 12 题要求的程序输入 OB1，用仿真软件模拟调试程序。

A.5 逻辑控制指令与数据处理指令应用实验

1. 实验目的

通过实验熟悉 S7-300/400 的逻辑控制指令与数据处理指令的应用方法。

2. 实验内容

打开随书光盘中的项目“逻辑控制”，将用户程序下载到仿真 PLC，将仿真 PLC 切换到 RUN-P 模式。打开 OB1，启用程序状态监控。

1）用 PLCSIM 将程序段 1 中的 MW10（见图 3-76）的值分别修改为 10 和 11（没有溢出和有溢出）。通过语句表程序状态判断程序执行是否有跳转。

2）将程序段 2 中的 MW4 的值分别设置为小于等于 10（没有溢出）和大于 10（有溢出），观察是否会跳转到程序段 6（见图 3-78）。

打开随书光盘中的项目“数据处理”，将用户程序下载到仿真 PLC，将仿真 PLC 切换到 RUN-P 模式。

1）打开 OB1，启动梯形图程序状态监控，在 I0.0 为 1 状态时监控程序段 1、2 的方波发生器（见图 3-85）中 T0 的剩余时间值的变化，以及 Q4.0 的状态变化是否与图 3-86 中的相同。

2）按 3.7.2 节的要求设置程序段 3 中 MW2 和 MW6 的值（见图 3-87），观察数据转换的结果。

3）用 PLCSIM 将程序段 4（见图 3-88）的 PIW320 的值分别设置为 0、27648 和任意的中间值，观察 MD16 中的运算结果是否符合理论值。

4）用变量表（见图 3-91）设置 MW20（原始数据）的值，观察程序段 7、8 的 MW22 和 MW24 中求得的反码和补码。

5）设置程序段 9～11 中输入参数 IN 和 N 的值，用变量表观察移位和循环移位指令的执行结果。

A.6 存储器间接寻址应用实验

1. 实验目的

通过调试程序，熟悉存储器间接寻址的基本概念、应用和监控的方法。

2. 实验内容

打开随书光盘中的项目"存储器间接寻址"，将用户程序下载到仿真 PLC，将仿真 PLC 切换到 RUN-P 模式。打开 OB1，启用程序状态监控，监视累加器 1 和 INDIRECT（间接寻址的地址指针值）。

1）用 PLCSIM 监控 T3（见图 3-80），令 I0.2 为 1 状态，观察 T3 的剩余时间值是否变化，以及 INDIRECT 的值。修改程序，改变程序段 1 中 MW8 的值，下载后观察是否能控制对应的定时器。

2）用 PLCSIM 监视 QB4 和 MB6（见图 3-82），观察程序段 2 的间接寻址是否能将 QB4 的值传送到 MB6。用 PLCSIM 检查是否能用 M4.3 控制 Q5.0。修改程序中 DBD10 的值，下载后验证 QB[DBD10]实际的地址。

3）在变量表"VAT 查表"中输入 MW60 开始的若干个字的值（见图 3-83），修改地址指针 LD40 的值（表格中字的序号，第 1 个字 MW60 的序号为 0），观察在 I0.0 的上升沿，是否能将指定序号的字的值读取到 MW110。

4）程序段 4 是例 3-6 中的循环累加程序。在变量表"VAT 累加"中输入 MW80 开始的 5 个字的值（见图 3-84），观察 MD50 中循环累加的结果是否正确。修改程序，累加 6 个字。下载后检查程序是否能正常运行。

A.7 数学运算指令应用实验

1. 实验目的

通过实验熟悉数学运算指令的应用方法。

2. 实验内容

打开随书光盘中的项目"数学运算"，将用户程序下载到仿真 PLC，将仿真 PLC 切换到 RUN-P 模式。打开 OB1，启用程序状态监控。

1）用 PLCSIM 将程序段 1（见图 3-99）的 PIW320 的值分别设置为 0、27648 和任意的中间值，观察 MD26 中的运算结果是否符合理论值。

2）程序段 4 用于计算角度的正弦值（见图 3-100）。用 PLCSIM 将 30.0 输入 MD30，观察 MD31 中的正弦值是否是 0.5。输入 0.0～360.0 之间的任意实数，观察 MD34 中的运算结果是否与计算器计算的相同。

3）用 PLCSIM 设置程序段 5 中例 3-11 的 IW256 的值（0～27648）。观察 MD50 中的运

算结果是否与计算器计算出来的结果相同。

4）设置程序段 9 中各输入变量的值（见图 3-101），用变量表 VAT1 监控逻辑运算的结果。

A.8 功能与功能块应用实验

1. 实验目的

通过设计和调试程序，熟悉功能和功能块的编程和调试的方法。

2. 实验内容

1）打开随书光盘中的例程“发动机控制”，用仿真软件模拟调试程序。用 OB1 的程序状态功能检查程序运行是否满足要求。

2）打开随书光盘中的例程“多重背景”，用仿真软件调试程序。

3）按第 4 章第 11 题的要求，设计求圆周长的 FC1，在 OB1 中调用 FC1，用 MW10 输入直径的值。用 PLCSIM 设置 MW10 的值，用计算器检查 MD8 中的运算结果是否正确。

A.9 寄存器间接寻址应用实验

1. 实验目的

通过调试程序，熟悉寄存器间接寻址的基本概念、应用和监控的方法。

2. 实验内容

打开随书光盘中的项目“寄存器间接寻址”，将用户程序下载到仿真 PLC，将仿真 PLC 切换到 RUN-P 模式。打开 OB1，启用程序状态监控，监视累加器 1 和 AR1。

1）用 PLCSIM 检查程序段 1 的间接寻址是否能用 M7.3 控制 Q5.2（见图 4-23），是否能将 MW24 传送到 MW8，将 MW26 传送到 MW36。修改装入 AR1 的地址指针值，下载 OB1 后检查程序段 1 的间接寻址的新功能。

2）在 DB2 中输入数组元素 Aray[1]～Aray[5]的值，观察调用 FC1 后，输出参数“Result”（DB2.DBD0）中累加的结果是否正确。

3）在变量表“VAT 累加”中输入 MW10 开始的 5 个字的值，观察调用 FC1 后，MD20 中累加的结果是否正确。

4）在变量表“VAT 异或”中输入 DB1.DBW0～DBW4 的值（见图 4-28），观察调用 FC2 后，MW4 中是否是 DB1 前 3 个字的异或运算结果。

A.10 循环中断实验

1. 实验目的

通过调试程序，熟悉循环中断的编程和调试方法。

2. 实验内容

打开随书光盘中的项目“OB35 例程”，用 PLCSIM 模拟运行程序。进入 RUN 模式后，观察每 0.8 秒 MW2 的值是否加 1。用鼠标模拟产生 I0.3 的脉冲，循环中断被禁止，观察 MW2 是否停止加 1。用鼠标模拟产生 I0.2 的脉冲，循环中断被激活，观察 MW2 是否又开始加 1。

修改 OB35 执行的时间间隔，下载系统数据后运行程序，观察修改的效果。

通过 MW6 的值，判断执行 OB100 的次数。观察 OB100 是否能预置 MB0 的初始值。

A.11 时间中断实验

1. 实验目的

通过调试程序，熟悉时间中断的编程和调试方法。

2. 实验内容

1）打开随书光盘中的项目“OB10_1”，用 PLCSIM 调试程序。硬件组态中设置的起动中断的日期和时间应比当前的日期和时间稍早一点，否则等待的时间太长。观察在设置的时间到达时，Q4.0 是否会变为 1 状态。

2）打开随书光盘中的项目“OB10_2”，用 PLCSIM 调试程序。观察在设置的时间之后，每 1 分钟 MW2 的值是否加 1。

运行时监视 MB9 和 MW2。M9.4 为 1 表示已经装载了时间中断组织块 OB10。用 I0.0 激活时间中断，观察 M9.2 是否变为 1 状态，每分钟 MW2 是否加 1。用 I0.1 禁止时间中断，观察 M9.2 是否变为 0 状态，MW2 是否停止加 1。

A.12 硬件中断实验

1. 实验目的

通过实验熟悉硬件中断的编程和调试方法。

2. 实验内容

打开随书光盘中的项目“OB40 例程”，用 PLCSIM 模拟运行该程序。将仿真 PLC 切换到 RUN 模式，按 4.6.4 节的步骤模拟硬件中断，观察是否能用中断控制 Q4.0。

用 I0.3 和 I0.2 禁止和激活 OB40 对应的硬件中断，观察对硬件中断的影响。

生成一个新的项目，硬件组态时在 5 号槽插入一块有硬件中断功能的 DI 模块，设置某两个输入点分别有上升沿中断和下降沿中断的功能。仿照项目“OB40 例程”设计 OB40 的程序，用 PLCSIM 模拟调试程序。

A.13 延时中断实验

1. 实验目的

通过调试程序，熟悉延时中断的编程和调试方法。

2. 实验内容

打开随书光盘中的项目“OB20 例程”，用 PLCSIM 模拟运行该程序。监视 MB9，将程序下载到仿真 PLC，进入 RUN 模式时，观察 M9.4 是否变为 1 状态。用 I0.0 产生的硬件中断起动延时中断后，观察 M9.2 是否变为 1 状态，延时时间到时 Q4.0 是否变为 1 状态，M9.2 是否变为 0 状态。可以用 I0.2 将 Q4.0 复位。在延时过程中用 I0.1 取消延时，观察 M9.2 是否会变为 0 状态，延时是否被取消。

用变量表监视 MD20 和 MD24（启动定时和定时结束的实时时间值），通过它们的差值，了解延时的精度。

修改延时时间，下载到 CPU 后运行程序，观察修改的效果。

A.14 顺序控制程序的编程与调试实验

1. 实验目的

通过调试顺序控制程序，掌握顺序控制程序的设计和调试方法。

2. 实验内容

1）设计出满足图 5-54 要求的顺序控制程序。用仿真软件模拟运行程序，调试时注意观察各步对应的存储器位的状态和各步的动作的状态。

2）清除 OB1 中的程序，将图 5-16 中的梯形图程序输入 OB1，用仿真软件调试程序。

3）打开 PLCSIM，将随书光盘中的例程“3 运输带顺控”下载到仿真 PLC，将 CPU 切换到 RUN-P 模式，按 5.3.3 节的要求调试程序。

A.15 专用钻床顺序控制程序调试实验

1. 实验目的

通过调试顺序控制程序，掌握顺序控制程序的设计和调试方法。

2. 实验内容

打开随书光盘中的项目“钻床控制”，用 PLCSIM 模拟运行程序。令“自动开关” I2.0 为 0 状态（见图 5-20），检查手动程序 FC2 的功能。然后令“自动开关”为 1 状态，运行自动程序 FC1。

根据顺序功能图和 5.3.4 节的要求来调试程序，当某一转换之前所有的步均为活动步时，在 PLCSIM 中使转换条件满足，观察该转换所有的前级步是否变为不活动步，所有的后续步是否变为活动步，以及各步的动作是否发生相应的变化。从初始步开始，检查经过 3 次循环，钻完 3 对孔后，是否能返回初始步。

A.16 具有多种工作方式的顺序控制程序调试实验

1. 实验目的

通过设计和调试程序，熟悉具有多种工作方式的系统的顺序控制程序的设计和调试方法。

2. 实验内容

打开随书光盘中的例程“机械手控制”，用 PLCSIM 模拟运行程序，调试步骤如下：

1）进入 RUN 模式后检查 OB100 的运行是否正常，在满足原点条件时初始步 M0.0 是否被置位，不满足时是否被复位。

2）令 I2.0 为 1 状态，在手动工作方式检查各手动按钮是否能控制相应的输出量，各限位开关是否起作用。

3）检查公用程序运行是否正常。在手动方式或回原点方式，当原点条件不满足时，初始步 M0.0 应为 0 状态，原点条件满足时，M0.0 应为 1 状态。

4）在 M0.0 为 1 状态时，从手动方式切换到单周期工作方式，按图 5-35 中的顺序功能图的要求，依次提供相应的转换条件，观察步与步之间的转换是否符合顺序功能图的规定，工作完一个周期后是否能返回并停留在初始步。

调试较复杂的顺序控制程序时，应仔细分析系统的运行过程，在每一步各输入信号应该

是什么状态，应提供什么转换条件，并列出相应的表格（见表 A-1）

表格中的 I0.1 ~ I0.4 分别是下限位、上限位、右限位和左限位开关。I0.1 置位是指调试时用鼠标将 PLCSIM 中的 I0.1 置为 1 并保持 1 状态，直到它被鼠标复位为 0。在下降步对 I0.2 的复位，是因为下降后上限位开关 I0.2 会自动断开。

表 A-1 调试机械手顺序控制程序的表格

步	M0.0 初始	M2.0 下降	M2.1 夹紧	M2.2 上升	M2.3 右行	M2.4 下降	M2.5 松开	M2.6 上升	M2.7 左行
复位操作		复位 I0.2		复位 I0.1	复位 I0.4	复位 I0.2		复位 I0.1	复位 I0.3
转换条件	M0.5 * I2.6	I0.1 置位	T0	I0.2 置位	I0.3 置位	I0.1 置位	T1	I0.2 置位	I0.4 置位
其他输入的状态	I0.2 = 1 I0.4 = 1	– I0.4 = 1	I0.1 = 1 I0.4 = 1	– I0.4 = 1	I0.2 = 1 –	– I0.3 = 1	I0.1 = 1 I0.3 = 1	– I0.3 = 1	I0.2 = 1 –

5）在连续工作方式，按图 5-35 中的顺序功能图的要求，提供相应的转换条件，观察步与步之间的转换是否正常，是否能多周期连续运行。按下停止按钮，是否在完成最后一个周期的工作后才能停止工作，返回初始步。将运行方式从连续改为手动，检查除初始步外，其余各步对应的存储器位和连续标志 M0.7 是否被复位。

6）在单步工作方式，检查是否能从初始步开始，在转换条件满足且按了起动按钮 I2.6 时才能转换到下一步，按顺序功能图的要求工作一个循环后，是否能返回初始步。

7）在手动方式，根据回原点的顺序功能图设置各种起始状态，然后切换到回原点工作方式。按下起动按钮 I2.6 后，观察是否能按图 5-38 的顺序功能图运行，最后使初始步对应的 M0.0 变为 1 状态。

A.17 顺序功能图语言 S7-Graph 的编程实验

1. 实验目的

通过设计和调试程序，熟悉顺序功能图语言 S7-Graph 的编程和调试的方法。

2. 实验内容

1）创建一个项目，生成使用 S7-Graph 编程语言的功能块 FB1。

2）在 FB1 中生成满足图 5-15 中的液压动力滑台控制要求的 S7-Graph 程序。

3）在 S7-Graph 程序编辑器中，设置 FB1 的参数集为 Minimum（最小）。

4）在 OB1 中调用 FB1，背景数据块为 DB1。

5）用 PLCSIM 调试 S7-Graph 程序，用程序状态功能监控步与动作的状态变化。

A.18 组态 DP 主站与标准 DP 从站的通信

1. 实验目的

熟悉 DP 网络主从通信的组态方法。

2. 实验内容

1）组态 CPU 316-2DP 为 DP 主站，生成 DP 网络，将 16 点 DI 模块、16 点 DO 模块、8 点 AI 模块和 4 点 AO 模块分别插入 4 ~ 7 号槽。

1）组态 ET 200eco 16DI 为 3 号从站。观察自动分配给标准从站的 I/O 地址。

2）组态 ET 200M 为 4 号从站，将 32 点 DI 模块、16 点 DO 模块、8 点 AI 模块和 2 点

AO 模块分别插入其 4 ~7 号槽。

3）5 号从站为智能从站，CPU 的型号为 CPU 313C-2DP。要求智能从站的 QB80 ~ QB99 发送数据给主站的 IB80 ~ IB99，主站的 QB80 ~ QB99 发送数据给智能从站的 IB80 ~ IB99，一致性为“单位”。通过 DP 网络的通信，将主站的 DB1. DBW20 中的数据传送给从站的 DB2. DBW10，将从站的 MD4 中的数据传送给主站的 MD30。组态满足要求的硬件和 DP 网络，编写主站和从站有关的程序。

A. 19　S7 单向 DP 通信仿真实验

1. 实验目的

熟悉 S7 通信的组态、编程与模拟调试的方法。

2. 实验内容

打开随书光盘中的项目“S7_DP”，用 PLCSIM 调试程序。将 S7-400 站点的系统数据和用户程序下载到仿真 PLC。生成一个新的仿真 PLC，将 S7-300 站点的系统数据和用户程序下载给它。将两台仿真 PLC 切换到 RUN-P 模式，打开双方的变量表，启动它们的监控功能。观察双方接收到的 DB2. DBW0 的值是否在不断地增大，变量表中接收到的其他数据与对方在 OB100 中设置的值是否相同。打开双方的 DB2，启动监控功能，观察 DB2 接收到的数据是否正确。

A. 20　S7 双向以太网 S7 通信仿真实验

1. 实验目的

熟悉 S7 通信的组态、编程与模拟调试的方法。

2. 实验内容

打开随书光盘中的项目“S7_IE”，用 PLCSIM 调试程序。生成两个仿真 PLC，其中各生成一个视图对象，其地址为 DB2. DBW0。分别将两个站的系统数据和程序块下载到各自的仿真 PLC。将两台仿真 PLC 切换到 RUN-P 模式。

打开双方的变量表，启动它们的监控功能。观察双方接收到的 DB2. DBW0 的值是否在不断地增大，变量表中接收到的其他数据与对方 OB100 中设置的值是否相同。打开双方的 DB2，启动监控功能，观察 DB2 接收到的数据是否正确。

A. 21　DP 从站故障诊断实验

1. 实验目的

熟悉用 STEP 7 诊断 DP 从站故障的方法。

2. 实验内容

打开随书光盘中的项目“DP 诊断”，将系统数据和用户程序下载到仿真 PLC，将仿真 PLC 切换到 RUN-P 模式。

执行 PLCSIM 的菜单命令，打开“机架故障 OB（86）”对话框（见图 7-2），模拟产生 DP 从站故障，观察 PLCSIM 的 CPU 视图对象上 LED 的状态的变化。打开快速视图、故障从站和 CPU 的模块信息对话框，读取其中的诊断信息。用变量表监控调用 OB86 的次数。

打开 DB86，启动监控功能。选中 SIMATIC 管理器中的 OB86，按计算机的〈F1〉键，打开 OB86 的在线帮助，了解 DB86 中 OB86 局部变量的意义。

令 DP 从站的故障消失，观察 CPU 视图对象上 LED 的状态变化，查看快速视图、故障从站和 CPU 的模块信息对话框中的诊断信息。

用 PLCSIM 的菜单命令产生 DP 主站系统的故障，然后使故障消失，重复上述的操作。

A.22 DP 从站中模块的故障诊断实验

1. 实验目的

熟悉用 STEP 7 诊断 DP 从站中模块的故障的方法。

2. 实验内容

打开随书光盘中的项目“DP 诊断”，将系统数据和用户程序下载到仿真 PLC，将仿真 CPU 切换到 RUN-P 模式。

用 PLCSIM 的菜单命令打开 OB82 的仿真对话框（见图 7-8）。在“模块地址”文本框中输入 ET 200M 的 2AO 模块的起始地址 PQW256，模拟产生“外部电压故障”，观察 PLCSIM 的 CPU 视图对象上 LED 的状态变化。打开快速视图、IM153-1 和 CPU 的模块信息对话框，查看其中的诊断信息。用变量表监控调用 OB82 的次数。

打开诊断视图，双击打开 3 号从站的 AO 模块的模块信息对话框，读取其诊断信息。

打开 DB82，启动监控功能。选中 SIMATIC 管理器中的 OB82，按计算机的〈F1〉键，打开 OB82 的在线帮助，了解 DB82 中 OB82 局部变量的意义。

用 PLCSIM 的菜单命令使 3 号从站的 AO 模块的故障消失，观察 CPU 视图对象上 LED 的状态变化，以及快速视图和诊断视图中的诊断信息。观察故障从站、AO 模块和 CPU 的模块信息对话框中的诊断信息。

用 PLCSIM 的菜单命令设置前连接器被拔出的故障，重复上述的操作。

A.23 编程错误中断实验

1. 实验目的

通过实验熟悉诊断编程错误的方法。

2. 实验内容

按 7.3.1 节的要求，生成一个项目，编写程序，用仿真软件运行程序。令 I0.0 为 1，FC1 被调用，观察 PLC 是否进入 STOP 模式。

打开 CPU 的模块信息对话框，查看诊断缓冲区中的故障信息，单击对话框中的“打开块”按钮，查看出错的逻辑块。打开“模块信息”对话框的“堆栈”选项卡，查看 B 堆栈、L 堆栈和 I 堆栈中的信息。

生成 OB121，下载后重新运行程序，观察调用 FC1 时 CPU 的反应。

纠正程序中的错误，下载后观察运行的情况。

在程序中“制造”一个其他的编程错误，重复上述的操作。

A.24 自动显示有故障的 DP 从站的实验

1. 实验目的

通过实验熟悉自动诊断和显示故障 DP 从站的方法。

2. 实验内容

打开随书光盘中的项目“DP_OB86”，打开 PLCSIM，将系统数据和用户程序下载到仿真 PLC，将 CPU 切换到 RUN-P 模式。

打开 SIMATIC 管理器左边窗口的 HMI 站点，选中其中的“画面”，双击右边窗口中的“画面_1”，打开 WinCC flexible。单击工具栏上的按钮，启动运行系统，出现模拟的 HMI 画面。

执行 PLCSIM 的菜单命令，打开“机架故障 OB（86）”对话框（见图 7-2）。模拟产生多个 DP 从站故障，观察画面上故障从站对应的指示灯是否点亮。令某个 DP 从站的故障消失，观察画面上对应的指示灯是否熄灭。

用“机架故障 OB（86）”对话框产生 DP 主站系统故障，观察画面上所有的指示灯是否全部点亮。令 DP 主站系统故障消失，观察画面上所有的指示灯是否全部熄灭。

A. 25 用报告系统错误功能诊断和显示硬件故障的实验

1. 实验目的

通过实验熟悉报告系统错误功能的使用方法。

2. 实验内容

打开随书光盘中的例程“ReptErDP”，打开 S7-PLCSIM，将系统数据和用户程序下载到仿真 PLC，将 CPU 切换到 RUN-P 模式。

打开 WinCC flexible，出现 HMI 画面。打开和观察连接表、报警设置和报警视图的属性视图中设置的参数。单击工具栏上的按钮，启动运行系统，出现模拟的 HMI 画面（见图 7-37）。

用 PLCSIM 的菜单命令打开 OB82 的仿真对话框（见图 7-8）。在“模块地址”文本框中输入 3 号从站的 2AO 模块的起始地址 PQW256，模拟产生“外部电压故障”，观察 HMI 画面上出现的消息，“状态”列的“C”表示进入的事件。单击面板右边的“确认”按钮，出现以“###...”结束的确认消息，“状态”列的“(C)A”表示故障被确认。用 OB82 的仿真对话框使故障消失，画面上又出现一条消息。“状态”列的“(CA)D”表示确认的故障消失。

用 PLCSIM 的菜单命令打开 OB86 的仿真对话框（见图 7-2），模拟某个从站出现故障和故障消失，观察画面上出现的消息和消息的状态。

A. 26 PID 控制器参数整定仿真实验

1. 实验目的

熟悉 PID 控制的编程和参数整定的方法。

2. 实验内容

打开随书光盘中的例程“PID 控制”，将系统数据和用户程序下载到仿真 PLC，将仿真 PLC 切换到 RUN-P 模式。

按 8.4.2 节给出的方法和顺序，依次进行下列操作：

1）打开图 8-17 中的 PID 控制视图，选中“打开”对话框中的“在线”。

2）打开图 8-18 中的参数赋值对话框。

3）单击工具栏上的曲线记录按钮，打开图8-19中的曲线记录对话框。

4）打开“设置”对话框，按图8-19设置曲线记录的参数。

5）观察图8-18中的初始参数对应的响应曲线是否如图8-19所示。

6）按8.4.2节的顺序，用图8-18中的参数赋值对话框依次修改PID参数，修改后将参数下载到仿真PLC。观察每次修改参数后的响应曲线是否如图8-20～图8-26所示。

7）在OB100中修改FB100中的被控对象的参数，修改后下载到仿真PLC。调整控制器的参数，直到得到较好的响应曲线（超调量较小，上升时间和过渡过程时间较短）。

8）在硬件组态中修改OB35的循环周期，同时在OB100中修改FB41、FB100的采样周期CYCLE，观察采样周期与控制效果之间的关系。

附录B　S7-300/400的指令表索引

表B-1　指令表索引

指令种类	表格编号	页　数	指令种类	表格编号	页　数
部分装载指令与传送指令	表3-4	77	移位指令	表3-15	106
语句表中的位逻辑指令	表3-5	80	循环移位指令	表3-16	107
梯形图中的位逻辑指令	表3-6	81	整型数学运算指令	表3-17	108
定时器指令	表3-8	87	浮点型数学运算指令	表3-18	110
计数器指令	表3-9	94	字逻辑运算指令	表3-19	111
跳转指令与状态位触点指令	表3-10	96	主控继电器指令与数据块指令	表3-20	113
梯形图中的跳转指令	表3-11	97	累加器指令	表3-21	114
比较指令	表3-12	103	程序控制指令	表4-2	128
数据转换指令	表3-13	104	与AR1和AR2有关的指令	表4-4	136
求反码与求补码指令	表3-14	106			

附录C　随书光盘简要说明

光盘中后缀为pdf的用户手册用Adobe reader或兼容的阅读器阅读，可以在互联网上下载阅读器。

1. 软件

STEP 7 V5.5 SP4 ch，编程软件中文版，可用于Windows 7。

S7-PLCSIM V5.4 SP5 UPD1，仿真软件中文版，可用于Windows 7。

S7-Graph V5.3 + SP7，顺序功能图语言，可用于Windows 7。

WinCC flexible 2008 SP4，HMI组态软件中文版，可用于Windows 7。

2. 多媒体视频教程

生成项目与组态硬件

生成用户程序

用仿真软件调试用户程序

STEP 7 使用技巧
组态 STEP 7 与 PLC 的通信
定时器的基本功能
定时器应用例程的仿真实验
计数器的基本功能
存储器间接寻址
生成 FB 和 FC
调用 FB 和 FC 的仿真实验
多重背景应用
寄存器间接寻址应用
启动组织块与循环中断组织块应用
时间中断组织块应用
硬件中断组织块应用
延时中断组织块应用
顺序控制与顺序功能图
使用 SR 指令的顺序控制程序的编程与调试
复杂的顺序功能图的顺控程序的调试
专用钻床顺序控制与 SIMIT 被控对象仿真
S7-Graph 编程与仿真实验
DP 主站与标准从站通信的组态
DP 网络单向 S7 通信的组态
DP 网络单向 S7 通信的编程与仿真
以太网双向 S7 通信的组态
以太网双向 S7 通信的编程与仿真
DP 从站与 DP 网络的故障诊断
自动显示有故障的 DP 从站
诊断信号模块故障的仿真实验
组态报告系统错误功能
组态报告系统错误的人机界面和仿真实验
整定 PID 参数的仿真实验

3. 用户手册

包括与硬件、软件和通信有关的手册共 43 本。

4. 例程

与正文配套的 43 个例程在文件夹 Project 中。

参考文献

[1] 廖常初. S7-300/400 PLC 应用技术 [M]. 4 版. 北京: 机械工业出版社, 2016.
[2] 廖常初, 祖正容. 西门子工业通信网络组态编程与故障诊断 [M]. 北京: 机械工业出版社, 2009.
[3] 廖常初. 跟我动手学 S7-300/400 PLC [M]. 2 版. 北京: 机械工业出版社, 2016.
[4] 廖常初, 陈晓东. 西门子人机界面 (触摸屏) 组态与应用技术 [M]. 2 版. 北京: 机械工业出版社, 2008.
[5] 廖常初. PLC 编程及应用 [M]. 4 版. 北京: 机械工业出版社, 2013.
[6] 廖常初. FX 系列 PLC 编程及应用 [M]. 2 版. 北京: 机械工业出版社, 2012.
[7] 廖常初. S7-1200 PLC 编程及应用 [M]. 3 版. 北京: 机械工业出版社, 2017.
[8] 廖常初. S7-200 SMART PLC 编程及应用 [M]. 2 版. 北京: 机械工业出版社, 2015.
[9] Siemens AG. S7-300 CPU 31xC 工艺功能操作说明, 2011.
[10] Siemens AG. S7-300 产品目录, 2014.
[11] Siemens AG. S7-400 产品样本, 2008.
[12] Siemens AG. Statement List (STL) for S7-300 and S7-400 Programming Reference Manual, 2010.
[13] Siemens AG. Ladder Logic (LAD) for S7-300 and S7-400 Programming Reference Manual, 2010.
[14] Siemens AG. Function Block Diagram (FBD) for S7-300 and S7-400 Programming Reference Manual, 2010.
[15] Siemens AG. S7-Graph V5.3 for S7-300/400 Programming Sequential Control Systems Manual, 2004.
[16] Siemens AG. S7-PLCSIM V5.4 incl. SP1 User Manual, 2009.
[17] Siemens AG. Standard PID Control Manual, 2006.
[18] Siemens AG. Working with STEP 7 Getting Started, 2010.
[19] Siemens AG. Programming with STEP 7 Manual, 2010.
[20] Siemens AG. System Software for S7-300/400 System and Standard Functions Reference Manual, 2010.
[21] Siemens AG. Standard Software for S7-300 and S7-400 Standard Functions Part 2 Reference Manual, 2002.
[22] Siemens AG. Configuring Hardware and Communication Connections STEP 7 Manual, 2010.